水土保持思考与实践

刘震 著

黄河水利出版社

图书在版编目(CIP)数据

水土保持思考与实践/刘震著. —郑州:黄河水利出版社,
2016. 10

ISBN 978 - 7 - 5509 - 1554 - 1

Ⅰ.①水… Ⅱ.①刘… Ⅲ.①水土保持 - 中国 - 文集
Ⅳ.①S157 - 53

中国版本图书馆 CIP 数据核字(2016)第 233585 号

出　版　社:黄河水利出版社
　　　　　　地址:河南省郑州市顺河路黄委会综合楼 14 层　邮政编码:450003
发行单位:黄河水利出版社
　　　　　　发行部电话:0371 - 66026940、66020550、66028024、66022620(传真)
　　　　　　E-mail:hhslcbs@ 126. com
承印单位:河南省瑞光印务股份有限公司
开本:787 mm × 1 092 mm　1/16
印张:33
字数:478 千字　　　　　　印数:1—1 000
版次:2016 年 10 月第 1 版　　印次:2016 年 10 月第 1 次印刷

定价:65.00 元

序　言

时光如水，岁月如梭。我大学毕业从事水土保持工作 30 多年，转眼，就到了退休的时候了。回想起来，能够一生从事水土保持工作，作为一名专业人员，为国家尽自己绵薄之力，感到非常欣慰，同时也感到非常幸运。一是有幸赶上了改革开放的新时代。20 世纪 80 年代初，刚参加工作，国家各项事业在经历文革的动荡后逐步走上了正轨，人们解放思想，干事创业的劲头十足，大胆闯、大胆想、大胆干，各行各业面貌焕然一新。这是一个能够让专业工作者集中精力做好本职工作，充分发挥光和热的时代。经过 30 多年的发展，业务工作者的工作环境和条件越来越好，在这样的时代，把自己最宝贵的年华奉献给水土保持事业，这不能不说是非常的幸运。二是有幸走进了水土保持这个行业。大学毕业后就从事水土保持工作，一直没有离开过这个行业。水土保持是我国的一项基本国策，是建设生态文明社会的重要内容，是一项公益性非常强的朝阳事业，在国家经济社会发展中地位重要，影响深远，不仅功在当代，而且造福子孙，在这个行业工作使命光荣，责任重大。从事水土保持工作要跟自然打交道，思考问题、采取措施都要考虑如何处理好人与自然的关系，尊重自然、善待自然、呵护自然是水土保持工作者必须坚守的理念和使命，久而久之，保持了一种宽容、善良、豁达的心态，使我终身受益。水土保持又是一项直接为基层老百姓服务的工作，治理的成果看得到、摸得着，群众通过水土保持改善了生产条件和生存环境，对党和政府的感激之情溢于言表，所以水土保持工作者成就感特别强。水土保持是一项综合性很强的工作，涉及多部门、多行业、多种措施，需要统筹协调、系统思维，工作过程中养成一种自觉配合、兼顾各方、与人为善的品性。从事水土保持工作要经常上山下乡，跋山涉水，风来雨去，虽然辛苦，但对人的身体素质和意志锻炼却大有益处，保持了吃苦精神、坚韧意志、年轻心态和良好体质。总之，走进了水土保持行业就热爱上这个行业,一生无怨无悔。三是有幸参与了推进水土保持事业发展的伟大进程。在党中央、国务院高度重视和历届水利部党组正确领导下,水土保持事业从无到有,从小到大,特别是改革开放以来,得到长足发展,机构逐步健全,工作领域不断拓宽,从上到下形成了一个完整的行业体系,在国家经济社会发展和生态文明建设中发挥出越来越重要的支撑作用。作为水土保持战线的一员,在水土保持老领导、老前辈开拓的基础上,进入新世纪,有幸和大家共同推动水土保持工作再上一个新台阶。先后组织开展了中国水土流失与生态安全科学考察活动,组织修订了《中华人民共和国水土保持法》,组织编制新中国成立以来第一部《全国水土保持规划(2013—2030)》,这些重大行动为今后水土保持事业奠定了坚实的发展基础,为依法防治、科学防治提供了重要依据和指南。在全行业的共同努力下,水土保持逐步形成完整的行业管理、预防监督、综合治理、科技支撑和社会服务五大体系,为水土保持更好地服务于国家、人民,造福子孙后代创造了条件,能够参与到这一伟大进程中,深感自豪、荣幸。四是有幸遇到了一大批志同道合,热爱水土保持事业的好前辈、好领导、好同事。几十年从事水土保持事业有一个特别深的感受,凡是从事水土保持事业的同志,无论是领导、同事和基层战线的同仁都非常热爱水土保持事业,愿意为这项事业去努力工作,尽其所能,贡献自己的聪明才智。从上到下,全国各地大家都感到有一个温暖的水保大家庭,相互交流,相互配合,协调行动,可谓志同道合,见面三句话不离本行,既是同事,又是朋友,共同的事业魅力把大家凝聚在一起,共谋推进事业发展的良策与方法,认真履行国家赋予的职责,分享事业发展、造福人民的成功与快乐。

回顾几十年工作历程,感慨良多,跟大家一起奋斗的岁月,历历在目,永生难忘,弥足珍贵。曾经为之奋斗的目标,许多已经取得了可喜的成果,有的还需要一代又一代水保人接力完成,谱写新的篇章。长江后浪推前浪,一代更比一代强。相信在国家建设生态文明的大潮中,水保人会把水土保持事业发展得更好,做得更强,使其发挥更大的作用。为了与同事、朋友分享几十年工作中的所思所想、所谋所虑,把本人在杂志上发表的文章进行了梳理汇编,共60篇。这些文章也是水土保持战线同仁这一时期共同探索实践的成果反映,并取名为《水土保持思考与实践》,作为近 30 年,特别是进入新世纪以来水土保持事业发展的一部分历史见证,供大家工作中参考,并予以批评指正,也作为送给好同事、好朋友的纪念。借此机会衷心感谢长期关心与支持水土保持事业和我本人工作的各位领导、前辈、同仁们。故简要回顾,以此为序。

作　者

2016 年 6 月

目 录

法律法规建设与预防监督

综合治理与生态修复

规划与监测

改革与机制创新

综合性论述

宣传与教育

法律法规建设与预防监督

一些国家水土保持法规简介

一、法规名称和主要内容

美国、澳大利亚、新西兰的水土保持法规都叫《水土保持法》，日本叫《砂防法》，苏联叫《土壤侵蚀紧急保护法》。这些法规主要规定了水土保持管理机构及其职能，各级政府及有关部门的责任，水土流失的防治，水土保持措施经费来源，水土保持监督管理，水土保持优惠政策等。还有一些国家如罗马尼亚、南斯拉夫、匈牙利、保加利亚等在《自然资源保护法》《环境保护法》以及《水资源保护法》中有专门的水土保持章节。除《水土保持法》外，美国先后制定了 20 多个配套法规，对有关水土保持的问题做了进一步明确的规定；日本颁布了《砂防法》（实施细则）、《水土保持行政监督令》以及《关于使地方政府和公共团体负担水土保持工程费用的政令》等配套法规。苏联对防治泥石流、坍塌、滑坡、开矿、施工建设保护土壤肥力层，以及防止风蚀做了专门的规定。

二、关于水土保持管理机构及其职能

水土保持是一项综合性很强的工作，国外很重视统一管理，在水土保持法规中突出机构和赋予管理部门及其主要领导应有的职权。因此，不少国家都设立了水土保持委员会，其性质有的是权力机构，有的是协调机构。澳大利亚设置联邦水土保持常务委员会，印度设置环境规划技术全国委员会（下设侵蚀控制委员会和污染控制委员会）。新西兰全国水土保持委员会是水土保持最高权力机构，具体管理工作由国家水土保持局负责。苏联有关水土保持工作的领导协调通过部长会议进行，具体工作由国家土地利用与水土保持局负责。美国于 1935 年在农业部专门成立了主管全国水土保持的水土保持局，并在《水土保持法》中授权农业部部长全权负责水土保持工作，此外，在 50 个州、250

个大区和 3 000 个小区都设有水土保持服务机构,在不同类型的地区设立 4 个技术服务中心、22 个植物研究中心。墨西哥设置国家水土保持局。领导机构或协调机构一般负责处理或协调一些重大问题。工作机构多数从上到下自成体系,主要职能有:贯彻水土保持方针政策,水土流失普查、规划;水土流失预防、治理;水土保持监督管理;技术服务等。还有一些国家的法规对地方政府的责任做了专门规定,如日本的水土保持法规中要求地方政府负责水土流失区的治理和监督管理。朝鲜水土保持预防、管理工作由国家安全部下设的国土管理局负责。

三、关于水土流失预防

日本、美国、苏联、南斯拉夫、澳大利亚等国都实行"谁造成水土流失、谁负责治理"的原则。在潜在水土流失区,凡是新建工程、修路、采石、森林采伐、开垦荒地,都要求在项目建设的同时采取水土保持措施,这些措施要经水土保持主管部门审查,否则不得立项。如南斯拉夫在法规中规定,如果基建计划中未设计必要的防止水土流失的工程,水土保持主管部门不得发给建设项目的同意书。建设开发单位没有同意书,计划部门就不能批准立项。在丘陵和山区采伐森林必须同水土保持的利益相符。在水土流失严重的地区,在一个地方采伐森林的面积不得大于 $10 \ hm^2$。禁止在潜在水土流失区不采取任何防治措施而随意开山采石、采矿和挖取土石砂料。匈牙利规定,工矿建设单位在施工生产过程中必须十分注意保护土层和土质。露天采矿既要考虑经济利益,又要考虑水土流失和周围生态环境,如果无法将土壤就地保护,必须运到一个适当地方,以备采矿后复垦。筑路、植树造林、森林采伐必须特别注意保护土壤植被。日本规定,地方行政机关有权命令工矿企业、开发建设单位在需要采取水土保持措施时,实施并维护水土保持工程设施。苏联规定禁止在坡地上采取会毁坏土壤、植被和幼苗的采伐方法和运输方法,禁止在河流及其支流沿岸、水库库区采伐森林。

四、关于水土流失治理

美国治理水土流失的措施很多,包括在山丘风沙区进行土地平整,修建梯田及田间排水系统,种植草皮,建设水土保持林护岸工程、沟道侵蚀控制工程、拦沙堰,采取等高耕作以及选择适应于保土、保肥的植物等。对一些易受扰动和破坏的地区,如海岸沙丘、风蚀区、洪水冲毁堤坝的地区,采取稳定恢复植被的措施。此外,规定在 1 000 km² 以下的小流域开展多目标综合治理,兴建堤、坝、堰、涵管、小渠道、梯田、泥沙控制工程、护岸工程,上、中、下游综合治理,既减少土壤侵蚀、淤积和洪灾,又改善生态环境、增加产量、保护下游城镇安全。苏联要求在水土流失地区,沿等高线耕作,分垄翻耕,采取保土轮作制。在侵蚀沟谷内,沙化区,河、塘沿岸植树造林,兴建水土保持水工建筑物;在发生风蚀的地区采取保护土壤轮作制,耕地和休耕地呈带状布置,设围篱,种植多年生牧草缓冲带,种植保土防风林,采取休耕;在山区兴建防治山洪的建筑物,修梯田,在坡地植树种草,限制放牧和采取保护山林的措施。

凡开采各种矿物和煤炭的单位,在实施与破坏农业、林业土地覆盖层有关的地质调查、勘探、施工建设后,对用过的土地,用地者有责任自出经费,将该土地恢复到宜于发展农业、林业、牧业用地的状态,在其他土地上进行上述工程建设后,亦应进行复垦,美国还规定采煤后,必须复垦,治理费从吨煤收益中收取一定比例解决。

五、关于水土保持优惠政策

匈牙利规定,国家以税收和其他方面的优惠办法,支持土地使用者为保护和提高土质所做的工作。在水土流失区,开垦荒地、建设项目采取水土保持措施可以得到国家支持。苏联规定,凡是实施水土保持工程所需的机械、仪器、材料的生产和供应,有关部门应作为最重要的国家计划来完成。国家银行对实施水土保持计划的单位提供低息贷款。日本规定,公共团体对支付有关水土保持费用的私人或其区域内的下级公共团体给予补助。公共团体为水土保持工程及有关实施水土保持计划的经费可采取捐赠形式捐款。澳大利亚也规定对水土保持实行优惠低息贷款。

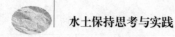

六、关于水土保持经费

由于水土保持的社会效益大,是一项很重要的公益性事业,国外很重视水土保持投资的筹措。在水土保持法规中都有明确规定,如苏联规定,防治土壤侵蚀的规划,国家计划委员会要纳入国民经济发展年度计划中,经费的安排包括防治土壤侵蚀的工程措施和植物措施。日本规定,水土保持各项措施费用一般由国家负担三分之二、地方政府(府、县)负担三分之一,地方政府又可让其管辖范围内的公共团体负担一部分水土保持费用。实施水土保持工程,如对其他府、县及其公共团体有显著利益时,要使其他府、县及其公共团体负担该工程费用的一部分。因其他工程、作业或其他行为而需要实施,其费用要按需要实施工程的等级,由进行其他工程、作业或其他行为的责任者负担费用。公共团体对于有关水土保持费的支付,按其利害关系程度,分不同情况,向其区域内征税。美国在农业拨款法中规定,国家对水土保持措施的投资占三分之二,其余由地方或土地使用者承担。工程建设项目的水土保持措施由其开发建设单位实施,实施计划需经水土保持管理部门批准,如不能承担水保措施的实施,由水保部门承担,但费用由土地的所有者或占有者支付。

七、关于水土保持监督检查

日本规定,地方行政机关设置专职水土保持监督检查员对水土流失地区的水土保持工程实施管理。有关监督的事项应以命令形式作出具体规定。负责监察水土保持的官员,按命令规定,要行使全部警察职权或部分职权。苏联规定,对所有土地利用实行国家监督,保证各部及其下属机构、国家企事业、团体单位,以及每个公民依据法规,合理利用和保护土地。各级人民代表苏维埃设置监督机构和监督员,其主要职责包括审查水土保持措施,监督水土保持的实施,对开发建设项目造成水土流失的有权终止工程施工,停止不按审查方案施工者的土地使用权,采取措施以停止土壤侵蚀源的活动。南斯拉夫规定,水土保持监察机构的职责是签署水土保持同意书,发放许可证,依据法规对破坏植被、造成水土流失的开发建设单位实行监督管理。

（发表于《水土保持科技情报》1991 年第 3 期）

谈谈制定《水土保持法》实施细则应着重考虑的一些重点内容

　　《中华人民共和国水土保持法》(简称《水土保持法》)颁布实施后,各省、区、市都在加紧制定《水土保持法》实施细则,有的省份已完成初稿报人大待批。制定《实施细则》时,除要结合好当地实际问题外,还应当着重对《水土保持法》中的原则规定和在贯彻中有一定难度的核心条款进行研究,作出明确规定,使之进一步具体化,这样才能真正解决防治工作中的实质性问题,有力地推动水土保持事业的发展。因此,笔者结合全国第五次水土保持会议精神,就此谈点个人看法。

一、关于各级人民政府的水土保持职责

　　《水土保持法》第五条要求各级人民政府将水土保持工作列为重要职责,这条规定比较原则。要保证各级人民政府都能重视水土保持,并列为重要工作职责,需要有具体的措施、制度和实施有效的监督,这就应在实施细则中作出具体规定。全国第五次水土保持工作会议上,田纪云副总理在讲话中指出:地方各级行政领导要建立“任期内水土保持目标考核制”。这一条很重要,要写进实施细则,同时也要规定每届政府的防治目标责任制,并要求定期向地方人大汇报水土保持工作。有了这样一些规定,水土保持工作才能进一步摆上政府的重要工作议程。

二、关于水土保持机构及职能

　　国外的许多水土保持法规,对水土保持管理机构及职能规定得比较详细,责权十分明确。我国由于种种原因,水土保持机构几起几落,

影响了工作的开展。《水土保持法》明确了水行政主管部门主管水土保持工作,但对具体的工作机构及职能还未作出规定,因此实施细则中需要进一步作具体规定,特别是水土流失严重的地区,尤应作出专门规定,有一定规格的机构。此外,对于县级以上人民政府在水行政主管部门外另设的水土保持机构,应根据全国人大法律委员会对《中华人民共和国水土保持法(草案)》审议结果的报告中的说明作出明确规定,稳定这些机构,有利于水土保持工作的开展。

三、关于水土保持方案报告的审批制度

《水土保持法》第二章中已明确水行政主管部门审批水土保持方案报告,但由于预防保护、监督管理的对象层次不同,行业繁多,因而审批的水土保持方案报告非常复杂,有开发利用土地的,有采伐森林的,还有修路建厂、资源开发的;从事这些活动者有国家,也有集体和个人等。如果仅仅根据《水土保持法》的原则规定,执行起来难度很大,必须建立一项制度,将一切有关的资源开发、生产建设项目的水土保持方案报告纳入此项制度,统一方案报告的编制格式,按规定程序审批。实施细则中要规定出规模较大的资源开发、生产建设单位必须编制水土保持方案报告书,乡镇集体矿山企业和个体采矿者必须填写水土保持方案报告表。

四、关于水土流失补偿费

《水土保持法》中对收取水土流失补偿费未作出明确解释和规定,但现实情况下这一问题仍然存在,需要在实施细则中作出专门规定。水土流失补偿费是单位和个人在开发建设过程中损坏地貌、植被和水土保持设施,降低或丧失原有水土保持功能应进行损失补偿的费用。因为在水土流失地区建设的水土保持设施,国家和群众已经投入过资金、劳力,如果开发建设单位或个人对这些设施造成破坏,理所当然应给予损失补偿。在概念上还必须区别清楚,开发建设单位和个人因造成水土流失所必须负担的治理费不能代替补偿费。所以,有必要在实

施细则中明确作出对水土保持设施损失补偿的规定。

五、关于水土流失防治费

水土流失防治费原则上讲是开发建设单位和个人自己治理其造成水土流失所支付的费用,不存在收缴的问题。自己治理,自己使用这笔经费。但实际上有许多单位和个人因技术、组织能力所限,自己很难实施水土保持措施,因此就必须根据《水土保持法》第二十七条规定,把防治费交给水行政主管部门,由其代为治理。如何把防治费交给水行政主管部门,按什么标准交,这要双方都能接受才行。《水土保持法》中没有规定,但这个环节必须具体化,要尽可能把原则、标准定下来,而且双方执行起来要方便。最合理的办法是变成缴纳防治费。开发建设单位和个人根据水土保持方案报告中预算的水土保持措施经费,加适当的管理费用,交给水行政主管部门的水土保持监督管理机构,也可以折算成破坏面积、弃渣量、产品产量等来计收。

六、关于"三同时"制度的落实

要保证开发建设项目中的水土保持设施与主体工程同时设计、同时施工、同时投产使用,关键要有具体的制约措施。现在发现的问题是,有的开发建设单位和个人虽然有了水土保持方案,但是经费往往没有落实,因而使制定的防治措施不能兑现,也就难以落实"三同时"制度。在实施水土保持方案时,以押金的形式预交水土流失防治费,专户储存,由银行和水土保持监督管理机构监督使用是个好办法。凡是自己实施水土保持方案的,根据水土保持方案报告预算的防治费按年度或一次性交给水土保持监督机构指定的银行专户代存,然后再根据工程进展分批拨付实施水土保持措施,工程结束后全部返还原单位。这样可以促使开发建设单位自觉治理水土流失,实现"三同时"。这一条也应写进实施细则中去。

七、关于水土保持基金

我国的水土流失防治任务十分艰巨,防治步伐要适应国民经济发展的速度,需要大量的投入。在当今国家财力有限的情况下,如何解决好防治任务大与投入少的矛盾,是水土保持投入机制改革研究的重要内容。田纪云副总理在全国第五次水土保持工作会议上提出,要建立社会办水保的机制,扩大资金来源。建立这一机制,首先要对现有水保资金逐步实行有偿扶持,建立水土保持发展基金,滚动使用。这样,水土保持就有了稳定的资金渠道,有利于大力发展。《水土保持法》中虽然对此未作规定,但在当前改革开放的新形势下,应当根据现实情况在实施细则中作出规定,以增强自身发展活力。

八、关于水土保持育林基金

新中国成立以来,水利水保部门虽然投资营造了大量的水土保持林、水源涵养林、防风固沙林,同时在水土保持综合治理措施中始终把造林作为一项重要措施,但长期以来对这些林木进行抚育和更新性质的采伐,水利水保部门并没有收取其育林基金(林业部门一直收取育林基金)。这使水土保持林的进一步发展受到了限制,也影响了基层水保部门的积极性。《水土保持法》虽未对此作出专门规定,但从现实情况看,部门之间的责权利应予明确,以调动各方面的积极性,加快植树造林和植被建设。因此,根据"谁投资营造、谁收取育林基金"的原则,水土保持部门收取育林基金并从中提出一定份额继续用于水土保持是合情合理的,这对各方面都有利,应在实施细则中予以规定。各地在此基础上还应进一步结合当地实际制定出提取的标准。

九、关于水土保持监督

《水土保持法》中专设监督一章,以强化水土保持监督管理。但从规定的条款和内容来看,又略显单薄,专门的执法机构、授权、职能均未明确规定。国外一些国家对水土保持监督人员授予的执法权相当大,可以行使警察的部分职权或全部职权。为切实制止我国水土流失状况严重恶化,田纪云副总理在全国第五次水土保持工作会议上强调,各地、各行各业和全国人民都必须认真遵守水土保持法,并要建立健全水土保持监督管理体系,强化监督管护职能,凡是有水土流失的县、乡,都要实行水土保持监督。杨振怀部长在此次会议上的讲话中也提出:凡是有水土流失的县、乡,都要建立水土保持监督执法队伍,采取专群结合的方式。这些讲话精神都应结合《水土保持法》进一步具体化,写进实施细则。具体讲,需要在两个方面作出规定:一是明确在水行政主管部门内建立水土保持监督管理机构,并授予其行政执法权;二是要规定由各级人民政府颁发水土保持监督检查员证。有了这两条,执法就有了保证。

十、关于水行政主管部门水土保持监督机构的行政处罚权限

《水土保持法》第三十二条、第三十三条和第三十四条规定,水行政主管部门对在禁止开垦的陡坡地开垦种植农作物的、擅自开垦禁止开垦坡度以下、五度以上荒坡地的以及在县级以上地方人民政府划定的崩塌滑坡危险区、泥石流易发区范围内取土、挖砂或者采石的,有权责令停止违法行为并可以直接处以罚款;而第三十五条、第三十六条规定,在林区采伐林木,不采取水土保持措施,造成严重水土流失,以及企业事业单位的在建设和生产过程中造成水土流失不进行治理的,水行政主管部门需报请县级以上人民政府决定责令限期改正、停业治理或罚款。显然,在前三条规定中水行政主管部门的水土保持监督机构有直接的行政处罚权,而后两条规定则无权作出处罚决定,这样在现实情况下就很难对开发建设单位和个人实施有效的监督管理,因而有必要在实施细则中进一步规定授权。对规模较小的企业事业单位和个体采矿者的行政处罚权应交给水行政主管部门的水土保持监督机构,还可以根据罚款数额多少来规定。对一些企业事业单位需要责令停业治理的,因事关重大,应当报请人民政府决定,而对于几十元、几百元或几千元以内的罚款,水行政主管部门的水土保持监督机构完全可以直接作出处罚决定,没必要也不可能都去报请人民政府决定。因此,要根据实事求是、力求简化手续的原则,在实施细则中作出授权规定。

　　除上述十个方面问题需要着重研究外，全国第五次水土保持工作会议上提出的一些其他重要政策也应认真进行研究，结合当地实际，尽可能写进实施细则，以法规的形式固定下来。

（发表于《中国水土保持》1992 年第 7 期）

关于水土保持监督执法中的
若干方法问题

　　水土保持监督执法机构要依据国家法律法规有效地行使监督职能,达到监督执法的目的,必须注意研究工作方法,讲求策略,方能事半功倍。运用法律固然是开展监督执法的主要手段,但并不是唯一的手段,多数情况下,法律手段的运用需要行政的、教育的、经济的等多种手段的配合。这是因为,现阶段我国的法律法规体系还不够完善,监督机制也没有完全形成,公民的法律意识仍相当淡薄等造成的。所以,打开水土保持监督执法的局面,提高执法水平,首先要学会多种手段的综合运用,而运用好这些手段就需要在具体工作中讲求策略和方法。从近几年贯彻水土保持法规的实践来看,执法过程中最常遇到的问题是有法不依、以权压法、以言代法、法盲违法以及执法不严、违法不究等,解决这些问题的方法很多,关键要对症下药。现据各地实践经验,就水土保持监督执法的方法问题,谈些看法。

一、宣传的方法

　　宣传教育是开展水土保持监督执法工作最基本的方法。通过宣传水土保持法规,可以增强全民的水土保持意识和法制观念,引起各级政府领导对水土保持监督执法的重视,提高生产建设单位和个体开发者守法的自觉性,争取社会各界对水土保持监督执法的理解和支持,消除抵触情绪,减少执法阻力。由于宣传的对象不同,所以宣传的内容应各有侧重。一是要向领导宣传。宣传的重点是水土保持法律法规规定的政府领导对水土保持工作的责任,水土保持监督执法的重要性和水土流失的危害性,以充分引起领导的重视;二是向开发建设单位和个人宣传。宣传的重点是有关法律条文,使他们明白,在生产建设活动中哪些行为是违反水土保持法规的,应负什么责任,怎样办才不违法,真正理解和执行"谁开发、谁保护,谁造成水土流失、谁负责治理"的原则;三是向社会宣传。宣传的重点是保护水土资源、防止水土流失的重要性,让人们了解水土保持、支持水土保持,并对破坏水土保持、造成水土流失的行为进行监督。在宣传形式上大体可分为三类:第一类是利用广播、电视、报刊等信息传输快、覆盖面广的新闻媒介宣传,其特点是不同的宣传对象都容易接受,但时效性较短,适合于集中宣传报道;第二类是制作、粉刷固定标语,进行经常性宣传,起潜移默化的作用,适合于开发建设集中的地区;第三类是以群众喜闻乐见的文艺作品形式表现水土保持内容,寓教于乐,制作电视剧、编歌曲、写小说、诗歌等都可以宣传水土保持。无论哪种形式都应根据不同的宣传对象和条件进行选择,讲求效果。宣传工作应贯穿于监督执法的全过程。没有宣传教育,光靠强制手段,很难从根本上保证法律、法规和规章的正确实施。

二、舆论监督的方法

舆论监督主要是通过新闻媒介将违反水土保持法规的严重行为公诸于世,让公众进行评论,引起社会舆论的谴责,从而迫使违法者在强大的社会舆论压力下纠正自己的行为。采用这种方法,一是引起社会强烈反响,二是引起领导高度重视,三是促使违法者纠正违法行为。水土保持监督机构要善于利用舆论监督达到执法目的。舆论监督具有普遍性的作用,但最适用于重大水土保持违法案件久拖不决的情况。对具体部门、单位、个人,在采取这种方法以前,要先把宣传教育工作做到家,使违法者有时间纠正自己的行为,如果属知法犯法,要毫不留情地向社会曝光。水土保持监督机构的任务之一就是要选择好监督对象,邀请新闻单位配合,反映重大问题,然后再依法查处,效果就好得多。例如,1988年三峡两岸开山采石,破坏自然风景植被,造成水土流失的问题在人民日报头版报道后引起社会强烈反响,国务院领导批示湖北省政府立即采取措施,制止破坏,并严肃查处违法案件。晋陕蒙接壤地区近几年来许多部门、单位和个人开发煤田,乱挖滥采,往行洪河道中倾倒大量弃土弃渣,不仅影响行洪,而且造成严重水土流失,增加了黄

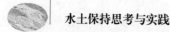

河下游的防洪负担。1988 年经国务院批准,国家计委和水利部联合发布了《开发建设晋陕蒙接壤地区水土保持规定》,但许多单位和个人仍我行我素,知法犯法,设置障碍,阻止水保监督机构的执法。1993 年中央电视台在新闻联播中对此进行了报道,引起国家领导人的高度重视,国务委员宋健同志专程到陕西榆林召开了执法现场会,对三省(区)各级政府和有关部门提出具体执法要求,这个地区乱挖滥采、人为破坏植被的现象才得到有效制止。在此基础上水土保持监督机构进行执法就顺利多了。

三、争取政府、人大以及各部门支持的方法

解决部门之间执法问题,最好由政府、人大出面协调解决。水土保持监督执法的对象涉及多行业、多部门。有煤炭、地矿、建设、铁道、冶金、交通、森林采伐、农业开发等。这些部门、行业往往只从自己行业的利益出发去开发建设。由于不重视水土保持工作,必然会造成一些水土流失且不愿承担水土流失的责任。如有些公路、铁路建设部门知法犯法,任意破坏植被、向河沟弃土弃渣,加剧了水土流失,而其主管部门从部门利益出发,不顾大局和国家法律,找领导托关系为其开脱。在这种情况下,水土保持监督机构除向有关部门、行业、单位宣传水保法外,还要就这些问题写出专题报告,陈述利害关系,提出依法解决的措施办法,请示政府、人大批复,然后再依法律程序执法。总之,要利用政府、人大的权威解决由于从部门利益出发而造成的违法问题。许多地方在水土保持监督执法过程中专门成立了由县政府领导任组长、有关部门领导为成员的执法领导小组,及时研究解决执法工作中的问题,协调部门关系,就是很好的办法。

四、采取部门横向联合执法的方法

水土保持执法不能单枪匹马,要积极寻求各有关部门的支持和配合。部门联合执法有助于沟通部门之间的关系,为顺利执法创造条件。第一类是与资源、环境等行政执法部门的配合,如土地、环保、森林、地矿、草原等行政执法部门对资源和环境的保护都有相近的内容,相互有

联系,联合执法可以相互补充,增强执法力量,同时避免执法中交叉、扯皮现象。如水利部同国家土地管理局在1988年联合下发了《关于加强土地开发利用管理搞好水土保持的通知》,其中心内容就是要求在土地开发利用中,必须注意保持水土,防止水土流失,开发者没有水土保持机构批准的水土保持方案报告,土地管理部门不予审批项目;1993年,为顺利贯彻实施水土保持法,水利部同地质矿产部联合发出《关于贯彻执行〈水土保持法实施条例〉有关规定的通知》,中心内容是采矿者必须有水行政主管部门批准的水土保持方案,否则地质矿产部门不为其办理采矿登记,不予颁发采矿许可证。第二类是水土保持执法部门与综合部门联合执法。综合部门如计委、财政、工商等有一定的权威性,在他们的支持下,可以协调部门之间的关系。河北省水利、财政、税务、物价等部门联合发文,开展水土保持监督执法工作,财政部门在执法经费上予以积极支持,税务、物价部门则在防治费、补偿费的收缴上给予积极支持。黑龙江、云南等省水利与计划部门联合发文,要求在山丘区、风沙区开发建设项目都要有水土保持方案报告。第三类是联合公安、司法部门执法,增强执法的权威性。安徽黄山市,湖北巴东县,江西赣州地区的信丰县、兴国县,福建的清流县、寿宁县等,在司法部门的支持下都成立了人民法院水土保持法执行室,对拒不执行水土保持法律、法规的,在法院协助下强制执行,执法效果很好。例如,陕西省三原县在查处"三铜"高速公路违法案件时,就是在法院的大力支持下进行的。

五、纵向联合,争取上级机关或领导支持的方法

在水土保持监督执法过程中,一些地方领导往往从局部利益出发,缺乏全局观念,以言代法、以权压法,严重干扰了水土保持行政执法,是基层水土保持监督人员最难解决的问题。有些地方为了吸引外资到本地区开发建设项目,领导一句话,可以简化或取消水土保持方案报告的审批手续,少收或免收应该由开发建设单位缴纳的水土流失防治费和补偿费,破坏了植被,乱堆乱倒土石废渣,也不允许水土保持监督执法机构查处等,严重挫伤了水土保持监督执法人员的工作积极性。在这

种情况下,水土保持监督人员除向领导耐心宣传、讲道理外,要理直气壮地执法,维护法律的严肃性,同时,要及时将问题向上级业务主管部门反映,由上级业务主管部门或上级政府、人大出面对地方领导施加影响、做工作,问题就比较容易解决。例如,辽宁省凤城县在查处"东电"一案中,一度受到当地个别政府领导的干预,但他们理直气壮地执法,并且及时将问题向上级主管部门汇报,之后又报省人大领导,从而得到上级强有力的支持,问题就顺利解决了。

六、以点带面,重点突破的方法

以点带面是开展一项新工作最常用的方法,水土保持监督执法也不例外。必须从点开始,然后扩展到面上。以点带面要选择好典型,这些典型要具有代表性,根据当地预防监督的对象和研究问题的目的来确定,如预防区、监督区、治理成果管护区都可以安排试点。每一个试点要根据其特点探索出一套好的监督管理办法。例如,全国第一批108个执法试点县分布在25个省(区、市)和9个计划单列市,代表了不同的人为水土流失类型区,通过一年试点,各地积累了一套丰富的经验。试点除能在短时间内积累经验外,还可以起示范作用,其他地方就可以不走弯路。山东省烟台市就是层层办试点,为向面上推广创造了条件。所谓重点突破就是抓大案要案,查处工作不能一下子全面展开,对破坏水土保持影响大、危害严重的大案要案要严肃查处,并一抓到底,打开缺口后,广泛宣传,向面上推广。例如辽宁凤城、本溪、抚顺等县(市)就是集中力量抓大案要案,对东北电业管理局架设输变电工程造成严重水土流失的案件进行了严肃查处。这样既增强了监督执法人员的信心,又对其他开发建设单位有普遍的教育意义,使他们主动守法。虽然查处大案要案难度大、时间长,但是作用大、效果好。

七、利用制约机制的方法

在水土保持监督执法中利用制约机制也能有效地达到执法的目的。形成制约机制需要一定的制约条件,也就是说开发建设单位、个人不搞好水土流失防治,不承担自己应尽的责任,就要采取行政的、经济的手段进行制裁。例如,通过部门配合就可以创造许多制约条件。开发建设项目立项时没有水行政主管部门批准的水土保持方案,计划部门就不批项目;采矿不搞水土保持方案,矿产部门就不办理采矿登记,不颁发采矿许可证,银行不予贷款,土地部门不办理征地手续;工程竣工后,水土保持监督机构验收不合格的,工商部门不办营业执照等。开发建设单位、个人要搞开发建设,都需当地政府、群众的支持,如水、电、路等,因此水土保持监督机构在政府的支持下就可以向有关单位和个人提出水土保持要求,否则不予支持。从水土保持监督工作本身来讲也是这样,对不重视预防监督的也要利用制约机制开展工作,如对国家重点治理区提出要求,预防监督达不到试点标准的,就不安排重点治理基金,取消重点治理县资格。

八、提高自身素质的方法

水土保持监督执法能不能打开局面,原因固然很多,但关键在于执法队伍的素质和战斗力。同样的条件,有的地方水土保持监督工作开展得有声有色,有的则起色不大,该收的费收不起来,该审批水土保持方案的,掌握不了审批权,该查处的违法案件查处不了;一些监督人员执法不懂法,同开发建设单位、个人打交道给人家解释不清楚法的内容,不能正确地运用法律程序,就很难使违法者服法。因此,必须下大力气层层办培训班,提高监督人员的素质和执法水平,使他们从原来单纯的水土保持业务干部转向具备综合性社会知识的执法人员,工作方式从单纯向群众提供技术服务转向对开发建设单位、个人的监督与服务相结合。水土保持监督人员要通过学习做到:①精通水土保持法律法规、方针政策,了解相关法律法规,有一定的政策水平;②工作中讲策略,善于执法,不蛮干,不随意执法;③敢于执法,不畏权势,能利用法律武器有效行使监督职能;④秉公执法,不徇私情,严格执法。水土保持监督人员要先练好内功,自身素质提高了,战斗力也就提高了,也就容易做到有法必依、执法必严、违法必究。

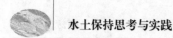

九、监督与服务结合的方法

水土保持机构对开发建设单位、个人既要监督,又要做好服务,二者有机结合起来,才能更好地达到执法的目的。应该说,对大多数开发建设单位、个人,只要给他们讲清道理,帮他们提出解决问题的方法,他们是能够按法律规定承担自己防治水土流失的责任的。因此,在监督的同时,要大力开展服务。首先,要向开发建设单位、个人宣传法规,讲法律的严肃性,从国家人民的全局利益出发,讲利弊得失,晓之以理,力争不形成对抗局面,使他们自觉承担起自己应负的防治责任;其次,要针对他们开发建设中造成水土流失的实际问题,利用我们的技术优势,帮助他们提出解决问题的可行办法,进行技术指导,力争以最少的投入达到最好的防治水土流失效果。

水土保持监督具有强制执行的有利因素,但在实际操作中,如果机械地采取强制性措施,往往效果不尽如人意,甚至形成双方对抗局面,产生负效应,只有寓监督执法于服务之中,使监督者和被监督者在利益上找到交会点,产生共识,才有利于问题的迎刃而解。

（发表于《中国水土保持》1994 年第 9 期）

依法履行职能,强化水土保持管理

在世纪之交的历史时刻,江泽民总书记发出了"治理水土流失,改善生态环境,再造一个山川秀美的西北地区"的伟大号召,特别是在党的十五届一中全会上再次指出:"大江大河上游的水土保持和流域综合治理,是改善农业生产条件和生态环境的根本性措施,必须高度重视,做好规划,坚持不懈,长期奋斗",明确了水土保持是生态环境建设的主体。党的十五届三中全会提出了水土保持的奋斗目标、任务、工作重点和采取的措施。国务院〔1998〕36 号文件对水土保持生态环境建设做出了跨世纪的重大战略部署。在一年多时间里,党中央、国务院对水土保持生态环境建设多次强调,做出具体安排布置,这在水土保持的发展历史上是绝无仅有的,充分说明了水土保持生态环境建设在我国现代化建设和实现可持续发展战略中的重要地位与作用。在这样好的形势下,水土保持行业主管部门能否抓住机遇,乘势而上,加快水土保持事业的发展,承担起跨世纪水土保持生态环境建设的重任,我认为关键在于认真依法履行职能,强化水土保持管理,工作的着力点必须始终履行好以下几项基本职能。

一、建立和完善水土保持法律法规体系

我国水土保持发展的历史和现实充分说明,建立完备的水土保持法律法规体系是水土保持事业健康发展的重要保障,也是水土保持工作顺利开展的必然要求。1982 年国务院发布了《水土保持工作条例》,水土保持在组织领导、机构建设、重点治理、预防监督等方面有了很大的进展。1991 年全国人大颁布了《中华人民共和国水土保持法》(简称《水土保持法》),水土保持走上了依法防治的轨道,极大地推动了水土保持事业的发展。以长江、黄河中上游地区为重点的七大流域水土保持生态环境建设工程全面启动;预防监督工作全面开展,在 1 300 多个

县成立水土保持机构,开展了监督执法;水土保持不仅在山区、丘陵区、风沙区,而且也在平原、沿海地区开展起来,不仅在农村,而且发展到城市,全民的水土保持意识和法制观念普遍增强。由于《水土保持法》的颁布和实施,使水土保持的社会地位得到提高,工作领域和工作范围不断扩大,内容更丰富,成绩更显著。这充分说明,水土保持事业的发展是随着水土保持法律法规的不断完善和健全而发展的。

可以说,水土保持法律法规是水土保持事业生存和发展的根本。没有这个根本,就不会有今天的大好局面。而建立和完善水土保持法律法规体系是一项长期性的工作,需要不断完善、不断发展,不可能一蹴而就。尽管《水土保持法》颁布以来,国务院、地方各级人大、水土保持主管部门以及有关部门发布了一系列相应的配套法规,形成了初步的水土保持法律法规体系,但是同国外一些国家的水土保持法律法规和国内其他一些行业的法规相比较,我国的水土保持法律法规尚有许多方面不够完善,突出地表现在水土保持法中的一些规定没有落实。主要原因表现在:缺少能够进一步具体化、操作性更强的配套法规;由于当时的客观局限性和情况的变化,《水土保持法》中一些规定不能适应当前新的形势,需要修改;由于水土保持事业的不断发展,许多新的经验需要以法律法规形式固定下来,新出现的问题和矛盾又需要通过法律法规予以调整。如果不去及时地研究新情况,不断做出新的符合实际情况的、有利于水土保持事业发展的规定,去完善水土保持法律法规体系,水土保持事业就缺少后劲和法律法规的有力支持,就会制约或影响事业的发展。因此,不断地建立和完善水土保持法律法规体系成为水土保持主管部门非常重要的一项职能。

二、制定水土保持规划和技术规范标准

制定行业规划和技术规范标准是行业主管部门职能的重要体现,对于水土保持这样一个综合性很强的行业来讲更为重要。我国长期的水土保持实践表明,防治水土流失必须遵循自然规律和科学规律、采取综合措施才能奏效。水土保持区别于其他行业的最主要的特点在于综合,水土保持规划最能体现综合的特点。从当前水土流失防治的现实

来看,各行各业、全社会参与水土流失防治的程度越来越高,由于行业局限,大都强调主管部门的单一措施,不能实现综合防治,容易造成"东沟打坝、西沟造林",又回到过去采取单一措施治理水土流失的老路上去,浪费国家财力、物力,难以取得好的治理成果。有些部门由于采取的措施不当,甚至造成新的水土流失。如何能从各方面防治水土流失都取得最佳的效果,做到既能使各行业参与并实现其行业目标,又能符合水土保持的总体要求,达到最佳的防治效果,这是水土保持行业主管部门必须做好的一项工作,而且其关键是要通过规划协调来实现。水土保持规划是按照水土流失规律,合理利用水土资源,因害设防,优化配置各项措施,不存在从部门或行业的角度出发人为地偏重于某一单项措施,容易为各行业、部门共同接受。在制定规划的过程中,要符合水土保持总体要求,广泛征求有关部门的意见,尽可能满足各方面的目标。因此,要不断地根据新的形势要求,主动制定和修订水土保持规划。

当前应当按照国务院批复的《全国生态环境建设规划》要求,制定或修订宏观的、区域性的水土保持规划和专项规划,结合当地实际在宏观上做出安排和部署。规划经过充分论证后,一是要按照《水土保持法》规定,经地方人民政府审批并纳入当地社会经济发展计划;二是在项目建设区制定以小流域为单元的综合治理规划,在政府的统一组织协调下,各有关行业、部门、单位及个人按照水土保持规划要求进行治理,形成水土流失综合防护体系;三是进一步制定和修订水土保持技术规范标准。随着水土保持工作向深度、广度发展,对技术规范标准提出了新的要求。在治理工作方面,由于治理标准的提高、施工方式的改变、新的科技成果的应用,需要不断制定和修订技术规范标准。在预防监督方面,由于涉及工矿、交通等许多部门防治水土流失,治理标准、方式不同,因此需要制定新的技术规范标准。总之,不管谁参与防治水土流失都应按水土保持规划治理,都应按水土保持技术规范来治理。

三、开展好重点工程和示范工程建设

水土保持主管部门在协助各级政府组织发动广大群众治理面上水

土流失的同时,要把主要精力放在水土保持重点治理工程和示范工程建设上来,让重点工程和示范工程在生态环境建设中充当主力军,以起到攻坚和示范的作用。现在开展的长江、黄河等七大流域中上游水土保持重点建设工程是我国生态环境的主体建设工程,水土保持主管部门协助各级政府组织实施好这一跨世纪的工程责无旁贷。重点建设工程开展的范围越大,水土保持部门的影响也越大;重点建设工程的成效越大,水土保持在防治水土流失、改善生态环境、促进水土流失地区经济发展方面的作用就越显著,行业主管部门的作用就越能为社会广泛承认。全国最早开展的8大片重点治理区,长江上游和黄河中游开展的水土保持重点建设工程都取得了显著的经济效益、生态效益和社会效益,水土保持部门在制定规划、组织实施、技术指导和质量监督、检查验收等方面做了大量的工作,受到了当地党政领导和广大治理区群众的高度评价,大大提高了水土保持部门的社会地位。在开展重点治理的同时,必须十分注意抓好示范工程建设。示范工程是重点中的重点,是"精品工程""形象工程",要增强"示范"和"形象"的意识。在建设示范工程中,要突出体现水土保持综合治理的特点,努力做到标准高、质量高、效益高,使示范工程成为当地政府推广治理的模式、宣传的典型,部门和群众学习的样板,教育人们治山治水、改善生态环境的户外教室。通过大规模地开展重点治理工程和示范工程建设,充分体现水土保持行业主管部门的作用,确立水土保持是生态环境建设的主体地位。

四、依法行政、强化监督

依法监督是法律赋予水土保持主管部门的又一项重要职能,而且从今后的行政管理职能来看,只能加强,不能削弱。《水土保持法》赋予水土保持主管部门充分的监督管理权力,开展预防监督工作使水土保持工作由被动治理转为主动预防。按照《水土保持法》规定,监督工作重点是抓好"三权"的落实,即水土保持方案的审批权,水土流失防治费和水土保持设施补偿费的收费权以及对有关开发建设行业、部门、单位、个人的水土保持监督管理权。《水土保持法》颁布以来的实践证明,凡是"三权"落实得比较好、执法力度大的地方,水土保持部门的权威树起来了,社会地位提高了,保护水土资源的效果出来了,实现了水土保持的统一管理。通过贯彻实施法律法规,促进了水土保持机构的建立和水保事业的发展。许多地方过去水土流失很严重,但却没有机构去开展水土保持工作,现在成立了水保监督执法机构,这些机构从预防监督工作开始起步,逐步全面开展防治水土流失工作。许多过去单纯进行水土流失治理的单位,在社会上并不能得到应有的地位和权威,现在开展了执法工作,社会地位得到了显著提高,树立了部门权威。从国内一些执法部门的情况来看也是如此,如国家环境保护局、国家土地管理局都是把工作的重点放在执法监督上,所以部门权威大、社会地位高、行业管理的效果好。水土保持同环境保护、土地保护等一样是我国的一项基本国策,应当通过执法树立起同环保、土地等部门一样的权威。监督也是归口管理的体现,不仅对有关开发建设行业、部门、单位、个人进行监督,而且也要对参与防治水土流失的行业、部门、单位、个人进行监督管理,看是否按照水土保持规划和技术规范标准进行防治,对因采取措施不当反而造成或加剧水土流失的要进行技术指导,问题严重的要依法处理。因此,水土保持主管部门必须把依法开展预防监督放在工作的首位,履行好法律法规赋予的职责。

五、抓好水土流失监测预报和归口统计工作

水土流失监测预报工作是水土保持重要的基础性工作之一,也是国家对水土保持生态环境建设进行宏观决策的重要依据。这在《水土保持法》和《水土保持法实施条例》中都做出了明确规定,国务院批复的《全国水土保持规划纲要》中也对此项工作做了具体规划。水土保持主管部门有责任把这项工作做好。一是对水土流失状况进行动态监测预报,向社会公告,使各级领导对水土流失的消长情况做到心中有数,便于决策,使有关行业、部门了解开发建设不当造成水土流失、生态环境破坏的严重后果,引起重视,增强保护水土资源的自觉性,使广大群众了解水土流失危害和自己生存环境的关系,进而增强水土保持意识。不断公告水土流失状况的过程,也是不断体现行业主管部门作用

的过程。二是对水土保持的作用、效果进行监测。各级党政领导、专家学者、社会各界都十分关心水土保持的效果、作用,这就需要通过监测水土保持效益,用定量的数据予以说明。三是对年度水土保持数据进行归口统计。防治水土流失是全社会的行动,现在许多行业、部门、单位和个人都从不同的目标、各自的角度参与水土流失防治,到底防治了多少,是否符合水土保持要求,只有水土保持主管部门按照技术标准对其核实后才能算数。防治水土流失的数据只能由水土保持主管部门归口发布。水土保持部门有责任去统计符合水土保持行业标准的防治成果,这是归口管理工作的具体体现。

上述职能都是作为水土保持归口管理部门必须认真履行的基本职能,把这些工作做好了,有利于水土保持的统一管理,有利于综合防治水土流失取得更好的效果,有利于发挥全社会参与治理水土流失。履行这些职能,各级水土保持部门应有所侧重,省级以上水土保持部门重点抓法律法规、政策、规划和技术规范标准的制定,对基层进行宏观业务指导,对工程建设进行安排部署,督促检查,而基层水土保持部门重点要实施好法律法规,对从事开发建设活动的单位、个人进行具体监督,组织实施好重点治理和示范工程。这些基本职能并不是水土保持工作的全部,如水土保持宣传就是非常重要的一项工作,也是经常性的工作,对扩大水土保持影响、增强全民的水土保持意识,使全社会对水土保持有一个全面、正确的认识至关重要,必须常抓不懈。不管哪一级水土保持部门履行这些职能,都应当统筹兼顾,而不能顾此失彼、搞单打一,甚至形成对立。在新的形势下,我们必须增强水土保持统一管理的意识,依法履行好各项职能,才能使水土保持事业持续地、健康地发展。

(发表于《中国水土保持》1999 年第 6 期)

水土保持监督执法实践回顾
与今后工作思路

一、全国水土保持预防监督工作的进展、成效和经验

自 1991 年全国人大常委会颁布《中华人民共和国水土保持法》（简称《水土保持法》）以来,经过 8 年的执法实践,我国水土保持预防监督工作取得了很大进展,积累了丰富的经验,使水土保持工作逐步走上法制化轨道,极大地提高了水土保持的社会地位,增强了全社会的水土保持意识,有效地保护了水土资源和生态环境,为促进国民经济的可持续发展做出了重要贡献。

（一）主要进展和成效

1. 法律法规、监督执法、技术支持三大体系框架初步形成

法律法规体系主要是在《水土保持法》的基础上,国务院颁布了《中华人民共和国水土保持法实施条例》,全国 28 个省（区、市）发布了水土保持法实施办法,27 个省（区、市）制定了水土保持设施补偿费、水土流失防治费征（计）收管理办法或规定,一些有立法权的地（州、市）和县制定了本地区的水土保持法实施办法。水土保持主管部门与有关部门联合发布的行政规章、办法等,自上而下,横向联合,结合各地、各部门和行业的实际,把《水土保持法》中比较原则的规定变成许多操作性较强的具体规定,形成了水土保持法律法规体系的框架,成为执法的依据。全国先后发布了上千个实施办法、规章等。

监督执法体系是由监督执法机构、队伍及为执法创造的一系列条件构成的,全国已有 1 400 多个县成立了水土保持监督机构,专职执法人员有 1.6 万人,还有数万名兼职监督检查人员,从上到下形成专门的执法体系。

技术支持体系主要是指服务于预防监督工作的技术规范、标准、技术服务机构，以及预防监督的基础技术工作，如监测预报等。水利部制定并发布了开发建设项目水土保持方案编制的技术规范标准，其内容体现了许多开发建设行业的特点。各级水土保持主管部门分别审查、确定了持甲、乙、丙级编制水土保持方案资格证书的技术单位，水土流失动态监测工作开始起步。这些技术方面的支持极大地推动了预防监督工作的深入发展。

2. 预防监督工作全面展开

通过《水土保持法》的实施，水土保持工作的范围大大地扩大了，已从山区、丘陵区、风沙区扩大到平原及沿海地区，从农村扩大到城市。从预防监督的内容来看，不仅是对开发建设过程中造成水土流失的预防，而且要对植被良好的地区和治理成果区进行保护。许多省（区、市）都依法划分了重点预防保护区、重点监督区、重点治理区，对"三区"采取不同的预防监督措施。

从预防监督工作的深度来看，在审批权、收费权、监督权"三权"和"三同时"落实方面进展很大。绝大多数新上的开发建设项目纳入依法编报水土保持方案的轨道，并基本上做到规范化；水土流失防治费和水土保持设施补偿费的征收、管理和使用工作普遍开展起来；监督工作逐步做到程序化，实行工程竣工验收和年检制度；公告各级监督机构的举报电话，让全社会参与监督。

从预防监督工作的发展过程来看，贯彻实施《水土保持法》8年来，可以说一年一个新进展，一年上一个新台阶。大体经历了三个阶段，第一阶段重点是广泛宣传《水土保持法》，建立水土保持法律法规体系，开展全国试点；第二阶段抓大案要案，建立机构，整体推进；第三阶段是巩固、完善、提高，向规范化、程序化、制度化发展。尽管各地的进展不一，但总体上讲，贯彻《水土保持法》的力度是比较大的，得到全国人大和一些地方人大的充分肯定。

3. 增强了全民的水土保持意识和法制观念，有效控制了人为水土流失

通过宣传贯彻《水土保持法》，广大群众、开发建设单位、个人、行业主管部门以及地方行政领导的水土保持意识和法制观念明显增强。

凡是开展预防监督工作的地方,大多数开发建设单位和个人知道《水土保持法》,知道破坏植被、乱弃土石渣要负责治理和缴纳水土保持设施补偿费。特别是通过收费和查处人为水土流失案件对于增强开发建设单位和个人的法制观念与水土保持意识非常有效,通过各级人大检查,有效地增强了各级行政领导的水土保持意识和法制观念,通过审批开发建设项目水土保持方案增强了行业和有关部门的水土保持意识与法制观念。

据不完全统计,《水土保持法》颁布实施以来,全国共审批各类水土保持方案 18 万个,用于水土流失防治的经费达 20 亿元,减少弃土弃渣流失 5 亿 m^3,实施预防保护面积 20 万 km^2。

4. 提高了水土保持的社会地位,树立了执法部门的权威

《水土保持法》颁布以前,水土保持以治理水土流失为主,尽管取得了很大成效,但处于一方治理多方破坏、边治理边破坏、治理赶不上破坏的被动局面,水土保持部门仅在技术指导上发挥作用。贯彻《水土保持法》以后,强化了预防监督职能,对造成水土流失的开发建设单位、个人以及行业主管部门进行监督管理,由被动转为主动,由"一家治理"转变为"谁造成水土流失、谁负责治理"。通过落实"三权",严格执行"三同时",树立了水土保持监督执法部门的权威,提高了水土保持的社会地位。

5. 赋予了水土保持事业全新的内容

预防监督是整个水土保持事业的一个重要组成部分,又是一项全新的工作。各地水土保持监督人员不断摸索、开拓创新,在审批水土保持方案、收费、查处违法案件、建立执法程序、制定技术规范标准等方面,借鉴有关部门、行业的做法,在实践中总结、完善,形成了一套适合我国水土保持预防监督的工作方法、工作程序、工作策略以及技术规范标准,极大地丰富了水土保持的内涵,为水土保持事业赋予了全新的内容,在水土流失防治工作中拓宽了领域,填补了水土保持事业执法内容上的空白,显示了水土保持事业在保护生态环境中的重要作用。

(二)监督执法的经验和做法

一是广泛、深入、持久地宣传《水土保持法》。采取各种形式反复

地宣传《水土保持法》,增强广大群众、各级领导、开发建设单位与个人的水土保持意识和法制观念,是一项经常性的工作,做好这项工作能为顺利开展执法创造条件,减少执法阻力。

二是不断建立和完善法律法规、监督执法、技术支持三大体系。这是开展预防监督的前提条件和基础工作。三大体系越完善,工作开展就越顺利。正是由于三大体系的建立和完善才有了今天的大好局面。

三是以试点推动执法工作全面开展。水利部在全国先后成立两批300多个水土保持执法试点县,推动了各地的执法工作,各地也分期分批开展了试点。通过试点建立机构,制定法规,开展执法,积累经验,对监督执法工作的全面开展起到了示范和促进作用。

四是抓大案要案,重点突破。抓住大案要案作为典型,严格查处,重点突破,能够树立权威、扩大影响、积累经验、带动一片。

五是争取各方面的支持。各地在执法中注意寻求各方面的支持,如各级人大的支持、上级主管部门的支持、行政领导的支持、综合部门的支持、司法部门的支持、新闻媒介的支持、广大群众参与监督的支持等。针对不同的情况寻求不同的支持,如人大给予支持对解决行政领导干预很有效;行政领导给予支持,就容易协调部门、行业干预的问题;法院支持能比较顺利地解决一些开发建设单位和个人知法犯法、拒不执法的问题。

六是联合执法,增强监督执法力量。总结各地的做法有四种情况:①部门联合,即同法院、环保、土地等部门联合执法;②纵向联合,即同上级主管部门共同查处案件;③内部联合,同水行政执法等部门联合;④与开发建设单位或主管部门的环境保护机构共同执法。

七是努力提高监督人员的素质和执法能力。通过多层次的培训,学习法律知识、执法程序以及相关行业的知识,交流执法经验,研讨执法对策,提高监督执法人员的素质,对于提高执法能力非常重要。全国开展各类预防监督执法培训班数百期,培养了一大批懂法律、精通业务、善于执法的监督人员。

八是为监督对象搞好技术服务。对于开发建设单位和个人,在严格执法的同时,积极主动为他们提供技术服务,进行技术指导,力争以最少的投入达到最好的防治效果。始终寓执法于服务之中,是一条成功的经验。

九是建立示范工程,树立良好的执法形象。收取的水土保持设施补偿费,按规定大部分用于返还治理,建设示范工程。据不完全统计,全国共建立各类返还治理示范工程 3 000 多处。

十是加强监督机构自身建设。近几年各级监督机构不断加强自身建设,配备了交通工具和执法设备,完善了内部管理,增强了执法功能,为顺利开展执法创造了条件。

(三)问题和不足

一是全国各地预防监督工作进展很不平衡。一方面,开展好的地方,已建机构达到应建的 95% 以上,水土保持方案审批率达到 90% 以上,监督执法机构的权威已树立起来;开展差的地方,机构建设还有很大差距。另一方面,开展监督执法的主动性、积极性不平衡,个别地方畏首畏尾,不敢知难而进,而且执法的能力差距大。

二是"三权"落实得不够。一些地方审批水土保持方案光讲数量,不讲质量,有流于形式的现象;收缴"两费"不到位,8 年过去了,有的地方根本没开展收费工作,不敢碰硬;还有的重水土保持方案的审批,轻方案的检查落实,没有执行"三同时",没有检查验收,没有日常的监督和年度检查制度。

三是监督执法体系建设和人员素质不符合监督工作的要求。有的机构光有牌子,没有人或人员很少,无法开展工作;有的同其他执法机构合并在一起,不能很好履行职能。而且,个别地方机构膨胀,人员过多,一些监督人员政策水平低、素质差、工作纪律松懈、执法能力差,不能胜任监督工作。

四是水土保持方案的编、报、审不规范。一些地方不按水土保持方案管理规定执行,越权审批水土保持方案;编制水土保持方案的单位之间竞相压价,不能保证编制质量,甚至替开发建设单位把工程费计入水土流失防治费,不按规定办,不按程序办,随心所欲,只从局部利益出发办事。

五是存在执法随意性。表现在执法目的不纯,主要是为了收费,一收了之,实施监督不严格,滥用职权。

六是行政执法阻力仍然很大。不少地方行政领导有法不依,以言代法、以权压法、干预执法的现象很普遍,使得很多大案要案难以查处。

七是水土保持预防监督技术支持体系建设等基础性工作仍很薄弱,包括技术规范标准、管理办法、程序。水土流失动态监测网络等都需要尽快建立和完善起来。

八是重治理轻预防监督。一些地方仍然只重视治理工作,忽视预防监督,不愿意开展监督执法,从领导到监督的力量、执法的力度都远远不够,没有按国家的要求做到治理和预防监督两手抓。

二、今后的工作思路

今后一个阶段,全国预防监督工作的基本思路是巩固完善、逐步推进、全面提高、规范运行。重点应抓好以下九项工作。

(一)巩固成果,逐步扩大《水土保持法》的实施范围

首先必须巩固好现有执法成果,特别是已经建立监督执法机构的县(市),要深入贯彻《水土保持法》,通过不断深化工作内容,巩固现有成果。一方面,要把预防监督作为一项经常性工作,不能把搞过《水土保持法》宣传、审批完方案、收完费就以为实施好了《水土保持法》。另一方面,未开展预防监督的地、县(市),应尽快成立监督机构,把工作开展起来。在20世纪末以前,全国开展预防监督的县(市)要努力突破1 500个,基本上把重点预防保护区、重点监督区和重点治理区的执法工作开展起来。

(二)进一步完善水土保持法律法规体系

尽管《水土保持法》颁布8年来,全国已初步形成水土保持法律法规体系,但仍很不完善。法律中的一些规定得不到落实,主要原因之一就是缺少操作性强的配套法规,需要进一步制定和完善配套法规,如区域性的配套法规、水土保持"三权"落实方面的配套法规、监测网络建设管理方面的配套法规等。

(三)开展预防监督规范化建设

预防监督规范化建设拟通过机构建设、监督人员着装、配备交通工

具、改善监测手段、发检查证、制定执法程序及一系列工作制度等方面来实现。通过规范化建设巩固成果,规范行为,提高效率。应以地区为单位开展规范化建设,逐步推进。

(四)加大《水土保持法》执法检查力度

近两年,全国人大对《水土保持法》实施情况进行了专项执法检查,有十几个省也开展了执法检查,效果比较好,促进各级政府、有关部门及领导增强了水土保持执法意识和守法意识,减少了行政干预。今后应当进一步加大对《水土保持法》实施情况的检查力度,采取邀请人大进行检查、部门联合检查、上级对下级进行检查等检查方式,并形成制度。对不按《水土保持法》执行的要限期采取措施,问题严重的要予以通报,通过检查促进《水土保持法》的贯彻。

(五)抓好城市水土保持执法

我国很大一部分城市位于山区、丘陵区、风沙区,受到水土流失的危害,搞好水土保持关系到城市的建设和发展。为此,一要搞好规划,使水土保持同城市建设协调起来;二要抓预防,落实"三权",要求开发建设单位和个人必须执行水土保持"三同时"制度;三要多渠道增加投入开展治理,改善城市生态环境。各级首先应从抓试点开始起步。

(六)抓好水土保持恢复治理示范工程建设

这几年全国已经建立了一大批水土保持恢复治理示范工程,为预防监督树立了良好的执法形象。但也有一些地方没有按规定搞恢复治理,造成不良影响,其后果影响到整个部门的形象。今后应当树立形象意识,必须抓好恢复治理示范工程建设,严格按规定执行,该用于搞恢复治理的经费不能挪作他用。建好的示范工程要建立档案,立标志碑,分级管理。

(七)完善水土保持技术支持体系

要进一步完善水土保持技术支持体系,制定和颁布一系列技术规范标准,提高水土保持方案的编制质量,建立水土保持监测网络和信息系统。这些工作都是开展预防监督重要的基础性工作。

(八)加大对大案要案的查处力度

要同计委、环保等部门理顺关系,按照三部委联合下发的文件和国务院发布的《建设项目环境保护管理条例》执行,把好水土保持方案审批关,尤其要抓好省级以上立项的开发建设项目,特别是公路、铁路、矿山等。应以抓审批为龙头,带动收费和对项目的监督检查工作。

(九)大力培训监督人员,提高队伍素质

要继续采取多种形式对各级监督执法人员进行岗位培训,要培训法律法规、水土保持业务和相关行业知识,严格考核,不合格的不能上岗执法,切实提高监督人员的基本素质和执法能力。

（发表于《中国水土保持》1999 年第 8 期）

努力探索城市水土保持的成功经验

一、城市水土保持工作取得了新进展

(一)认识上有了新提高

近几年,城市水土保持的重要性被越来越多的城市所认识。从个别城市到许多城市,从沿海城市到内地城市,从大城市到中小城市以及城镇,许多地方都认识到城市水土保持不是可有可无的事,而是非常重要、非常紧迫的事。城市水土保持逐步引起了全社会的关注,各级市政府开始重视,有的提到了实现城市可持续发展战略目标的高度来认识。城建、环保、防洪等部门都开始认识到防治水土流失是自己的责任。城市人逐步认识到水土流失不只是农村的事,也与他们的生活息息相关,水土流失直接危害到他们的生产生活环境,同时开展城市水土保持工作美化了他们的工作生活环境。一些起步早的城市,进一步认识到城市水土保持不仅仅是治理水土流失带来的危害,而且给人们创造了美好的生活环境,是城市经济发展的基础和保障,是建设现代化城市的一项必不可少的内容。从水利水保部门来看,对城市水土保持的认识也在深化,城市水土保持是一个新的工作领域,同农村水土保持相比较,具有很大的特殊性,水土流失形式、特点、危害不一样,防治模式、措施等不能照搬农村水土保持的方法,要不断探索新途径,走出一条城市水土保持的方法,要不断探索新途径,走出一条城市水土保持的新路子。各方面认识上的提高,极大地推动了城市水土保持工作的开展。

(二)出现了层层办试点、抓示范的新局面

1996年水利部在大连召开全国城市水土保持工作会议,明确在全国10个城市开展水土保持试点。几年来,在这10个城市的带动下,各流域机构、各省(区、市)都确定了自己范围内的城市水土保持试点,还有许多城市积极向水利部、流域机构以及有关省(区、市)申请列入城

市水土保持试点,积极性很高,出现了层层办试点、抓示范,你追我赶,相互学习的可喜局面。长江水利委员会和黄河水利委员会等流域机构除抓好部里确定的城市水土保持试点外,还开展了本流域的城市水土保持试点。各级办试点,体现了各地的特点,并富有创造性,为我国城市水土保持工作的深入开展提供了很好的示范,积累了许多宝贵经验。

(三)城市水土保持领域不断拓宽

经过这几年开展城市水土保持工作,各地不断探索,逐步回答了城市水土保持干什么的问题,目标更明确、内容更具体、措施更有力。在目标上,从防治水土流失危害、保护水土资源到多功能、多目标的美化城市环境、发展城市经济,实现经济效益、生态效益和社会效益的统一。城市水土保持工作从普查水土流失、摸清现状到制定综合水土保持规划、制定水土保持法律法规、开展多种形式的水土保持宣传、开展重点建设工程和示范工程,还有的把新技术运用到城市水土保持措施中。城市水土保持的范围界定也比较明确,就是在市区和市郊。因为市郊和市区密切相关,光搞市区不能解决问题,光搞市郊不搞市区也不能称为城市水土保持。城市水土保持工程的内容主要有三个大的方面,一是城市基础设施建设过程中的水土流失防治,包括开发建设区、开发建设项目、城市防洪、水系工程、道路等建设,主要是防治水土流失危害,避免水土乱流、地面裸露,减少泥沙淤积。二是结合改善城市生态环境,提高市民生活质量,提供旅游、休闲、锻炼场所,美化城市形象所采取的综合性措施。三是为城市经济发展、城郊产业开发创造条件的高效治理开发区。各地开展的工作基本上实现四个结合,一是同展示城市文明、卫生等城市新形象相结合;二是同城市开发、基础设施建设相结合;三是同改善生态环境,提高市民生活质量,提供旅游、观光、休闲场合相结合;四是同发展城市、城郊经济相结合,如同发展水果、蔬菜、花卉等城郊产业相结合。防治措施也逐步具体。预防监督工作中成立执法机构,制定有城市水土保持特点的法律法规,依法开展监督,突出部门联合执法,纳入城市基建项目程序,在项目审批上严格把关,实行"三同时"制度。在治理中,主要以防治水土流失为目标,实行统一规划,工程措施同植物措施相结合,软覆盖与硬覆盖相结合,美化与经济实用相结合,各有关部门工作同水土保持相结合,突出了综合防治,既实现了各行业、各部门的工程建设目标,又起到了保持水土、美化环境的作用。

(四)城市水土保持趋向全社会广泛参与,投入多元化

城市水土保持工程由于其多功能性,单位面积投入强度大,不管是工程措施、植物措施,还是美化环境措施,都比农村水土保持的投入高出许多倍,一是工程本身标准高、质量高;二是工程本身的费用构成高,比如地面覆盖,要求的草皮质量高、造价高,有的从美化环境具有观赏性的要求出发,需要国外进口的草种,需要很好的管护和养护,工程措施中钢材、水泥等用量大、费用高。因此,解决城市水土保持的投入是一个关键问题。这几年,一些城市的水土保持形成了多元化的投入格局。一是政府安排专项资金开展城市水土流失防治,如深圳市1999年财政和水务局拿出6 000万元用于水土流失治理,株洲市从水利基金中拿出10%用作专项资金。二是开发建设单位、个人出资,按照"谁造成水土流失、谁负责治理"的原则出资治理,这是非常重要的一个投入渠道。三是采取引进外资、股份合作的方式,谁开发、谁受益、谁出资,特别是城郊旅游、观光、休闲场所的建设,高投入、高效益,招商引资,很有吸引力。四是政府协调,部门联合,共同防治水土流失,要求城市防洪、城市建设、环境保护等行业、部门把防治水土流失作为一项任务,三明市、赣州市对城市水土保持的投入主要是以这种方式进行的。五是群众自筹,义务劳动,这相当于农村的劳动积累工和义务工。

(五)城市水土保持初见成效

通过开展城市水土保持工作,取得了多方面的成效,实现了经济、生态和社会三大效益的统一。一是为减少城市水土流失危害做出了贡献。过去许多地方没有开展城市水土保持工作,水土流失加剧了洪灾,损失惨重,特别是对城市排水系统、街道造成的危害很大,现在搞了水土保持减少了灾害,治理后效果显著,使"晴天尘土飞扬,下雨一片汪洋"成为历史。二是为美化城市环境、展示城市新形象做出了贡献,如三明市完成了"文明、卫生、园林、双拥"的"四城"创建工作,如果没有水土保持,这是很难实现的。三是为城市经济的可持续发展奠定了基

础,涵养了水源,美化了环境,减少了污染,创造了良好的经济发展环境
和投资环境,如城郊的水土保持为市区的经济发展提供了保障。从水
土保持部门来讲,开展城市水土保持工作拓展了工作领域,在城市工作
中提高了社会地位和知名度。再就是执法取得很大成效,多数城市的
水土保持从抓执法开始,首先预防产生新的水土流失,城市执法也有自
己的特点,部门联合,审批、实施的比例都比较高,工作力度大,有不少
城市审批、实施率达90%以上。

二、城市水土保持大有可为

(一)广泛宣传,提高全民的城市水土保持意识

开展城市水土保持工作宣传是前提,通过宣传提高领导的认识,以
得到有力的支持;得到部门的理解,以取得配合;增强群众的意识,促其
自觉保护水土资源。不搞宣传,领导群众没有水土保持意识,就不会引
起重视。这些年来,沿海地区开发建设规模大、速度快,破坏了地貌植
被,水土流失加剧,很多人视而不见,并没有认识到这是危害,仍然急功
近利,结果后患无穷,反而要付出几倍甚至几十倍的代价。如三峡库区
移民建镇、修路,几乎每个县城都大动干戈,秀丽的三峡满目疮痍,大煞
风景,泥沙直接入江,带来潜在危害;深圳市的开发建设一度使青山绿
水变成千疮百孔,连续两年遭遇洪水灾害,损失数亿元。这些问题的出
现,反映了人们不了解水土流失危害,没有水土保持意识。所以,宣传
上要舍得投入人力、精力和财力,水土保持要进城,宣传要有更新的创
意,引起领导重视,通俗易懂,让市民接受,建立起概念,增强其意识。
如重庆市涪陵区的市区水土保持灯箱,赣州市滨江大道和火车站站前
广场醒目的大型宣传示范牌,乐山市成乐高速公路入口处50余 m^2 的
大型宣传牌,三明市公路收费站的铜制宣传牌等,宣传效果都不错。把
水土流失的危害讲清楚,把水土保持带来的好处讲清楚,教育人们应当
珍惜水土资源,爱护环境,人与自然和谐共处。能不能打开城市水土保
持的局面,巩固已有的成效,关键在宣传。

(二)依法行政,强化监督

城市水土保持同农村水土保持一样,首先要纳入法制化轨道。大

多数试点城市都制定了符合城市特点的水土保持法律法规,这也是创新,因为《中华人民共和国水土保持法》颁布时还没有开展城市水土保持工作,许多内容没有纳入国家的法律法规,但是保护水土资源,减少水土流失危害,改善生态环境的目标和原则以及落实"三权",实行"三同时"这都是一致的。城市水土保持法规的重要内容应当突出规定好各部门、行业的防治责任,只要动土,对植被有影响的就要采取水土保持措施,突出预防为主。要规定政府的防治目标责任制,接受人大的监督。城市水土保持工作中,水土保持部门主要是规划、协调、业务指导和监督,通过法律法规把各行业、部门的责任明确下来,按法律程序办,严格奖惩,有序开展,不能想抓就抓,不想抓就不抓。随着城市水土保持工作的深入开展,法律法规的内容要进一步完善和修改,使之更符合城市水土保持的特点,凡是成熟的经验都可以法律的形式固定下来。有了法规就要严格执法,处罚应比农村更加严格。

(三)科学规划,综合治理

城市水土保持最大的特点在于综合。在规划中要体现多部门配合和多种措施优化配置的特点,治理模式多样化,治理工程多功能,投入多元化,满足经济社会发展和人们生产生活多方面的需求,因此要讲究科学的规划。实现城市水土保持科学规划难度更大,一方面有许多基础性工作刚刚开始,资料、数据、研究成果都比较少,另一方面如何综合需要深入探讨,不能拿农村的水土保持规划来套城市水土保持,也不能将各项措施简单相加,也不是各部门规划的简单叠加。造林不等于水土保持,种草不等于水土保持,环保不等于水土保持,城市水土保持是以保护和合理利用水土资源为基础,实现生态环境的改善,减少危害,美化环境,为经济发展创造条件,所以采取的措施也是综合的、优化的。规划要体现城市的特点,治理目标、采取的措施、投入标准、效益分析都应当符合城市水土流失防治特点。城市水土保持规划从一开始就要立足于高起点、高标准、高效益,集更多学科的知识运用于水土保持。现在看来,除了农、林、水,还涉及城建、环保、园林、旅游等许多学科的知识。

（四）抓好城市水土保持监测、科研等基础性工作

城市水土保持一开始就应当逐步开展水土流失和水土保持效益监测，为城市宏观决策、科研、治理、预防提供基础数据和科学依据，为城市经济社会发展服务。还要开展城市水土保持科研，要研究城市水土保持流失的特点和规律，研究防治的措施和模式，研究水土保持的投入产出关系，进行效益分析，把最新的科技成果运用于水土保持，用现代科学技术手段开展城市水土保持工作。城市水土保持一开始就可以运用遥感技术、地球定位系统来普查水土流失和开展监督执法工作，逐步建立地理信息系统等。同时，建立示范区，引进新技术、新材料、新品种，集科研、示范、推广于一体，也要开始着手制定城市水土保持规范标准等，以适应当前工作需要。

（五）建立新机制，开展城市水土保持工作

近几年，凡是城市水土保持工作蓬勃开展的地方，都十分注重建立新的机制，让全社会参与水土流失防治工作。城市水土保持产生的效益比农村更高，如何吸引社会资金开展水土保持工作，可以借鉴农村拍卖"四荒"的做法和经验。政府要有好的优惠政策，把治理与开发结合起来，以开发促治理。按照"谁投资、谁建设，谁管理、谁受益"的原则，建立起科学合理、多元化投入机制，采取政府投资、招商引资、开发建设单位投资治理、群众自筹等方式解决资金问题。在城市水土保持的项目建设管理机制上，完全可以推行"三制"。

（六）建设高素质的城市水土保持管理队伍

城市水土保持工作的迅速开展对水土保持机构和队伍建设提出了更高的要求，一是要有具有一定权威的领导协调机构，许多城市都成立了城市水土保持委员会，各有关部门参加，研究和解决城市水土流失防治工作中的重大问题。二是要有一个精干的办事机构，就是水土保持办公室，履行行政职能，负责执法、规划、协调、管理等工作。三是要有一支技术队伍，负责水土流失监测、科学研究和技术指导服务等。由于城市水土保持的综合性和复杂性，对业务和专业的要求就更高更宽，需要掌握多方面业务知识的人才，在专业人才结构上，应当选择多方面的专业人才参加，学水土保持的要懂法律、懂城建、懂美化环境。只有培

养和建设一支高素质的水土保持管理队伍,才能适应目前城市水土保持发展的要求,才能掌握城市水土保持工作的主动权,在城市建设中占有一席之地,为城市经济社会发展服务好。现有水土保持机构的同志,要自觉提高业务水平,以适应城市水土保持发展的要求,在城市水土保持工作中有所作为。

(发表于《中国水土保持》2000 年第 3 期)

我国水土流失预防监督的实践与探索

　　预防监督是水土保持工作的一项重要职能。经过近十几年的实践探索,积累了丰富的经验,逐步走出了一条符合我国国情、有效防治人为水土流失的新路子,特别是《中华人民共和国水土保持法》(简称《水土保持法》)颁布以来,预防监督得到了长足发展,经历了三个发展阶段。第一阶段是开展全国执法试点,用了 2 年左右的时间在 30 多个县进行执法试点,积累了执法的经验,并在一些行业和局部地区打开了局面。第二阶段是整体推进执法工作,在全国 31 个省(自治区、直辖市)、150 多个地区、1 500 多个县(市、区)普遍成立了监督机构,开展了监督执法工作。第三阶段是规范化建设时期,预防监督工作走上正规化、规范化、科学化的轨道。这些年来,重点推进了五项工作:一是逐步建立健全水土保持法律法规体系,全国县级以上制定的《水土保持法》配套法规有 2 000 多个,极大地增强了《水土保持法》的可操作性。二是建立健全水土保持监督执法体系,全国大多数县(市)都成立了预防监督机构,共有专职及兼职执法人员 7.4 万人。三是建立健全预防监督技术支持体系,各级政府依法划定了水土流失重点预防保护区、重点治理区和重点监督区,实施了分类指导、分区防治,围绕水土保持方案的编制、评估、审查、验收等技术工作,发展了一支专家技术队伍,对 1 300 多个技术单位进行考核并分别发放了甲、乙、丙三级水土保持方案编制资格证书,相应的有关预防监督技术的规范、标准、定额等陆续出台。四是以"三同时"制度为重点,开展监督执法,落实法律法规,全国开展了 6 000 多次执法检查,各级水行政主管部门审批水土保持方案 17 万多项,开发建设单位累计投入水土流失防治经费 200 多亿元,其中国家铁路、公路、矿山、电厂、水利工程等大型开发建设项目水土保持方案 260 多项。五是开展广泛而深入的《水土保持法》宣传,在每年的《水土保持法》颁布日前后,全国各地都充分利用各种新闻媒体、采取多种形式宣传《水土保持法》。

通过贯彻落实《水土保持法》，取得了实实在在预防人为水土流失的效果。一是大大增强了全民的水土保持意识和法制观念，重视、关心、支持水土保持、自觉保护水土资源的人多了，随意破坏植被、乱堆乱倒土石渣的现象减少了。二是有效遏制了人为水土流失恶化的趋势，不少地方扭转了过去"一方治理、多方破坏"的状况。据不完全统计，近几年全国实施弃土弃渣拦护 8 亿多 t，防治开发建设项目水土流失面积 3 万多 km^2，每年减少开发建设活动造成的水土流失近 1 亿 t，落实了"谁造成水土流失、谁负责治理"的规定。三是建设了一批开发建设项目防治水土流失的示范工程，小浪底、万家寨、晋陕蒙接壤区的神府煤田、成雅高速公路、神延铁路、渝怀铁路等多个项目建成了水土保持示范工程，不仅控制了水土流失，而且美化了项目建设区的环境。四是增强了水土保持监督执法的权威，各级水土流失预防监督机构和广大监督执法人员认真履行法律所赋予的职能，按照有法必依、执法必严、违法必究的原则，严格执法，竭诚服务，树立了良好形象，增强了权威，也得到了各级人大、政府及有关部门的认同与支持。

尽管水土流失预防监督取得了很大成绩，但是要全面贯彻落实《水土保持法》，从根本上遏制人为水土流失恶化的局面，仍然面临严峻的挑战。应该看到，我国正处在工业化和城镇化加快发展的过程中，开发建设活动动土动石量大面广。据有关资料统计，中国每年平均搬动和运转的土石方量达到 381.7 亿 t，占全世界总搬运量的 28.1%，远高出国土面积占全球 7% 和人口占全世界 22% 的比例，每年因人为活动造成的水土流失面积达 1 万 km^2。大规模的基础设施建设，如兴建公路、铁路，开矿，油气田开发，大量破坏植被，弃土弃渣势必对生态环境产生严重影响，对江河下游防洪保安构成严重威胁。如没有切实可行的预防保护措施，大建设、大开发可能导致对环境的大破坏。我国又是一个人多地少的农业大国，转变落后的农牧业生产方式和陈旧的观念仍需要相当长的时间，在广大的山丘区、农牧区消除人为水土流失尚需时日。人们保护生态环境的意识还不够强，重经济利益、忽视环境保护，重建设、轻保护，急功近利，以牺牲环境为代价换取一时经济利益的现象屡见不鲜。一些地方为了招商引资,置国家法律于不顾,任意给予"优惠"条件,竟允许开发建设项目不搞水土保持方案,不缴纳水土保持"两费"。从水土保持监督部门来看,有的地方只重治理,不重监督,一手硬,一手软,结果治理赶不上破坏。有的地方预防监督工作仅停留在审批方案上,检查落实不够,流于形式,安于现状,不思进取,工作领域拓展不够。

面对新的形势,预防监督工作必须进一步坚持成功经验,巩固已有的执法成果,继续发扬勇于探索的精神,拓宽思路,采取新的举措,扩大执法领域,开创新的局面。当前应重点在以下几个方面做好工作。

一、依法履行职责,强化预防监督

水土流失预防监督工作是《水土保持法》赋予水行政主管部门的一项重要职能,贯彻好"预防为主、保护优先"的方针,控制人为水土流失,关键在执法。抓好执法,一举多得,费省效宏。应把预防监督放在首位。要坚持预防监督和治理工作两手抓,两手都要硬。有些地方只重视治理工作,忽视预防监督,结果到处乱挖滥采、乱垦滥牧,人为水土流失没有得到有效控制,治理的成果很难巩固。今后,在安排国家重点治理项目时,应首先安排执法工作开展好的地区。

许多情况下,人为水土流失造成的后果很难恢复。如开山采石场的治理,即使花很多的钱也达不到预期的效果,沉积在江河湖库的弃渣很难清理,损失的库容基本不能恢复,抬高的河床很难再下降。因此,首先要保护,减少破坏。预防监督工作不能仅仅停留在落实"三同时"制度上,不能认为开发建设项目的水土保持方案审批了,"两费"收缴了,就完成了预防监督工作。要充分认识到控制人为水土流失的艰巨性、复杂性、长期性,不能满足现状。从现在贯彻落实《水土保持法》的情况来看,法律中的很多规定仍然没有得到完全落实,造成人为水土流失的很多因素还没有得到根本控制,许多制度并没有建立起来,同有关部门的关系和协作机制仍有待进一步理顺。同时,这些年来,在防治水土流失的过程中,又出现了许多新情况、新问题,需要采取新的措施,制定操作性、针对性更强的配套法规。这些都需要进一步强化监督执法工作,不断丰富水土流失预防监督的内容,推动监督执法向前发展。

二、加强水土流失预防监督队伍建设

执法队伍是能否贯彻好《水土保持法》的组织保障,《水土保持法》及其实施条例都明确了水土保持监督机构的执法地位,《水土保持法实施条例》第二十五条规定:"县级以上地方人民政府水行政主管部门及其所属的水土保持监督管理机构,应当对《水土保持法》和本条例的执行情况实施监督检查。水土保持监督人员依法执行公务时,应当持有县级以上人民政府颁发的水土保持监督检查证件。"要进一步建立健全水土保持监督执法体系。已经设立的各级监督机构都应充实人员,定期培训、考核,不断提高执法能力和执法水平,这是队伍建设的重要内容。国家和地方开展的水土流失重点治理都要求有预防监督机构和人员并开展执法,否则就会出现"一边治理,一边破坏"的现象,国家和群众的投入很难取得好的治理效果。流域机构受水利部委托或代表水利部行使执法职能,有许多工作要做,同样需要强化执法队伍,重大项目协调、参与技术审查论证、监督检查验收等都需要流域机构的执法队伍主动开展与积极参与。

三、严格依法行政,规范管理

随着《水土保持法》的深入贯彻,规范化执法显得越来越重要,通过规范管理可以提高执法的效率和执法水平,减少执法的随意性,树立良好的执法形象。规范化管理首先应当从执法基础工作抓起。第一是规范资质管理。对有资格编制水土保持方案的单位要加强资质管理,因为编制水土保持方案的单位跨行业、跨部门,又分为甲、乙、丙三个等级,管理起来比较复杂,如果没有规范的制度、统一的要求和严格的考核,加之在市场经济条件下利益的驱动、相互之间的竞争,极易导致编制单位水平参差不齐,编制质量高低不一,最终影响水土保持方案实施的效果。资质管理重在抓考核,必须实行定期考核,考核制度要严密、科学、规范。第二是对开发建设项目的水土保持方案规范管理,严格按规定实行分级审批,杜绝越级审批。评审论证的程序要规范化,明确责任,分级负责,同时还要建立专家数据库。第三是规范水土流失防治费和水土保持设施补偿费的收缴和使用管理。各级水土保持监督执法机构要用好法律赋予的"两费"收缴、使用管理权,要严格按国家规定执行收支两条线,收费和使用要有依据、有标准、有程序、有制度、有监督,减少随意性。上级监督机构应对下级机构的"两费"收缴、使用情况定期检查监督。第四是规范水土保持监督机构和队伍。要依法施行持证上岗,定期培训考核。

四、依托技术执法,增强服务意识

水土保持监督执法是以技术服务为主的执法,要进一步由查处案件向主动服务的方向转变,通过服务达到执法的目的。实践证明,仅仅依靠查处案件和收取"两费",不能从根本上防治人为水土流失问题。水土保持监督机构工作是依托技术服务来执法的,这是水土保持监督机构和其他执法机构的最大区别。没有技术服务就达不到监督的目的。水土保持监督机构应当是一支能为开发建设部门、单位、个人提供优良技术服务的队伍,而不应当是一支仅仅以查处案件和收费为目的的队伍。监督执法人员应当树立服务理念,转变工作作风和工作方法,把能够提供科学合理的水土流失防治方案、先进的技术路线作为主要服务内容。

五、扩大执法领域,突出执法重点

按照《水土保持法》的规定,根据新形势发展的要求,防治人为水土流失,需要在更广阔的范围开展监督执法,而不能仅停留在点和线上。应从以下几个方面进一步扩大监督执法的领域:第一是在生态良好的地区落实保护工作,如特殊生态功能区、重要水源区、林区的保护,要作为预防监督内容之一,有针对性地采取保护措施。第二是治理成果区的管护,凡是治理验收过的流域都应由监督机构实施成果保护,治理成果的保护重点是明晰产权,制定乡规民约,落实管护责任,通过有效的管护,使治理成果能持续发挥良好的生态效益和经济效益,实现生态良性循环和区域经济社会的可持续发展。第三是积极推进水土保持生态自我修复,工作的重点是控制人们不合理的生产建设活动,减少对大自然的干扰,搞好管理和保护。第四是继续抓好"三同时"制度的落实,在抓好大中型开发建设项目的同时,特别注意抓好小矿山、采石场、小电站和"四荒"资源开发等小型开发建设活动的管理。对"四荒"的管理要从监督执法入手,管理过程中又要以技术服务为主,同时给予大力支持和鼓励,最终达到治理和开发同步、经济和生态双赢的目的。第五是要加强城市开发建设中的水土保持管理工作。城市水系的综合整治、环境美化,开发建设区的水土流失防治及植被恢复,城市周边的开山采石等管理,都是水土保持监督执法的内容。当前,要重点加大对小型开发建设项目的管理,特别是开山采石,一旦破坏植被,很难恢复,对"四荒"资源开发重点是要掌握情况,督促自行防治,提供技术服务。

六、加强协调,调动社会各方面的积极性

这些年的执法实践证明,水土保持监督必须注意发挥社会各方面的力量和积极性,才能取得比较好的效果。加强同相关行业、部门的协作,进一步理顺工作关系,围绕项目建设中的水土流失防治,联合开展执法活动,明确行业主管责任。水土保持方案编制的资质管理,仍然应面向有关行业、部门,开放式搞水保,发挥各专业部门、设计单位的技术优势,调动各方面的积极性。在监督执法中,要同环境保护、矿产管理、草原、森林等部门的执法队伍加强配合。同时,发挥群众监督、社会监督和舆论监督的作用。总之,动员全社会力量参与防治水土流失,才能达到好的效果,使《水土保持法》得到顺利的贯彻落实。

(发表于《中国水利》2003 年第 23 期)

浅谈预防保护工作中
三项基本制度的建立

近几年来,随着水土保持工作战略思想的转移,许多省区的水土保持预防工作有了很大的进展,在制定水土保持法规、建立健全监督机构以及建立各种有关制度方面积累了丰富的经验。这些经验迫切需要认真总结、归纳,以便进一步推广,并使其趋于科学化、规范化、制度化。因此,笔者就当前预防保持工作中几项基本制度的建立,同从事这方面工作的同志共同探讨。

当前,不少省区在开展预防保护工作中建立的一些制度,归纳起来有三项基本制度,即水土保持方案报告制度,水土流失防治费的收缴、使用和管理制度以及水土保持监督检查制度。这三项制度是开展预防保护工作的重要内容,也是水土保持工作职能转变的中心环节。三项制度相互配合,缺一不可,形成有效的监督管理机制。这三项制度的建立,就是要处理好开发建设与水土保持的关系、局部利益与全局利益的关系、近期利益与长远利益的关系,明确防治水土流失的责任,落实防治水土流失的经费,从根本上扭转"一方治理,多方破坏""先破坏,后治理,破坏大于治理"的被动局面,做到开发建设与水土保持同步进行。

一、水土保持方案报告制度

建立水土保持方案报告制度的目的是掌握有关项目的审批权,通过审批方案报告,在立项时把好关,使开发建设者在项目开始实施前就要考虑防治水土流失的责任和需要采取的防治措施。因此,水土保持监督部门必须建立一套完整的方案报告制度。如大连市从 1985 年起就参加了市规划局牵头,由城建、环保、电力、自来水等 10 多个单位组成的项目审定办公室,定期联合审查基建项目,要求有关项目中有防治水土流失的措施及水土保持监督机构,从而掌握了有关项目的审批权;福建省制定"建设项目水土保持实施方案审批表"和"采取土石沙料防治水土流失实施方案审批表",不少市县审批项目基本上形成了制度,还有不少地方对有关开发建设单位和个人进行登记造册,审查办理水土保持许可证,业已形成制度。准格尔煤炭开发公司在国务院批准由国家计委、水利部联合发布的《开发建设晋陕蒙接壤地区水土保持规定》后,向有关省区水土保持监督机构补充申报了水土保持方案报告书,对矿区水土保持重新规划,落实防治措施。实践证明,这些制度的建立是行之有效的,不仅对开发建设项目把好了关,增强了有关开发建设者的水土保持意识,而且提高了水土保持部门的社会地位和知名度。为便于管理,根据不同管理对象和要求申报的内容,可以将这项制度分解为三类。

(一)水土保持方案报告书

水土保持方案报告书的管理对象是大中型的国营工矿、开发建设单位。如国家或省、地开办的大型煤矿,兴修的铁路、公路、水利水电工程,大面积的荒地开垦、森林采伐、草场利用,新区域开发,城镇建设等项目。这些规模较大的项目,其特点是对植被破坏面积大,弃土弃渣量多,扰动区域生态环境严重,往往对当地和河流下游造成严重危害。但这类项目投资有保证,有规划设计。对此类项目必须要求提交水土保持方案报告书,其内容要求背景材料详细、防治措施具体。报告书至少要包括以下几方面内容:①开发建设项目及周围自然地理概况;②开发建设项目造成水土流失对当地及其他地区的影响;③水土保持措施及年度实施计划;④开发建设范围内水土流失监测设施布局;⑤防治费概预算及年度计划。从报批程序来讲,首先要由开发建设单位提出水土保持方案报告书(自己不能编写的,委托有关业务技术部门编写),报同级水土保持监督机构审批,跨越行政区域的开发建设项目,水土保持方案报告书应由上一级水土保持监督机构审批。负责审批的水土保持监督机构应组织有关专家或有关业务单位对项目进行技术审查,提出评价意见后方可考虑批复。当然,项目的审批时间(从申报到批复)必须限定在一定时间内,逾期未予批复或未提出处理意见的,应当按认可处理。项目审查费用要由开发建设单位负责。

从目前各地情况来看,要实行好水土保持方案报告书制度仍需要研究以下几个问题:①如何划分大中型与小型国营工矿、开发建设单位的界限;②统一制订方案报告书的提要;③确定一批有资格审查方案报告书的单位;④确定一个合理报批的间隔时间;⑤确定合理的项目审查费。

(二)水土保持方案报告表

水土保持方案报告表的管理对象是小型国营工矿企业,开发建设单位,乡镇企业,小面积的开荒、采伐森林、草场利用,区乡道路修筑以及有固定场所开采利用资源的个体经营者,其特点是规模小,比较分散,类型复杂,总体上对植被破坏严重,规划设计不完整,投资没保证,但由于地点相对固定,管理比较容易。方案报告表的内容要求简单明了,一般应包括:①项目基本情况(性质、产品产量、工艺等)②可能造成的水土流失(破坏植被面积、弃土弃渣量);③防治措施(措施布局、工程量、经费预算及年度计划)。报批程序一般应由开发建设单位或个人填写水土保持方案报告表,报县级以上同级水土保持监督机构审批。

(三)水土保持许可证

水土保持许可证的管理对象主要是非定点、流动式采矿、挖沙、淘金、挖草药的单位和个人,其特点是分散而流动,开采者有当地的,也有外地的,乱采乱挖,破坏植被十分严重,较难管理,防治措施不容易落实。因此,必须要求开发资源者提出申请,由县级水土保持监督机构发给许可证。开发者在指定区域内,相对定人、定点、定时间活动。水土保持许可证要限定在一定的区域内和时间内有效。因为管理的目的不同,采矿或其他资源开发证不能代替水土保持许可证。

二、水土流失防治费的收缴、使用和管理制度

对从事资源开发、生产建设的单位和个人收缴水土流失防治费已成为监督管理的一个重要手段。许多地方的水土保持法规都明确规

定,"谁造成水土流失、谁负责治理","谁破坏了水土保持、谁负责补偿"。各地在名称上叫法不同,有叫防治费的,有叫补偿费的,有叫治理费的,也有叫管理费的。各种叫法的实质都是解决两个问题。一是补偿问题。所谓补偿费,是指在水土保持预防保护区和经过治理的水土流失区,单位和个人因从事资源开发、生产建设活动,毁坏了地貌植被和水土保持设施而降低或减弱其原有水土保持功能所必须为此补偿的费用。补偿费不同于因造成直接经济损失的赔偿费。二是防治问题。所谓防治费,是指在山丘区、风沙区从事开发建设的单位和个人因毁坏地貌植被造成水土流失而必须采取的防治措施所需的费用。因此,正常收缴的费用(或开发建设单位、个人必须支付的水土保持费用),应当统一于水土流失补偿费、防治费两种。交补偿费并不免除治理责任。笔者以为,上述两种费用可以在名称上进一步统一于防治费一种,在确定标准时将补偿费作为一个因子加以考虑,便于收缴;在没有补偿问题的地方,只考虑防治费。这样做,容易为社会所接受。当然,对已经为社会所承认的地方,最好两笔费分开。

(一)水土流失防治费的收缴对象及方式

水土流失防治费的收缴分三种情况。第一种,凡是持有经水土保持监督机构审批过的水土保持方案报告书(表)的单位和个人,在规定期限内按水土保持方案报告书(表)中措施进行防治的,可不交防治费;第二种,因技术或其他原因,不能且不便于自行治理的,应根据水土保持方案报告书(表)中预算的经费加适当的管理交水土保持部门,由水土保持部门组织劳力代为治理;第三种,对非定点、流动式开采资源者,一律收缴防治费,由水土保持部门统一组织治理。

(二)防治费的收缴原则及标准

收缴的防治费不得低于水土保持方案报告书(表)中确定的各项措施费用之和。由水土保持部门组织劳力代为治理的,要增加一定比例的管理费。对单位和个人在接到水土保持部门的缴费通知单限定的日期内不缴费的,应每天增收一定比例的滞纳金。水土流失防治费由各项措施费用确定。由于各地情况不同,措施费用也不同,一般折算成破坏植被面积、弃土弃渣量以及一定比例的产品产量、销售额计收。按破坏植被面积计,一般每平方米为0.2~1.0元;按弃土弃渣量计,每立方米为2~10元;按产品产量、销售额计,一般根据弃渣量折算计收。

(三)防治费的使用与管理

收缴的防治费主要用于水土流失防治,不能挪作他用。但可抽取一定比例的管理费,用于落实防治措施过程中的监督检查活动。如乡村水土保持监督人员补助,必要的设备仪器购置,宣传,人员培训,水土流失监测以及监督检查员的奖励等方面。防治费要专款专用、专户储存,可设立经费管理委员会,采取水土保持监督机构主管,财政、银行部门监督的方式。

要落实好防治措施经费。应当注意解决好下述四个问题:一是对于自己治理的单位和个人,应当采取交押金的方式,按计划年初交押金,然后由水土保持部门专户储存、分期拨付;二是要确定科学的、合理的收费标准,不能过高或过低。补偿费可根据当地恢复植被和水土保持工程的平均费用计算,广义上的防治费要把补偿费、治理措施费、管理费考虑进去;三是要调动各级水土保持监督机构和基层政府的收费积极性,收缴的费用按比例提留,绝大部分留在县、乡两级,但必须严格专款专用;四是防治费必须主要用于防治措施,否则就会背离收费的目的。

三、水土保持监督检查制度

建立监督检查制度将使防治措施得到进一步落实,是执法的关键所在,其内容大体可归纳为以下五个方面。

(一)对造成水土流失行为的监督检查

监督检查的对象包括有关部门、开发建设单位、集体和个人。如对农、林、水、工矿、铁道、建筑、交通、能源以及有色金属等部门与水土保持有关工作的监督检查。各部门都必须做好与本部门有关的水土保持工作,如果造成水土流失,水土保持监督机构有权依照法律采取措施制止其所为,或向上级部门反映情况。监督检查机构要及时将当地的水土流失原因、状况向人民政府和上级主管部门报告,并定期通报;对与水土保持工作有关的厂矿、单位和个人都要登记造册,分类归纳并及时掌握其动态,做到心中有数,督促其遵守水土保持法规。

(二)对水土保持方案报告书(表)中各项防治措施落实情况的监督检查

首先要检查有关单位、个人是否向水土保持部门提出了水土保持方案报告书(表),然后对水土保持部门审查批准的水土保持方案报告书(表)中各项措施的落实情况进行跟踪检查,监督实施。主要检查五个方面:一是检查防治措施经费的落实,看防治经费是否同水土保持方案报告书(表)中预算的一致,来源和用途是否正确;二是检查措施落实,看措施是否同水土保持方案报告书(表)中所要求的一致,有改变的,必须向水土保持监督机构报告;三是检查各项措施质量是否符合标准,不符合标准的必须返工;四是检查工程竣工时间,看水土保持方案报告书(表)中水土保持工程是否按规定的时间与主体工程同时竣工;五是检查水土保持许可证的使用范围和有效时间,凡超出规定区域和时间的,许可证一律作废。

(三)对防治费的收缴和使用的监督检查

防治费的收缴数量确定后,监督重点应放在交费的时间上,在规定的期限内必须缴纳防治费。对没有按期缴纳的要查清原因,根据实际情况做出相应的处理,如增收滞纳金等。防治费的使用一般由水土保持部门组织劳力治理水土流失,应根据有关规定自查经费的使用比例、范围,用于水土保持的措施及其竣工时间。

(四)对违法案件进行查处

对违反水土保持法规的行为要根据不同情节依法查处,分别给予警告、行政处分、罚款、责令停产、吊销执照以及移交公安机关按治安管理处罚,构成犯罪的,依法追究刑事责任。要处理好每一个案件,不仅需要掌握好政策界限,而且要有一套从立案到结案的完整的执法文书,做到程序化,避免执法人员的主观随意性。不少地方已经制定了一套执法文书,尚需进一步完善后推广到其他地区。

(五)对预防保护的效益进行监测

监督检查的内容应当包括预防保护效益监测,也就是说要检查预防保护工作的效果。主要有四个方面:一是水土流失在面积上和总量上的减少。通过建立定点监测站获得的资料与定期遥感普查的宏观资料结合分析的方式,可以获得定量的结果。二是监测通过预防保护减少的水土流失危害,由此而减少的损失费用。一般通过分析历史资料和设立对比区的方式进行估算。三是监测治理成果通过管护而发挥的效益,一般只能定性分析,治理和管护的效益很难区分,管护只是保证治理效益的充分发挥,没有管护就不能很好地发挥治理效益,甚至没有效益,造成新的水土流失。四是统计通过预防保护对水土流失治理增加的投入。如各开发建设单位自己采取措施治理水土流失投入的经费,收缴的防治费用于水土流失治理的经费等。看预防保护成效如何,应当把开发建设单位、个人对水土保持的投入作为一个重要指标。

上述三项制度的建立涉及多方面因素,既受外部环境条件的影响,也取决于内部自我发展的能力。积极创造条件,壮大监督管理队伍,至关重要。从目前来看,《中华人民共和国水土保持法》的颁布实施是推动预防保护工作、建立三项基本制度的主动力;反之,只有真正建立起三项基本制度,《中华人民共和国水土保持法》才能得到更好的贯彻执行。因此,建立三项基本制度应首先做好以下五个方面的工作:

一是完善配套法规。从前几年执行《水土保持工作条例》的过程来看,凡是制定了本省实施细则和配套法规政策的省区,监督管理工作就好开展,否则关系难理顺,法规难贯彻。如福建、辽宁、江西、甘肃等省配套法规比较完善,预防保护开展得就比较好。二是推动监督检查机构的建设。没有执法队伍,再好的法规也无人贯彻。从一些省区的监督机构设置来看,比较好的是省设监督处或总站,地设分站(副处级)或科,县设站(科级或副科级),乡镇设专、兼职水土保持监督员,村设兼职水土保持监督员,从上到下形成体系。另外,各级人民政府颁发水土保持监督检查员证。一般以分级发证为好,根据不同层次所管理的对象和范围,分别授予相应的监督检查权。也有的省区统一由省人民政府发证,作用更大,效果更好,但必须对持证的水土保持专、兼职监督检查员加强管理,提高其素质,防止滥用权力现象的发生。三是完善各种执法文书、统计报表。从审批水土保持方案报告书(表)开始,到监督检查后备案的处理,不仅要求有容易操作的法规文件,而且要具备一整套执法文书和统计报表。要逐步走上制度化、程序化、规范化、科学化的轨道。四是广泛宣传水土保持法规政策,使开发建设单位、个人以及广大群众了解法规,遵守法规,宣传要贯穿于整个执法过程中,要与监督工作紧密结合。宣传工作做好了,就可以大大减少监督检查的工作量。五是搞好同有关部门的协作。水土保持监督机构执法不能单枪匹马,要发动和利用社会各方面力量共同贯彻执行法规,如公安、司法、工商、银行、计划、财政、物价以及土地管理、地矿等有关部门,得到他们的大力支持,监督工作才能事半功倍,建立和执行三项基本制度离不开这些部门的配合与协作。

总之,预防保护是一项新工作,在许多方面尚需探讨,特别是一些有效的监督管理方法需要进一步实践、完善,以便推广。

(收录于《水土保持监督管理论文选编》,2003年)

开拓创新　不断推进
水土保持监督管理工作发展

自 2004 年全国第四次水土保持预防监督工作会议召开以来,各级水行政主管部门认真履行职责,狠抓依法行政和规范管理,扎实推进水土保持"三同时"制度的落实,使水土保持监督执法工作迈上了一个新的台阶。

一、近年来全国水土保持监督管理工作的主要成效和经验

(一)主要成效

1. 水土保持预防监督"三大体系"基本形成

水土保持法律法规体系、监督执法体系和技术服务体系是贯彻落实《中华人民共和国水土保持法》(简称《水土保持法》)的基础和前提。《水土保持法》颁布实施以来,国务院发布了《水土保持法实施条例》,全国有 29 个省(区、市)颁布了水土保持法实施办法,共出台县级以上水土保持配套法规和规范性文件 3 000 多个,水土保持法律法规体系基本形成。近年来,各地根据新形势新发展的要求,以政府文件、部门联合文件等形式陆续出台了加强生产建设项目水土保持工作的规定,进一步提高了法律的可操作性和针对性。水利部于 2005 年启动了《水土保持法》修订工作,2008 年 10 月将《水土保持法》修订草案送审稿正式上报国务院,目前《水土保持法》修订已被列入十一届全国人大2010 年立法计划,这对进一步完善水土保持法律法规体系具有重要的推动作用。经过多年努力,流域机构、省、地、县分级管理的全国水土保持监督执法体系基本完善。据统计,全国有 7 个流域机构、31 个省(区、市)、200 多个市(地)、2 400 多个县(市)成立了水土保持管理机构,其主要职能就是贯彻落实《水土保持法》,履行预防监督职责。全

国现有专、兼职监督执法人员 8 万多人,其中专职人员 2 万多人。近期广东省、安徽省水利厅成立了水土保持处,湖南省有 60 个县(区、市)成立了副科级水土保持局,这些机构的主要职能就是监督执法。逐步建立了围绕生产建设项目的水土保持技术服务体系,水土保持方案编制、监测、监理、技术评估专家系统等技术服务队伍不断壮大,实力和水平不断提高。目前,全国有甲级水土保持方案编制单位 137 家,乙、丙级编制单位 1 600 多家,甲、乙级水土保持监测单位 261 家,甲、乙、丙级监理单位 173 家,共有持证从业人员 2 万多人。生产建设项目水土保持技术规范标准相继颁布,为执行"三同时"制度提供了有力的技术支撑。

2. 全社会的水土保持意识和法制观念显著增强

近几年,通过坚持不懈地开展广泛、深入的水土保持宣传教育活动,水土保持基本国策逐渐深入人心,全社会的水土保持意识和法制观念明显增强。水土流失重点防治区的地方政府将水土保持工作提上重要议程,实行地方政府领导任期水土保持目标责任制和考核评价制度,以权代法、以权压法、行政干预的现象明显减少。水利部门与发改、环保、能源、交通、铁道等部门加强协作配合,围绕《水土保持法》的贯彻落实联合出台水土保持相关文件,严把生产建设项目立项关,积极推进水土保持方案制度和水土保持设施验收制度的落实;绝大多数生产建设单位能够自觉遵守水土保持法律法规,主动编报水土保持方案,落实水土保持措施,近年来各地的水土保持违法违规案件明显减少。据统计,2005 年以来在水利部批复的 1 557 个国家大型生产建设项目水土保持方案中,95% 以上是生产建设单位主动编报的。

3. 水土保持"三同时"制度得到进一步落实

各级水行政主管部门以落实水土保持方案制度为核心,严格执行国家新的产业政策和水土保持限批、缓批措施,强化监督检查和技术服务,督促建设单位依法履行水土流失防治义务,推动水土保持"三同时"制度的进一步落实,水土保持方案的申报率、实施率和验收率显著提高,大规模生产建设活动产生的人为水土流失恶化趋势得到基本控制。据统计,2000 年以来,全国共审批各类生产建设项目水土保持方案 25 万多项,其中属国家大中型项目的有 1 800 多项,全国水土保持方案的申报率由 2006 年的 50% 提高到 2008 年的 75%,实施率由 35% 提高到 55%,验收率由 10% 提高到 30%,防治水土流失面积 8 万 km²,减少水土流失量近 20 亿 t。浙江、贵州、山东、福建等省由省级立项的生产建设项目的水土保持方案申报率达到了 100%。

4. 树立了一大批生产建设项目水土保持示范典型

树立生产建设项目水土保持先进典型,发挥典型的示范带动作用。水利部分别于 2004、2006、2008 年开展了生产建设项目水土保持示范工程的评选工作,西气东输、青藏铁路、川气东送、云南思小高速公路等 124 个生产建设项目被评为水土保持示范工程,并发挥了示范带动作用。在全国水土保持监督执法专项行动中,对能够将水土保持方案内容落实到主体工程的规划设计、招投标、施工及监理、监测工作中,能够积极探索应用水土保持新理念、新技术,优化工程设计,有效控制和减少水土流失的中国石油化工集团管道储运公司等 78 个生产建设单位提出了表扬,进一步提高了生产建设单位开展水土保持工作的主动性。

5. 监督管理工作走上规范化的轨道

各级水行政主管部门坚持依法行政,深入贯彻依法治国方略和建设法治政府目标,不断完善和规范行政执法行为,推动了监督管理工作逐步规范化,树立了水土保持执法的良好形象。一是实行执法公开制度,将水土保持法律法规、监督管理制度以及水土保持方案审批程序、水土保持设施验收标准和水土流失补偿费征收标准等向社会公示公布,设立监督举报电话和信箱,主动接受社会监督。二是坚持依法查处违法违规行为,严格按照法定权限和程序行使职权,形成了严格的立案—调查—处理—送达—复议—执行的案件查处制度,基本实现了执法必严、违法必究、查处必果的目标。三是进一步加强机构能力建设,开展多层次、全覆盖的法规和业务培训,提高各级监督管理人员依法行政的素质、能力和水平。四是开展全国水土保持监督执法专项行动。从 2007 年 9 月起,用 1 年多的时间,集中力量查处了一批重大水土保持违法违规项目,规范了各类开发建设活动,进一步推动了水土保持"三同时"制度的落实,增强了水土保持监督管理部门依法行政的能力。在专项行动开展期间,全国共计调查生产建设项目 10.48 万个,开展执法检查 3.56 万次,对 2.68 万个水土保持违法违规项目印发了限期整改通知书,对 2 201 个项目进行了通报、曝光。

6. 水土保持的执法地位和权威得到确立

各级水土保持监督管理机构通过严格执法,认真履行水土保持法律赋予的职责,水土保持的执法地位和权威逐步得到确立。一是严格执行各项制度。水土保持方案制度、水土保持设施验收制度、水土保持补偿费制度、水土保持监测制度等逐步落实,人为水土流失恶化的趋势得到基本遏制,水土保持对实现水土资源的可持续利用和生态环境的可持续维护发挥了重要作用。二是依法监督管理生产建设活动。限批、缓批不符合建设条件的生产建设项目的水土保持方案,遏制不符合国家有关政策法规项目的立项和建设。三是加强监督检查,严格执法,对存在水土保持违法违规行为的生产建设项目进行通报、曝光或依法处理、处罚,威慑了心存侥幸、逃避法定义务的生产建设单位和个人,树立了水土保持监督执法的权威。

(二)主要经验

1. 加强协作,上下联动

在贯彻实施《水土保持法》的过程中,各级水行政主管部门积极争取人大、政府的支持,加强与发改、国土、环保、交通、司法等部门的沟通配合,充分发挥各相关职能部门的作用,有效推动了水土保持监督管理工作的深入、健康发展。同时,各级水行政主管部门上下联动,流域机构、省级水行政主管部门开展了大规模的生产建设项目水土保持督察和联合执法检查。据统计,仅 2008 年各地共开展部门联合执法检查 5 078 次,有效地遏制了违法违规行为,提高了水土保持工作的地位和影响。如青海省水利厅联合发改、国土、环保等部门,对海西州和海北州境内的煤矿进行了执法检查,推动了省内矿山水土保持工作的开展。

2. 严格执法,敢于攻坚

在多年的水土保持监督管理工作中,各级水土保持监督执法人员以高度的责任感和使命感开展执法工作,坚持原则,讲求策略,敢于碰硬,迎难而上,运用法律、行政和经济等多种手段解决问题,一些行业和企业的水土保持工作取得突破性进展,维护了法律的严肃性。水利部对水土保持监督执法专项行动中有突出问题的 24 个典型违法违规项目首次提出了限期整改要求,并组织"回头看"活动,目前这些项目大部分已完成整改任务。如深圳市水务局对 58 个不履行水土保持法律责任的违法违规项目进行集中曝光、反复曝光。

3.加强队伍建设,搞好社会服务

监督管理部门为生产建设项目做好技术服务是一项重要职责,需要加强自身技术队伍建设,培养相关的专业技能人员。一是围绕生产建设项目水土保持"三同时"制度的落实,重视扶持和培育水土保持方案编制、监测、监理、技术评估等技术服务队伍,积极开展水土保持各项技能培训,培养了大批水土保持专业技术人员。二是加强对资质单位的考核。为保证持证单位工作的质量和水平,水利部加强了对水土保持持证单位的管理,定期进行考核。全国已有 1 700 多个持有甲、乙、丙级水土保持方案编制资格证书的单位开展技术服务工作,为生产建设项目有效防治水土流失提供了重要技术支撑。三是全面加强相关行业培训工作。大规模开展方案编制、工程概(估)算定额、设施验收、技术评估、监测评价、规划设计等方面的技术培训。据统计,2005 年以来参加过省级以上培训的人员达 2 万多人次,较好地满足了生产实际的需要,全面提高了水土保持从业人员的素质和能力。

4.完善技术体系,夯实基础性工作

加强预防监督基础性工作是开展好执法的前提。一是明确工作发展目标、方向、重点。印发了《全国水土保持预防监督纲要(2004—2015)》和《关于划分国家级水土流失重点防治区的公告》,明确 21 世纪初期我国水土保持预防监督工作的指导思想、目标任务,分区提出了水土保持监督管理的要求,有针对性、有重点地开展水土流失防治工作。二是明确政策,创新机制。连续 3 年中央一号文件都对建立水土保持生态补偿机制提出了政策要求,为推动水土保持生态补偿机制的建立创造了条件。如陕西省 2008 年出台了根据煤炭、石油、天然气产量计征水土保持补偿费的相关办法。三是积极推进标准化建设。编制完成了一系列相关的水土保持技术标准体系,修订完成了《开发建设

项目水土保持技术规范》《开发建设项目水土流失防治标准》和《开发建设项目水土保持设施验收技术规程》等国家标准。

5. 广泛宣传，营造氛围

广泛宣传水土保持法律法规，大力营造良好的执法氛围，对减少执法阻力、增强公众保护水土资源的意识具有十分重要的作用，是水土保持监督管理工作的重要手段。各级水行政主管部门通过定期举办座谈会、专题讲座、展览、知识竞赛，编印宣传画册，播放公益广告、发送手机短信，制作户外固定广告牌等多种方式，充分利用多种媒体，高强度地宣传了水土保持法律法规的要求和防治水土流失的基础知识，为水土保持监督管理工作营造了良好的社会氛围。如水利部2008年4月启动了水土保持国策宣传教育活动；坚持每年在"世界水日""中国水周"期间，开展纪念《水土保持法》颁布实施系列宣传活动；与全国人大环资委、中宣部、共青团中央等单位联合举办了"保护长江生命河""保护母亲河""中华环保世纪行"等大型采访报道活动，都取得了明显效果。

在全国水土保持监督管理工作取得突破性进展和突出成效的同时，我们也应该看到各地监督管理工作发展很不平衡，还存在着一些亟待解决的问题。一是现行《水土保持法》已不适应新形势、新任务的要求，突出表现在编报水土保持方案的生产建设项目对象范围过窄、管理措施单一、管理机制不健全，有关法律责任的规定较单一，对违法行为处罚力度不够，给执法工作造成了困难等。二是监督执法能力有待进一步加强，有的地方监督执法队伍建设还比较薄弱，缺乏专职人员，有的甚至没有水土保持机构，有的监督管理人员素质和能力不强、精神状态不佳。三是有些地方履行职责不到位，监督管理机构执法缺位、漏位、越位的现象仍然存在，有些地方还存在滥用权力、行政干预监督执法的现象。四是水土保持监督执法和技术服务存在不规范现象。

二、水土保持监督管理工作面临的形势和任务

党的十七大明确提出建设生态文明的战略任务，十七届三中全会就加强生态保护、推进资源节约型和环境友好型社会建设作出了重大部署，为新时期水土保持监督管理工作指明了方向。当前，我国正处在

全面建设小康社会、加快推进社会主义现代化建设的历史时期,社会经济快速发展,特别是自2008年世界金融危机以来,国家投入巨额资金启动了一批铁路、公路、机场等基础设施建设项目,生产建设活动规模空前,强度不断增加,给水土保持监督管理工作带来了很大挑战。据统计,当前我国每年从陆地表面搬动和运输的土石方量高达380亿t,占全世界的28.1%,人均29 t,是世界平均水平的1.4倍,开发建设强度是世界平均水平的4~4.5倍,生产建设活动引发的水土流失超过全国人为新增水土流失总量的80%,已经成为我国经济社会发展的重要制约因素。在我国城市化、工业化、现代化进程中,水土流失又出现一些新的情况,比如城镇开发区建设、房地产开发、乡村公路建设、山丘区农林开发等都是产生水土流失的重要原因,也是水土保持监督管理的新对象,必须根据新的情况采取更加有效的监督管理手段。

当前与今后一段时期水土保持监督管理工作主要有以下几个方面的任务。

(一)进一步完善水土保持法律法规体系

水土保持法律法规是开展水土保持监督管理的依据和法律保障,只有不断完善法律法规体系建设,才能不断推进水土保持监督管理工作。一是在国家层面要继续推进《水土保持法》的修订工作。水利部将全力配合全国人大法工委、环资委和国务院法制办,承办好立法协调、调研、论证等活动,以确保修订质量,加快修订进程。二是各省要提前启动配套法规的修订工作。法律修订需要做大量前期工作,尤其是从当地实际出发深入调研,提出修订法律法规的主要内容,各省要尽快启动水土保持法实施办法的修订准备工作,组织专门人员开展工作,并将修订工作列入政府和人大的立法计划。三是继续推动市、县两级以政府文件、部门联合文件形式出台制度性规定,强化完善水土保持方案审批、水土保持设施验收等作为项目立项和总体验收的前置审批地位,推动水土保持工作的深入开展。四是要大力推进建立水土保持生态补偿机制。从目前来看,各方面条件已成熟,政策依据有中央文件,法律依据有《水土保持法实施条例》和各省收费办法,实践范例有陕西省的经验做法等。各地要学习借鉴陕西省的经验,从修改收费办法入手,扩大收费范围,提高收费标准,改进收费方式。

（二）继续推进全国水土保持监督管理能力建设

水土保持监督管理能力建设关系到《水土保持法》的全面贯彻实施,尤其在基层需要下大力气抓好能力建设。一是要加强领导,提高认识,全面落实监督管理能力建设的各项保障措施,推动监督管理能力建设深入细致地开展。二是抓好第一批510个县级水行政主管部门的水土保持监督管理能力建设。总体设想是:用3～5年时间,通过水土保持监督管理能力建设活动,使全国2 000多个县的监管能力普遍提高,为深入贯彻《水土保持法》奠定基础。三是举办监督管理培训班,轮训各地监督管理工作人员,全面提高监督管理人员的素质、能力和水平。四是流域机构和省级部门要加强对各市、县工作的检查指导,按计划开展督察巡视,检查推动各地监督管理能力建设工作。

（三）全面落实水土保持"三同时"制度

生产建设项目水土保持"三同时"制度是监督管理工作的核心。一是在抓大中型生产建设项目水土保持"三同时"制度的同时,要着力提高中小型生产建设项目水土保持的"三率",采用行业内上下联动、相关部门联动等工作方式,强化监督检查,突出水土保持方案的前置审批地位。二是要多措并举,大力推进水土保持设施验收。要采取宣传、检查、通报、曝光、处罚、限批、缓批等多种方式,推动建设单位开展验收工作,要借鉴水土保持方案编报审批的经验,做好发改、环保等部门的工作,明确水土保持设施验收在环境验收、竣工验收中的前置地位,推动水土保持设施竣工验收工作。三是在生态敏感区域、重要保护区以及对不认真贯彻水土保持"三同时"制度的行业、部门,重要建设项目水土保持方案要严格实行限批、缓批。

（四）坚持依法行政,规范执法行为

各级水行政主管部门要不断创新工作机制,坚持依法行政,规范执法程序和行为,增强执法活力。要利用网络、信息系统等新的载体推动水土保持监督管理工作开展。要协调好行业内外的工作关系,调动各方面参与水土保持的积极性,规范执法,搞好社会服务。要规范执法程序,认真执行水土保持方案审批备案、公示制度,各地要尽可能把水土保持方案技术审查和行政审批的职能分开,提高方案编制质量。要规范执法行为,不断提高执法水平和执法队伍素质,加大执法力度,杜绝执法简单化。要建立举报机制,曝光黑名单,监督水土保持执法行为。要规范方案审查和水土保持设施验收。要完善生产建设项目水土保持方案的受理、审查、批复、送达以及水土保持设施验收等各个环节的规定,做到无逾期审批、无越权审批、无逾期验收、无越权验收和不故意刁难建设单位等。

(五)加强行风建设,树立良好执法形象

各水行政主管部门要树立廉政服务意识,严格遵守国家的廉政规定和行业廉政要求,强化队伍管理,改进工作作风,严于律己、廉洁奉公,杜绝越权、渎职、徇私舞弊,严禁"吃拿卡要"现象发生,主动接受社会监督,做到公开、公正、透明。要管好执法队伍,确保行政执法人员严格执法、公正执法、文明执法、高效执法,保证行政执法活动在规范化、法制化的健康轨道上运行。同时,要管好专家队伍、编制单位、验收单位和评估单位,要建立健全监督机制和行风建设的长效机制,采取通报批评、吊销资质等手段,加强行风建设,树立水土保持良好执法形象。

(六)加大宣传力度,营造良好执法氛围

以深入宣传《水土保持法》为载体,让水土保持理念进入千家万户,在增强公众法制观念的同时,提高水土保持意识,营造良好的执法氛围。一是各级水行政主管部门要创新宣传方式,把日常宣传和集中宣传相结合,重点组织有深度的宣传报道,通过《水土保持法》的宣传,增强生产建设单位和个人自觉履行水土保持法律责任的积极性。二是以各行业涌现出的生产建设项目水土保持典型为重点,如西气东输、青藏铁路等工程,大力宣传和推广他们在水土流失防治中的新理念、新技术、好经验、好做法,充分发挥这些典型的示范和带动作用,使大多数开发建设单位和个人能主动做到事前保护、减少破坏。三是大力宣传"中国水土流失与生态安全综合科学考察"取得的成果,将水土保持列入各级政府和人大的学习内容,列入各级党校、行政学院的培训计划,水土保持工作者要主动宣讲,提高水土保持事业在全社会的地位。四是要构建覆盖全社会的水土保持国策教育体系,大力开展水土保持科普教育、法制教育、警示教育和生态理念教育,全面提高公众的法制观念和水土保持意识。

（发表于《中国水土保持》2010 年第 3 期）

谈谈《水土保持法》修订的
过程和重点内容

2010 年 12 月 25 日,第十一届全国人大常委会第十八次会议审议通过了修订后的《中华人民共和国水土保持法》(简称《水土保持法》),并定于 2011 年 3 月 1 日起实施。这是我国水土保持事业发展史上的一件大事,是水土保持法制建设的又一个里程碑。结合参与修订的一些体会,将修订的过程和新法的重点内容做一简要介绍。

一、修订背景和过程

(一)修订背景

1991 年《水土保持法》的颁布施行,对于预防和治理水土流失,改善农业生产条件和生态环境,促进我国经济社会可持续发展发挥了重要作用。但是,随着经济社会的迅速发展和人们对生态环境要求的不断提高,原法已经不能适应新形势、新任务的要求,突出表现在:一是原法的一些规定已经不适应落实科学发展观、建设生态文明、实践可持续发展治水思路以及社会主义市场经济体制的要求;二是各级地方人民政府的水土保持责任不明确,水土保持公共服务和社会管理职责不完善,影响了水土保持工作的开展;三是随着各类生产建设活动的大量增加,人为水土流失仍在加剧,而原法规定的生产建设项目水土保持制度对象范围过窄、管理措施单一、管理机制不健全,与水土流失预防和治理任务要求不相适应;四是水土保持行政许可方面的规定不具体,《中华人民共和国行政许可法》出台以后,原法许多规定已不适应依法行政的要求;五是原法水土保持预防、保护、治理的措施不够健全,特别是近年来,各地在预防和治理措施方面有许多创新、发展,积累了丰富的经验,需要以法律的形式固定下来;六是原法法律责任的种类和手段较为单一,处罚力度不够,可操作性差,存在守法成本高、违法成本低的问题。

因此,有必要在全面总结原法实施以来的经验并借鉴国内外水土保持立法经验的基础上,对其进行修订,以更好地贯彻水土保持基本国策,落实科学发展观和实践可持续发展治水思路。

(二)修订过程

2005 年 6 月,水利部正式启动了《水土保持法》的修订工作,成立了分管部领导挂帅的修订工作领导小组,组建了专门的起草班子。5 年来,起草班子围绕政府目标责任制、规划制度、方案制度、验收制度、补偿费制度等开展了大量专题研究,多次深入基层进行实地调研,召开了 200 多个不同层次和规模的座谈会、研讨会、咨询会和协调会等,完成了近 100 万字的文字材料,在各阶段广泛征求了全国水利系统、国务院有关部门、省级人民政府的意见,易稿几十次,形成了《水土保持法》修订草案送审稿,经部务会议审议后,于 2008 年 10 月上报国务院。2010 年 7 月 21 日,温家宝总理主持召开了国务院常务会议,陈雷部长做了关于《水土保持法》修订的说明,会议讨论并原则通过了修订草案,提请全国人大常委会审议。

2010 年 12 月 25 日,第十一届全国人大常委会第十八次会议审议通过了修订后的《水土保持法》。一般来说,全国人大常委会审议的法律案要经过 3 次审议,而新《水土保持法》只经过 2 次审议并获高票通过,说明新法得到了第十一届全国人大常委会组成人员及社会各界的高度认可。近年来,社会各界对于保护水土资源、保护和改善生态环境、加强水土流失预防和治理的呼声很高,在两次审议期间,第十一届全国人大常委会组成人员一致肯定了《水土保持法》修订的必要性和重要意义,特别是在舟曲特大泥石流灾害发生不久,常委会组成人员多次强调要实行更加严格的水土保持监督管理制度,有效控制人为水土流失。

开展《水土保持法》修订的 5 年是一个异常艰辛的历程,能取得这样的成果非常不易。当前国家高度重视立法工作,各级立法领导机关对修订草案进行了层层严格审查,大家将这段经历比作"过 5 关",即要经过国务院法制办、国务院常务会议、全国人大环资委、全国人大法律委和常委会法工委、第十一届全国人大常委会的审议审查。为充分听取各方面的意见和建议，修订期间先后5次正式向国务院有关部门、省级人民政府及其他有关单位征求意见，其中水利部1次、国务院法制办2次、全国人大环资委1次、全国人大法律委和常委会法工委各1次，共收到修改意见和建议1 000余条，同时全国人大常委会通过全国人大网站征集社会公众意见8 000多条。为切实掌握第一手资料，国务院法制办于2009年9月赴四川、广东开展修订调研，重点解决了"三区"范围外水土保持方案编报和水土保持设施验收等问题；全国人大环资委于2010年5月赴广东、陕西开展修订调研，重点解决了水土保持设施专项验收等问题；全国人大法律委和常委会法工委于2010年11月赴河南、山西等开展修订调研，重点解决了水土保持补偿费等问题。

在向国务院法制办两次征求意见期间，国家发展改革委、财政部、环境保护部、交通运输部、铁道部等对水土保持方案制度、补偿费制度等提出了很多较大的修改意见。为争取国务院法制办和有关部门对修订工作的支持和配合，水利部领导多次亲自出面协调，陈雷部长与国务院法制办领导协调解释修订法律的背景和重要性；周英副部长参加专家论证会，多次对修订工作提出了具体要求；刘宁副部长率水利部政策法规司、水土保持司的同志专门拜会了国家发展改革委、财政部、环境保护部、交通运输部、铁道部和国家林业局六部委（局）的领导，就《水土保持法》修订有关问题阐明情况，争取支持。这些协调沟通工作取得了明显效果，在国务院法制办修改后期，不同意见明显减少。

为了使全国人大常委会组成人员更好地审议这部法律草案，起草班子精心策划，积极运作，在2010年10月28日第十一届全国人大常委会第十七次会议闭幕后，全国人大常委会举行了第十八讲专题讲座，题目是《我国水土流失问题及防治对策》，主讲人是中国科学院地理科学与资源研究所研究员、中国科学院院士、中国科学院原副院长孙鸿烈。他利用中国水土流失与生态安全综合科学考察成果，从我国水土流失基本状况、当前水土流失预防和治理中存在的主要问题、对策措施和建议 3 个方面做了深入讲解。这次讲座的听讲人员包括第十一届全国人大常委会组成人员、第十七次会议列席人员和各专门委员会工作人员,总计 400 多人,针对高层宣传的效果非常好,增进了委员们对水土保持的了解,统一了对《水土保持法》重要条款的认识,为修订草案顺利通过第二次审议奠定了重要基础。

在《水土保持法》修订期间,全国人大法律委、环资委,全国人大常委会法工委、国务院法制办,水利部政策法规司、修订工作领导小组和起草工作小组的同志,高度负责,对修订草案进行了认真研究、修改、把关;在修订调研期间,地方人大、政府、水行政主管部门和有关部门的同志,提出了许多建设性意见,使修订草案日臻完善。他们都为新《水土保持法》的出台做出了重要贡献。

二、新法的重点内容

新法在原法六章四十二条的基础上,修改、补充和完善为七章六十条,增加了一章十八条,内容大大丰富。新法认真贯彻落实科学发展观,注重以新的理念为指导,充分体现人与自然和谐的理念,将近年来党和国家关于生态建设的方针、政策以及各地的成功做法和实践经验以法律形式确定下来,概括起来有十个方面的重点内容,需要认真把握。

(一)强化了政府的水土保持责任

水土保持是我国的一项基本国策,是生态文明建设的重要组成部分,不仅关系当前经济社会的发展,而且涉及子孙后代的利益,搞好水土保持是各级政府义不容辞的责任和重要职责。但是,水土保持又是一项长期性、公益性、群众性、综合性工作,见效周期长、过程慢,与其他眼前容易出政绩的工作相比往往容易被忽视。因此,有必要强化政府水土保持责任,激发地方政府开展水土保持工作的主动性和积极性,扭转片面追求经济发展、忽视生态环境保护的做法。

一是要求政府加强统一领导。新法第四条明确规定"县级以上人民政府应当加强对水土保持工作的统一领导",由政府统一领导,加强宏观管理,组织和发动各方面力量参与水土保持工作,有效贯彻落实法律确定的各项水土保持目标和任务。

二是要将水土保持工作纳入国民经济和社会发展规划、年度计划，安排专项资金，组织实施。把水土保持工作纳入国民经济社会发展规划，保证了水土保持资金投入和落实，确保水土流失预防和治理任务真正得以完成。

三是在水土流失重点预防区和重点治理区实行地方各级人民政府水土保持目标责任制和考核奖惩制度。把水土流失预防和治理任务定量化、指标化，督促各级政府、部门层层分解并落实水土保持责任，调动政府各部门积极性，齐抓共管水土保持工作。落实这项制度，关键是建立水土保持监测评价体系，做到工程成果可监测、可评价、可考核，同时要建立地方各级人民政府向人大汇报水土保持工作的制度。

四是进一步明确水行政主管部门和其他有关部门的水土保持职责。水土保持是一项综合性工作，涉及多行业、多部门，新法第五条明确了水行政主管部门主管全国的水土保持工作，同时要求林业、农业、国土资源等有关部门按照各自职责做好有关的水土流失预防和治理工作。要发挥流域管理机构在水土保持工作中的作用，新法首次明确了流域管理机构的水土保持职责，尤其明确流域管理机构在所管辖范围内依法承担水土保持监督管理职责。

（二）强化了水土保持规划的法律地位

水土保持规划是对流域或区域在未来一段时期内，预防和治理水土流失、保护和合理利用水土资源工作的整体部署，对水土保持事业长远发展至关重要。原法中关于规划的规定过于简单、笼统，操作性不强，导致一些地方对水土保持规划制定、实施和统筹协调重视不够等，规划的实施往往流于形式。新法确定了水土保持规划的原则、重点、内容、报批审核程序和组织实施主体，明确规划一经批准就须严格执行。

一是增加了"规划"一章。就水土保持规划的种类、编制主体、原则、内容、报批程序，以及相关规划衔接、协调等做出了具体的规定，并明确规定水土保持规划一经批准，应当严格执行。

二是要求在相关规划中提出水土保持对策措施。要求在基础设施建设、矿产资源开发、城镇建设、公共服务设施建设等规划中，提出水土流失预防和治理的对策与措施,并征求水行政主管部门的意见,这对于从项目源头上把好水土保持关非常重要,相应地也赋予了各级水行政主管部门一定的管理职责。

三是把水土保持规划作为水土流失预防和治理、水土保持方案编制、水土保持补偿费征收的依据。要求预防保护措施布设、易造成水土流失区域的确定以及社会力量参与水土保持都必须依据水土保持规划或在水土保持规划的指导下进行。

四是要征求专家和公众意见。要求编制水土保持规划,应当广泛征求专家和社会公众的意见,确保规划既符合科学规律,为水土保持工作实践提供正确指导,又充分尊重和体现民意,保证水土保持实现惠民生、谋福祉的目标。

（三）突出预防为主、保护优先的方针,强化了特殊区域的禁止性和限制性规定

新法第十七条、第十八条、第二十条分别对崩塌、滑坡危险区和泥石流易发区,水土流失严重、生态脆弱区以及二十五度以上陡坡地做出了禁止和限制一些容易导致或加剧水土流失活动的规定,扩大了保护范围,强化了保护措施。

一是对崩塌、滑坡危险区和泥石流易发区的禁止性规定。在崩塌、滑坡危险区和泥石流易发区,从事取土、挖砂、采石等活动,极易诱发崩塌、滑坡和泥石流等灾害,因此在崩塌、滑坡危险区和泥石流易发区禁止取土、挖砂、采石是十分必要的。

二是对生态脆弱区的禁止性或限制性规定。生态脆弱区植被生长极为缓慢,自然形成的草甸、地表结皮甚至戈壁砾石,是经过长期的自然选择而保留下来的天然保护屏障,具有一定的水土保持功能。这些原地貌和植被一旦破坏,几乎没有恢复的可能,且在大风等情况下,往往形成高强度的水土流失。因此,严格保护沙地、戈壁、高寒山区等生态脆弱区的植被和地表层是十分必要的。

三是对生态敏感区的限制性规定。生态敏感区主要包括侵蚀沟的沟坡和沟岸、河流的两岸以及湖泊和水库的周边。侵蚀沟是指正在发育的较大沟道,容易产生新的切沟甚至发育成新的侵蚀沟,并伴有坍塌、泻溜等重力侵蚀,水土流失较为严重。侵蚀沟产生严重水土流失的形式主要是沟头前进和沟岸扩张。植物保护带可稳定沟岸,净化水质,减小水流的冲刷能力,有效减少水土流失。同样,在河流、湖泊、农田和水库周边的一定范围内设置植物保护带,利用植物的根系固土护坡,可减小水流的冲刷能力,减少跌水及造成崩岸的可能,对于稳定库岸、减少水土流失具有重要作用。同时,还可减少水土流失面源污染,起到净化水质的作用。正是由于植物保护带具有多方面的功能,所以应严格保护,禁止开垦。

四是在二十五度以上陡坡地禁止开垦种植农作物的规定。据20世纪90年代初的调查,在陡坡地上种植农作物,土壤流失量是林草地的5~20倍,水的流失量是林草地的2~8倍。研究结果表明,二十五度是土壤侵蚀的临界坡度,二十五度以上陡坡耕地的土壤流失量比普通坡耕地高出2~3倍。因此,新法保留了禁止在二十五度以上陡坡地开垦种植农作物的规定。

(四)强化了水土保持方案制度

新法进一步完善了生产建设项目水土保持方案制度,强化了水土保持方案的法律地位。

一是明确了生产建设项目水土保持方案由水行政主管部门审批。此次修订将原法规定的水行政主管部门"审查同意"水土保持方案修改为水行政主管部门"审批"水土保持方案,明确了水土保持方案审批是水行政主管部门的一项独立行政许可事项,切实提高了水土保持方案在生产建设项目前期工作中的前置地位和权威性。

二是合理界定了水土保持方案编报的范围和对象。第一,新法将水土保持方案编报的范围由原法规定的"三区"修改为"四区"。原法将水土保持方案编报范围限定为"三区"(山区、丘陵区、风沙区),从执法实践看,这种划分方式不够科学、不够全面。生产建设项目是否造成水土流失,不仅与项目所处的地貌类型有关,还与项目所在区域环境及项目特点,如规模、性质、挖填土石方量、施工周期等有关,平原地区开展生产建设活动同样存在水土流失问题。如江苏省绝大部分是平原区,但水土流失依然严重,据统计,仅2009年,全省水土流失造成河网淤积量约 4 亿 m^3，清淤费用高达 20 亿元。近年来，城镇化建设以及经济发达地区一些生产建设项目造成的水土流失问题越来越突出。第二，新法将编报对象由"五类工程"修改为"可能造成水土流失的生产建设项目"。主要是因为原法采取列举的方式仅将五类企业和乡镇集体、个体采矿作为水土保持方案和"三同时"制度管理对象，造成部分生产建设项目处于法律约束范围之外，弱化了对人为水土流失的管控。

三是加强对水土保持方案变更的管理。新法第二十五条规定：水土保持方案经批准后，生产建设项目的地点、规模发生重大变化的，应当补充或者修改水土保持方案并报原审批机关批准。水土保持方案实施过程中，水土保持措施需要做出重大变更的，应当经原审批机关批准。

四是强化了水土保持"三同时"制度。新法第二十六条、第二十七条规定：对应编但未编水土保持方案或方案未经水行政主管部门审批的生产建设项目不得开工建设；对应当验收水土保持设施的，未验收或验收不合格的，不得投产使用。

五是明确了水土保持方案编制机构应具备相应技术条件。

（五）完善了水土保持投入保障机制

一是明确国家加强水土流失重点预防区和重点治理区的坡耕地改梯田、淤地坝等水土保持重点工程建设，加大生态修复力度。国家水土保持重点工程是国家在水土流失重点地区直接投入和组织实施的大型生态建设项目，实行集中、连续和规模治理，对促进重点治理区的经济社会发展和生态环境改善、解决区域生态环境和经济发展的重点和难点问题具有重要作用。

二是引导和鼓励国内外单位和个人以投资、捐资，以及承包治理"四荒"等方式参与水土流失治理。如我国许多地方通过制定优惠政策，引导、鼓励和推广拍卖"四荒"使用权、大户承包治理、企业事业单位及社会团体投资治理等形式，拓宽了资金来源渠道，加快了治理步伐。

三是明确多渠道筹集资金，将水土保持生态效益补偿纳入国家建立的生态效益补偿制度。国家建立和完善生态补偿机制，有利于解决生态保护和建设资金短缺的问题,促进区域协调发展,促进共同富裕,实现生态和经济建设双赢。

四是确立水土保持补偿费制度,明确水土保持补偿费专项用于水土流失预防和治理。水土保持补偿费是根据"谁破坏、谁治理、谁补偿"的原则,对生产建设活动造成水土保持功能损失的补偿,当前我国已经基本建立水土保持补偿费制度。从近20年的征收实践来看,生产建设单位依法缴纳水土保持补偿费,承担因生产建设活动给全社会增加的生态成本,对生产建设期间降低或损失的水土保持功能进行补偿,可有效约束破坏水土资源和生态环境的行为。这项制度既是法律修订的重点,又是修订的难点,在向国务院法制办征求意见期间,很多意见都集中在补偿费方面,以至于国务院常务会议通过的修订草案中对补偿费概念的表述不够清晰准确;在陪同全国人大法律委、全国人大常委会法工委赴河南、山西调研的基础上,水利部又做了多次解释、说明和申辩,二次审议期间全国人大法律委终于同意修改和完善补偿费条款内容。

(六)完善了水土保持的技术路线

一是进一步丰富了不同水土流失类型预防和治理技术路线。在原法规定的基础上,增加了重力侵蚀的预防和治理技术路线,明确地方各级人民政府及其有关部门应当组织单位和个人,采取监测、径流排导、削坡减载、支挡固坡、修建拦挡工程等措施,建立监测、预报、预警体系。

二是针对水源保护和人居环境改善的新情况,提出清洁小流域建设的要求。新法第三十六条规定:在饮用水水源保护区,采取预防保护、自然修复和综合治理措施,配套建设植物过滤带,积极推广沼气,开展清洁小流域建设,严格控制化肥和农药的使用,减少水土流失引起的面源污染,保护饮用水水源。

三是体现资源节约型、环境友好型社会建设的要求,完善人为水土流失预防和治理措施体系。新法第三十八条规定:对生产建设活动所占用土地的地表土应当进行分层剥离、保存和利用,做到土石方挖填平衡,减少地表扰动范围;对废弃的砂、石、土、矸石、尾矿、废渣等存放地,应当采取拦挡、坡面防护、防洪排导等措施。生产建设活动结束后,应当及时在取土场、开挖面和存放地的裸露土地上植树种草、恢复植被，对闭库的尾矿库进行复垦。同时要求，在干旱缺水地区从事生产建设活动，应当采取防止风力侵蚀措施，设置降水蓄渗设施，充分利用降水资源。

（七）强化了水土保持监督管理

一是明确各级水行政主管部门、流域管理机构的监督检查职责。规定县级以上人民政府水行政主管部门负责对水土保持情况进行监督检查。新法中表述的水政监督检查人员是水行政主管部门监督检查人员的简称，水土保持监督检查人员属于水行政主管部门监督检查人员的范畴，当然负责本法的监督检查职责。同时，首次规定流域管理机构在其管辖范围内可以行使国务院水行政主管部门的监督检查职权。

二是要求各级水行政主管部门、流域管理机构，要依法认真履行好水土保持监督管理的职责。既要加强对生产建设项目水土保持方案的实施情况进行跟踪检查，发现问题及时处理，又要加强对水土保持情况的监督检查。

三是规范了监督检查的程序、内容以及相应的处罚措施。对监督执法人员监督执法能力提出了更高的要求，也增强了水土保持监督执法的权威性。

（八）强化了水土保持监测

监测预报是水土保持事业的一项基础性工作，新法全面予以加强。

一是要求建立和完善国家监测网络。国务院水行政主管部门完善国家水土保持监测网络，对全国水土流失进行动态监测。

二是要求保障水土保持监测经费。县级以上人民政府要加强水土保持监测工作，保障水土保持监测工作经费，发挥水土保持监测工作在政府决策、经济社会发展和社会公众服务中的基础支撑作用。

三是完善公告制度。省级以上人民政府水行政主管部门应当根据水土保持监测情况，定期公告水土流失状况、变化趋势及其造成的危害、水土流失预防和治理等情况。

四是建立生产建设项目水土保持监测制度。对可能造成严重水土流失的大中型生产建设项目，要求生产建设单位应当自行或者委托具备水土保持监测资质的机构,对生产建设活动造成的水土流失进行监测,并将监测情况定期上报当地水行政主管部门。

（九）强化了法律责任

一是增加了法律责任的种类。新法增加了滞纳金制度、行政代履行制度、查扣违法机械设备制度,强化了对单位(法人)、直接负责的主管人员和其他直接责任人员的违法责任追究制度等。

二是增强了可操作性。新法规定罚款、责令停止生产使用等处罚措施可由水行政主管部门直接进行,不需报请政府批准,减少了环节,提高了效率。

三是加大了处罚力度,提高了违法成本。新法显著提高了罚款的标准,最高罚款限额由原法的 1 万元提高到了 50 万元,对在水土保持方案确定的专门存放地以外的区域倾倒砂、石、土、矸石、尾矿、废渣等的,按照倾倒数量可处每立方米 10 元以上 20 元以下的罚款。

（十）明确了单设水土保持机构的职责

在一些水土流失严重地区,地方人民政府从预防和治理水土流失的需要出发,单设水土保持机构,同水行政主管部门一样,作为政府的职能部门之一。对于这种情况,新法借鉴原法实施条例的规定,明确县级以上地方人民政府根据当地实际情况设立的水土保持机构,行使新法规定的水行政主管部门水土保持职责。

（发表于《中国水土保持》2011 年第 2 期）

抓住机遇　全面实施新《水土保持法》

党的十八届四中全会明确提出全面推进依法治国的总目标,对建设法治国家、法治政府、法治社会做出总体部署,这为全面实施新《中华人民共和国水土保持法》(简称《水土保持法》)创造了更好的执法环境,提供了有力的执法保障。认真贯彻四中全会精神,抓住这一历史性机遇,对于扎实推进新《水土保持法》的全面实施,促进水土保持事业又好又快发展意义重大。

一、实施新《水土保持法》取得积极进展

新《水土保持法》颁布施行四年多来,各级水行政主管部门紧紧围绕国家生态文明建设大局,认真贯彻实施新《水土保持法》,履行法律赋予的职责,在法律宣传教育、配套法规建设和依法行政、依法决策、依法管理等方面做了大量工作,取得了明显成绩,积累了宝贵经验。

(一)《水土保持法》宣传工作广泛开展

新《水土保持法》颁布施行以来,水利部连续四年印发《水土保持法》周年宣传通知,在全国范围内开展水土保持宣传月活动。各地均根据水利部的统一部署,把新《水土保持法》宣传作为水土保持国策宣传的重要内容,开展了大规模的宣传活动,取得显著成效。

一是宣传形式不断创新。各地勇于探索,在发挥传统媒体优势的同时,积极挖掘新媒体、新技术潜力,充分利用公益广告、动漫、微博、微信、志愿服务等,不断丰富和拓展宣传形式和载体。

二是宣传重点更加突出。水利部组织编制了《水土保持法》宣传图解和折页,印发 30 余万套。各地也以宣传新《水土保持法》及其重要制度为重点,全面宣传了水土保持的各项工作。《人民日报》、人民网、新华网、中央政府网等中央新闻媒体持续关注水土保持和生态建设,在重要版面、重要位置发布了深度报道。

三是宣传对象逐步扩大。各地深入开展"四进""五面向"等宣传活动,各级领导、机关干部、管理对象、社区公众、中小学生都已被纳入宣传覆盖范围。如宁夏固原连续四年开展了水土保持进党校活动,依托党校平台开展水土保持授课、宣讲 63 场次,培训各级干部 6 700 多人次,编印宣传专刊 2 600 多册,大力提升了全市各级领导干部的水保生态理念和法治意识。

(二)《水土保持法》配套法规体系不断健全

新《水土保持法》颁布实施后,水利部立即着手制订配套法规建设方案,确立了以 3 ~ 5 年时间推动新《水土保持法》重点配套制度和省级实施办法出台的工作目标。截至 2014 年年底,国家层面已出台水土保持补偿费征收使用管理办法及征收标准、水土保持违法行为举报受理和处理办法、水土保持执法文书、重点建设工程管理办法、廉政风险防控手册等一系列重点配套制度。在地方性法规方面,全国已有 21 个省(区、市)修订出台了水土保持法实施办法或条例,形成了自上而下较为完备的法规体系,为依法行政提供了法律依据。

结合各地实际,各省级实施办法(条例)进一步深化和细化了新法重点条款,提出了一些具有地方特色、有实质性内容和操作性强的规定。

一是深化水土保持目标责任制和考核奖惩制度。如浙江明确实行水土流失责任终身追究制,福建将水土保持工作列入生态文明建设考核体系等。

二是细化水土流失重点预防区和重点治理区的划定原则和范围。如湖南、云南、新疆、河南等省(区)结合实际提出了具体要求,为省、市、县划分"两区"奠定了基础。

三是明确生产建设项目水土保持方案编报范围。如新疆将所有生产建设项目全部纳入水土保持方案编报范围。

四是强化水土保持后续设计。如甘肃、四川、湖南、云南等省要求生产建设单位应当在主体工程初步设计和施工图设计阶段,同步开展水土保持初步设计和施工图设计,并设置了相应罚则。

五是突出水行政主管部门水土保持设施验收的主体地位。如甘肃、四川、新疆、湖南、江苏、河北等多个省(区)明确规定由水行政主管部门组织水土保持设施验收。

六是强化生产建设项目水土保持监测工作。如新疆、陕西等省(区)设置了相应罚则,福建、江苏、辽宁等省规定将编制水土保持方案报告书的生产建设项目纳入开展监测工作范围。

七是细化法律责任,规范自由裁量权。如浙江、辽宁、云南、广西、吉林等省规定了行政处罚裁量标准,在新法确定的处罚范围内进行了两到三档细化。

与此同时,各地还结合实际制定了一批配套规范性文件和政策制度,如陕西、甘肃、四川、江苏、海南、安徽、河北、浙江等 14 个省出台了省级补偿费征收使用管理办法或收费标准;山东菏泽、泰安、聊城,河北邯郸等市以政府名义出台了水土保持管理办法。据统计,全国各地累计出台其他配套规定近 3 000 件。

(三)水土保持机构能力建设扎实推进

为加强基层水土保持监督执法体系建设,提高县级水土保持监督执法能力,2009～2014 年,水利部先后开展了两次水土保持监督管理能力建设活动,旨在以县级为重点,通过完善配套法规体系、增强机构履职能力、规范行政管理行为等手段,全面提高水土保持依法行政水平。截至 2015 年 3 月,两次能力建设活动已圆满完成,全国共有 1 193 个县按期达到了能力建设标准,通过了验收。经过两次能力建设活动,各地水土保持机构能力得到显著提升。

一是建立健全了机构。两批能力建设县均设立了专门的水土保持机构,共有专职监督管理人员 7 000 余人。如甘肃、陕西、山西等省的监督管理能力建设县全部成立了水土保持局或监督站;河北、湖北等省部分能力建设县还在乡(镇)、村配备了水土保持监督管理员。

二是提升了履职能力。两批能力建设县全面实现了机构、人员、办公场所、工作经费、取证设备装备"五到位",履职能力普遍增强,水土保持行政行为质量明显提高,行政复议大幅减少,进入司法程序的无败诉。

三是进一步规范了行政行为。各能力建设县不断强化水土保持方案审批、监督检查、设施验收、规费征收等工作,实现了对生产建设项目从立项到完建的全过程监督管理。大部分能力建设县实现了水土保持行政许可申请由政府政务中心统一受理,公告办理流程、办理时限,公示办理结果,提高了效率和透明度。

（四）水土保持监督执法力度进一步加大

各级水行政主管部门严格履行法律赋予的职责,坚持依法行政,不断强化监督检查、督促指导和执法力度,有效地推动了生产建设项目水土流失防治责任的落实。

一是水土保持方案和设施验收行政许可工作进一步规范和强化。2011年至今,全国共审批生产建设项目水土保持方案10.3万个,完成近2.2万个项目的水土保持设施验收。其中,水利部审批大中型生产建设项目水土保持方案1 024个,开展水土保持设施验收641个。

二是不断强化事中、事后监管,加大水土保持监督检查和执法力度。水利部连续四年开展司局长带队检查活动,对全国150个县近300个大中型生产建设项目开展了监督检查。各流域机构全面履行督导督察职能,对上千个部批方案的生产建设项目开展监督检查,基本实现了在建项目全面检查一遍的目标。

四年来,各地累计开展监督检查6万余次,依法查处了一批水土保持违法行为。同时,水利部还开展了水土保持监测工作专项检查活动,对258家监测单位从业以来开展的生产建设项目水土保持监测工作进行了检查,对7家存在未严格按照有关规定和技术标准开展监测工作、未按要求按时报送监测成果、监测成果质量较差的单位予以了警告。通过严格水土保持方案和验收,加大监督执法力度,有效地推动了生产建设项目"三同时"制度的落实,生产建设单位水土保持意识明显增强,水土保持方案编报率、实施率和设施验收率平均提高了6个百分点,有效遏制了人为水土流失。

（五）水土保持沟通协调和督促检查机制有效形成

各级水行政主管部门积极争取本级人大、政府等领导机关和有关部门的支持,加大对新《水土保持法》执行情况的检查力度,有效推动了新《水土保持法》的贯彻实施。四年来,各级人大、政府组织开展了多次水土保持执法调研、执法检查和督察检查工作,取得了较好的效果。2013 年,河北省人大组成 2 个执法检查组,对廊坊、唐山、保定、张家口等市的 8 个县和部分生产建设单位贯彻实施《水土保持法》情况进行了执法检查。辽宁朝阳、葫芦岛等市人大常委会、市政府组成联合检查组,对水土保持方案审批和实施情况开展了执法检查。甘肃定西市政府组织多部门形成联合执法检查组,对全市 12 个生产建设项目进行了执法检查,并对检查结果进行了通报。水利部和各流域机构也强化了对省、市、县水行政主管部门的督促、指导和协调,建立了重大水土保持违法违规案件督办制度和对下级履行职责情况的督察制度,有效增强了执法活力。人民群众的水土保持法治观念也进一步增强,对水土保持违法行为的举报力度不断加大。新闻媒体和社会舆论对水土保持工作的关注度明显提高,创造了良好的水土保持执法环境。各级法院对水土保持工作予以积极支持,对严重违反《水土保持法》的部门、单位和个人依法予以查处。陕西、四川、辽宁等省的各级法院依法查处了一批案件,效果很好。

总体来看,新《水土保持法》贯彻实施情况良好、成绩斐然。各地也在新《水土保持法》的贯彻实施中,积累了许多好的经验和做法。

一是注重立法先行。抓住立法工作就抓住了法治建设的"牛鼻子"。各地都把配套法规建设作为贯彻落实新《水土保持法》的重点工作,强化领导、精心组织、全面推进。在省级实施办法修订过程中,积极主动争取人大和政府的支持,注重与相关部门的沟通协调,组织强有力的领导班子和起草小组,集中精力研究重点修订内容和条款。通过深入开展调研、组织专题论证、广泛征求意见等方式,出台了一系列彰显地方特色、具有针对性和可操作性的配套法规。

二是注重营造氛围。水土保持是一项面向社会的基础性工作。引导全社会树立水土保持法治意识,积极主动地崇尚和遵守,是贯彻实施好新《水土保持法》的重要基础和保障。多年来,各级水行政主管部门面向社会各界,开展了大量的学习、宣传、教育等普法活动,有效地强化了各级领导干部的水土保持观念,切实提高了水土保持干部职工依法行政的水平,增强了社会各界的水土保持意识,营造了良好的水土保持法治环境。

三是注重突出特色。我国幅员辽阔,各地水土流失类型、程度差异较大,水土保持工作重点也各有不同。在新《水土保持法》贯彻实施过程中,各地都注重结合本地区、本区域水土流失特点和水土保持工作实际情况,开展了一系列重点工作,解决了一些突出问题。如四川、云南等省以强化预防监督为重点,开展生产建设项目监督检查近万次;福建省全面总结推广长汀县水土流失治理经验,有效推动了革命老区水土保持工作。

四是注重机制创新。各地坚持把推动机制创新作为贯彻实施新《水土保持法》的不竭动力,并取得了显著成绩。在责任机制方面,12个省(区、市)将水土保持工作或内容纳入对地市政府的目标责任考核,有效提高了地方政府对水土保持的重视程度。在制约机制方面,出台了一批强化水土保持工程建设管理、行政审批等方面的文件制度,有效提升了水土保持工作管理水平。在补偿机制方面,各地根据法律要求,总结和探索了很多行之有效的水土保持生态补偿方式,如广东、河北、福建等省对已经发挥效益的水库,从其水电收入中按照一定比例提取资金用于库区及上游水土保持工作;陕西全面实施煤油气补偿费水土保持项目。

五是注重依法行政。法律的生命力在于实施,法律的权威也在于实施。各级水行政主管部门始终坚持把依法行政作为贯彻实施新《水土保持法》的重要举措,严格按照法律规定和执法程序办事,不断规范和强化行政许可、行政处罚、行政强制、行政征收、行政收费、行政监察等执法行为,进一步优化审批程序、精简审批环节,逐步推进了行政决策的公开透明。同时,全面落实"有法必依、执法必严、违法必究"要求,严格查处了一批违法行为,取得了良好的执法效果。

二、当前面临的机遇与挑战

当前,我国经济社会发展进入新常态。党中央、国务院就全面深化改革、推进依法治国、建设生态文明等做出了一系列新的重大决策部署,这对水土保持工作提出了更高的要求,也为水土保持工作带来了新的发展机遇。

(一)贯彻四中全会精神将推动新《水土保持法》的全面实施

1. 全党全社会高度重视法治建设，有利于为全面实施新《水土保持法》创造良好的法治环境

党的十八届四中全会对全面推进依法治国做出了重大战略部署，把依法治国作为党领导人民治理国家的基本方略，把依法执政确定为党治国理政的基本方针。新《水土保持法》是中国特色社会主义法治体系的重要组成部分，全面实施新《水土保持法》既是深入贯彻依法治国战略的紧迫任务，也是国家治理体系和治理能力现代化的标志之一。依法治国战略的全面推进必然会为全面实施新《水土保持法》创造更好的法治环境。各级水行政主管部门必须牢牢抓住这一历史性机遇，认真贯彻四中全会精神，全面推动新《水土保持法》的贯彻实施。

2. 国家对依法行政、依法办事的深入推进，有利于使遵法守法成为人们的共同追求和自觉行动，对水土保持工作也提出了更高的法治要求

我国80%的法律法规都是由行政机关执行的，深入推进依法行政、依法全面履行政府职能是加快建设法治政府、推进依法治国的重中之重。十八届四中全会要求行政机关必须坚持"职权法定、权责统一"的原则，依法全面履行政府职能、严格规范公正文明执法、全面推进政务公开，强化了对行政权力的制约和监督。全民遵法守法，处理矛盾、解决问题依靠法律将成为常态，这对各级水土保持干部职工进一步熟练掌握法律知识、运用法治思维、依法办事提出了更高的法治要求。

3. 用严格的法律制度保护生态环境，为水土保持行政执法提供了强有力的支撑

十八届四中全会强调要用严格的法律制度保护生态环境，加快建立有效约束开发行为和促进绿色发展、循环发展、低碳发展的生态文明法律制度，强化生产者环境保护的法律责任，大幅度提高违法成本。水土流失是我国重大生态环境问题，防治水土流失是生态文明建设的重要内容。各级水行政主管部门要站在经济社会发展全局的高度，全面履行各项法律职责，进一步强化水土保持监督检查和行政执法，加大对

违法行为的处罚力度,逐步扭转"违法成本低,守法成本高"的被动局面。

(二)新《水土保持法》在我国资源环境保护中具有重要的法律地位

1. 新《水土保持法》是我国资源和环境保护领域的重要法律之一

1982年,宪法做出"国家保护和改善生活环境和生态环境,防治污染和其他公害"的规定。之后,有关水污染防治、大气污染防治、海洋环保、水土保持等方面的法律也于20世纪八九十年代相继问世。截至目前,全国人大常委会制定的资源保护法律有20件、环境保护法律有10件,资源和环境领域法律框架基本形成、主要法律制度基本建立、主要领域基本覆盖,做到了资源和环境保护有法可依。新《水土保持法》同环境、水、海洋、森林、草原等领域的法律一样,都属于宪法之下的专门法律,为保障我国经济社会可持续发展发挥了重要作用。

2. 新《水土保持法》内容丰富,涉及面宽,各项规定针对性强

新《水土保持法》以新的理念为指导,充分体现人与自然和谐的思想,将近年来党和国家关于生态建设的方针、政策,以及各地的成功做法和实践以法律形式确定下来,进一步强化了政府的水土保持责任,明确了水土保持规划的法律地位,突出了预防为主、保护优先的方针,完善了水土保持投入保障机制,建立健全了水土保持方案、监测、验收和补偿制度。新《水土保持法》的这些规定和内容,进一步增强了法律的针对性、操作性和强制性,为水土保持工作的持续发展奠定了坚实的法律基础。

3. 贯彻新《水土保持法》对于建设生态文明社会意义重大

党的十八大将生态文明建设纳入中国特色社会主义事业"五位一体"总体布局。我国人口众多,山丘区面积大,水土流失量大面广、成因复杂、危害严重,深入推进生态文明建设必须搞好水土保持。贯彻实施好新《水土保持法》,全面有效地保护水土资源、加快水土流失防治进程,将有力促进山丘区经济社会的发展,推动经济发展方式加快转变,对于建设生态文明、美丽中国意义重大。

（三）依法防治水土流失有比较好的工作基础和经验

1. 水土保持执法有比较好的基础

在制度建设方面,已自上而下形成了《水土保持法》、各省(区、市)水土保持法实施办法(条例),以及相关配套政策、规范标准等较为完备的法律法规和政策标准体系。在机构队伍方面,全国 7 个流域机构、31 个省(区、市)、200 多个地(市)、2 400 多个县(市、区)设有水土保持监督管理机构,共有监督执法人员 7.4 万人,其中专职人员 1.8 万人,监督执法体系基本健全。同时,经过多年发展,水土保持技术服务体系逐步完善,目前全国共有水土保持方案编制、监测、监理等技术服务单位近 2 500 家,已覆盖各个行业,为水土保持行政管理提供了强有力的技术支撑。

2. 水土保持工作有长期积累的丰富经验

经过多年实践,各地形成了一套行之有效的宝贵经验。以人为本、服务民生的防治理念;分类指导、分区防治的防治战略;预防、保护、监督、治理和修复有机结合的防治措施;政府主导、部门配合、舆论监督、群众参与的协调机制。这些好的经验做法是水土保持工作取得不断发展的有力保障。

3. 水土保持得到社会认可,执法任务依然艰巨

长期的水土流失治理,使流失区取得了比较好的经济、生态和社会效益,得到了当地干部群众的认可;通过依法监管,加强了部门间在生产建设项目水土流失防治领域的配合和协作,有力地推动了水土保持各项制度的落实;通过加强服务体系建设,为生产建设单位提供技术服务,水土保持方案审批、设施验收、监督检查等各项工作得到了社会各界的广泛认可。

总体来看,四年来,各地贯彻实施新《水土保持法》取得了很大成绩,但也应该看到,距十八届四中全会要求全面实施新《水土保持法》仍有比较大的差距,尚有许多工作要做,执法任务仍很艰巨。

一是国家全面深化改革的新要求需要适应。十八届三中全会做出了全面深化改革的重大战略部署,新一届政府把加快政府职能转变、简政放权作为深化改革的重头戏。2014 年,国务院连续出台了多个文

件,要求政府各部门进一步精简行政审批事项、改进行政审批行为、严格规范公正文明执法。深化改革的要求对水土保持各项工作影响重大,各级水行政主管部门需要主动适应改革,积极谋划改革,将全面推进依法行政作为全面深化改革的重要举措,在转变水土保持政府职能、完善水土保持建管机制、优化水土保持行政审批程序、提高水土保持审批效率、强化水土保持事中、事后监管上下功夫,依法全面履行政府的水土保持职能。

二是水土保持配套法规建设仍需要加快进度。尽管已有21个省(区、市)出台了省级水土保持法实施办法(条例),但尚有部分地区进度严重滞后,未取得有效进展。各地对新《水土保持法》中的政府目标责任制、生态补偿机制等一系列规定尚需进一步细化,部分省份在水土保持方案、验收管理、补偿费等重点配套制度建设上还不够完善,代履行、代治理、自由裁量和行政处罚等内容还需进一步细化和规范。

三是知法犯法行为时有发生。一些地方水行政主管部门对水土保持监督执法工作重视不够,还存在"重审批、轻监督,重收费、轻检查"的现象;"少作为、慢作为、不作为"和行政干预行为时有发生;执法力度还不够大,存在执法不严、违法不究的问题,执法不规范、不严格、不透明的现象较为突出,与全面贯彻新《水土保持法》还有一定的差距。

四是机构能力建设仍需进一步加强。虽然通过水利部开展的两次监督管理能力县建设活动,大部分县(市、区)都成立了水土保持监督管理机构,也组建了相应的执法队伍,但与严格规范工作、文明执法的要求相比,与贯彻落实《水土保持法》的要求相比,基层水土保持机构能力和队伍素质尚需进一步提高,特别是办公设备、执法手段、执法经费等需要进一步解决和落实好。

五是公众守法意识有待进一步加强。部分社会公众遵法信法守法用法、依法保护水土资源意识不强;一些生产建设项目不依法履行水土流失防治义务,不履行水土保持"三同时"制度,造成严重水土流失的现象仍然存在;《水土保持法》宣传形式也有待进一步创新,力度仍需加大。

六是社会技术服务体系管理需要规范有序。水土保持技术服务机构社会化和市场化程度不够,对水土保持技术服务单位的信誉评价体系尚未建立健全;一些技术服务单位内部把关不严、工作质量不高现象较为突出。

三、以贯彻十八届四中全会为契机,全面实施新《水土保持法》

今后一段时期,各级水行政主管部门要认真贯彻党的十八届四中全会精神,深入落实依法治国方略,大力提高依法行政水平,推动新《水土保持法》的全面贯彻落实。

（一）进一步加大水土保持法治宣传力度

水土保持法治宣传是贯彻实施新《水土保持法》的基础性和长远性工作,各地要进一步创新宣传工作机制,不断增强全社会的水土保持意识和法治观念,营造良好的执法氛围。

一是持续抓好每年的水土保持宣传月活动。各级水行政主管部门要把水土保持宣传工作摆上重要议事日程,纳入工作全局同步研究部署,狠抓落实。要把水土保持宣传月活动和"世界水日""中国水周"宣传活动紧密结合,做到周密安排、有序开展、及时总结。

二是不断创新宣传形式和载体。要全面深入开展面向各级领导、机关干部、管理对象、社区公众、中小学生的"五面向"宣传工作。要综合运用主流媒体和新兴媒体,丰富宣传形式、拓展宣传载体,推出一批有感染力、有号召力的宣传教育精品力作,为公众提供更多更便捷的学法渠道。积极推进国家水土保持生态文明工程、水土保持科技示范园建设和中小学教育实践基地创建工作,抓好典型、示范推广,为动员全社会参与水土保持、共建美丽中国营造良好氛围。

三是全面铺开水土保持宣传教育进党校工作。要借鉴宁夏固原水土保持进党校的经验,逐步实现全部水土流失严重地区水土保持宣传教育进党校,2015 年每个省份要确保推进一个地区(市)开展试点。

（二）进一步加大配套法规体系建设力度

建立健全系统完备、科学规范、运行有效的配套制度体系,是贯彻实施好新《水土保持法》的重要基础和保障。各地要结合本地实际,集中精力,认真做好地方性法规、规章和规范性文件的制定工作。

一是抓紧做好省级实施办法或条例的修订工作。尚未出台的省份要切实加大工作力度,保障修订质量,加快修订进程;加强与立法机关和上级部门的沟通汇报,加强与相关部门的协调配合,积极争取他们的理解和支持。要充分借鉴已出台省份好的经验和做法,强化和落实水土保持方案、验收、监测、检查和补偿费等制度,细化和规范代履行、代治理、自由裁量和行政处罚等内容,努力做到有突破、有创新,符合实际、便于操作。

二是加快出台省级水土保持补偿费征收使用管理办法和征收标准。要加强同财政、发改部门的沟通协调,深入开展调研和测算,科学制定征收标准,明确征收对象、细化使用范围,合理确定地方分成比例,切实做好补偿费的依法征收和使用管理。

三是积极推动其他配套制度建设。要建立水土保持政府目标责任制,推动水土保持重点防治区主要县(市、区)将水土保持指标作为考核内容。省级水行政主管部门要制定出台符合本省实际的水土保持方案、设施验收、监督检查和行政代履行等制度,细化自由裁量权标准。设区市和民族自治市、县要争取出台水土保持管理办法、规定或细则,切实加强水土保持监督管理。

(三)进一步加大水土保持监督执法力度

各级水行政主管部门要把坚持依法行政、加强社会管理作为重中之重,努力实现由事后治理向事前预防的转变,坚决扭转"先破坏、后治理,边破坏、边治理"的被动局面,将生态文明制度要求落到实处。

一是严格落实生产建设项目"三同时"制度。落实建设项目规划征求水土保持意见制度,督促有关方面科学规划建设布局,有效防范水土流失。切实保留并做好水土保持方案和验收审批两项行政许可,对水土流失严重、生态脆弱和具有重要生态功能的区域实行生产建设活动管制,把好各类项目建设的水土保持关。

二是实现水土保持监督检查常态化、规范化和现代化。要全面履行法律职责,强化对生产建设项目水土保持方案落实情况的跟踪检查,确保检查覆盖率。建立"检查前有通知、检查中有记录、检查后有反馈"的全过程跟踪检查机制,实施和完善检查公告制度。积极运用"无人机""云计算""大数据"等现代技术手段,开展预防监督"天地一体化"监管示范,提高检查效能。

三是严格查处违法行为。要做好监督检查和执法行为的有效衔接,坚决制止和查处违法违规行为。对重点违法违规行为要挂牌督办、一查到底、查出结果、打歼灭战。通过对重点案件的查处,维护法律的权威,营造强大的执法声势,做到查处一家、震动一片、带动全局。要建立"黑名单"制度,对已认定的重大水土保持违法行为,予以公开曝光,并通报有关部门。

(四)进一步提高执法能力与效率

各地要全面落实深化改革精神,按照执法重心和执法力量向市、县下移的要求,以市、县基层为重点,开展水土保持监督执法规范化建设。

一是继续强化执法队伍建设。充实执法力量,加强执法教育和专业培训,全面提高基层执法人员业务素质和依法行政水平,实现专业配套、学历达标和持证上岗。

二是要保障基层行政执法经费,完善执法取证装备设备。加快推进全国水土保持监督管理系统和县级现场监督检查系统的应用,推动高科技、较先进的执法手段和技术应用,提升执法科技化、现代化水平。

三是要完善执法程序。明确行政处罚、行政强制、行政检查等执法行为的具体操作流程,减少执法机关自由裁量权,规范公正文明执法。推进部门间联合执法,提高执法效率。

(五)进一步强化督察机制

水土保持工作涉及多行业、多领域、多部门,强化行业、部门之间的沟通、协调、配合是贯彻落实新《水土保持法》的有效手段。各级水行政主管部门要继续强化督察机制,推动水土保持工作发展。

一是发挥人大、政府的督察机制。水土保持主管部门要主动汇报、积极争取本级人大、政府等领导机关的支持,加大对新《水土保持法》执行情况的检查力度,督促有关部门落实好新《水土保持法》的各项要求。要以 2015 年新《水土保持法》贯彻实施情况专项检查活动为契机,向人大专题汇报水土保持工作,推动同级人大开展新《水土保持法》贯彻实施情况专题执法调研和检查,深入检查各地贯彻落实《水土保持法》情况,督促生产建设项目依法履行水土保持法律职责。

二是建立部门间联合督察机制和行业上下的监督机制。要加强同政府相关部门之间的沟通协调,联合有关部门制定实施新《水土保持法》的规定和制度,适时组织开展联合执法检查,协助把好水土保持关。要全面落实上级对下级的水土保持督察工作责任制,定期对下级水行政主管部门及其工作人员依法履行职责、行使职权和遵守纪律情况进行监督检查。

三是充分发挥社会公众和舆论监督作用。通过建立举报制度、公开举报电话等手段,畅通公众参与水土保持工作的渠道,引导社会公众对水土保持违法行为进行监督。同时,要抓好和新闻媒体之间的沟通协调,对社会关注的热点和群众反映的焦点要主动宣传,对违法案件进行曝光,充分发挥新闻宣传和舆论监督作用,创造良好执法环境。

(六)进一步培育和完善水土保持社会服务体系

建立公平、开放、透明的水土保持社会服务体系,尽最大可能激发市场活力,是水土保持深化改革的重要内容。要进一步清理和废除妨碍水土保持市场公平竞争的各种规定,打破行业和地方壁垒,培育良好的水土保持社会服务体系。

一是规范技术服务单位管理。建立健全水土保持方案编制、监测等技术服务的规范和标准,监督指导水土保持技术服务单位建立服务承诺、限时办结等服务机制,推动技术服务单位提高服务水平和效率。

二是建立水土保持信誉评价机制。完善优胜劣汰的市场化评价体系和竞争机制,推行黑名单、白名单制度,褒扬诚信、惩戒失信,切实维护市场合理秩序,提高水土保持技术服务质量。

三是积极探索政府购买服务。在为政府决策提供技术支撑的方案评审、评估和政策研究等方面,进一步探索政府购买服务,引入竞争机制,科学确定技术承担服务单位,同时加强对承担单位的监督管理。

（发表于《中国水土保持》2015 年第 6 期）

综合治理与生态修复

强化项目管理
加快水土保持生态工程建设步伐

一、"九五"期间水土保持生态工程建设成效显著

新中国成立以来，我国在防治水土流失、保护和建设生态环境方面取得了举世瞩目的成就。从 1983 年开始，国家安排专项资金在全国八片水土流失严重地区开展重点治理，1986 年和 1989 年又先后启动实施黄河中上游和长江上游水土保持重点治理工程。特别是"九五"期间，国家加大了投入力度，以长江上游、黄河中游为重点的全国七大流域水土保持生态建设工程全面实施，取得了突破性进展。其主要特点有以下几个方面。

（一）投入力度加大，治理标准提高

"九五"期间，国家累计投资达 41.7 亿元，地方财政专项及配套资金投入达 40 亿元。其中，国家投资"长治"工程 9.3 亿元，黄河中上游重点治理工程 5.8 亿元，中央财政预算内专项资金水土保持工程 22.4 亿元，其他 4.2 亿元。国家年度投资额是"九五"前年度投资额的 5 倍以上，投资标准从过去的每平方千米 1.5 万元增加到 6 万~10 万元。

（二）建设步伐加快

"九五"期间，全国完成水土流失综合治理面积 23 万 km²，建设基本农田 327 万 hm²，营造水土保持林 947 万 hm²、经济林 340 万 hm²，种草 185 万 hm²。其中，国家重点治理工程完成水土流失治理面积 7.8 万 km²，重点治理小流域 6 000 余条，建设基本农田 94.4 万 hm²，营造水土保持林 280 万 hm²、经济林 88.3 万 hm²，种草 43.3 万 hm²，建设治沟骨干工程 547 座。国家重点工程建设带动了面上的治理工作，"九五"前，全国水土流失综合治理面积每年完成 3 万~4 万 km²，1998 年

中央财政预算内专项资金水土保持项目实施后,国家投资和地方配套资金增加,调动了全社会治理水土流失的积极性,连续 3 年全国治理面积突破 5 万 km^2。

（三）突出重点,整体推进

"九五"期间,水土保持工程建设项目安排以西部为重点,主要集中在长江上游云、贵、川、渝等省(市)的金沙江下游、嘉陵江流域、三峡库区及贵州毕节地区,黄河中上游晋、陕、蒙等省(区)的无定河、三川河、皇甫川、泾河、洛河等水土流失严重地区。同时,兼顾中东部一些省(区)水土流失严重的老、少、边、穷地区,如东北黑土区、珠江上游石灰岩地区、洞庭湖上游四水流域、江西赣南地区、山东沂蒙山区、河北太行山区、湖北大别山区等。西部地区的国家投资占同期总投资的 80%。

（四）治理效益好,示范作用强

"九五"期间,国家开展的重点治理工程特别注重治理与当地群众脱贫致富、区域经济发展、产业开发相结合,不仅取得了良好的生态效益,同时也取得了明显的经济和社会效益。以"长治"工程为例,累计治理水土流失面积 2.8 万 km^2,66.7 万 hm^2 坡耕地得到治理,53 万 hm^2 陡坡耕地退耕还林还草,林草覆盖率由治理前的 26% 提高到 46%,每年减少土壤侵蚀量 1.6 亿 t,治理区人均基本农田面积从 493 m^2 增加到 693 m^2,人均粮食产量增加 140 kg,农民人均纯收入从治理前的 400 多元增加到 900 多元,加快了山区经济发展,促进了治理区群众脱贫致富。

（五）前期工作加强,项目管理逐步规范

"九五"期间,制定并发布了水土保持工程规划、项目建议书、可行性研究报告、初步设计报告编制 4 个暂行规定,水土保持工程设计取费标准、概算定额标准正抓紧组织编制,为水土保持项目前期工作和管理工作的规范化奠定了基础。组织编制完成了《"十五"及 2010 年水土保持生态环境建设规划》《西部地区水土保持生态环境建设规划》等一批综合及专项工程建设规划,完成了《松辽流域上中游第一期水土保持生态环境建设项目建议书》《珠江流域南北盘江水土保持生态环境建设工程项目建议书》等立项文件。通过重点工程建设,按照国家基

本建设管理程序的要求,前期工作、立项审批、计划下达、检查验收等工作逐步规范,提高了工程的质量、效益。

二、明确目标,突出重点,推进水土保持生态建设

(一)思路、目标与任务

"十五"期间,我国水土保持生态建设要坚持成功的经验,同时要适应新形势,调整思路,采取新对策,在水土保持生态建设的速度、质量和效益方面取得新的突破和进展。水土保持生态工程建设的思路是:按照江泽民总书记提出的,把水土保持作为改善农业生产、生态环境和治理江河的根本措施,以长江上游、黄河中上游和农牧交错区为重点,以水土资源有效保护、综合治理、合理开发、科学利用为主线,以减轻水旱、风沙灾害、建设良好生态环境为目标,促进经济和社会的可持续发展。

其近期目标与任务是:进一步加快对水土流失严重地区的综合治理,"十五"期间完成综合治理面积 25 万 km^2,实施重点保护面积 50 万 km^2,基本遏制生态环境恶化的趋势;使进入大江大河的泥沙得到减少,建立起全国水土流失动态监测网络和信息系统,水土保持科技要有新的突破和进展。为改善城乡生态环境,提高人们的生活质量,发展经济做出新的贡献。

实现上述目标任务,要坚持几十年来水土保持实践的成功经验:一要坚持预防为主、保护优先的方针,强化水土保持监督管理,减少人为造成的水土流失,巩固治理成果。二要坚持以小流域为单元的综合治理,工程措施、生物措施和农业技术措施相结合。三要坚持深化改革,建立多元化的投入机制,调动全社会治理水土流失的积极性。四要坚持治理水土流失与当地群众脱贫致富、经济发展相结合。同时,要转变观念,适应新形势,采取新的对策:一是在指导思想上必须明确把保护和改善生态环境放在首位,突出生态效益,处理好生态效益和经济效益的关系,把生态建设与提高群众收入和生活水平有机结合起来。二是在防治的方略上,要把人工治理同自然恢复、严格保护结合起来,尊重自然规律,加大封育管护力度,依靠自然的力量加快生态环境改善的步

伐。三是在组织方式上,要适应市场经济的要求,采取政府推动和市场机制推动相结合的办法,调动全社会参与水土流失治理的积极性。四是在综合治理措施上,进一步优化措施配置。要尊重科学,因地制宜,抓关键性措施。黄土高原多沙粗沙区,要加强以治沟骨干工程为重点的坝系建设,达到上拦下保,减少泥沙下泄。长江上游要搞好坡改梯、退耕还林和坡面水系工程。要充分考虑水资源的承载能力,在不同区域,植被建设要量水而行,西北以草灌为主,科学选育耐旱树种、草种,大力推行集雨节灌,合理开发利用水资源。五是在项目管理上,要建立适应水土保持工程特点和国家基本建设程序要求的管理制度。

(二)水土保持生态建设的重点及主要措施

"十五"期间,水土保持生态建设的重点是西部地区,同时,兼顾中东部水土流失重点地区,要优先实施以下几项工程:

(1)黄河中游减沙工程:重点是晋、陕、蒙接壤的黄河河龙(河口镇—龙门)多沙粗沙区,包括砒砂岩区。

(2)长江上游坡面水土整治工程:重点包括金沙江下游、嘉陵江流域、三峡库区等区域。

(3)石灰岩地区土地抢救工程:主要涉及云南、贵州、广西 3 省(区)的珠江上游南北盘江及红水河水系。

(4)农牧交错区防沙治沙综合治理工程:主要分布于长城沿线一带,涉及内蒙古、河北、山西、陕西、北京 5 省(区、市)。

(5)内陆河流域生态绿洲恢复工程:重点是新疆和内蒙古的塔里木河、黑河等流域下游。

(6)东北黑土地保护工程:主要涉及黑龙江、吉林两省水土流失严重的黑土区。

(7)重要水源型水库保护工程:重点是丹江口、潘家口、万家寨、汾河、密云、官厅等水库。

水土保持生态建设要在继续保持现有治理速度的基础上,依靠科技,在提高治理质量、效益上下功夫。要集中资金,重点突破,治理一片,见效一片。要强化项目管理,建立起适应国家基本建设程序要求和水土保持工程特点的管理制度,提高水土保持工程建设管理水平。近期要重点抓好以下几方面工作。

1. 加强前期工作,搞好项目储备

按照水土保持项目前期工作规定,重点抓好长江上游坡面水土整治工程、黄河中游减沙工程、珠江上游土地抢救工程、内陆河流域生态绿洲恢复工程、全国水土保持监测网络与信息管理系统、松辽流域上中游第一期水土保持生态环境建设工程等项目的前期立项工作,争取在"十五"期间纳入国家基本建设计划和西部大开发标志性建设工程。各地要根据本区域水土保持生态建设规划,安排开展一批项目的可行性研究和初步设计工作,搞好项目储备。

2. 大力推行水土保持工程建设管理的有关制度

水土保持项目按基建程序管理,要因地制宜,根据水土保持工程自身的特点,在逐步推行项目责任制、招投标制和监理制的基础上,推行科技承包制、产权预先确认制、资金支付报账制,确保工程建设的质量、标准和效益。为适应"两工"取消的形势,研究试行国家重点项目群众申请制度,做到群众投工投劳自觉自愿。同时,要研究提高单位面积国家补助投资标准。招投标制应根据各地条件、项目特点进行,国家重点防治工程中的治沟骨干工程、淤地坝和集中连片的机修梯田,应推行招投标制,并实施监理。

3. 深化改革,创新机制

要遵循经济规律,面向市场,深化改革,创新机制,落实"四荒"资源治理开发政策,积极推进大户治理,实现"以大带小",吸引社会各方面的资金投入水土保持生态建设。在重点工程施工中,要总结推广专业队治理的经验,组织机械化施工,集中连片,规模治理,保证工程建设进度和质量。

4. 把预防保护放在突出位置抓实抓好

一是加大水土保持执法力度,减少人为破坏。二是加强对重点工程治理成果的管护,建立管理责任制,依法保护治理开发者的合法权益。三是要结合各地实际,把封育保护与重点治理结合起来。在人口相对密集的地区,实施小流域综合治理、综合开发,解决好群众的粮食和收入问题,采取围封、禁牧、舍饲养殖等措施,推进大范围的退耕还林还草和植被的保护与恢复。同时,为人口相对稀少的地区实现封育保护创造条件。

5.依靠科技,提高工程建设效益

在工程建设中,要大力推广水土保持实用技术,建立科研与生产相结合的新机制。充分发挥科技专家和技术人员的作用,在项目评估、实用技术推广、检查验收等环节上把关。组织开展对当前生产实践急需解决的重大课题的攻关。在重点项目建设中大力推行水土保持科技承包责任制,加强水土保持技术培训和基层科技服务体系建设,切实提高水土保持科技含量。

6.搞好基础工作,加强行业管理

所有国家重点防治工程项目,项目档案管理必须规范有序,制度健全。要配备微机和相应的软件,培训专门人员,档案管理、统计报表、图件制作、成果汇报要微机化。应用推广计算机、遥感、地理信息和全球定位系统等高新技术,建立全国水土保持生态监测网络和信息系统,以信息化促进水土保持工程管理现代化。

要把水土保持重点工程建设作为国家生态环境建设的主体工程,积极引导有关行业、部门和社会资金按照水土保持规划确定的技术路线实施,水行政主管部门要搞好水土保持生态建设的综合协调、技术指导工作,依法行政,归口管理。

（发表于《中国水土保持》2001年第5期）

积极推进水土保持大示范区建设
全面提升水土流失综合防治水平

1998 年以来,党中央、国务院高度重视并不断加大水土保持生态建设投入力度,水土流失防治步伐加快。在推进国家重点治理过程中,甘肃省天水市、贵州省毕节市和山西省朔州市等一些地方积极探索,大胆实践,创新项目管理体制和运行机制,按照大示范区的形式组织和开展水土保持生态建设,取得了非常突出的成效,全面提升了水土流失综合防治水平,走出了一条新时期开展水土保持生态建设的成功之路。

大示范区建设,作为水土保持生态建设中的一个新生事物,目前尚处于探索阶段。根据各地实践,大示范区是指按照项目组织实施、建设规模较大、建设内容丰富、措施配置合理、建设机制灵活、科技含量高、示范作用强、整体效益好,能够集中体现水土流失综合防治特点和统筹社会各方面力量的水土保持生态建设项目区。综合各地大示范区建设情况,一般具有以下一些共同的特点:一是在规划上有了新突破。大示范区建设规划在宏观上更好地实现了与区域经济发展的结合,统筹考虑了经济发展和改善生态的关系,在微观上更加注重对群众关心的生产、生活问题的解决,更好地体现了人与自然的和谐。二是建设区域进一步集中连片,工程建设按大项目区展开,规模化治理,实现了由精品小流域建设向规模化整体推进的跨越。示范区面积一般都在数百平方千米,有的甚至达到上千平方千米,包含的小流域有数十条。这样集中连片的治理,也有利于按照国家基本建设程序要求,进行统一的、规范化的管理。三是建设内容丰富。在示范区内以科技为支撑,因地制宜地建设了许多各具特色、功能各异的示范工程,经济、生态、休闲观光、自然修复和高科技示范园等融为一体,治理模式多样化。四是建管机制有了创新。水保部门负责统一规划,政府负责统一协调,分部门组织实施,各种社会力量广泛参与,土地产权明晰,治理成果管护责任落实到位,责权利相统一。五是重点治理与生态修复结合,费省效宏。既加强了基本农田和小型水利水保工程等基础设施建设,为调整产业结构创造了条件,产生了很大的经济效益,又在大范围内实施了封育保护,快速恢复了植被,有效控制了水土流失。六是地方党政领导高度重视。示范区规模大、投入多、机制活,建设目标和内容符合当地社会经济发展的要求,解决了地方政府关心的经济、生态和环境问题,因此地方政府对示范区建设高度重视,积极协调,措施得力。凡是去过大示范区的人,都能明显感到发生的变化,良好的生态环境、巨大的效益令人耳目一新,初步看到了经济发展、人民富裕、山川秀美的美好前景。

一、大示范区建设是新时期全面提升水土流失综合防治水平的客观要求

大示范区建设是加快水土流失防治,全面提升水土流失综合防治水平,满足经济社会进步,适应水土保持事业自身发展和当前生态建设形势的客观要求。

一是整合以往治理成果,发挥规模效益的需要。经过半个多世纪的艰苦努力,我国已累计初步治理水土流失面积 90 多万 km^2,治理小流域数万条。其中许多流域是当地生态建设的示范工程,治理标准高、效果好。但这些小流域在空间分布上相对比较分散,一定程度上影响了其整体效益的发挥。开展大示范区建设,把这些较为分散的小流域进行集中整合、提高完善,对发挥规模效益十分必要。

二是满足社会经济发展的需要。随着我国社会经济的快速发展和社会主义市场经济的逐步完善,特别是党的十六大明确提出了全面建设小康社会的奋斗目标,水土保持工作面临新的形势和任务,特别是当前农村产业结构的调整、区域经济的发展和生态文明建设的快速推进,迫切需要水土保持生态建设在规模上、机制上、建设内容上与之相适应。在较大的空间上开展水土流失综合防治,既有利于采取协调、统一的政策措施(如封山禁牧),整体推进生态环境建设,又有利于推进农业、农村产业结构调整和促进当地主导产业的形成及发展,推动农业产业化,从而加快水土流失地区的脱贫致富和社会进步。

三是水土保持事业本身发展的需要。目前实施的国家水土保持重点防治工程大多为国家基本建设项目,要求按照基本建设程序进行管理。只有进行规模化治理,才便于在建设中推行项目法人制、招标投标制、工程监理制等有关制度,进一步规范项目建设管理。同时,水土保持生态建设具有综合性、社会性等特点,在更大的范围内开展水土流失综合治理和生态环境建设,既有利于多种措施的优化配置,又有利于多部门协作、配合,有利于更有效地调动各种社会力量参与的积极性,从而实现大范围生态建设整体地、高标准地推进。

四是适应当前快速发展的生态建设形势的需要。近年来,国家对生态建设高度重视,投入力度大,建设范围广,建设的标准和质量也很高,各种社会力量参与生态建设的热情也空前高涨,迫切需要业务主管部门能推出一批技术路线正确、科技含量高、建管机制新、效益突出的水土流失综合防治示范样板。水利水保部门作为生态建设的重要部门,应该在再造秀美山川建设中发挥更大的作用。同时,正在实施的退耕还林还草、天然林保护等一系列重大生态工程也为推进水土保持大示范区建设创造了有利的外部条件,提供了难得的发展机遇。

总之,抓住当前的有利时机,适应国民经济和社会发展的要求,开展大示范区建设,在更高层次上进行水土整治、资源配置、生态改善、产业开发,全面提升水土流失综合防治水平已势在必行。

二、大示范区建设必须搞好宏观布局,按项目开展,规模化治理

大示范区建设是针对小规模治理而提出的,是为了更好地解决治理中存在的问题而采取的治理方略。根据新形势的要求,今后水土保持生态建设应当按大项目区展开,规模化治理。项目区的选定,要彻底改变过去按行政区域确定的做法,真正根据水土流失的轻重,结合治理区集中连片的原则来确定,适当兼顾地、县等行政单元,重点放在七大流域的支流上。根据各个项目的投入情况,原则上每个新开的项目区应包含多条相连的小流域,水土流失治理面积不少于 100 ~ 200 km^2,建设期限一般 3 ~ 5 年。

同时,为巩固多年的治理成果,今后各地应集中力量和资金尽可能对过去已初步治理的区域进行集中、连片和强化,努力形成水土保持大示范区。经过多年的治理,在七大流域中上游的"长治""黄治"等工程区和八大片治理区,先后有800多个县开展了国家重点水土流失治理,形成了非常好的基础,有十多个治理区已形成了水土保持大示范区的雏形。如宁南与陇西治理区、陕北地区与晋陕蒙接壤区、晋西三川河与汾河上游区、首都水资源上游区、江西赣南、闽西北与广东梅州红壤区、长江上游三峡库区、丹江口水库上游地区、贵州毕节地区、云南金沙江下游区和四川嘉陵江中下游区等,均已取得了比较好的经济效益和社会效益,受到了地方干部群众的欢迎和认可。但由于投入有限,这些区域治理的质量和标准相对较低,规模小,科技含量不高,在一定程度上也影响水土保持措施整体作用的发挥。为此,抓住当前有利时机,加强对现有分散的、零星的小项目区进行整合、完善,把原有的治理区域连起来,发挥规模效益是非常重要和必要的。一般来说,这些整合、完善的项目区总面积不应少于 $300 \sim 500 \ km^2$。今后国家水土保持生态建设投资也将有计划地逐步向这些比较成熟的治理区域倾斜,以促进这些地区水土流失综合防治水平的快速提高。

三、推进大示范区建设应注意把握的几个关键环节

大示范区建设从某种意义上说是过去水土保持重点工程建设的延伸和扩展,但由于站在更高的层次考虑建设内容和组织项目建设,就其实质的内容来说,它并非一般示范流域、精品流域的简单放大,而具有更为丰富的内涵和更高的建设要求。

(一)搞好规划设计

示范区建设成功与否,效果如何,很大程度上取决于项目的规划和设计。搞好水土保持大示范区建设的规划设计,必须要有新发展,实践中重点应把握好以下几点。

一是要贯彻全新的水保生态建设理念。在建设的指导思想上,要由过去控制水土流失、增加粮食生产、解决群众温饱向恢复良好生态、发展农村产业、改善人居环境、建设美好家园、促进人与自然和谐相处

的方向转变,走生产发展、生活富裕、生态良好的发展道路,以水土资源的可持续利用促进社会经济的可持续发展。即在宏观上要与地方经济社会发展布局紧密结合,微观上要切实为当地生产发展、环境改善创造条件,解决当地群众关注的实际问题,不断提高人民生活水平,实现生态改善和经济发展双赢。

二是坚持以小流域为单元进行综合治理的技术路线。小流域既是大示范区的重要组成部分,又是一个完整的自然和经济单元,具有独特的生态功能和经济功能。因此,不管示范区规模多大,建设内容有多少,都应以小流域为单元设计,获取最佳治理效果。当然,在一个大示范区内部各个小流域治理的模式应该是多样化的,即根据当地实际、社会经济发展的不同需求确定其功能和治理开发模式,有的以恢复生态环境为主,有的以观光休闲为主,有的以发展生产为主。

三是要采取综合的措施。水土保持的最大特点在于综合,进行大示范区建设规划,不能局限于水土保持措施本身,要站到政府的角度考虑问题,山水田林路统一规划,多种措施并举。当前应根据当地实际把能源替代、生态移民、美化环境等相关措施纳入项目建设规划。随着社会经济的发展、人民生活水平的提高,大示范区建设需要统筹考虑的内容越来越多,其他能够考虑的措施应尽可能考虑到。要通过多种措施的优化组合,真正实现经济效益、生态效益和社会效益的有机统一。坚持开放式的水土保持战略,项目规划设计要吸收有关部门、行业参与,以使规划设计更具科学性和可操作性。

四是坚持以水为基础安排建设内容。要以水资源承载能力为出发点,确定措施配置和产业开发,一方面按照径流调控理论科学配置三大措施,对径流进行拦蓄、聚集、疏导,使土壤免遭侵蚀;另一方面对水资源要有效利用、节约保护、优化配置,用于发展农业生产和改善生态,要以水为基础,统筹综合,因水制宜,充分发挥水在生态建设和生产发展中的基础作用。

五是坚持人工治理与自然修复有机结合。这是大示范区建设区别于一般治理区或生态修复区的主要特征,也是示范区建设的一条基本技术路线。人工治理可以快速改善生产条件、提高土地的生产力,但投入较高;自然修复则可有效改善生态环境、快速恢复地面植被,而投入费用又相对低,短期内就有可能取得大面积控制水土流失的效果。在生态脆弱和人少地广地区要大力推进生态自我修复,加强生态保护,加速实现山川秀美的目标。

(二)与时俱进,不断创新建管机制

大示范区建设是水土保持生态建设的新实践、新尝试,必须在建设和管理机制方面进行不断的创新和完善,通过完善机制吸引社会资金,协调各部门、行业的力量,调动全社会广泛参与。

一要建立政府组织、部门协作机制。要按照"水保搭台,政府导演,部门唱戏,全社会参与"的格局开展项目建设。大示范区建设过程中,有关政府应成立建设领导机构,协调各有关部门、行业参与示范区建设,各投其资、各尽其责、各记其功,形成合力,加快治理速度,提高治理开发的质量和效益。

二要建立合理的中央、地方和群众投入协作机制。项目一经确定和明确中央投入部分后,地方政府应以文件的形式对相应配套资金做出承诺,切实保证项目建设投入。在可行性研究阶段,把项目建设的目标、任务和所需的投工投劳情况向项目区群众公开,征求群众意见,并由所在村的村民委员会对投工投劳做出承诺,保证工程建设的顺利进行。

三要依靠政府调动社会各界参与建设的积极性。大示范区建设投入巨大,建立多元化投入机制至关重要。生态观光、产业开发等经济效益好的项目,应主要依靠资金进行建设。要重视大户治理的示范带动作用,在土地承包、税收、贷款和资金补助等方面给予优惠,促进其快速健康发展。项目竣工后要明确管护主体,明晰产权,办理产权登记和移交手续,建立必要的运行管理制度,责权利相统一,确保工程长期发挥效益。

四要因地制宜推行三项制度等。项目实施前要合理确定项目法人,明确项目责任主体。对治沟骨干工程建设、大规模的梯田建设、景区建设、水利工程建设以及种苗采购等单项工程,应尽可能推行招投标制。加强工程质量管理,普遍推行适合水土保持特点的工程监理制。建立健全资金管理和监督制度,专款专用,推行资金报账制。积极引进、借鉴国外先进的建设管理机制,提高示范区建设水平。

五要以多种形式组织工程建设。一方面,要充分发挥社会主义制度优越性,组织发动群众、机关团体干部,发扬自力更生、艰苦奋斗精神参与生态建设;另一方面,对重点工程要按照市场机制运作,通过招标选择专业施工队伍进行建设。

(三)充分发挥科技的支撑作用

大示范区建设区别于一般治理的一个显著要求就是科技含量高。推进大示范区建设必须突出科技的重要作用,以科技进步推动大示范区建设。一是示范区建设要进行科学论证。规划设计要吸收科研院所、专家参加,听取专家的意见、建议,保证建设开发的科学性。建设内容中要有明确的科技示范项目、推广应用项目、高新技术引进项目。二是加强相关应用科学研究和技术推广。要安排专门经费和专项课题,开展与生产实践紧密结合的研究内容,解决关键技术难题。积极推广适合当地的实用技术和科研成果,开展与科研院所、大专院校的科技合作,推行科技承包,促进科技成果转化。建立、完善技术推广体系,有组织、有计划地对地方干部群众进行培训,提高项目建设的质量。三是搞好水土保持科技示范园区建设,使其成为科技示范、成果转化、招商引资、培训教育的重要载体,服务于示范区的建设。四是大力引进高新技术,要把国内外监测预报、信息系统、优良苗木和作物品种等方面的先进技术尽可能引进来、消化吸收,提升示范区建设档次。

开展大示范区建设。既要大胆实践,积极探索,又要从实际出发,因地制宜,扎实推进。要通过示范区建设,充分体现水土保持综合治理的特点,进一步巩固提高已有的水土保持生态建设成果,不断丰富建设内容,创新建设管理机制,增加治理的科技含量,全面提升水土流失综合防治水平,更好地发挥水土保持在我国生态环境建设中的示范、辐射和主导作用,为全面建设小康社会,加快推进社会主义现代化做出新的、更大的贡献。

（发表于《中国水土保持》2003 年第 1 期）

抓好前期工作　完善建管机制
扎实推进黄土高原淤地坝工程建设

中共中央、国务院在《关于做好 2003 年农业和农村工作的意见》中提出"加强封山育林和小流域综合治理,采取'淤地坝'等多种工程措施,搞好水土保持"。水利部党组对淤地坝建设高度重视,汪恕诚部长在 2003 年全国水利厅局长会议上明确要求,要把淤地坝作为 2003 年水利建设争取启动实施的三项新"亮点"工程之一,作为今后水土保持工作的重点和黄土高原地区实施退耕还林工程的一项重要配套措施切实抓紧抓好。这是水利部党组继 2000 年实施生态自我修复战略之后,在水土保持生态建设中作出的又一重大战略决策。这一决策的实施,对于加快黄土高原地区的水土流失治理,改善当地农业生产条件和生态环境,实现全面建设小康社会和西部大开发的战略目标,确保黄河长治久安,具有十分重大而深远的意义。当前,如何落实好中央精神和水利部党组的这一战略决策,扎实推进淤地坝工程建设,成为摆在我们面前的一项十分紧迫的重要任务。

一、深刻认识加快淤地坝建设的重大意义

淤地坝是黄土高原地区广大干部群众在长期的生产实践中总结创造出的一项治理水土流失、改善农业生产条件的有效措施,具有拦泥、蓄水、缓洪、淤地等综合功能。新中国成立以来,黄土高原地区各级政府积极组织广大群众,开展了较大规模的淤地坝建设,取得了明显的成效。许多地方通过建设淤地坝,使农业生产条件大为改善,农村面貌发生了巨大变化。总结各地的情况,淤地坝建设主要有以下几方面的好处:一是通过修建淤地坝和配套建设其他水土保持措施,可以在流域中形成完整的水土流失防治体系,构筑起减少泥沙下泄的有效防线,使水

土流失得到有效控制,基本实现泥不出沟。二是淤地坝在拦沙的同时,可以淤出相当数量的水肥条件好、稳产高产的基本农田,使土地生产力大幅度提高,群众温饱得到有力的保障,加快脱贫致富步伐。三是淤地坝在运行前期,可作为水源工程,通过集蓄、利用地表径流,能较好地解决农村生产生活用水,从而有效改变当地群众到几千米外人挑畜驮生活用水的艰难状况。四是淤地坝建设可促进陡坡地退耕和林牧业的发展,改善生态环境。实践证明,淤地坝是改变农业基础条件、促进当地经济发展和改善生态环境的一举多得的富民工程、德政工程,是群众的"命根子""粮屯子"和"钱袋子",是群众最欢迎和最愿意出钱出力建设的工程。但是,由于淤地坝建设费用较高,水土流失地区地方财力有限和群众投入能力差,长期以来淤地坝建设发展缓慢,特别是能够对洪水起关键控制作用的骨干坝相对偏少,直接影响了淤地坝整体效益的发挥。

在当前全面建设小康社会、实施西部大开发和建设良好生态环境的新形势下,国家增加淤地坝建设的投入,加快黄土高原的淤地坝建设具有非常重要的现实意义。第一,淤地坝是实现群众脱贫致富奔小康和国家生态环境建设目标的有机结合点。在黄土高原的多数地区,水土流失非常严重,群众生活十分贫困,生态建设与群众生存、经济发展之间的矛盾非常突出。在这种情况下,不解决好群众的生产生活问题,就不可能建设良好的生态环境;不有效治理水土流失,科学利用当地水土资源,也很难实现经济社会的可持续发展和小康目标。建设淤地坝,每淤成 1 hm² 旱涝保收的坝地,能顶 10 hm² 坡耕地,从而长期、稳定地解决群众的生计问题,为巩固退耕还林的成果、真正实现"退得下、稳得住、不反弹、能致富"创造条件,是解决当前比较突出的"三农"问题的有效途径。第二,淤地坝建设是保护和合理利用当地水土资源与减轻黄河下游泥沙、洪水危害的有机结合点。淤地坝建设,一方面把当地十分珍贵的水土资源充分利用起来,使生产发展、人口环境容量提高,促进经济社会向良性方向转变;另一方面,就地拦沙蓄水,化害为利,可减轻泥沙对下游的危害,是当前确保黄河"河床不抬高"的最有效措施。同时,从淤地坝拦泥减沙的单位成本与下游河道清沙的单位成本的对比来看,在上中游建设淤地坝每拦 1 m³ 沙只需 2~3 元,而在下游河道清沙 1 m³ 则至少要 15~20 元,建设淤地坝可谓费省效宏。第三,淤地坝建设充分发挥了人工力量和大自然的自我修复能力,是实现人与自然和谐共处的有机结合点。淤地坝建设可促进农业产业结构的调整和土地的集约经营,通过小范围的治理开发和大面积的封育保护,依靠生态自我修复能力恢复植被,大大减轻水土流失程度,减少进入下游河道的泥沙。第四,大规模开展淤地坝建设也是拉动内需、促进农村富余劳动力转移的有机结合点。淤地坝建设动用土石方量大,消耗水泥、钢材、炸药、施工机械等,所需投入和劳动力集中,是拉动内需的有效手段,同时也可为农村富余劳动力提供就业机会。

当前,要进一步加大对淤地坝建设作用和意义的宣传力度,使广大干部群众增强建设淤地坝工程、治理水土流失的紧迫感、责任感和使命感,并切实采取有效措施,充分调动社会各界参与淤地坝建设的积极性,加快黄土高原水土流失治理进程。

二、扎实做好淤地坝建设的前期工作

淤地坝工程建设具有面广、量大、分散的特点,技术性和社会性都很强,如果前期工作不扎实,工程建成后就很难取得预期的效益,甚至会在暴雨、洪水的作用下造成严重危害。今后淤地坝建设,必须改变过去群众运动式的打坝方式,切忌一哄而上。要科学规划,合理布局,统筹考虑,突出重点,分步实施,有计划、有步骤地进行。既要大规模、快速推进,又要稳扎稳打、科学推进。要切实把好前期工作关,前期工作扎实的先上,不具备条件的缓上,前期工作不完善的坚决不上。围绕前期工作,当前各地应重点做好以下几方面工作:一是因地制宜做好淤地坝建设规划。不仅黄土高原地区要有整体的规划,各省(区)、地(市)、县都要有相应的规划,摸清淤地坝建设的现状和发展潜力,明确近期及今后 10~20 年建设的目标、任务、原则、布局和措施。二是要做好近期建设项目储备,制订近期实施方案,按坝系编制可行性研究报告,严格立项审批制度。近期建设的重点,在安排次序上要首先考虑配套完善的原有坝系,在布局上要以水土流失严重的多沙粗沙区为主。安排资金时,不能按县分坝,应按流域坝系为规划单元,建一条,成一条,受益一条,发挥规模效益和综合效益,确保坝系工程在遇到较大的暴雨、洪水情况下仍能安全运行。三是做好单坝的设计。在认真勘测的基础上,科学选取最佳坝址。要充分考虑当地条件,充分借鉴历史经验教训,运用各项先进技术,大力推广计算机辅助设计等新技术,提高设计质量和水平。加强对设计单位的管理和考核,逐步推行设计资质制度。四是要大力开展筑坝技术培训,提高技术人员的素质。不仅要培训现有水利水保工程技术人员,而且要分批培训地方干部和群众。

三、不断创新和完善淤地坝建设与管理机制

淤地坝建设投资集中、技术性强、责任重大,必须严格按照国家有关规定,加强对工程建设、运行的全过程管理。同时,淤地坝建设又是一项社会性很强的工作,在建设、管理过程中,必须有群众的大力支持和参与,中、小型淤地坝主要依靠群众的力量来建设、管理和维护。因此,在淤地坝建设和管理过程中,既要强化业务部门的指导、管理和监督,以确保工程建设质量,又要不断创新和完善建设管理机制,调动治理区广大群众建坝、护坝的积极性,保障工程安全运行并持续发挥效益。当前,搞好淤地坝的建设管理工作,一是要严格按照有关技术规范组织设计和施工,履行前期工作立项审批程序。骨干坝要严格按照基本建设程序的要求组织实施,没有立项审批手续,不得开工建设。对由群众和社会力量修建的中、小型淤地坝,也要加强管理和技术指导,并履行审批程序。二是推行基本建设"三项制度"。骨干坝建设要全面推行项目法人责任制、招标投标制和建设监理制。中、小型淤地坝建设也要实行项目法人负责制和建设监理制,确保工程建设质量和效益。三是依靠政策,调动社会力量和群众参与建坝的积极性。中、小型淤地坝应以地方和群众投入为主,国家给予适当补助。要明确产权,实行"谁投资、谁受益",鼓励集体和广大群众以股份合作、联户、个户等形式投资投劳,形成国家、集体、个人多元化的投入机制,加快建设进度。各级地方政府应想方设法为淤地坝建设创造有利条件,制定优惠政策,如给建坝者安排小额贷款或者贴息贷款,新淤成的坝地在税收上给予

优惠,允许继承和转让等。

淤地坝建成后,要认真落实运行管理、维修管护责任制。原则上,骨干坝的运行管理由县或乡(镇)人民政府负责,中、小型淤地坝由乡(镇)人民政府或村民委员会负责。工程建成后,建设单位要及时办理移交手续,按照"谁受益、谁管护"的原则,落实淤地坝管护责任。各级水利水保部门负责淤地坝运行管护的监督检查与技术指导。淤地坝的防汛工作要纳入当地防汛管理体系,实行行政首长负责制,分级管理,落实责任。中、小型淤地坝建设、管护要依靠当地群众,按照"谁投资、谁所有,谁受益、谁管护"的原则,通过承包、拍卖、租赁等多种形式,明确使用权,落实维修管护责任,让群众受益,让群众管护,确保淤地坝运行安全与效益的长久发挥。骨干坝建成初期,虽然没有坝地效益,但具有较大的拦蓄能力,其蓄水灌溉效益可部分或者完全地补偿维修管护费用。要充分借鉴以往淤地坝管护经验,通过建立淤地坝管理协会或村民委员会协调,落实维修管护责任。前期蓄水收取水费,后期承包、拍卖、租赁,建立淤地坝建设管理专项基金,用于淤地坝的维修管护及中、小型淤地坝的建设,形成"以坝养坝、以坝护坝、以坝建坝"的良性运行机制。

四、做好淤地坝建设的基础性工作

为提高淤地坝建设的质量、进度和效益,必须按照科学化、规范化、标准化、信息化的要求,加强相关的基础性工作。一是要提高淤地坝建设的科技含量。发挥科研院所、大专院校广大专家、技术人员的作用,围绕淤地坝建设在基础理论研究、高新技术运用、实用技术推广等方面开展工作。二是开展淤地坝工程实施效果监测。掌握淤地坝建设的数量、分布和动态,监测淤地坝和水土保持综合治理的效益,包括群众投入、生态改善、泥沙减少等,为黄土高原淤地坝工程建设的顺利实施和黄土高原地区水土保持生态建设提供决策依据。监测手段应以地面观测为基础,并充分运用"3S"以及计算机网络等现代信息技术。三是加强有关标准、规范的制定和设计软件的开发研究,加强对技术人员和群众的培训,使淤地坝建设在设计、施工、管理等方面进一步规范。

五、强化对淤地坝建设资金的管理

淤地坝工程建设点多面广、比较分散,既有以国家投资为主的骨干工程,又有以群众投劳投资为主、国家适当补助的中、小型工程。为此,必须完善有关制度,强化资金管理,确保投资效益。一是在推行"三项制度"的同时,大力推行资金拨付报账制,根据工程建设进度、质量检查验收的情况拨付资金;二是对以群众投入为主、国家给以补助的工程要公开项目投入标准,实行项目建设公示制,提高资金使用透明度;三是对淤地坝建设项目的审批,要严格执行有关规定,进行科学的审查论证,执行概预算标准;四是要主动接受审计部门的检查监督;五是加强专项检查监督工作,特别是加强对工程实施的监理和监督检查。

(发表于《中国水土保持》2003 年第 6 期)

注重创新　严格管理
建设黑土区综合防治样板工程

东北黑土区水土流失综合防治试点工程的启动，标志着东北黑土区水土流失防治工作进入一个新的发展阶段。试点工程的实施，要严格按照基本建设项目的要求，严格程序，注重实效，加强管理，努力把工程建设成为黑土区水土流失综合防治的示范工程和样板工程。

一、注重六个方面的问题

（一）注重创新

东北黑土区水土流失综合防治试点工程有别于以往黑土区所开展的水土保持防治工程，是黑土区水土流失综合防治的示范工程、样板工程，应注重在理念、思路、机制、工作方法及政策等方面的不断创新。比如，黑土区水土流失防治目标的制定，不能仅仅停留在解决农民的粮食问题和增加农民的收入这个层面上，要适应全面建设小康社会新形势的需要，在治理水土流失的同时，大力推进城乡人居环境的改善、群众生活质量的提高和生态环境的改善。借鉴以往的工作经验，各地要因地制宜，突出重点，充分考虑怎样才能取得最佳的环境效益。过去一些地方开展治理，把远离村庄的山川治理得绿油油的，而农民聚居的地方却未采取任何措施，光秃秃的，人与自然的关系不协调，这是不符合以人为本、人与自然和谐的理念的。我国南方一些地方，将村庄内外的水系、道路、农田、林草等统一规划，同步治理，有效地整合了水土资源，效果非常好，一眼望去完全像是一幅美丽的山水画，群众对此也非常满意。黑土区水土流失防治试点工程实施一开始，就应该认真研究这些问题，争取达到好的效果，这就要在思路上、机制上创新。

（二）注重实效

注重实效应首先从规划设计抓起，如果规划水平不高、小流域的设计不合理，就很难取得好的实效。试点工程在小流域规划设计时，基层特别是县一级的技术人员必须深入到田间地头实地考察，与群众协商讨论，不能坐在家里脱离实际地在图纸上写写画画就组织实施。注重实效，一定要因地制宜，使项目的实施符合当地的实际情况，关键是要通过治理给群众办好事、办实事。本项目资金投入的重点是坡耕地改造、水系建设、生产道路及能源建设，这些恰好是群众最需要解决的问题。

（三）注重管理

注重管理主要体现在技术审查和资金管理两方面。首先要严格执行基本建设程序。国家对基本建设项目的实施有一套严格的制度，规划设计文件一经审批就是具有强制性的法律文件，任何个人都无权进行随意调整。本项目与过去治理项目的不同之处，突出表现在规范管理上，从县到市（地区）、省（区），从流域机构到有关部委，都要自觉执行规范和制度。8个项目区的初步设计经松辽委技术审查同意后，各省（区）计划、水利部门才能立项审批，初步设计未经审批，不得开工建设。

其次是项目资金的管理，这是本项目实施的关键。近几年，国家的各种重点工程建设在资金使用方面出现了不少问题，我们一定要引以为戒，加强资金管理，做好项目审计，确保投资安全，充分发挥资金使用效益。对国家下达的计划，要严格执行，不得随意调整，要以对党、对人民负责的精神，把工程搞好，切实花好每一分钱。

（四）注重协调

一是搞好水利行业内部协调，如人畜饮水、农田基本建设等项目都可以同水土保持工程建设有机地结合起来。二是与相关部门和行业搞好协调，协调农业、林业、扶贫等部门参与东北黑土区水土流失综合防治，措施配置中涉及各行业的，完全可以由相应的行业来落实，各投其资，各记其功。水土保持部门的工作就是当好政府的参谋，搞好基础工作，关键是要做好规划。

(五)注重保护

东北黑土区人口相对较少,降水比较丰沛,依靠生态自我修复能力恢复植被、治理水土流失具有较好的客观条件。注重保护,最重要的是通过封山禁牧、舍饲养畜,促进自然修复。从项目开始实施就要抓好,否则,三年以后验收时植被还没有恢复起来,就很难向党和人民交账。要把人工治理与生态自我修复有机结合起来,通过小范围的开发,如基本草场建设、基本农田建设、生态移民等,促进大面积的封育保护,加快水土流失防治步伐。

(六)注重科技

科技方面有两个重点:一是技术推广,各地都有一些好的技术,要因地制宜地大力推广,充分发挥科技的潜力和作用;二是搞好培训,包括对农民和干部的培训,提高他们的防治技能。

二、推行五项制度

一是政府配套资金承诺制。项目建设中,中央投资是个引子,要圆满完成项目建设任务,达到预期的目标,就必须充分依靠地方的投入。推行政府配套资金承诺制,既是国家发改委要求的,也是保证项目顺利实施必不可少的,各级政府一定要予以高度重视,切实把黑土区水土流失防治规划确定的配套资金纳入各级财政预算,按时足额到位。从省到地、县,都必须对配套资金做出承诺,否则不予安排中央资金。

二是农民投工投劳承诺制。投工投劳承诺制主要是解决"两工"取消以后项目实施的投工投劳问题。这是一项带有创新意义的制度,在南方一些地区已得到了推广,黑土区试点工程的实施也要执行这个制度。要对项目区的群众讲清楚项目的实施对国家有什么好处,对群众有什么好处,为什么需要群众投工投劳、参与治理。若村里2/3的群众同意,国家可以先安排项目;如果认识不统一,就尊重群众意愿,等以后再安排,这就是农民投工投劳承诺制。

三是项目建设公示制。这是提高项目建设透明度,增强群众监督,避免发生资金挪用、变相操作等违规现象而实行的又一项重要制度。过去搞治理,行政领导一号召,大家就干起来了,老百姓也不知道为谁干、干什么,结果是政府出钱又出力,但群众不满意,项目实施效果不理想。以后开展工程建设,要避免这样搞,一定要让群众知道国家为什么搞项目,搞这个项目有什么好处。要通过项目建设公示制,让群众参与项目建设的全过程,调动群众的积极性。试点工程建设中的相关内容,在涉及的每一个村都要公示,做不到的,下一年度不安排投资。

四是工程招投标制和工程建设监理制。推行招投标制和监理制应因地制宜,根据当地的情况,对分布比较集中、可以招投标的工程,应尽量实行招投标,比如造林苗木采购、水源工程、大型沟道治理工程建设等就可以采用招投标的办法,有的工程建设不能完全按照招投标办法进行,但可以引入招投标这种机制。监理制是必须推行的一项制度,也是完全可以推行的。

五是资金使用报账制。这是比较有效的一种制约机制。黑土区试点工程也要引进这一先进的管理制度,推行资金报账制。所有的工程投资不能一次性付完,工程开工时可以先支付一部分,然后根据工程实施进度逐步拨付,工程建设完成并经验收合格后再付清其余款项。

(发表于《中国水土保持》2003 年第 11 期)

黄土高原地区
水土保持淤地坝规划概述

一、淤地坝规划等前期工作情况

(一)淤地坝建设调研

为搞好规划编制等工作,2002 年以来,在有关部门的支持下,水利部组织黄河水利委员会、各省(区)水利部门以及中国水利科学研究院、水利部发展研究中心等单位,开展了淤地坝建设管理、科技应用、水资源利用等多方面的专题调研,完成了《黄土高原淤地坝建设情况调查报告》《黄土高原淤地坝建设管理政策调查报告》《黄土高原生态型、节水型和可持续发展型淤地坝建设关键技术研究报告》《黄土高原地区水土保持淤地坝运行管理模式研究报告》等一批成果。这些调查研究工作为搞好黄土高原地区水土保持淤地坝规划的编制,推进工程建设奠定了良好的基础。

(二)规划编制前期工作情况

一是完成了总体规划编制工作。2002 年下半年以来,黄河水利委员会根据国务院印发的《全国生态环境建设规划》和批复的《黄河近期重点治理开发规划》,在认真调查研究、充分吸收各省(区)淤地坝规划成果的基础上,多次召开专家咨询会、论证会,就规划的指导思想、建设目标、建设规模、总体布局、建设管理与运行机制等,进行反复研究、论证,于 2003 年 2 月完成了《黄土高原地区水土保持淤地坝规划》送审稿。2003 年 3 月,水利部水规总院组织有关院士和专家及部门代表对规划送审稿进行了技术审查。之后,水利部多次向国务院西部开发领导小组办公室、国家发展和改革委员会进行专题汇报,征求意见。规划编制组对这些意见进行了认真研究,对规划进行了补充、修改和完善。

2003年6月,水利部召开部长办公会对《黄土高原地区水土保持淤地坝规划》进行审查,原则同意该规划。近日,水利部已将《黄土高原地区水土保持淤地坝规划》正式报送国家发展和改革委员会审批。

二是完成了各省(区)规划编制工作。黄土高原7省(区)根据《黄土高原地区水土保持淤地坝规划》,结合本省(区)的实际,编制完成了本省(区)淤地坝建设规划,并通过了由黄河水利委员会组织的技术审查。

三是修订了淤地坝建设相关技术规范与标准。为适应黄土高原地区淤地坝建设生产实践的需要,水利部对《水土保持治沟骨干工程技术规范》(SD 175—86)进行了修订,制定并颁布了《水土保持工程概算定额》及《水土保持工程概(估)算编制规定》。同时,水利部正在组织修订《水坠坝施工技术规范》,编制《水土保持淤地坝工程技术导则》和《小流域坝系建设技术导则》等规范标准。

四是完成了一批工程前期设计。为了保证2003年淤地坝试点工程的顺利实施,在黄河水利委员会的组织下,各省(区)计划、水利部门密切配合,加快前期工作进度,已完成了383条(片)小流域坝系可行性研究报告的编制,并通过了黄河水利委员会的审查。

二、规划的主要内容

(一)规划指导思想与原则

以党的十六大精神和"三个代表"重要思想为指导,通过淤地坝工程建设,拦沙蓄水淤地,有效利用和保护水土资源,建设稳产高产基本农田,巩固退耕还林成果,实现"林草上山,米粮下川",为黄土高原地区农业增产、农民增收、农村经济发展创造条件。充分发挥生态的自我修复能力,促进大面积植被恢复,加快水土流失防治步伐,改善生态环境,减少入黄泥沙,再造秀美山川。以水土资源的可持续利用,维系良好的生态环境,支撑经济社会的可持续发展,为全面建设小康社会提供保障。

规划的原则是:坚持全面规划,统筹兼顾,突出重点,逐步推进;坚持水土资源优化配置、有效利用和节约保护;坚持与区域经济社会发展相结合,生态、经济和社会效益相统一;坚持中央、地方、集体和个人多元化的投入机制;坚持以建设管理体制与机制的创新,促进淤地坝建设的良性发展;坚持以小流域为单元,因地制宜,按坝系科学配置,合理布局;坚持与生态修复、退耕还林等生态建设工程相协调,沟坡兼治,综合治理。

(二)规划目标

本次规划分别确定了 2010 年、2015 年和 2020 年淤地坝建设的目标与任务。

到 2010 年,建设淤地坝 6 万座,其中骨干坝 1 万座。初步建成以多沙粗沙区 25 条支流(片)为重点的较为完善的沟道坝系。工程实施区水土流失综合治理程度达到 60%,黄土高原水土流失严重的状况得到基本遏制。农村土地利用和产业结构趋于合理,农民稳定增收。年减少入黄泥沙 2 亿 t。工程发挥效益后,拦沙能力可达到 140 亿 t,新增坝地面积 18 万 hm²,促进退耕面积 80 万 hm²,封育保护面积 133.3 万 hm²。

到 2015 年,建设淤地坝 10.7 万座,其中骨干坝 1.7 万座。在多沙区的 33 条支流(片)建成较为完善的沟道坝系,整个黄土高原地区淤地坝建设全面展开。工程实施区水土流失综合治理程度达到 70%,黄土高原地区水土流失防治大见成效,生态环境显著改善。区内农业生产能力、农民生活水平大幅度提高。淤地坝年减少入黄泥沙达到 3 亿 t。工程发挥效益后,拦截泥沙能力可达到 250 亿 t,新增坝地面积达到 31.3 万 hm²,促进退耕面积可达 140 万 hm²,封育保护面积可达 266.7 万 hm²。

到 2020 年,建设淤地坝 16.3 万座,其中骨干坝 3 万座。黄土高原地区主要入黄支流基本建成较为完善的沟道坝系。工程实施区水土流失综合治理程度达到 80%,以坝地为主的基本农田大幅度增加,农村可持续发展能力显著提高,基本实现"林草上山,米粮下川"。淤地坝年减少入黄泥沙达到 4 亿 t。工程发挥效益后,拦截泥沙能力可达到 400 亿 t,新增坝地面积达到 50 万 hm²,促进退耕面积可达 220 万 hm²,封育保护面积可达 400 万 hm²。

(三)建设规模和总体布局

根据黄土高原地区水土流失危害程度、经济社会发展和黄河治理开发的实际需要,淤地坝建设范围涉及黄土高原 39 条支流(片),总土地面积 42.6 万 km²,水土流失面积 27.2 万 km²。规划建设总规模为修建淤地坝 16.3 万座,其中骨干工程 3 万座,中、小型淤地坝 13.3 万座。

在规划总面积中,水土流失严重的 19 万 km² 的多沙区,是本次规划的重点地区,涉及 33 条入黄支流(片),规划修建淤地坝 14.36 万座,占规划总数的 88%,其中骨干工程 2.48 万座,中小型淤地坝 11.88 万座。水土流失最为严重的 7.86 万 km² 的多沙粗沙区,是本次规划的重中之重,涉及 25 条重要入黄支流(片),规划淤地坝 10.28 万座,占本次规划总数的 63%,其中骨干工程 1.61 万座,中、小型淤地坝 8.67 万座。

在具体布设上,改变过去工程布局分散、规模效益低的状况,将以小流域为单元,按坝系进行建设。以骨干坝为主体,中、小型淤地坝配套建设,形成布局合理的坝系,充分发挥工程的整体防护功能。

(四)近期实施方案

黄土高原地区淤地坝建设是一项长期的任务,必须突出重点、分期实施、逐步推进。根据规划确定的近期目标和总体布局,结合国家实施的退耕还林(草)、农业综合开发、生态移民等生态建设项目,确定近期淤地坝安排的原则:一是重点安排多沙粗沙区的窟野河、秃尾河、孤山川、皇甫川及十大孔兑等入黄一级支流;二是优先安排原有坝系配套工程及现有淤地坝改建工程,巩固提高,充分发挥效益;三是建设示范坝系,通过示范坝系建设,从规划设计、施工组织、科技推广应用、建设及运行管理等方面总结经验,推动淤地坝建设的顺利进行。

根据上述原则,2003~2010 年,在黄土高原地区建设淤地坝 6 万座,建设完整的小流域坝系 1 000 条,其中在多沙粗沙区建设淤地坝 4.2万座。2003~2005 年安排建设淤地坝 1.82 万座,其中骨干坝 4 000 座。

（五）投资估算与效益

1.投资估算

淤地坝建设投资由中央、地方和群众共同筹集,骨干坝以中央投资为主,中、小型淤地坝以地方投资为主。其中,骨干坝中央投资80%,地方投资20%;中型淤地坝中央和地方各投资50%;小型淤地坝中央投资30%,地方投资70%。

按以上资金筹措方案,黄土高原地区淤地坝建设规划总投资830.6亿元,其中中央投资481.2亿元,地方投资349.4亿元。2003～2010年,完成规划建设任务需总投资299.5亿元,其中中央投资171.0亿元,地方投资128.5亿元。2003～2005年,淤地坝建设总投资98.59亿元,其中中央投资59.72亿元。

2.效益分析

（1）生态效益。工程全部建成后,拦截泥沙能力可达到400亿t,年均减少入黄泥沙4亿t,可促进220万 hm^2 坡耕地退耕还林还草,封育保护面积400万 hm^2,为大面积"封山绿化"、实现"林草上山,米粮下川"、再造秀美山川奠定坚实基础。

（2）社会效益。工程实施后,可在黄河中上游形成较为完善的沟道坝系,削峰滞洪拦沙,有效减少入黄泥沙,为黄河下游防洪安全提供保障,对实现黄河"河床不抬高"目标,确保黄河安澜发挥重要作用。同时,可促进农民群众脱贫致富,加快区域内全面建设小康社会的步伐;改善交通条件,吸收农村富余劳动力,带动区域经济发展。

（3）经济效益。工程建成并发挥效益后,按30年计算,坝地生产效益可达760多亿元,下游沟、川、台地的保收效益超过170亿元。同时,还可减少下游河道清淤所需的大量人力、物力和财力。

三、需要重视的有关问题及建议

（一）关于建设管理机制

总结过去淤地坝建设的经验教训,产权不明晰、责权利不明确、管护责任不落实,导致一部分已建工程有人用无人管,病险坝多,是其主要问题。有关部门领导、各方面专家对这一问题十分关注,在规划编制过程中,已经予以充分重视,并提出了相关的管理制度与保障措施。下一步在规划的实施中,必须结合各地实际,出台操作性强的规范性政策与管理办法。

(二)关于统一规划和管理

淤地坝建设必须实行统一规划,统一管理。首先,淤地坝建设要服从两个规划:一是水土保持综合治理规划,沟坡兼治,综合治理;二是坝系规划,科学布局,发挥整体效益。其次,不同部门、不同行业、不同投资渠道建设淤地坝,都必须服从坝系规划,严格执行水利部门的技术规范与标准,履行审批程序,加强管理,严格验收。

(三)关于水资源利用

淤地坝规划目标实现后,年将减少入黄水资源量 43 亿～55 亿 m^3,尽管这部分水资源主要用于工程区群众的生产生活,是必需的,但也必须采取有效的措施确保水资源的有效和节约利用。一是要优化工程设计,建设节水型淤地坝,保证多余的水及时下泄;二是要加强管理,科学调度,确保水资源利用兼顾上下游;三是规划实施区要大力推进节水工作。

(四)关于骨干坝与中、小型坝的比例

考虑到中央投入的可行性、骨干坝对水资源的影响等因素,对骨干坝的比例、建设时序等问题,需在下一步规划实施中进一步研究。

(五)关于淤地坝建设与其他生态建设项目的协调

规划的重要目标之一是促进与巩固退耕还林成果,实现这一目标的前提是工程实施区的群众人人有坝地。这与推行承包、拍卖、股份合作等方式进行建设管理机制改革,在目标上矛盾。如何更好地结合,需要在制定相关政策时予以充分考虑。同时,要协调好淤地坝建设与小流域综合治理、生态移民、能源替代等相关生态建设项目之间的关系,充分发挥整体效益。

(发表于《中国水土保持》2003 年第 12 期)

坚持成功经验 实现五个转变 推动国家水土保持重点建设工程 再上新台阶

今天我们在石家庄召开国家水土保持重点建设工程 2003 年度工作会议,主要是总结交流全国八片水土保持重点防治工程实施 20 年来的成绩与经验,研究部署下一期工程实施工作。这次会议是在我国水土保持生态建设的新形势下,对原来的八片工程进行调整后召开的。根据财政部的建议,调整后的八片工程改名为"国家水土保持重点建设工程"。开好这次会议,对确保下一期工程开好头和进一步推动全国水土保持生态建设工作都具有十分重要的意义。

一、八片水土保持重点防治工程实施成效显著

八片水土保持重点防治工程是我国第一个由国家安排专项资金,有计划、有步骤、大规模集中连片开展水土流失综合治理的重点生态建设工程。1983 年以来,在财政部的大力支持下,在治理区各级党委、政府的高度重视下,经过各级水利、财政部门和广大人民群众的共同努力,工程建设取得显著成效。

(一)从根本上改变了治理区面貌

通过 20 年长期不懈的努力,八片工程共完成了综合治理小流域 2 362 条,初步治理水土流失面积 4.2 万 km^2,治理区农业生产条件、生态环境和经济社会发展水平有了显著的变化。一是经过实施的小流域水土流失治理程度一般都达到了 60% 以上,减沙率达到 40% 以上。如永定河上游经过 20 年连续治理,进入官厅水库的泥沙比原来减少了 70.2%,许多小流域实现了泥不出沟。二是治理区农业生产和农民生活条件得到明显改善,从根本上解决了治理区群众的生计问题,并建成了一批名特优经济林果基地,促进了农业增产、农民增收和农村经济发

展。如"贫瘠甲天下"的甘肃定西市通过重点治理,全市人均高标准基本农田面积达到 0.2 hm² 多,实现了粮食自给有余,建成水窖 17.2 万眼,发展节水补灌面积 5 333.33 hm²,解决了 23 万人和 30 万头牲畜的饮水困难,农民人均收入从治理初期的几百元增加到 1 849 元。三是治理区生态环境显著改善,抗御自然灾害的能力明显增强。如无定河治理区风沙、干旱、霜冻等自然灾害较治理前减少了 20%;赣江治理区林草覆盖率达到 73.8%,昔日的"红色沙漠"、光山秃岭、不毛之地披上了绿装,成了花果山,今年大旱之年无大灾;江西石城县的琴江河、梅江河河床平均比治理前下降了 48 cm、20 cm,洪水灾害大大减轻。四是工程建设带来了新的村风、村貌。在工程实施过程中,广大干部群众的商品经济意识和生态环境意识明显增强,农村卫生、文化和教育事业快速发展,涌现了一批生态村、文明新村、小康村。

(二)走出了一条适合我国国情的水土流失综合防治路子

20 年来,八片工程建设坚持不断探索、大胆实践,为全国水土保持工作的开展走出了一条既符合自然规律,又适应我国不同地区经济社会发展水平的水土流失防治之路。这就是:预防为主,防治结合;以小流域为单元,山水田林路统一规划,工程措施、生物措施和农业技术措施优化配置;治理与开发相结合,人工治理与自然恢复相结合;政府组织推动和依靠市场机制驱动相结合;水土保持部门主抓与有关部门协作相结合的水土保持技术路线与组织方式。这条技术路线强调尊重水土流失自然规律和经济社会发展规律,因地制宜,因害设防,既可以确保形成有效控制水土流失的综合防护体系,又能做到生态、经济和社会效益统筹兼顾,把群众关心的切身利益和国家改善生态的需要有机统一起来,得到了社会各界乃至世界范围的广泛认可,成为制定水土保持规划应遵循的基本技术路线。可以说,八片工程开我国水土保持重点建设之先河,科学总结并形成了一条具有中国特色的水土保持综合防治的技术路子。

(三)铸就了具有时代色彩和行业特点的"八片精神"

"八片精神"就是"自力更生、苦干实干、讲求实效、开拓创新"。一是自力更生。主要体现在八片治理始终坚持以地方投入为主,实行

"中央扶持、群众投劳"的投入机制。据统计,两期工程中央投入 7.5 亿元,而仅群众投劳一项就达到 6.5 亿多个工日,按每工日 10 元计算,折合投资 65 亿多元,中央资金起到了很好的引导作用。实际上,治理 1 km² 需要几十万元的投资,而国家补助标准最初只有 1.5 万元,后来增加到 3 万元,仅仅起到了一个引子的作用。二是苦干实干。主要体现在治理区各级政府和广大干部群众把工程建设作为改变当地贫穷落后面貌的一项重要措施和难得的机遇,政府把工程实施作为为群众办实事、办好事的大事来抓,群众把工程实施当作为自己谋利益、谋发展的大事来干,形成了苦干实干、确保工程建设顺利实施的良好氛围。比如甘肃定西市,坚持"政府苦抓、干部苦帮、群众苦干",不断把水土保持工作推上新台阶。三是讲求实效。主要体现在八片工程始终坚持因地制宜、实事求是的原则,不赶时髦,不搞形式,不搞花架子,在治理水土流失的同时,切实解决群众关心的生产生活问题,并充分发挥科技的力量,提高治理开发的成效。比如江西赣州市的"猪—沼—果"建设模式,甘肃定西市的"121"集雨节灌工程,无定河的坝系生态农业建设,陕西吴旗县(现吴起县)的封山禁牧、舍饲养畜等,都是这种精神的生动体现。许多地方形成了规模很大的产业基地,有苹果、板栗、红枣、仁用杏、柑橘等,群众得到了实惠,治理成果得到了巩固,实现了经济和生态效益双赢。四是开拓创新。主要体现在八片工程实施过程中,十分重视发挥政策的作用,不断推进各种土地制度改革,实行户包、拍卖、租赁、股份合作等方式,调动社会力量治理开发的积极性,加快了水土流失防治步伐。仅二期二阶段 5 年间,江西省赣州市社会各界兴办水保股份合作制实体和基地 4 678 个,投入各类资金 5.8 亿元,是国家投入的 10 倍以上。河北张家口市的"四荒"拍卖、山西大同市的大户治理等都在吸引社会投资方面取得了明显成效。同时,近年来,八片项目区适应新形势的要求,调整思路,在一手抓重点治理的同时,积极推进水土保持生态修复工作,加大了封禁治理与封育保护工作力度,探索出了"小范围治理开发、大范围封育保护"的路子。

(四)为全国大规模开展生态建设树立了示范样板

八片工程在技术路线、组织实施、建管机制等方面积累了丰富的经验。工程建设坚持因地制宜、因害设防，科学布设各项措施，探索出了黄土高原丘陵沟壑区和风沙区、辽西山地区、燕山浅山丘陵区、华北花岗岩区、江南山地丘陵风化花岗岩区等不同类型区的综合治理模式；粮田下川、林草上山，山田窖院兼治，拦蓄排灌结合，建退还封改等小流域综合治理模式；沙棘护坡与固沟、草田轮作、径流调控利用、截堵削固治理崩岗等治理模式；果品基地建设、观光旅游、庭院经济、"猪—沼—果"等经济开发模式。建设了一大批综合效益显著的水土保持生态建设示范工程，涌现了许多在全国范围内具有示范带动、宣传推广作用的先进典型，先后有数百条小流域被水利部、财政部命名为"全国水土保持生态环境建设示范小流域"，北京的延庆县，河北的涿鹿县，内蒙古的敖汉旗和奈曼旗，江西的兴国县、石城县和信丰县，陕西的榆阳区和吴旗县被命名为"全国水土保持生态环境建设示范县"。特别是 1998 年以来，党中央、国务院高度重视生态建设和环境保护工作，先后启动实施了天然林保护、退耕还林、京津风沙源治理等一批国家重大生态建设工程。同时，中央加大了水土保持工程投入力度，重点工程实施范围从长江和黄河上中游，逐步扩大到珠江南北盘江石灰岩区、东北黑土区、海河流域等七大江河上中游地区，八片工程建设的成功经验成为国家相关生态建设工程借鉴、学习的样板，有力地推动了全国的水土保持生态建设工作。

八片水土保持重点防治工程 20 年的实践充分说明，水土保持工程是促进区域经济社会可持续发展的基础工程，是顺民心、合民意的"富民工程""德政工程"。"八片精神"是我们过去取得巨大成绩的保障，也是搞好今后工作必须始终坚持的重要法宝，一定要坚定不移地坚持下去。同时，要与时俱进，适应经济社会发展对水土保持生态建设提出的新要求，开拓进取，不断创新，力争取得更大的成绩。

二、实现五个转变，扎实推进国家水土保持重点建设工程

当前开展水土保持工程建设的外部环境已经发生了很大变化。主要表现在：一是随着我国经济社会的快速发展，人们对生态环境、生活质量的要求日益迫切。党的十六大提出了全面建设小康社会的宏伟目

标,确立了走生产发展、生活富裕、生态良好的文明发展道路;党的十六届三中全会提出了"五个统筹、五个坚持",要求坚持尊重群众的首创精神,坚持以人为本,树立全面、协调、可持续的发展观,促进经济社会和人的全面发展,统筹城乡发展、统筹人与自然和谐发展。这就需要在更高层次开展水土流失治理,使水土资源得到高效、可持续利用,群众的生活水平不断提高,人居环境显著改善,人与自然和谐相处。二是随着西部大开发战略的实施,工业化、城镇化步伐加快,对自然资源的开发强度不断增加,预防人为造成的水土流失面临更大的压力和挑战,保护和监督的任务很重。三是我国正在从初步小康向富裕和全面小康社会迈进,农业生产方式在转变,农村能源结构在发生变化,农村劳动力大量转向城市或非农领域,国家在水土流失严重、生态环境脆弱地区实施了生态移民工程等,因此今后水土保持的措施和重点也应做出相应调整。四是国家大幅度增加了对生态建设的投入,实施了退耕还林、退牧还草、京津风沙源治理工程、首都水资源规划等一批重大生态建设工程,水土保持重点工程布局和在整个生态建设中的定位有必要进行新的调整。五是中央农村税费改革政策取消农村"两工"制度,市场经济进一步发展完善,如何在尊重群众意愿的基础上,进一步调动群众及各种社会力量参与水土保持生态建设的积极性,需要有新的对策。六是国家对水土保持生态建设工程的建设管理要求发生了变化,要按项目管理、按基建程序办事,推行"三制",国家补助经费的支持方式和支付对象也在发生变化。

因此,新一期实施的国家水土保持重点建设工程,要顺应新形势的发展要求,要有新的思路、新的举措、新的发展,促进传统水保逐步向现代水保转变。

第一,实现工程建设指导思想的转变。水土保持重点建设工程要在坚持"三大效益"相结合的同时,根据经济社会发展与人民生活水平日益提高的要求,进一步树立生态优先、人与自然和谐的理念,把保护和改善生态环境放在首位;在坚持依靠发挥人的主观能动作用的同时,要更加尊重自然、尊重科学,充分依靠大自然的力量重建良好的生态环境;在坚持水土保持主要面向农村、农业和偏远山区,为农业和农村服务的同时,积极地面向城市、社会各行各业和居民比较集中的区域,为改善整体人居环境状况和全面建设小康社会服务。不断拓宽水土保持工作领域,丰富水土保持生态建设内容,围绕防治水土流失、提高土地生产能力、改善生态环境、控制面源污染、保护江河水质、减少自然灾害等方面开展工作,为保护可耕作的土地,提供洁净的淡水资源和优美的生态环境,确保国家粮食安全、生态安全、防洪安全等做出新的贡献。重点建设工程要充分发挥示范作用,通过局部地区、重点地区的有效治理,实现高效集约开发,促进大范围的生态恢复与保护,建成经济发展、生态良好的美好家园。实现这一转变,是水土保持工作与时俱进的必然选择,是新时期水土保持工作定位的重大调整,也是对水土保持工作认识上的飞跃。只有实现这一转变,才能明确新时期水土保持发展的目标与任务。体现这一新的指导思想,重点在规划上、措施上进行调整和转变。

第二,实现工程建设管理体制的转变。水土保持重点建设工程在继续坚持依靠广大群众参与、加强水土保持行业管理的基础上,更要注重动员全社会的力量参与工程建设,要进一步向跨部门、跨行业的协同配合、联合作战转变,加快水土流失防治步伐。新一期水土保持重点建设工程要建立"水保统一规划,政府统一领导,部门协调配合,社会广泛参与"的建设管理体制,充分发挥各级政府和有关部门的作用,形成合力。特别是要注意处理好水土保持与退耕还林、退牧还草、牧区水利、以电代柴、移民搬迁等相关生态建设项目的关系,互相促进,协调发展。在工程建设中,各级水行政主管部门工作的重点是当好政府的参谋,抓好规划、行业标准制定,搞好技术服务、监督执法、检查验收、监测评估,出台有关政策等。

第三,实现工程建设防治模式的转变。即在坚持以小流域为单元,因地制宜,全面规划,工程措施、生物措施和耕作措施优化配置,综合治理的基础上,适应经济社会发展和群众日益增长的需求,进一步拓展和延伸工程建设的领域与内容。在控制水土流失、确保解决群众生产生活实际问题的基础上,把水资源保护、产业开发基地建设、人居环境改善等纳入工程建设内容,把休闲观光、生态旅游、科技生态园区建设、水保户外教室、产业化经营等纳入工程建设规划,规划不仅体现硬件,而且也包括软件建设,要上层次、上档次。同时,从主要依靠人工治理向人工治理与生态自然修复并重转变。在具体措施上,工程措施重点放在水土资源综合整治上,以小型水利水保工程为主,重点是淤地坝、坡改梯和坡面水系建设;耕作措施要重视农艺措施,采用地膜覆盖、节水灌溉、免耕等方式保护水土资源,提高土地生产力;生物措施应充分体现生态优先的理念,梯田地埂要生物化,水系周边要建设生物缓冲带和过渡带,农村庭院要绿化美化,要充分考虑水资源的承载能力,量水而行,科学选育耐旱树种、草种。归纳起来,实现工程建设防治模式的转变,即要"因地制宜、综合防治、高效开发、美化环境、科学管理,实现水土资源持续利用,生态系统良性循环"。

第四,实现工程建设管理机制的转变。工程建设要在继续坚持依靠政府领导、组织、发动的前提下,进一步转变管理职能和方式,从直接组织项目实施转到主要依靠市场机制,特别是引入竞争机制、激励机制和监督制约机制开展工程建设管理。重点放在制定规划标准、资质审查、项目监管和严格检查验收上来。当前,主要是落实以下几项制度:一是推行基本建设"四制"。要按照政事分离的原则和工程类别,组建相应的项目法人或项目责任主体,由项目法人或项目责任主体对工程建设管理负总责;要全面推行工程建设监理制,按照水土保持监理规定,选择有资质的单位对工程建设实行全面监理;有条件的工程,要通过公开招标、议标等方式,选择有资质、有信誉的施工企业或专业队承担工程建设任务;工程设计、施工、监理等都要严格执行合同管理制度。二是实行资金使用报账制,按照工程建设进度、质量,经监理工程师签字认可,建设单位验收合格后方可拨付资金。三是推行工程建设公示制。把工程建设单位、施工单位、投资规模、建后管护责任人等向群众公开,接受社会监督。四是实行治理成果产权确认制。治理成果到户,"谁受益、谁管护",在工程建设前或建成后,把管护责任落实到户、到人,确保工程既要有人建,更要有人管,使工程长期发挥效益,凡是产权不落实、管护不到位的工程,不得通过竣工验收。

第五,实现工程建设组织实施方式的转变。一是要改变过去按县分投资的做法,从零星分散转变到集中连片,按项目区组织实施,按项目区开展前期工作、建设和验收。二是要适应中央农村税费改革的形势,改变过去以组织群众大会战、轮流转为主的工程建设方式,转向就地就近,以村、户为主,从主要依靠政府行为组织工程建设向在尊重群众自愿的前提下,组织受益区群众投工转变,以及施工企业和专业队等多种形式参与工程建设相结合。三是要进一步完善有关政策,大胆鼓励支持大户治理,对各种治理开发主体一视同仁,只要符合列入国家或地方重点治理计划条件的,都应当享受同等待遇,给予治理经费补助。四是落实群众投工承诺制度,把拟实施项目的建设目标、任务和所需投劳量向项目区群众公开,征求群众意见,若群众愿意投劳并由所在村的村民委员会做出承诺后,方可安排项目,谁积极就支持谁。

三、突出重点,切实抓好六个方面的工作

(一)加强组织领导

实施国家水土保持重点建设工程的地区,各级政府要把其作为改善生态环境和农业生产条件、促进农民增收和农村经济发展的一项重要措施,列入重要议事日程,纳入领导干部目标考核范畴。要继续发挥政府推动的作用,一届接着一届干,一届干给一届看。地(市)、县要成立由政府主管领导负责的工程建设领导小组,研究解决工程建设中的重大问题,统筹协调生态移民、农村能源建设和退耕还林等相关生态建设项目,与项目区农村产业结构调整紧密结合,确保工程建设按规划确定的目标实施。省水利水保部门要明确专门机构、配备技术骨干具体负责工程建设的管理、监督检查与技术指导等工作。

(二)严格资金管理

各级水利水保部门要建立健全资金管理制度,推行资金使用报账制度,按规定专户存储、专款专用,不得截留、挤占和挪用。严格执行中央下达的投资计划,各级不得随意调整。要加强资金使用审计工作,自觉接受审计部门的监督,凡是资金使用出问题的地方,坚决取消其实施国家水土保持重点建设工程的资格。

（三）坚持改革创新

国家水土保持重点建设工程的重要目标之一,是为新时期全国水土保持生态建设探索经验,树立示范样板。因此,要特别重视在建设和管理机制方面的改革与创新。一是各地要以积极的态度,推进工程建设群众投劳承诺制度的实施,要在认真总结经验的基础上,逐步规范操作程序,完善管理办法。二是积极探索产权制度改革的路子,落实治理成果管护责任,要把产权与使用权是否落实作为工程竣工验收的重要内容与前提条件。三是进一步探索完善资金支付方式,由中央与地方投资的工程建设项目,需要受益区群众承建的,可以由项目责任主体直接支付给群众个人,减少资金使用中间环节,要制定相应的管理制度。

（四）提高工程建设的科技含量

新一期国家水土保持重点建设工程,要在科技推广应用方面下功夫,切实抓出成效。各级领导要重视科技工作,一要落实科技推广专项经费,在工程建设总投资中安排一定比例的科技推广经费;二是加强技术培训,提高各级管理及技术人员的业务水平与科技素质;三是结合各地实际,大力推广实用水土保持技术,引进优良品种,把水土流失治理与促进当地经济发展、农民增收致富紧密结合起来;四是重视科研院所的作用,建立其参与水土保持工程建设的渠道与机制;五是组织开展工程建设效益监测工作。同时,项目储备、统计报表等工作都要使用计算机管理,全方位、多方面提高工程建设的科技含量。

（五）加强预防保护

在加快治理的同时,把预防保护放在突出位置,以预防保护保治理开发,以治理开发促预防保护,切实减少人为破坏,巩固建设成果。综合运用行政、法律、科技和经济的手段,加强对现有植被和治理成果的保护,抓好开发建设项目水土保持"三同时"制度的落实。大力推进封山禁牧、轮封轮牧、舍饲养畜和生态移民等措施,减轻生态压力,促进大面积生态自我修复,加快水土流失防治步伐。

（六）加强舆论宣传

八片工程是我国水土保持生态建设的一面旗帜,过去的水土保持宣传搞得有声有色,调整后实施的国家水土保持重点建设工程要继续加强宣传工作,大力宣传工程建设取得的显著成效和探索出的新经验,扩大水土保持的影响,发挥水土保持重点建设工程新的示范、辐射作用,进一步增强全社会的水土保持意识。

(发表于《中国水土保持》2004 年第 1 期)

以人与自然和谐相处的理念为指导　正确把握人工治理与生态自我修复的关系

近年来,我国水土保持生态建设工作认真贯彻落实水利部党组新的治水思路,在不断加强人工治理的同时,积极探索并大力推进生态自我修复工作,充分依靠大自然的力量,加快水土流失防治步伐,取得了实质性进展。但从全国总体情况看,各方面对生态自我修复的认识还不尽一致,各地推进生态自我修复的力度还不平衡。在新的形势下,正确把握人工治理和生态自我修复的关系,对于贯彻落实党的十六届三中全会提出的科学发展观,促进人与自然和谐相处具有十分重要的意义。现结合工作实际,谈几点看法。

一、生态自我修复同人工治理一样,都是促进人与自然和谐相处的重要手段

水土流失是我国主要的生态环境问题。长期以来,人们为了生存和发展,无节制地向大自然索取、掠夺式经营,导致植被破坏,水土流失加剧,生态环境恶化,洪涝、干旱、滑坡、泥石流、沙尘暴等自然灾害频繁发生,不少地区的土地严重石化、沙化、劣质化,昔日许多山清水秀的美好家园变成了不毛之地。生态恶化的直接结果,就是人类遭到大自然无情的报复,经济社会发展受到严重的制约,人与自然的矛盾越来越尖锐。在这种情况下,采取人工治理或生态自我修复的方法,控制水土流失、改善生态环境、减轻自然灾害,就成了协调人与自然关系的重要手段。

事实上,在长期的生产实践中,我国广大劳动人民一直在自觉和不自觉地运用这两种手段协调着人与自然的关系。如造林、种草、修梯田、筑谷坊、建淤地坝等人工治理措施,在改善人类自身生产生活条件

的同时,也有效地缓解了人与环境的矛盾,协调了人与自然的关系,改善了生态环境,避免了自然对人的严重危害。而封山禁牧、轮封轮牧等生态自我修复措施,更是直接地、主动地保护生态,协调人与自然关系的措施和行为,对保护生态和促进被破坏了的生态系统向良性恢复发挥了重要作用。新中国成立以来,在各级政府的领导下,各地组织发动广大群众开展了大规模的人工治理,投入大量的人力、物力和财力,累计治理水土流失近 100 万 km^2。通过人工治理,水土流失地区的山川面貌发生了翻天覆地的变化,农业生产条件得到了明显改善,人民生活水平大幅度提高,生态环境由不断恶化向良性循环转变,许多已严重退化的自然生态系统又逐渐重建为一个相对比较完善的人工生态系统,使人与自然的关系得到了极大的协调,支撑了经济社会的发展。特别从 20 世纪 80 年代以来,广泛开展了以小流域为单元的水土流失综合治理,主动调整农林牧用地比例,科学安排生产生活和生态建设,工程、生物和农业技术三大措施并举,山水田林路综合治理,保护和合理利用水土资源,治理与开发有机结合,实现了水土流失区经济发展和生态环境改善双赢,走出了一条协调人与自然关系的成功之路。在兴修公路、铁路、水库、电站或开发矿山等建设活动中,也对遭到人为破坏的生态环境及时进行了人工治理,生态恢复取得了比较好的效果。

但是,应该看到,人工治理往往需要投入大量的资金和劳力,而我国水土流失量大面广,完全依靠人工治理是很难适应经济社会发展的要求的。同时,长期的科学观测也发现,人工治理形成的生态系统对人为环境依赖性强,抗干扰能力较弱,其稳定性与适应性较自然生态系统差,且对于改善大面积生态环境的作用相对有限。而采取生态自我修复的方法,依靠大自然的力量恢复生态,投入少、见效快,形成的生态系统更符合自然选择,结构、功能稳定可靠。近年来,随着对人与自然关系认识的不断深化,人们开始有意识地采取保护性措施,转变生产方式,变超载放牧为舍饲养畜,主动地减少生产活动对自然环境的干扰和破坏,取得了很好的效果。有些地方甚至大规模地采取了生态移民、能源替代、生态调水等措施,在解决好人们生产生活问题的基础上,为大面积生态修复创造条件,使大范围内的生态环境得到了有效的改善。

截至 2003 年年底,全国已有 25 个省(区、市)、161 个地(市)、894 个县实施了封山禁牧,封禁范围 52 万 km²,取得了历史性突破。从各地实践看,凡是封禁 3～5 年的地区,植被初步恢复,过去裸露的土地披上了绿装,水土流失减轻。

总之,人工治理是人发挥主观能动性,采取措施重建已经破坏的生态系统,而自然恢复则是人主动地创造条件,发挥自然力的作用修复生态系统,二者都是协调人与自然关系的重要手段。

二、人工治理与生态自我修复的有机结合是促进人与自然和谐的现实途径

实践证明,实施人工治理只有通过发挥大自然的力量,才能取得更好的效果,并且,也只有通过发挥人的作用,才能更好地促进生态自我修复。事实上,在防治水土流失、改善生态环境的过程中,人工治理与生态自我修复二者是相互联系、相互促进、不可分割的,绝对的人工治理是不存在的,绝对的生态自我修复也是没有的,依靠生态自我修复不能排斥人工治理,实施人工治理也不能缺少生态自我修复。在实际工作中应把握以下几点。

第一,要努力做到两个"充分发挥"。一是充分发挥人的主观能动性,在遵循自然规律的前提下,充分调动广大群众继续发扬自力更生、艰苦奋斗的精神,坚持不懈治山治水,积极地开展人工治理。人工治理的重点是解决水土流失区群众的生产生活实际问题,集约、高效利用水土资源,提高土地生产能力。同时,根据人们对生态景观的要求,绿化、美化环境,在一定区域建设更高层次的人工生态系统。二是充分发挥大自然的力量,依靠生态自我修复能力改善生态环境。大自然的力量是巨大的、无穷的,只有利用好、发挥好大自然的力量,才有可能用比较短的时间实现大范围生态环境的改善。在我国广大地区尤其是地广人稀地区,应大范围实行封育保护,充分依靠自然力量保护与恢复生态。

第二,要把人工治理同生态自我修复有机结合起来。首先是不要把人工治理同生态自我修复对立起来,既不能认为所有水土流失区的治理都要靠人工的力量,一棵树、一株草、逐地块进行,也不能认为治理

水土流失可以完全依靠生态自我修复。实践证明,就封论封、就生态自我修复论生态自我修复也不能达到预期的效果,发挥大自然的力量必须依靠人们有意识地为其创造条件。正确的做法是把人工治理同生态自我修复有机结合起来,协调、有序地推进水土流失防治工作。在水土保持规划设计中,既要安排人工治理的措施,也要考虑生态自我修复的措施。在一个流域内,要科学、合理地划分和安排生产用地和生态用地。对于生产用地,应尽可能地进行人工治理,集约、高效利用;对于生态用地,应尽可能采取生态自我修复。当然,在大范围封育保护中,也应采取一定的人工补植补栽或飞播造林种草措施,以提高生态自我修复的速度和效果。

第三,要始终坚持因地制宜,分类指导,突出重点。我国地域辽阔,各地社会经济和自然地理条件千差万别,进行生态建设,必须因地制宜,分类指导,决不能搞"一刀切"。有的地方要注重人工治理,有的地方则要以生态自我修复为主。从全国来讲,在地广人稀的风蚀区、水土流失轻微区或降雨比较充沛的地区,应以生态自我修复为主,大范围地实施封育保护;而在人口密度大、人均土地少、水土流失严重的地区,则应加强人工治理,通过人工治理提高土地生产力,促进生态的改善。一般来说,在侵蚀过度、生态破坏严重的地区,仅仅依靠生态自我修复是难以实现生态恢复目标的,即使能够恢复,也往往需要十分漫长的时间。比如,在黄土高原的沟道中,仅仅依靠自我修复,实现生态恢复是非常困难的,而采取人工措施,如建谷坊、淤地坝等,则可以很快地拦泥淤地、减少泥沙,控制土壤侵蚀,改善当地生产条件,提高农业生产水平,进而促进陡坡退耕还林还草,达到恢复生态的目的。再如崩岗侵蚀区和砒砂岩等剧烈侵蚀区,要有效恢复坡面植被,必须辅以必要的工程措施。即使是在广大草原区,重度退化的草场要恢复成良好的草场,仅靠自然修复也是非常困难的,必须采取人工辅助措施。而植被较好的轻微流失地区,则完全可以通过生态自我修复改善生态。

从各地的实践看,人工措施主要是解决人们的生产生活问题,满足人们对生态的特殊要求,或促进严重退化植被的辅助恢复,而在多数水土流失轻微地区,则应尽可能地采取生态自我修复的办法,实现生态的重建。在小流域治理中,近村、缓坡土地要科学合理地集约、高效利用,而远山、沟坡和陡坡退耕地则要尽可能地采取生态自我修复的方法恢复植被。同时,从控制水土流失和改善生态环境的角度来讲,生态自我修复往往可以使贴近地表的灌草植被得到快速恢复,其控制水土流失的效果往往超过了普通人工生物措施。

三、在加强人工治理的同时,尤其要大力推进生态的自我修复

当前,开展水土流失防治,必须树立把充分依靠大自然的自我修复能力作为水土保持生态建设核心的指导思想,在坚持人工治理的同时,大力推进生态的自我修复。重点工程建设在坚持以小流域为单元、山水田林路综合治理的技术路线的情况下,要更加注重发挥大自然的力量。水土保持面上治理,也要大力推动生态自我修复工作。

生态自我修复是一项崭新的工作,目前人们在认识上、观念上仍有很大差距,组织实施生态自我修复的技术路线和相关的政策措施还需要进一步完善,各方面用于生态自我修复的资金投入和必要的协调管理还远没有跟上。为此,今后应从以下几方面入手,推进这项工作。

第一,转变观念,统一认识。要通过好的典型事例,广泛宣传生态自我修复的作用和途径,让全社会进一步增强尊重自然、保护生态环境的意识,主动减少在生产建设活动中对自然的干扰和破坏,转变生产方式,创造条件,通过生态自我修复使广大水土流失区的生态环境好起来。

第二,制定规划,加强协调,增加投入。水土保持生态自我修复规划是一个综合性规划,既要突出自我修复的特点,又要统筹考虑相关的措施,如退耕还林、草原建设、小流域综合治理、小水电代燃料、沼气、牧区水利、生态移民、水资源优化配置等。要把解决群众的生产生活实际问题与恢复生态兼顾起来,为生态修复创造条件。要通过规划,明确生态自我修复的分区、目标、任务与措施,有步骤、有投入、有重点地开展工作。要在各级政府的组织协调下,加强部门配合,多渠道增加生态修复投入。

第三,搞好试点和示范工程。近几年,全国各地已经开展了许多试点地区、试点县的工作,取得了初步成果,应认真总结经验,积极引导,不断探索新的路子,使试点示范能起到更好的辐射作用。

第四,配套政策法规,强化监督管理。现有的法律如《中华人民共和国水土保持法》《中华人民共和国森林法》《中华人民共和国草原法》《中华人民共和国环境保护法》等都比较宏观、比较原则,对生态自我修复针对性不强,难以操作,因此各地应因地制宜地加强配套政策法规的建设,强化监督管理。要以现行法律法规为依据,针对生态自我修复的特点,对乱挖乱采、滥牧过牧以及不合理开发利用水土资源等行为,提出封山禁牧、围封轮牧、舍饲养畜等规定。积极出台相关法律法规、管理办法和乡规民约,落实管护责任,限制不合理的生产建设活动。同时,要制定优惠政策,保障群众在实施生态修复中的利益,对转变生产方式、生态移民等要给予支持和补偿,调动广大农牧民参与生态建设和保护的积极性。

第五,开展生态修复监测工作。监测是一项非常重要的基础性工作,只有通过监测,才能准确反映修复的作用和效果,才能更扎实地把修复工作引向深入。对已开展生态自我修复工作的地区,应及时开展全面的监测,监测植被恢复状况、控制水土流失的效果、生物量的增加以及修复区群众生产生活方式转变后产生的影响等。

（发表于《中国水土保持》2004 年第 8 期）

推进生态修复　加快防治步伐

一、水土保持生态修复的由来与进展

（一）由来

20 世纪 90 年代以后,陕西省吴旗县和内蒙古乌兰察布盟在总结历史经验教训的基础上,分别提出了符合当地实际的水土保持生态发展战略。此外,在长江上游地区实施重点防治的过程中有 1/3 的治理区采取封禁治理,恢复植被和控制水土流失的效果都比较好。其成功的关键在于走出了一条融"建退还封改"为一体,重点突出封山禁牧、依靠生态自我修复能力治理水土流失的好路子。受此启发,水利部审时度势地做出了大力实施水土保持生态修复的决策,在全国范围内拉开了推进水土保持生态修复的序幕。可以说,水土保持生态修复是基于部分地区成功实践的启示而做出的水土保持生态建设思路调整,也是为加快水土流失防治步伐而做出的重大战略决策。

（二）水利部为推进水土保持生态修复所做的主要工作

一是印发文件,提出要求。2001 年 11 月,水利部印发了《关于加强封育保护,充分发挥生态自我修复能力,加快水土流失防治步伐的通知》,首次以文件形式正式提出开展水土保持生态修复的设想和要求。2003 年 6 月,又印发了《关于进一步加强水土保持生态修复工作的通知》,再次对水土保持生态修复从认识、规划、政策、监管等方面进行了部署。2004 年 9 月 4 日,水利部又与农业部联合印发了《关于加强水土保持生态修复工作的通知》,进一步明确了水利、农牧部门之间的分工与协作,以联合推动生态修复和草原保护工作。

二是开展试点,探索路子。2001 年,长委和黄委分别在长江上游和黄河上中游地区启动实施了水土保持生态修复试点工程,涉及 5 省(区)、22 个县;在青海省三江源区安排了专项资金,实施了水土保持预防保护工程,封育保护面积 30 万 km²。2002 年,水利部又在全国的 29 个省(区、市)、106 个县 3.8 万 km² 范围内,启动实施了全国水土保持生态修复试点工程。

三是开展调研,总结经验。2000～2003 年,水利部先后与中央政策研究室等单位,联合开展了三次大规模的水土保持生态修复调研活动,形成了专题调研报告,并报送了中共中央、国务院及有关部门。汪恕诚部长对调研报告给予充分肯定,并多次做出重要批示,要求进一步推动这项工作。

四是广泛宣传,提高认识。近年来,水利部围绕水土保持生态修复工作,在报纸、广播、电视等新闻媒体上多次组织专题、专栏或专访进行了宣传,推出了一批典型和样板。目前,各地、各级有关部门对生态修复的认识已经有了很大的提高,人与自然和谐相处、“小治理、大保护”、“小开发、大封禁”的观念逐渐深入人心,生态修复工作也逐渐得到社会各界越来越多的支持。

(三)各地进展

许多省、地、县发布了实施封山禁牧的决定和政策文件,生态修复取得历史性突破。所有国家水保重点工程区全面实现了封育保护,有效提高了重点工程建设成效。从水利部各个部门来看,其他相关工作也进一步贯彻人与自然和谐的理念,推动了水土保持生态修复。2000 年以来,水利部先后三次在塔里木河、黑河等内陆河流域组织实施了生态调水,使塔里木河、黑河下游大片胡杨林恢复了生机。同时,近年来水利部配合禁牧舍饲政策措施的实施,加快了以灌溉饲草料基地建设为重点的牧区水利建设,在内蒙古中部、新疆北部、青海三江源区等生态严重恶化的地区新增灌溉饲草料地 6 万 hm²,使 240 万 hm² 天然草原得到有效保护。另外,水利部门近年来积极实施小水电代燃料生态建设,解决了数百万户农村居民的生活燃料,巩固了退耕还林和天然林保护建设成果,改善了农村的生活、生产条件和生态环境。

二、开展水土保持生态修复的主要成效与经验

实践证明,实施水土保持生态修复具有多方面积极的效应,它促进

了修复区生态环境、社会经济、农牧业生产经营方式和人们思想观念一系列的变化。一是生态修复区环境改善,水土流失减轻。二是加快了农村产业结构调整,农民经济收入增加。三是促进农民生产经营方式转变和生态意识的增强。

几年来,各地在开展水土保持生态修复中取得的主要经验有:一是出台政策,建章立制;二是政府统筹,协同作战;三是多措并举,创造条件;四是严格执法,加强管护;五是示范带动,广泛宣传。

三、关于推进水土保持生态修复工作的设想及建议

(一)搞好生态修复规划

尽快完善《全国水土保持生态修复规划》,明确今后一个时期的目标与任务。尽快编制分流域、分省区的水土保持生态修复规划,经同级人民政府批准后作为指导当地水土保持生态修复的依据。水土保持生态修复近期的重点是江河源区、内陆河流域下游及绿洲边缘区、草原区、重要水源区、长城沿线风沙源区等区域;生态修复的对象主要是覆盖度为 5%～50% 的低中覆盖度的草地、郁闭度小于 40% 的灌木林地和 10%～30% 的稀疏林地等地类。同时,水土保持重点防治工程建设也要进一步把人工治理与生态修复紧密结合起来,加强生态自我修复力度,充分发挥大自然的力量,治理水土流失。

(二)继续抓好试点建设

各地要对生态修复试点工作已经取得的初步成果进行认真、系统地总结,不断探索新的路子,使试点示范能起到更好的辐射作用。近期要根据研讨会的成果和各地试点情况,研究提出下一步推进水土保持生态修复工作的具体措施。2005 年,要组织开展好水土保持生态修复试点县验收工作,并在适当时候召开全国水土保持生态修复现场会。

(三)加强组织领导与协调

生态修复工作涉及水利、畜牧、农业、林业、计划、财政等部门,必须加强领导、搞好协调,各级政府要在规划的统一指导下,协调有关部门紧密配合,形成合力。水利部门要切实当好政府的参谋,搞好统一规划,做好技术指导服务和监督管理工作。要加强与有关部门配合,解决

生态修复所需的资金。尤其要充分借助当前实施退耕还林、退牧还草、以工代赈、牧区水利建设、农村能源建设、小城镇建设等有利条件,加快生态修复进程。

(四)完善配套政策法规

各地应加强配套政策法规的建设,以现行法律法规为依据,针对生态自我修复的特点,对乱挖乱采、滥牧过牧以及不合理利用水土资源等行为作出明确的规定。要积极出台相关法律法规、管理办法和乡规民约,落实管护责任,限制不合理的生产建设活动。同时,要制定和完善有关优惠政策,对转变生产方式、生态移民等要给予支持和补偿,调动广大农牧民参与生态建设的积极性。坚持"谁修复、谁受益"的原则,落实生态修复的责任、义务和权利,保障群众在实施生态修复中的利益。

(五)强化监督管理

要加大监督执法力度,确保把生态修复真正落到实处。重点牧区要进一步完善、细化草原家庭承包责任制,推行以草定畜,逐步压减牲畜头数,实现草畜平衡,防止超载过牧。要坚决禁止违法开垦活动,加大对乱采滥挖行为的打击力度,加强对各类非法破坏草原行为的监督检查。要坚决禁止超采地下水,防止因不合理开发利用水资源带来新的生态破坏问题。所有实施退耕还草、退牧还草、风沙源治理和小流域治理等国家重点生态建设工程区,均须严格实行封山禁牧或划区轮牧。要加强对风沙区、草原区、山区和丘陵区等区域开发建设项目的监督管理,所有开发建设项目必须严格执行水保方案编报审批制度和"三同时"制度。

(六)加强理论与技术研究

加强与有关科研单位、大专院校的合作,有针对性地开展生态修复的机制、关键技术、优质抗逆草种选育、效益监测指标体系等重大课题的研究。抓紧制定生态修复标准和技术规范,明确水土保持生态修复的原则、要求、标准、监测内容等,规范对生态修复工作的管理。搞好生态修复效益监测评价工作,指导与推动水土保持生态修复工作的健康发展。积极推广优良草种、畜种及其改良、秸秆养畜过腹还田、草田轮作、节水灌溉、林草产品综合利用、草库伦建设、免耕种植、鼠虫害防治等技术,提高生态建设成效。

(七)进一步搞好宣传

大力宣传水土保持工作在我国生态建设中的重要意义,增强全社会水土保持意识。宣传生态修复在防治水土流失、保护草原、改善生态环境等方面的重要地位和作用,注重发挥大自然的力量,依靠生态的自我修复能力恢复植被,保护草原,防治水土流失。要切实转变生态建设中重建设、轻保护的观念,自觉转变不合理的生产方式,促进人与自然和谐相处。

建议:国家把生态修复工程作为一个专项工程来推动;科学家们在调研的基础上,向国务院提出一个关于推进水土保持生态修复的建议报告。

(发表于《中国水土保持》2004 年第 10 期)

发挥生态的自我修复能力
加快水土流失防治步伐

进入 21 世纪,我国社会经济的发展对水土保持生态建设提出了新的要求。如何加快水土流失防治步伐和植被恢复,尽快改变生态恶化的局面,是全社会关注的重大问题。朱镕基总理在"十五"计划纲要报告中指出"要注意发挥生态的自我修复能力"。全国政协副主席钱正英在 2000 年考察黄河中游时提出"生态建设中最大的问题是植被恢复问题,大面积植被恢复要靠退耕、禁牧、飞播等措施。"汪恕诚部长多次强调要树立人与自然和谐共处的思想,依靠大自然的力量充分发挥生态的自我修复能力,加快植被恢复和生态系统改善。贯彻落实好这些指示精神对于新时期水土保持工作具有十分重要的意义。

一、充分发挥生态的自我修复能力是新形势对水土保持生态建设的新要求

从我国水土流失问题的严重性、防治任务的艰巨性、改善生态环境的紧迫性来看,必须采取新的举措,加快治理步伐。我国是世界上水土流失最严重的国家之一,水土流失分布范围广、流失强度大。新中国成立以来,在党中央、国务院和各级党委、政府的高度重视下,组织和发动广大群众进行了长期不懈的水土流失治理,国家和地方政府在财力比较紧张的情况下,投入上百亿元资金,付出了大量的劳力,已累计治理水土流失 80 多万 km^2,应该说,成绩是巨大的,效果是显著的。特别是按照小流域综合治理、集中治理、连续治理的地区,水土流失得到有效控制,农业生产条件和生态环境大为改善,提高了人民生活水平,促进了社会经济发展。但是从大面积来看,由于长期以来人口、粮食、燃料、饲料等问题,以及开发建设对生态系统的压力不断加大,造成很大的破

坏,水土流失加剧、生态恶化的状况未能有大的改变,给社会经济发展和群众生产生活带来多方面的危害。第二次遥感普查结果表明,全国亟待治理的水土流失面积仍有 210 万 km² 左右,大江大河中上游地区、风沙区水土流失严重,生态恶化的趋势尚未得到有效控制,水土流失防治任务十分艰巨。按现在的治理速度和治理方法,仍需要近半个世纪才能得到初步治理,而且需要数千亿元资金。

从社会经济发展对水土保持生态建设的要求来看,在大面积上改善生态,加快治理速度势在必行。一是随着我国农业综合生产能力上了几个台阶,粮食及其他主要农产品由长期供不应求转变为阶段性供大于求。将退耕还林还草、保护生态环境、创造更加适合于人们生存与社会经济发展的自然环境提到了突出的位置。二是随着人口增加和经济发展,洪涝灾害的淹没损失成倍增加,在加强江河整治、筑坝修堤的同时,迫切要求在上中游地区加快水土流失防治步伐,减少泥沙危害。三是随着人民生活的不断改善和提高,人们开始把环境的好坏作为衡量生活质量的一个重要标准。生态环境的好坏成为一个比较敏感的社会问题,全社会对加快治理水土流失、改善生态环境高度关注,要求迫切。

从水土保持生态建设面临的发展机遇来看,采取大面积封育保护,条件成熟。一是党中央、国务院高度重视生态建设,新世纪提出新目标,要求 15 年初见成效,30 年大见成效,经过半个世纪的努力重现山川秀美的宏伟目标。国家确定的西部大开发战略,要求生态建设 5～10 年内取得突破性进展。二是国民经济的快速发展,国家和地方经济实力增强,生态建设的投入力度不断加大,中央提出了退耕还林还草的政策措施,全社会生态保护意识普遍提高。三是农业产业结构的调整、农村能源结构的变化、城镇化的发展等向着有利于生态保护的方向变化,有条件在大范围内实施封育保护。

过去水土保持生态建设的重点主要集中在人口相对密集、水土流失严重区的流域治理上,而对大面积实施封育保护和发挥生态自我修复能力方面的治理力度不够,尽管做出了很大努力,但治理范围和速度仍然有限,不能满足经济社会的发展要求。我们必须认清当前形势对水土保持建设的新要求,在大范围内开展生态的自然修复工程,充分利用一切有利条件,加快植被恢复,促进生态的改善。

二、重新确立人与自然和谐共处的关系

长期以来,在人与大自然的关系上,人类为了生存和发展总是无休止地与大自然做斗争。人以技术为武器,以征服者自居,无限制地索取自然资源,对土地的过度开垦,草原的超载过牧,森林的过度采伐,湖泊、沼泽及湿地的过度垦殖与利用,以及开发建设过程中的乱挖乱采、乱堆乱倒,破坏了植被和生态,结果导致生态恶化、水土流失、洪灾泛滥、河道断流、绿洲消失、沙尘暴肆虐等一系列生态灾难发生。大自然开始报复和惩罚人类,反过来对人类生存和发展构成严重的威胁。历史的教训非常深刻,黄土高原在历史上大都被森林覆盖,长期的破坏,使得森林植被已经很少,地貌支离破碎、千沟万壑,生态环境脆弱;古丝绸之路南道的塔克拉玛干沙漠南缘,古代曾是水草肥美的绿洲,由于植被破坏,绿洲消失,成为沙漠;长江上游的金沙江流域过去都是原始森林,由于过度采伐,植被破坏,不少地区岩石裸露、赤地千里,泥石流频繁发生,旱、涝灾害加剧。全国水土流失加剧,沙漠化扩展,生态恶化的趋势十分严重。

恩格斯在《自然辩证法》一书中明确指出:我们不要过分陶醉于我们对自然界的胜利。对于每一次胜利,自然界都报复了我们。每一次胜利,在第一步都确实取得了我们预期的结果,但是在第二步和第三步都有了完全不同的、出乎预料的影响,常常把第一个结果又取消了。美索不达米亚、希腊、小亚细亚以及其他地方的农民,为了想得到耕地,把森林都砍完了,但是他们做梦也想不到,这些地方今天竟因此成了不毛之地。

人来自于大自然,是大自然的有机组成部分,人与自然万物唇齿相依、息息相关,人是自然界的主体,是地球万物的灵长,但人又是地球生态链条中的一个环节,人类对自然资源的获取只能遵守自然法则。人与自然只有和谐共处,大自然才能造福人类,为人类提供良好的生存和发展环境,提供可持续利用的自然资源。在新的世纪,要重新确立人与

自然的关系,必须在认识上有一个新的提高,树立尊重自然、保护自然、人与自然和谐共处的思想。尊重自然是新世纪人们的必然选择,在改造和利用自然的同时,必须高度重视保护自然,充分发挥生态的自我修复能力,依靠大自然的力量恢复良好的生态环境,尽可能保持生态系统的自然性。封山禁牧、退耕还林还草,使人类的活动从生态脆弱区、水土流失区逐步减少或退出来,是实现人与自然和谐共处的一个具体行动。

三、发挥生态的自我修复能力是费省效宏、快速治理水土流失的有效途径之一

实践证明,实行封育保护,加强管护,依靠生态的自我修复能力恢复自然植被,不仅能加快水土流失治理的速度,尽快改善生态环境,而且省钱、省工、效果好。如内蒙古自治区乌兰察布盟1994年开始实施大面积的封山禁牧,到2000年,已治理水土流失面积8 477 km²,林草植被覆盖率由1994年的20%提高到40%,6年治理的面积比前45年的总和还多1 354 km²。据有关专家调查,在毛乌素沙地以油蒿为主的固定沙丘和平缓沙地区域,凡撂荒的风蚀地上,一般封育4～5年,植被覆盖度可达60%～70%。鄂托克旗年降水量300 mm左右,开垦的沙化草原,风蚀强烈,但一经弃耕撂荒,天然植被恢复很快,弃耕1～2年,就生长了画眉草、狗尾草、藜、蒺藜等杂草,覆盖度达到60%～70%,继续封育3～5年,顿草、白草等根茎型植物繁生,6～10年恢复到开垦前的原生植被状况,冷蒿、兴安胡枝子、草木樨状黄芪、沙生针茅、短花针茅等植物占优势。在甘肃腾格里沙漠南缘绿洲周围封育5年,生长的油蒿、盐瓜瓜、碱蓬、白刺等植物覆盖度达50%。从实行封禁治理的情况来看,在降水量丰沛的南方地区,实行封禁治理效果更好,利用光、热、水等自然资源优势,对水土流失区实行封禁治理,3～5年即可恢复植被,大大提高生物量,有效控制水土流失,改善生态环境。福建省从20世纪80年代中期开始对中、轻度水土流失区采取封禁治理,取得显著效果,1984年遥感普查水土流失面积为2.13万km²,2000年下降至1.31万km²,减少8 000多km²,其中2/3是封禁后依靠生态的自然修

复能力实现的。据监测，一般对侵蚀劣地封禁 3 年后，植被覆盖度可由原来的 40% 左右提高到 60% ~ 70%。另外，采取自然封育比人工造林种草大大节省投资。据调查，一般围栏封禁治理每公顷只需 225 ~ 300元，而人工种树、草每公顷需 1 050 ~ 2 250 元。据国家"长治"工程统计，10 年来，采取封禁治理面积是小流域综合治理面积的 1/3，而投资仅是总投资的 7.68%。

四、因地制宜，多种措施并举，为生态的自我修复创造条件

依靠大自然的力量，加快植被恢复，实现生态的自然修复，关键是一个"封"字，但能不能封得住，关键又在于能否解决好群众的生活问题、收入问题和经济发展问题。必须千方百计创造出能充分发挥生态自我修复能力的条件。实施这样宏大的生态修复工程是一项社会性、群众性、综合性的工作，必须多种措施并举，才能封得住、有效果、不反复。

全国不同地区自然地理、社会经济条件差别很大，必须因地制宜，分区采取不同的措施，促进封育保护工作开展。在地广人稀的西北农牧交错区、"三化"草原区、内陆河流域等水土流失严重的地区，首先要退耕还林还草、退牧还草，实施大面积封育保护，制定管护制度，落实管护人员，严格封禁。一要"以改促封"，改传统畜种为优良畜种，改本地山羊和绵羊为适合圈养的小尾寒羊，改传统的放牧为舍饲或轮封轮牧，改粗放的饲养方式为科学的饲养方式，发展集约化养畜产业。二要"以建促封"，在农牧交错区，建设好旱涝保收的基本农田，合理利用水资源，提高单位面积土地的生产率和产出效益，提高水资源的利用效率，切实压缩耕地，改广种薄收为精耕细作，保证群众的吃饭问题；在"三化"草原区，要搞好草库伦建设，发展基本草场，减轻植被压力。三要"以调促封"，调整农林牧结构，以发展畜牧业为主；调整种植业结构，大力发展经济作物和特色产业，不断增加群众经济收入。四要"以移促封"，在一些居民分散的边远地区，生态环境恶劣，应该采取生态性移民，实行移民并村，结合小城镇建设、基本农田建设，集中安置，有利于恢复生态。此外，还可以因地制宜地发展小水电，利用风能、太阳

能发电,对用煤户在价格上给予适当补贴等,实行以电代柴、以煤代柴,解决好能源问题。实行部门联合齐抓共管,严格禁止乱砍滥伐、滥挖中草药等,大面积进行封育保护。

在人口密度较大的长江上游、黄河中游的一些水土流失严重地区,要在小流域综合治理中实行部分区域封禁治理,在综合措施中加大封禁治理的比重,除必要的基本农田和经济林外,要尽可能地采取封育措施,尽量不破坏原生地貌植被进行人工造林种草,推行"猪—沼—果"的生态治理模式,推广沼气和节柴灶,解决好能源问题。

对于水土流失轻微地区、重要水源型水库库区、江河源头地区,要坚决实施封禁保护,在黑河、塔里木河等内陆河流域和湿地,要合理安排生态用水,依靠生态自然修复能力,促进生态的良性循环。

大面积实施生态修复工程,除了因地制宜地采取上述措施,更要重视解决好投入、政策、机制和人们观念上的问题。封山禁牧是一次大的农林牧结构调整,是人们传统农牧业生产方式在观念上的一次革命,是一次生产关系的变革。围绕这一重大措施,国家和地方需要加大投入的力度,创造好"封"的必要条件;制定优惠政策,包括税收政策、扶持政策;不断深化改革,适应市场机制,明晰产权,落实管护责任,调动广大群众参与的积极性。

五、发挥生态的自我修复能力应当注意处理好几个关系

(一)要处理好依靠大自然力量和依靠人工治理的关系

不能认为,一讲依靠大自然的力量,发挥生态的自我修复能力治理水土流失,就以为要放弃人工治理,这是片面的也是消极的。在坚持发动广大群众积极治理水土流失的同时,应当更加注重封育保护,促进大面积的植被恢复。强调依靠大自然的力量恢复植被是因为过去在这个方面重视不够,条件也不完全具备,现在通过努力,能够创造出让生态发挥自我修复能力的条件,有可能用比较短的时间,在大范围内使生态环境得到改善。应当看到,人工治理和依靠大自然力量恢复在措施上、区域上、效果上是不完全一样的。有的地区应以人工治理为主,有的地方应以自然恢复为主,人工治理离不开自然的作用,自然恢复也离不开

人的作用。二者各有侧重，又相互结合，不能对立起来。

（二）要处理好小流域综合治理与大面积封育保护的关系

小流域综合治理应在人口相对密集的水土流失区开展，如长江上游、黄河中游等地区，采取工程、生物、农业措施综合治理，同时在小流域内进行综合开发，解决好群众的粮食和收入问题，小开发、大保护，为大面积实施封山禁牧创造条件。我国许多地区人多地少，土地开发利用强度大，水土流失严重，必须采取小流域综合治理，其特点是：治理标准高，小范围内治理速度相对快，但投资强度大，需要劳动力多，治理范围相对较小。而在地广人稀地区更适合封育治理，其特点是：费用低，所需劳力相对少，恢复范围大，整体改善生态效果好。大面积封育保护，可以大大加快治理恢复的速度，短时期内，可以扩大治理面积，达到初步治理，这是当前形势下，加快治理水土流失的一项重要措施。因此，水土保持在治理和恢复方面要抓好"一小一大"，坚持开展以小流域为单元的综合治理，积极实施大面积上的封育保护。

（三）要处理好封与育的关系

封山禁牧在依靠大自然的力量恢复良好的生态环境的同时，要注意在封禁区采取人工育林育草，快速提高封禁区的生物量，而不是单纯地"封"，还应因地制宜地补植、抚育、防治病虫害，采取飞播、安排生态用水等措施，以期尽快恢复植被，改善生态，提高防护功能。

（四）要处理好封与用的关系

封山禁牧是为了恢复良好的生态环境而采取的手段，并不是目的。在一些降水量大、植被恢复快的地区，应该合理而有限度地利用生物资源。在条件比较好的草原区应实行轮封轮牧，建立合理利用的制度，控制好利用量，严格限制过牧，掌握好植物生长利用的规律。利用的规模和强度应限制在资源再生产的速率之下，不能导致生态破坏和过度利用资源，应以可持续的方式开发利用生物资源，从而使封育保护的成果能够为群众脱贫致富所利用，实现生态改善和经济效益双赢。

（收录于《全国水土保持生态修复研讨会论文汇编》，2004 年）

加强领导　强化管理
进一步搞好"珠治"工程建设

珠江上游是我国水土流失最严重、潜在危害最大、治理最为紧迫的地区之一。在社会各界的积极呼吁和广泛关注下，国家于 2003～2005 年在珠江上游南北盘江石灰岩地区实施了"珠治"试点工程，受到项目区广大干部群众的热烈欢迎。工程实施 3 年来，在各级政府的直接领导和关心下，完成了建设任务，达到预期效果，得到各方好评。2006 年，受水利部委托，珠江水利委员会完成了试点工程竣工验收工作。同时，在国家发改委的支持下，在试点的基础上，继续实施了"珠治"工程建设。

一、开展珠江上游水土流失治理意义重大

珠江上游南北盘江石灰岩地区是全国最贫困、水土流失潜在威胁最大、土地石漠化现象最严重、人地矛盾最突出、治理难度最大的地区，也是苗、彝、布依、壮等少数民族聚居区和贫困县集中分布的区域，自然条件恶劣，经济不发达，群众生活困难。不搞好水土保持，群众脱贫、新农村建设、和谐社会和小康社会建设就无从谈起。水利部组织开展的全国水土流失与生态安全科学考察发现，珠江上游南北盘江石灰岩地区已成为我国生态最脆弱的地区之一，这里严重的水土流失是生态环境恶化和群众贫困的主要根源。水土流失导致土壤流失、土地生产力下降、耕地减少、水源涵蓄能力差、水资源利用率低，严重影响社会主义新农村建设和经济社会的可持续发展。特别是与全国其他地方不同的是，水土流失导致不少地方土尽石出，环境恶化，生态系统难以恢复，群众丧失了基本的生存条件，被迫背井离乡。水是生命之源，土是生存之本，水土资源是人类赖以生存和发展的基础。防止土地石漠化，抢救宝

贵的土地资源,提高水资源利用效益,改善生产生活条件,保障群众安居乐业,是开展珠江上游南北盘江石灰岩地区水土流失治理的迫切需要和当务之急。

国家一直重视珠江流域石灰岩地区的水土流失问题,社会各界也予以高度关注。1998 年,国务院批准的《全国生态环境建设规划》将该地区列入全国水土流失重点治理区。近年来,全国人大代表和政协委员多次提交议案要求治理该地区的水土流失,贵州和云南等省政府也请求中央予以支持。世界银行官员伏格乐先生在贵州考察时指出:水土流失丧失的是生产力,是土地的血液,是群众生存的基础。如果我们这一代人不抓紧治理,以后想治理都没有机会了。这话讲得很深刻,值得我们深思。2002 年,水利部向国家发改委报送了"珠治"试点工程可行性研究报告。2003 年,"珠治"试点工程启动实施。2006 年,水利部批复了珠江水利委员会组织编制的《珠江上游南北盘江石灰岩地区水土保持生态建设规划(2006—2020 年)》,国家发改委在试点工程结束后,继续支持实施"珠治"工程。同年,根据国家发改委的意见,水利部组织编制了《珠江上游南北盘江石灰岩地区水土保持综合防治工程建设规划(2006—2010 年)》,报送国家发改委,为继续开展下阶段工作提供指导。国家的重视、社会的关注、成功的经验、扎实的基础工作,都为"珠治"工程的稳步推进创造了良好的条件。

二、"珠治"试点工程取得显著成效

试点工程针对石灰岩地区人多、土薄、水难利用的突出问题,认真开展前期工作,科学布置工程措施,精心组织实施,严格检查验收,基本实现了减少水土流失、抢救土地资源、改善生产生活条件、促进新农村建设的预期目标,受到干部群众和社会各界的广泛好评。可以说,试点工程起到了示范作用,取得了圆满成功。这些成绩来之不易,是珠江水利委员会,项目省、地、县各级党委、政府及业务部门对"珠治"试点工程高度重视、精心组织的结果,他们为项目顺利实施做了大量卓有成效的工作,付出了辛勤劳动。

2006 年,我到贵州省对"珠治"试点工程进行了调研,感受很深。

一是工程实施效果非常好,二是工程管理很规范,三是群众反映特别好。试点工程取得的成效,看得见,摸得着,而且随着工程持续发挥作用,这种效果将会越来越好。试点工程的实施,解决了当地种地难、增收难和退耕难的"三难"问题。我认为试点工程的成效主要体现在以下五个方面。

一是增强了石灰岩地区水土流失治理和群众生存、发展的信心。珠江上游南北盘江石灰岩地区山高坡陡,河谷深切,地形破碎,土层浅薄,土质疏松,抗冲能力差。恶劣的自然条件,加之人多地少、经济社会发展滞后,以及不合理的陡坡耕作方式,导致该区水土流失量大面广、治理难。特别是实施试点工程前,该地区没有大规模、持续地开展过水土流失综合治理,有不少人对石灰岩地区的水土流失治理感到难度很大,感觉没有有效方法。通过这几年的实践,"珠治"试点工程取得的显著成效,极大地增强了社会各界,包括一些专家和技术人员治理石灰岩地区这种特殊水土流失类型的信心,石灰岩地区水土流失不仅可以治理而且可以治理得很好。同时,通过实施试点工程,改善了农业生产条件,提高了土地生产力,促进了群众增产增收,提高了生活水平,增强了当地群众通过自己的双手实现脱贫致富和改变自身命运的信心。

二是试点工程取得了实实在在的成效。试点工程以坡耕地整治为重点,配套建设小型水利水保工程、生产道路和经果林,提高了水土资源的利用效率,抢救了土地资源,加快了植被恢复,减少了水土流失。通过连续治理,项目区基本实现了基本农田、粮食产量、群众收入"三增加",农业生产条件、群众生活水平、生态环境"三改善",水土流失量、坡耕地、贫困人口"三减少"。贵州省项目区水土流失面积由原来的 1 085.3 km^2 下降到 294.8 km^2,减少了 72.8%,保护耕地面积 207.38 hm^2,增加林草面积 269.35 km^2,植被覆盖度提高了 14.3%,改善、增加灌溉面积 83.48 hm^2,项目区贫困人口减少了 30% 左右。在项目区考察时,群众听说我们是搞水土保持的,十分高兴地邀请我们到家里、到地里参观实施试点工程后发生的喜人变化。

三是探索出成功的治理经验。根据石灰岩地区水土流失的特点,结合当地自然条件、经济社会发展和群众要求,试点工程实施中,各地因地制宜,突出重点,积极探索并总结出各具特色的小流域治理模式,非常有成效。如实施坡改梯解决群众基本口粮模式、建设坡面水系工程提高水资源利用效益模式、治理沟道保护耕地模式、发展经济林果促进产业开发模式、综合治理促进自然修复模式和种草护坡发展畜牧业模式等。这些成功的经验,不仅促进了水土流失防治,而且还为其他生态建设工程提供了示范样板,为大规模推进珠江上游水土流失治理提供了技术支撑。

四是培养了人才、锻炼了队伍。通过实施试点工程,各级水土保持部门培养了人才,锻炼了队伍,提高了业务素质和工作能力。3 年来,项目区以工程为平台,举办了前期工作、监测和项目管理等各类培训班,参加培训人员仅省级就达 300 多人次,有效提高了各级业务人员的综合素质。同时,通过实施试点工程,项目区形成了从前期到计划、检查、验收、监测、管护等一整套规范有序的管理制度。这些都为下一步大规模开展石灰岩地区水土流失防治工作奠定了技术、机构、人才和制度等基础。

五是增强了水土保持的社会影响力。试点工程有效改善了项目区生产生活条件和生态环境,稳定解决了群众的粮食问题,促进了群众持续增收,受到广大干部群众的大力欢迎和广泛好评,扩大了水土保持的社会影响。同时,试点工程探索的成功经验,也被其他工程认可并借鉴,试点工程在输出治理技术的同时,也输出了水土保持理念。试点工程的开展是真正为老百姓做实事,解决了群众最关心、最直接、最现实的生产生活问题,所取得的成效就是一种无声的宣传,已经深入到项目区群众心中。

三、下一步工作建议

虽然"珠治"试点工程取得了不小成效,但是该地区还有近 4 万 km²(占总土地面积的 31.9%)的水土流失面积亟待治理,有一半左右的水土流失严重县未开展重点治理,治理任务还相当艰巨。2005 年以来,中央一号文件连续 3 年都把西南石灰岩地区的水土保持工作列为解决"三农"问题和新农村建设的重要举措。我们相信,有试点工程取得的成功经验作基础,有各级领导的关心和支持,珠江上游南北盘江石灰岩地区水土保持综合治理工作定会跨越新的高度。为进一步搞好"珠治"工程建设,重点提出以下几方面的意见。

(一)加强领导

各级水行政主管部门要当好政府的参谋,充分认识防治石灰岩地区水土流失的重要性和紧迫性,履行社会管理和公共服务的重要职能,进一步发挥领导的作用,一如既往地高度重视"珠治"工程,发挥苦干、实干精神,常抓不懈。要继续发挥政府的推动作用,一届接着一届干,一届干给一届看。凡是实施"珠治"工程的地区,要把工程的实施作为改善农业生产条件和生态环境、促进农民增收和农村经济发展的一项重要工作来抓,列入重要议事日程,加强领导,落实责任,纳入领导干部目标考核范畴。地、县两级要成立由政府主管领导负责的工程建设领导小组,研究解决工程建设中的重大问题,统筹协调生态移民、农村能源建设和退耕还林等相关生态建设项目,与项目区农村产业结构调整紧密结合。珠江水利委员会要继续发挥流域机构的协调作用,加强指导,做好服务,协同水利部搞好项目管理,促进工程顺利实施。

(二)继续坚持综合治理的技术路线

"珠治"试点工程3年的探索和实践证明,小流域综合治理对于防治石灰岩地区这一特殊类型的水土流失是十分成功的,要坚持不懈地开展下去。针对石灰岩地区水土流失特点,仍要坚持以小流域为单元的山水田林路综合治理。要实行群众参与式规划设计,从山顶、山坡到山脚,从沟道到坡面,从科学配置工程措施、植物措施到蓄水保土耕作措施,集中连片,扩大规模,实施综合整治开发,提高治理标准和效益。

坚持综合治理需要做到四个结合。一是与社会主义新农村建设相结合。通过改善当地群众生产生活条件,促进农业继续增效、农民持续增收、农村经济稳定发展。二是与群众迫切要求相结合。要大力解决群众最关心、最直接、最现实的利益问题,多安排群众欢迎的坡改梯、水系工程、生产道路和经果林等措施,促进群众增收致富。三是与相关生态工程相结合。综合治理要与退耕还林、土地整治、扶贫、农村小水利、沼气等项目相结合,实现水土保持统一规划,各部门分工实施,形成合力作用,提升项目标准与效益。四是与产业结构调整相结合。小流域治理要与县域或乡镇的产业结构调整相结合,培育地方优势特色产业,促进民富县强,夯实建设新农村和小康社会的基础。

(三)不断探索防治水土流失的新经验

在继承和发展试点工程的成功经验,推进水土流失防治的同时,要在实践中根据人民群众的需要和经济社会发展的要求,以及水土保持科技的发展,不断创造新的经验。一是根据石灰岩地区水土流失特点,依据不同情况,抓住主要矛盾,探索新的水土流失防治模式,加快水土流失防治速度;二是根据社会发展需要,不断提高水土保持工程效益,尤其要在提高经济效益上下功夫,要集中连片,规模建设,培育特色产业,不断增加群众收入;三是要根据国家税费改革取消"两工"后农民投工难的问题,探索调动农民参与工程建设积极性的新方式,强化惠农政策,让农民更多地从工程实施中受益;四是进一步调动社会力量的积极性,加强部门合作,增加水土保持投入和防治力量,加快水土流失防治速度;五是要加强机制创新,不断创新群众参与、组织实施、检查验收和建设管理等机制,保障工程的顺利实施。

(四)进一步加强项目管理

随着国家水土保持投资管理方式的调整,水利部将商国家发改委出台新的水土保持管理办法,以指导全国水土保持重点工程建设。"珠治"工程要根据新形势、新要求,在加强项目管理上下功夫,突出管理效益。一是要贯彻落实制度。继续推行项目责任主体制、监理制、公示制、招投标制等,规范工程建设的各个环节,按程序开展工作。二是要逐步建立起项目县动态管理制度,制定考核标准,严格定期考核,根据考核结果,有进有出,奖优罚劣,切实调动项目县的积极性。三是要加强监管,严格资金管理。继续推行财政资金报账制,实行专账管理、专款专用,严格按规定使用资金。发挥各级机构的监管作用,加强监督检查。项目建设要自觉接受财政和审计部门的监督检查,使资金在有效的监督下使用。四是加强工程管护。继续推行产权确认制,明晰产权,落实管护责任,调动社会参与工程管护的积极性,保证工程效益持续发挥。五是要加强基础工作管理,规范档案工作,注意资料积累和保存,加强监测工作,做好项目效益评价。

(五)加大宣传力度

试点工程取得了很好的成效,但由于实施时间短,外界对其了解还不够。要加强宣传工作,广泛利用各种媒体,大力宣传试点工程的成功经验和显著成效,增强广大干部群众治理石灰岩地区水土流失的信心,发挥试点工程的辐射作用,树立试点工程的品牌形象,扩大试点工程的影响,为争取更多支持、增加投资、扩大工程规模、加快珠江上游水土流失防治速度服务。

(发表于《中国水土保持》2007 年第 7 期)

适应经济社会发展要求
开展生态清洁型小流域建设

一、开展生态清洁型小流域建设意义重大

新鲜的空气、洁净的水源、优美的环境,是人民群众生活质量日益提高的需求,也是经济社会发展的必然选择。

一是经济社会发展的要求。我国正处于全面建设小康社会的新阶段,快速发展经济的同时带来一系列环境问题,生态恶化,水质污染,威胁到人民群众饮水安全和健康生活。如何应对这些新的挑战,必须采取相应的对策和措施。经济的发展不能以牺牲环境为代价,要求发展经济与保护环境同步,把良好的环境作为社会发展的重要指标,保护并改善环境,做到人与自然和谐相处,实现环境的可持续维护和经济社会的可持续发展。我国水土流失面广量大,全国每年因水土流失导致土壤流失近 50 亿 t。流失的水土作为载体在输送大量泥沙的同时,也向江河湖库输送了大量有机物质、化肥、农药和生活垃圾等污染物。据统计,全国每年仅氮、磷、钾等养分就流失上亿吨。这些污染物进入水体,恶化水质,破坏环境,影响人民群众正常的生活,带来一系列严重问题。调查表明,全国不合格水源地有 638 个,绝大多数在水土流失地区,涉及供水人口 5 695 万人,其中很大一部分就是由水土流失引起的面源污染造成的。因此,小流域综合治理在防治水土流失、促进生产发展的同时,也要适应经济社会发展的要求,在保护水源、改善水质方面发挥作用。减少土壤中的养分流失,对化肥、农药等污染物就地控制、就地降解,治理后的小流域应当是山清水秀、环境优美的,水土资源是可持续利用的,生产是稳定发展的,这样群众才能安居乐业,从而实现人口、资源、环境的协调发展。如果小流域环境恶劣、脏水横流,不但会影响

当地的环境和发展,也会对周边及下游地区造成影响。因此,从源头上开始治理,建设生态清洁型小流域,控制面源污染,就成为经济社会发展对小流域治理新的要求。

二是人民生活水平和生活质量提高的要求。随着国家经济的快速发展,人民群众的生活水平和生活质量日益提高,许多地区已经完全解决了温饱问题,正在向富裕发展的小康社会迈进。随着物质生活水平的提高,人们对环境的要求也越来越高,要求有优美的人居环境,不能再生活在水土流失、荒山秃岭和脏、乱、差的环境里。对山丘区的群众来讲,已经认识到自己居住的环境应该山清水秀;对城镇居民来讲,不仅要求居住环境好,还要有清洁的饮用水,更希望休闲度假有个好去处。小流域综合治理在改善群众生产条件的同时,可以美化人居环境,让人们生活在景色秀美的小流域中。同时,可以为城镇居民提供旅游休闲的地方,也为当地群众增加了创收渠道。因此,要充分发挥小流域治理的多功能作用,让人民群众更多分享小流域建设的成果。

三是水土保持自身发展的要求。我国开展水土流失防治以来,水土保持工作与时俱进,不断发展和完善。半个多世纪以来,水土保持从单项措施到小流域综合治理,从单一治理到防治并重,从讲求生态效益到生态效益、经济效益和社会效益统筹兼顾,从涉农水保到非农领域水保,从人工治理到人工治理同生态自我修复结合,从单个小流域到集中连片、规模治理,水土保持不断进行着丰富、创新和发展,为社会提供更多更好的服务。水土保持只有不断地拓展发展空间才能更好地服务社会。可以说,水土流失防治的过程,也就是水土保持不断发展的过程。生态清洁型小流域,是水土保持适应新时期要求的新发展,是水土保持外延的拓展、内涵的拓深,是水土保持工作领域的又一次拓宽,将在更加广阔的范围服务公众、服务社会。

水利部党组一直非常重视生态清洁型小流域工作。原部长汪恕诚同志考察了北京市郊区生态清洁型小流域建设工作后,高度评价了北京市构筑水土保持"生态修复、生态治理、生态保护"三道防线、建设生态清洁型小流域的做法,并要求在全国各地推广北京市的经验。鄂竟平副部长在考察北京市水源区水土保持工作时,对北京市按照人与自然和谐共处的理念,在水土保持生态建设中构筑三道防线、建设生态清洁型小流域也予以充分肯定,认为北京市的水土保持工作在控制面源污染、保护首都水资源方面发挥了重要作用,拓展了水土保持工作的领域,丰富了水土保持生态建设的内涵。

为贯彻水利部党组指示,推动生态清洁型小流域工作,水利部从2007年开始,在全国30个省(区、市)的81条小流域开展了生态清洁型小流域建设试点工程。

二、生态清洁型小流域建设模式的创新

生态清洁型小流域建设符合科学发展观的要求,符合构建环境友好型社会的要求,把小流域治理同新农村建设、保护水源有机结合,是对传统小流域的提高和完善,创新了小流域建设模式,是新型的小流域治理。与传统小流域相比,在坚持已有成功经验的基础上,生态清洁型小流域建设模式在理念、思路、目标、措施和机制等方面均有创新。

一是理念新。生态清洁型小流域贯彻了人与自然和谐相处、以人为本、可持续发展,以及保护自然生态等理念。在这些新的理念指导下,水土保持工作中突出生态优先,保护自然环境,治理措施与自然景观相协调,保护水源,促进人水和谐,建设良好人居环境。

二是思路新。生态清洁型小流域统筹考虑区域与大中小流域的关系,把宏观区域布局与微观小流域规划有机结合。如北京市在水土保持三道防线中,远山实施生态修复、近山开展生态治理、近水实行生态保护,提出水土保持要"养山、进村、入川",点、线、面同步治理,"沟、支、干,左、右岸"统一规划,不同区域不同措施科学配置,形成一套符合北京市水土保持实际的工作思路,概念清楚,布局科学,操作方便,无论是专家还是干部群众,都容易理解、接受。

三是目标新。在传统小流域减少土壤侵蚀、提高水源涵养能力、增加植被覆盖率、提高土地生产能力等目标的基础上,生态清洁型小流域特别强调要防治面源污染,改善人居环境,为群众提供清洁的淡水、清新的空气、绿色的植被,把小流域建成经济发展、水质良好、环境宜居的美好家园,是更高层次上的水土保持。

四是措施新。与传统小流域治理相比,生态清洁型小流域除常规的工程措施、生物措施和耕作措施外,适应经济社会发展和群众生活质量日益提高的需求,进一步拓展和延伸了建设领域与内容。把农村生活垃圾纳入治理规划内容,村收集、镇运输、县处理;把生活污水纳入治理范围,因地制宜,就地实行简易处理,保护水质;在水系周边建设生物缓冲带和过滤带,保护水源;通过制度建设,调整种植结构,减少化肥、农药施用量;实施封育保护、生态移民,促进自然修复;调整产业结构,发展休闲观光、生态旅游和特色产业;绿化美化农村庭院,发展庭院经济,改善人居环境等。这些措施的基本原则还是因地制宜、综合治理,治理单元仍是小流域,本质还是对水土资源的有效保护和持续利用。

五是机制新。与传统小流域治理相比,生态清洁型小流域更注重机制创新。①为解决复杂的环境问题,实现多效益目标,形成了新的协作机制,联合解决生活垃圾、污水,化肥、农药施用,封育保护,产业结构调整等问题。②为保护水质,解决一系列技术问题,建立了科研与生产的协作机制,发挥科研部门的科技支撑作用。③为实施封育保护、生态移民,促进自然修复,建立了生态补偿机制。④为把各项措施落实到位,形成了比较科学的管理机制,按流域建水利水保站,村设水利水保员,形成流域和行政区域相结合的管理机制。

三、生态清洁型小流域的建设成效

在开展全国生态清洁型小流域试点工程之前,北京、浙江、广东、江苏、重庆、山东、福建等地,已经开始了积极探索,从当地实际出发,建设清水河道、水系周边植物过滤带和水源保护林带等,并取得了一定成效,对全国生态清洁型小流域建设起到了辐射、带动作用。

一是保护了水源。生态清洁型小流域通过防止面源污染物进入水体,保护了水源,净化了水质。近年来,北京市水土保持工作探索出以水源保护为中心,构筑"生态修复、生态治理、生态保护"三道防线,实施污水、垃圾、厕所、环境、河道同步治理。密云水库上游白河沿线延庆县千家店镇和怀柔区宝山寺镇结合 2003 年小流域治理,对 400 多 hm^2 水稻地进行结构调整,实施退稻"三禁"(禁栽水稻、禁施化肥、禁用农药),年可节水 320 万 m^3,减少化肥施用 243 t。据监测,北京市水土保持各项措施年减少入库泥沙 40 多万 t,减少农村入库污水 300 万 t,治理过的小流域较治理前减少总氮 34.5%、总磷 20.8%。密云水库在连续 8 年干旱、蓄水偏少的情况下,水质仍然保持在国家二类标准,官厅水库水质由五类改善到四至五类,个别河段达到三类。

二是美化了环境。各地在生态清洁型小流域建设中,加强植被建设,解决好生活垃圾和污水问题,改善生态环境。如北京市怀柔区在一渡河生态清洁型小流域建设中,采取综合措施,改变了过去水土流失、垃圾乱堆、脏水横流的景象。治理后河边绿草茵茵,村内整洁干净,实现了"有水则清、无水则绿",村民生活在美好的环境中,也为发展生态旅游、休闲观光、绿色产业创造了条件。福建东圳水库在库周边设立 14 个垃圾收集点,专人负责清除垃圾;在周边村庄推广沼气化建设,对生活污水和人畜粪便进行净化处理,整治农村卫生,美化人居环境。河南义马市生态清洁型小流域与新农村建设有机结合,实施生态自然修复 500 hm^2,植树造林 60 hm^2,建设公共绿地 500 多 hm^2,新建休闲广场 1 处,清理污泥、垃圾 680 多 t,村容、村貌得到了有效整治,人居生活条件大为改善,初步实现了"山绿、水清、路平、家美"的目标。

三是增加了群众收入。生态清洁小流域建设,不仅保护了饮用水水源、改善了人居环境,还给群众带来了实实在在的效益,为群众稳定增收开拓了渠道,为农村经济发展创造了良好环境。许多地方成了城里人旅游、休闲的好去处。环境的改善,促进了城郊旅游业的迅速发展,大幅度增加了农民的收入。如北京市怀柔区神堂峪,如今已是北京市民休闲度假的必选之地。

四是增强了群众的环境保护意识。生态清洁型小流域建设,实现了景观优美、自然和谐、卫生清洁、人居舒适、经济快速发展的目标,促进了农村文明和进步,增强了公众的环境保护意识。如浙江省绍兴市在丰项生态清洁型小流域建设中,整合国土部门资金,对流域内溪流进行了全面整治,提高防洪能力,两侧道路进行拓宽和绿化,整个小流域面貌焕然一新,促进了流域内村庄的发展。社会各界积极参与生态清洁型小流域建设,共同建设美好家园,增强了环境保护意识。如北京市水务局从 2007 年 5 月起,在山区的主要景区和民俗旅游村,免费发放环保垃圾袋,培养人们保护水源、共同维护生态清洁型小流域建设成果的意识,形成全社会参与水土保持、保护环境的氛围。

五是增强了水土保持的社会影响力。生态清洁型小流域向人们提供了良好人居环境和清洁水源,发挥了多功能、多目标的作用,探索了新时期水土保持的新路子,受到广大干部群众和社会各界的大力欢迎和广泛好评,扩大了水土保持的社会影响。全国人大农业与农村委员会副主任委员、民建中央副主席路明致信北京市水务局时说到:"看到北京保护水资源、防治水污染做出的成绩,非常振奋。对比太湖、滇池防污治污,北京有很多成功做法值得全国学习。"北京市委、市政府主要领导多次深入京郊考察生态清洁型小流域建设,并给予充分肯定。各部门给了大力支持,北京市水土保持的投入近几年大幅度增加,标准大幅度提高,扩展的职能也得到社会承认。新闻媒体进行了广泛报道宣传。

各地在生态清洁型小流域建设中,积极探索,勇于创新,有许多有益的启示,对于继续推进生态清洁型小流域建设有重要借鉴作用。

一是创新思路,拓展发展空间。北京市等在水土保持生态建设中,具有很强的敏锐性,能积极适应经济社会发展的变化和群众的需求,创新工作思路,拓展水土保持发展空间,开展生态清洁型小流域建设,服务社会,服务公众,开创了工作的新局面。

二是积极探索,创新建设模式。在生态清洁型小流域建设中,敢于突破传统小流域建设模式,走符合社会需要和当地实际的水土保持路子,探索小流域新的建设模式,积累了成功经验。

三是当好参谋,注重部门协作。在工作中开阔思路,放宽眼界,当好政府参谋,按照"水保搭台,政府导演,部门协作,分工负责"的协调机制,进行统一规划,整合有关项目和投资,共同建设生态清洁型小流域。北京市以市生态环境协调联席会议和市山区流域治理联席会议为平台,由水务、发改、农委、林业、农业、国土等部门建立联动机制,实现政策集成,促进了生态清洁型小流域建设。

四是依靠科技,提高防治水平。各地在生态清洁型小流域建设中,积极联合科研部门,发挥其科技支撑作用,加大科技攻关力度,科研与生产相结合,加快了建设步伐。北京市充分发挥首都科技优势,与首都高校和科研院所合作进行科技攻关。2000 年以来,共投入科研经费5 000余万元,对水源区水土流失、面源污染监测评价与防治、废弃矿山修复等问题进行了重点攻关,提高了生态清洁小流域建设的科技水平。

开展生态清洁型小流域试点工程建设以来,虽然各地取得了一些成效,探索了一些做法,积累了一些经验,但总的来看,试点工程依然存在不少问题。主要表现为:有的地方对生态清洁型小流域试点工程重视不够,没有意识到这是水土保持新的发展方向;有的地方存在畏难情绪;有的地方技术路线不清,没抓住实质。另外,大部分试点工程存在资金短缺问题,影响了工程的顺利实施。

四、积极探索,推进生态清洁型小流域建设向前发展

水利部在全国开展的生态清洁型小流域试点工程建设期为 3 年,时间紧,任务重,要取得预期的效果,必须学习成功经验,从当地实际出发,理清思路,明确重点,采取相应的对策和措施。

(一)统一认识,加强指导

各级水保部门要从落实科学发展观、促进人与自然和谐、建设社会主义新农村的战略高度,认识开展生态清洁型小流域建设的重要意义。要高度重视生态清洁型小流域这一新生事物,认识到这是未来许多地区水土保持发展的一条新路子,切实加强指导,积极探索。要转变一种认识,以为水土保持目标仅仅是蓄水保土,措施仅仅局限在工程、生物和农业耕作三大措施。要针对不同地区、不同情况,确定更高的目标,采取更综合、更有效的措施。还要转变一种认识,认为只有面上的水土流失治理才是水土保持的任务,而不研究解决与水土流失相关区域的问题。由于我国城镇化进程加快,人口由边远地区、水土流失严重地区向城镇地区流动速度也大大加快,人口更加集中,人口密集地区生态环境、资源承载压力加大,也成为国家更关注、社会更关注、群众更关注的地区。水土保持要适应这种变化,既要服务原有的水土流失区;也要服务人口高度密集的城郊水土流失区;既要保护水土资源、发展生产、改

善生态环境,又要保护水源、保障饮水安全,在许多滑坡、泥石流、崩塌等重力侵蚀易发区,还要通过防治减少灾害,保护人民群众生命安全。不同地区围绕"保水土、保水源、保安全",因地制宜突出重点,开展工作。根据经济社会发展的要求,充分发挥水土保持多功能、多措施、多目标、多效益的优势,促进清洁发展、安全发展和可持续发展,更好地为人民群众安居乐业提供多方面的服务和保障。

（二）因地制宜,科学规划

开展生态清洁型小流域建设,最主要的是要根据实际情况,因地制宜,做好工作。一是要以新理念为指导,促进人与自然和谐相处。二是要明确工作开展的重点区域和适合范围。近期要以经济发达地区、城市周边和重要水源区为生态清洁型小流域建设重点,先从试点抓起,探索出适合当地水土保持发展的新路子。从国家层面来讲,丹江口库区及上游的水土流失防治就不同于常规的水土流失治理,从目标到措施都有新的要求。国务院已经批复了《丹江口库区及上游水污染防治和水土保持规划》,保障一江清水送北京,该规划项目区的水土保持工程要突出生态清洁型小流域建设。通过水土保持确保当地经济发展、生产条件和生态环境改善,尤其要确保水源得到保护,水质清洁。2006年水利部编制了《全国城市饮用水水源地安全保障规划》,规划中明确湖库型水源区要以水土保持措施为主,达到保护水源目的。从技术路线来讲,这些工程也应以生态清洁型小流域建设为重点。三是要科学规划设计。要结合当地实际和经济社会发展需要,抓住主要矛盾,明确关键措施,突出各自特点。

（三）多方协调,落实资金

资金不足是当前生态清洁型小流域试点工程面临的普遍问题。水利部《关于开展生态清洁型小流域试点工程建设的通知》（水保〔2006〕613号）明确指出:"生态清洁型小流域试点工程建设的投入以地方为主,中央给予适当补助。中央补助投资从国家现有水土保持重点防治工程中安排。"试点工程没有专项资金,各地应当多方协调,切实落实资金,保障试点工程顺利实施。应当承认,许多情况下,资金投入上不去,尽管原因很复杂,但往往是缺少新的工作思路,提不出社会关注的项目。各地应向北京等地方学习,首先提出一个好的工作思路、切实可行的方案,抓出几个成功的试点。目前解决资金有以下几个渠道:一是要把试点工程选择在现有国家水土保持重点工程区,从现有工程投资渠道落实;二是各省的国债水土保持项目,要优先安排生态清洁型小流域、面源污染防治、生态修复和水保科技示范园等工程;三是从地方财政中申请落实;四是从水土流失补偿费中解决。

(四)加强协作,合力推进

生态清洁型小流域建设涉及发展改革、财政、农业、林业、环保等多个部门,要通过政府的主导作用,在加强水土保持行业管理的基础上,搞好组织协调,加强部门与行业的协作和配合,调动一切积极因素参与工程建设。试点工程要建立"水保统一规划,政府统一领导,部门协调配合,社会广泛参与"的建设管理体制,充分发挥各级政府和有关部门的作用,整合相关项目和资金,形成合力,实现合作共赢,协调发展。在工程建设中,各级水保部门要当好政府的参谋,重点抓好政策规划、标准规范、技术服务、监督执法、检查验收和监测评估等工作。

(五)依靠科技,注重实效

针对当前生态清洁型小流域工作实际,要充分发挥科技的作用,解决工程建设中遇到的问题,推进试点工程实施。一是要建立科研单位参与水土保持工程建设的机制,积极为科研院所、大专院校参与试点工程研究创造条件。二是要开展一些重点课题研究,使生态清洁型小流域的效益能有一个较大的突破。三是要加大实用技术的推广力度。如面源污染防治技术中,小规模污水处理技术、水生植物选择、林草生物缓冲带、湿地保护技术等。四是要做好工程建设效益监测工作,为宏观决策和效益评价提供科学依据。

(六)加强宣传与培训

要进一步加强宣传工作,广泛利用各种媒体,大力宣传生态清洁型小流域建设已经取得的成效和探索的成功模式,扩大影响,营造关心、重视、支持水土保持的良好氛围,调动更多社会力量参与生态清洁型小流域建设,争取更多支持和投资。同时,要加强技术培训,提高各级管理及技术人员的业务水平与科技素质,提高生态清洁型小流域规划设计水平,以取得更好的建设质量与效益。

(发表于《中国水土保持》2007 年第 11 期)

坡耕地水土综合整治
是山丘区新农村建设的战略性措施

党的十六届五中全会提出建设社会主义新农村的宏伟战略目标,水土保持工作面临着新的机遇和挑战。水土保持服务于"三农",服务于社会主义新农村建设,重点主要是面向广大山丘区农村,这些地区坡耕地面广量大、水土流失严重、土地生产力低下、生态与环境恶化。因此,加快坡耕地水土综合整治,对提高山丘区农业综合生产能力,可持续地利用水土资源,增加农民收入,保障粮食安全,巩固退耕还林成果,维护生态安全,作用重大,意义深远,是社会主义新农村建设的一项战略性措施。

一、坡耕地水土流失是山丘区农村建设的严重制约因素

我国坡耕地广泛分布在山丘区,尤其集中在人口相对密集的浅山和高位浅山,绝大多数分布在江河中上游的贫困地区。坡耕地是这些地区农业生产和人们赖以生存的重要耕地,也是水土流失主要发源地。长期以来,随着人口的增长,人地矛盾日益突出,人们对粮食和燃料的需求量不断加大,为了生存,不得不向大山索取,坡地越开越多,坡度越开越陡,广种薄收、粗放、落后的耕作方式使水土流失越来越严重,许多耕地越种越瘦,甚至失去了农业利用价值,成为不毛之地,并使这些区域步入了"人增—耕进—水土流失—土地退化—贫困"的怪圈,结果是十分宝贵的水土资源大量流失和土地资源丧失,一方水土养不了一方人。坡耕地水土流失严重制约着山丘区农村的发展,也是许多地区长期难以摆脱贫困的重要根源之一。目前全国90%以上的农村贫困人口都生活在坡耕地广泛分布的山丘区。据观测,坡度在15°~25°的坡耕地每年每公顷流失水量400~600 m^3,流失土壤30~150 t,土壤中的氮、磷、钾、有机质等养分也同时流失,造成土地日益瘠薄,田间持水能

力降低,加剧了干旱的发展,其结果是农作物产量很低,群众生活贫困。例如,在黄土高原地区,许多地方治理前一般每年人均粮食只有250～300 kg,灾年甚至颗粒无收。近些年来,随着国家和地方经济的发展,在治理水土流失、改善生态与环境方面做了许多卓有成效的工作,但因历史欠账太多,坡耕地对农村建设和农民生存与发展的威胁依然相当严重。

二、坡耕地水土综合整治是实现水土资源合理开发和可持续利用的关键性措施

我国劳动人民在长期的生产实践中,对坡耕地的整治积累了丰富的经验,尤以兴修梯田经验丰富,成效巨大,全国约有2 666万 hm² 坡耕地变为梯田,这些梯田已经为解决山丘区群众温饱问题和地方经济发展做出了贡献,同时使坡耕地的水土资源得以保护和持续利用。坡耕地整治措施主要包括兴修梯田、小型蓄水保土工程、地埂保护与利用措施、农田生产道路。这四项措施因地制宜、综合配套,才能取得最佳的保护和利用效果,最大限度地方便群众生产,降低劳动强度,减少生产过程中的投入,提高综合生产能力。

一是水土资源在区域内得到优化配置。从我国南北方水土资源分布看,南方水多土少,北方水少土多,从大的区域配置很难解决,尤其在广大山丘区,大范围调水几乎不可能。但在小区域内,通过采取工程、生物、农业耕作措施,改变微地形,利用降水,排蓄径流,就可以实现水土资源的优化配置。在北方兴修梯田要尽可能围绕水源条件好的地方,或在梯田周边兴建蓄水池塘、小水窖,黄土高原淤地坝建设前期蓄水也可以用于梯田干旱时期的用水。在南方兴修梯田保护珍贵的土壤资源,同时必须同坡面的水系工程相配合,降水大的时候,可以排导径流,避免对土壤的冲蚀,干旱时期可以灌溉农田,甚至发展水稻梯田。坡面水系工程是一种网络式结构,将田、渠、池、塘、窖、路连接起来,科学地配置了水土资源。实践证明,提高坡耕地综合生产能力,必须在技术路线上进行水土的综合整治,仅仅考虑土地资源的保护和利用是不够的,仅仅考虑水资源的利用也是不够的。根据监测结果,一般梯田比

坡耕地种植粮食作物增产一倍左右,而配以坡面水系工程的梯田可以增产两倍以上,而且种植粮食经济作物旱涝保收,成为高产稳产的基本农田。如河南汝阳县十八盘乡登山村,原有坡耕地 55 hm²,大小 1 500 多块,支离破碎地挂在乱石坡上,水土流失严重,干旱等自然灾害频繁。一般年景生产粮食 85~100 t,单产 1 500~2 250 kg/hm²,人均口粮 150~200 kg,是全县有名的穷地方。1966 年以来坚持搞水平梯田建设,同时采取蓄、引、截、提、喷的水系配套工程,开挖硬化渠道 14 条,长 7.5 km,兴建水塘和喷灌池 60 个、提灌站 11 处,安装自压喷灌管道 10 km,发展喷灌面积 28.33 hm²,基本实现了坡地梯田化、梯田水利化、浇地喷灌化。近年,粮食单产平均在 6 000 kg/hm² 以上,最高达 7 650 kg/hm²,人均口粮 500 kg。

二是水土资源得到可持续利用。坡耕地通过水土保持综合整治,改变了微地形,减少了径流对土壤的冲蚀,可以固结土壤,使跑水、跑土、跑肥的"三跑田"变成保水、保土、保肥的"三保田"。在黄土高原地区,根据观测和调查研究,梯田一般每公顷可保水 180~225 m³、保土 60~75 t。在同等条件下,粮食产量比坡地增加 20% 以上。如加上施肥措施和其他耕作措施,可使土壤逐渐变肥,理化性状不断改良,达到水土资源可持续利用的目的。南方尽管雨水较多,石埂梯田的效益年限仍然均在 50 年以上,甚至时间更长。如广西龙胜梯田就已有 300 多年的历史。

三是水土资源得到合理利用和高效开发。一般坡耕地由于立地条件差,土壤肥力下降,水资源不能得到充分利用,土地生产力很低,仅能种粮食作物和部分经济作物,而经过综合整治后,合理安排农林牧用地的比例,扬长避短,发挥优势,使水土资源得到合理利用并高效开发。在一些实施重点治理的地区,由于水土保持的作用,不仅农民有了基本农田,粮食生产大幅度提高,而且更多的地方发展了具有当地优势的特色经济,如水果、蔬菜、药材和畜牧业等,取得了非常好的经济效益,昔日的穷山沟变成了聚宝盆。例如,甘肃定西市是"中国马铃薯之乡",水平梯田种植马铃薯平均亩产在 2 000 kg 以上,比坡耕地增产 500~1 000 kg,且生产的马铃薯形状、色泽、淀粉含量、口感都比坡耕地好,产品能卖出好价钱;江西信丰县在治理水土流失的基础上,大规模发展脐橙产业,取得了非常好的经济效益。没有水土保持这个前提和基础,山区的优势就很难发挥,或者说即使发展了这些产业,也是不可持续的。

三、坡耕地水土综合整治是解决好农民生产、生活实际问题和维护国家生态安全的最佳结合点

我国许多山丘区生态与环境恶劣,水土流失导致土地生产力低下,水土资源得不到合理利用,群众的生产、生活问题得不到很好解决。据典型调查,农民在北方的山坡地上收获 1 kg 粮食需要 60~140 kg 的土壤;而在梯田上种植粮食或经济作物土壤基本上不流失,如果地埂采取生物措施覆盖,水系配置科学合理,基本可达到土不下山。我国南方一些地区种植的水稻梯田,有的耕作了数百年,实现了土地资源的可持续利用。反之,在坡耕地上种植粮食作物,产量低,肥力逐步下降,土层变薄,不仅难以发展经济,而且生态与环境恶化,最终摧毁了人们赖以生存的基础,直接影响到国家生态安全。加快坡耕地水土综合整治,形成高产稳产的基本农田和经济园林,改变过去广种薄收、单一经营的模式,优化农村产业结构,既能解除农民的后顾之忧,又能巩固退耕还林还草成果,促进大面积植被自然恢复,改善区域生态与环境,保障国家生态安全。

从粮食安全的角度来看,在山丘区大力开展坡耕地水土综合整治,对建设高产稳产基本农田具有战略意义。山区的粮食安全问题在某种程度上不同于全国或平原区的粮食安全,因为山丘区农村分布分散,交通不便,粮食运输成本高,在一些偏远山区,运输费用远远高于粮价。另外,从国家粮食生产的角度来看,不可能完全依靠平原地区生产粮食,我国人口仍在增长,而耕地在减少,人地矛盾日益突出,山区仍然需要生产一部分粮食,才能保障国家粮食安全,即使一些山区不需要粮食自给,从战略上考虑,也应储粮于地,有了基本农田就有了生产粮食的能力。山丘区的粮食安全有保障,才有可能保护和修复生态与环境。

同时,坡耕地水土综合整治在建设高产稳产田确保粮食安全的前

提下,也成为了农村经济和农民收入的增长点。如宁夏隆德县在梯田化建设的带动下,农民人均收入出现了两位数增长,目前已经达到了1 502.5元,与梯田建设大发展初期的1985年相比,农民收入翻了三番多。黑龙江省的双沟小流域,通过坡耕地整治,粮食产量由1979年的142万kg增加到1995年的408万kg,1995年全流域总收入596万元,是治理前的10.8倍。其中,农业收入400万元,是治理前的8.3倍,果、林、牧、副业增加16.8倍,人均收入由治理前的80元增加到1 443元,是治理前的18倍。

四、坡耕地水土综合整治的有利条件

一是水土流失地区干部群众积极性高,要求迫切。坡耕地整治与当地农民的生产生活息息相关。实践证明,坡耕地整治对当地农业生产结构调整、促进社会经济的发展有重要作用,是水土流失地区改善生存条件和生态与环境的关键性措施,历来受到当地各级政府的重视和群众的欢迎。如甘肃省连续多年坚持兴修梯田不动摇,在财政十分困难的情况下拨出专款用于梯田建设,庄浪县发扬愚公移山的精神,三十年如一日,干部带领群众干,建成梯田化县,用自己的双手改变了贫困落后的面貌。因此,整治坡耕地有广泛的群众基础,符合广大农民的愿望,积极性容易调动起来。

二是经验丰富,技术上有保障。我国的劳动人民在坡耕地整治方面有悠久的历史和丰富的经验,特别是新中国成立以来,我国水土保持科技工作者,对坡耕地整治在理论和实践方面进行深入探索、总结,形成了一套比较成熟的坡耕地整治技术。在此基础上,水利部先后制定并颁布了相关的国家技术标准,各地在规划设计与施工中都有技术标准和手册,根据不同的自然和社会经济条件,总结出相应的坡耕地整治的成功模式,建设了不同地区的成功典型,如北方的机修梯田,南方的石坎梯田,还有根据地形建成的隔坡梯田、反坡梯田等。

三是新农村建设是加快坡耕地整治的重要机遇。党的十六届五中全会提出建设社会主义新农村的战略目标,这一重大战略部署对我国的水土保持工作,特别是加快坡耕地水土整治提出了新要求,国家和地

方各级财政将加大对农业和农村的投入力度,坡耕地综合整治是农业和农村基础设施建设的重要内容。因此,大规模开展坡耕地整治符合新农村建设的要求。

五、坡耕地水土综合整治的思路及措施

(一)大于25°的坡耕地尽可能退耕

对全国现有约 2 133 万 hm² 坡耕地中坡度大于 25°的 333 万 hm² 陡坡耕地尽可能退耕。根据《水土保持法》规定,对于 25°以上陡坡地,根据实际情况,逐步退耕,植树造林、恢复植被,或者修复梯田。陡坡耕地主要分布在西部地区,占 80%以上,个别地区小于 25°的坡耕地很少,绝大部分坡耕地大于 25°,这种情况下,就应当尽可能修建梯田,否则对土地资源破坏太大。

(二)25°以下逐步开展坡耕地整治

全国 25°以下坡耕地有 1 800 万 hm²,根据国家和地方财力状况以及不同地区缓急程度,用 20~30 年时间进行整治,条件特别差的地区应实施生态移民,同时一些经济发达地区、人口向城镇转移比重大的地区也应退耕,在农牧交错区的坡耕地应逐步进行农业生产结构调整,还农地为牧草地。东北黑土区坡耕地坡度较缓,根据当地法规,15°以下的坡耕地开展综合整治,15°以上的应逐步退耕。

(三)近期应开展一个"十年坡耕地水土整治"工程

(1)用十年时间建设 667 万 hm² 高标准基本农田,每年建设 66.67 万 hm²;其中改善加固老梯田 200 万 hm²,新建 466.67 万 hm²。

(2)突出两大重点。一是坡耕地水土整治工程重点安排在长江上游、黄河中游、东北黑土区和西南石灰岩地区;二是重点解决缺粮户、贫困山区、老少边区和退耕还林区的基本口粮问题。

(3)坚持两项原则。一是要"就水、就缓、就近、就低",就是优先选择水土资源条件好的地方搞坡耕地整治。比如尽可能选择有水源条件的地方、坡度较缓的地方、离村庄近的地方及低山丘陵,这样可以取得比较好的治理效果。二是要以小流域为单元综合治理,统筹规划,搞好"四个配套",就是水系配套、农田生产道路配套、地埂保护配套、产业

结构调整配套。

（四）投入及产业的效益指标估算

根据各地多年治理的经验，由于南北方坡耕地整治的难易程度不同，西北地区土层较厚，可实行机修梯田，成本比较低，南方土层薄，兴修梯田以人工为主，不少地方以石材修筑地埂，造价高。

如果将水系或小型蓄水工程、农田生产道路配套，建成高标准的基本农田，一般北方应需 1 000 元左右，南方 2 000 元左右。

如果国家投入工程建设的 60%，地方、群众投入 40% 的话，国家大约需要投入 1 000 个亿来实现 667 万 hm^2 坡耕地整治的计划。

从近期的效益来看，建设 667 万 hm^2 高标准的基本农田，可以稳定解决山丘区 5 000 万人的吃粮问题，可以大规模地发展山丘区特色产业，大幅度增加农民收入，为社会主义新农村建设奠定坚实的基础。

（发表于《中国水利》2007 年第 2 期）

明确目标
抓好国家水土保持重点建设工程

一、2003～2007 年国家水土保持重点建设工程概况

2003 年,根据财政部的建议,全国八片水土保持重点防治工程调整更名为国家水土保持重点建设工程,并启动了新一期工程。该期工程涉及北京、河北、山西、内蒙古、辽宁、江西、陕西和甘肃 8 省(自治区、直辖市)的 42 个县(市、区、旗),包括永定河、溮水河、太行山区、大凌河、柳河、无定河、皇甫川、赣江和定西 9 个项目区。土地总面积 10 498km²,其中水土流失面积 7 174 km²。

5 年来,共安排中央投资 28 亿元,带动地方和群众投入 8 127 亿元,对 42 个县的 367 条小流域进行了综合治理,共治理水土流失面积 4 673 km²,其中建设基本农田 28 146.67 hm²,营造水土保持林 117 106.67 hm²、经果林 88 560 hm²,种草 40 506.67 hm²,封禁治理 192 946.67 hm²,修建塘、坝、井、窖、池 2 645 座,修建小型水利水保工程17 057处,完成土石方 1.56 亿 m³,圆满完成了国家下达的各项建设任务。治理后,项目区水土流失治理程度达到 65%,植被覆盖率提高 28%,减少水土流失量 2 950 万 t,提高水资源涵蓄能力 4 亿 m³,粮食平均单产较治理前大幅度增加,农民年人均纯收入增加了 1 150 元,脱贫人口 15.1 万人。项目区实现了基本农田、粮食产量和群众收入"三增加",农业生产条件、群众生活水平、生态环境"三改善",水土流失量、坡耕地、贫困人口"三减少"。与上一期工程相比,本期工程的治理更科学,效果更明显,社会反映更好,示范作用更强。

二、2003～2007 年国家水土保持重点建设工程的主要经验

（一）坚持综合治理，注重治理理念和模式创新

国家水土保持重点建设工程在 20 多年的实践中，走出了一条既符合自然规律，又适应我国不同地区经济社会发展水平的水土流失防治之路。本期工程不仅坚持以小流域为单元进行综合治理的成功技术路线，同时，根据形势和社会需求的变化，在治理理念和治理模式上进行了有益的探索和创新。一是注重发挥大自然的自我修复能力，加大了生态修复在工程建设中的比重，实现了从单纯依靠人工治理到人工治理与生态修复相结合的转变。二是注重保护原生植被。各地把保护现有植被作为生态系统恢复和保护的重要内容，采取封山育林育草、禁伐禁牧措施，对原有的林草植被进行有效保护和科学管理，加快了植被恢复速度。8 个省（自治区、直辖市）所有项目县均以县（市、区、旗）政府名义出台了封山禁牧规定，有效地控制和杜绝了项目区内放牧、砍柴等破坏林草植被的现象，加快了水土流失治理步伐。三是适应经济社会发展对水土保持生态建设的要求，把保护水资源、改善人居环境纳入工程建设的重要目标。如北京市门头沟官厅山峡项目区针对水资源紧缺、水污染加剧的情况，突破传统的小流域治理模式，提出了"以水资源保护为中心，构筑三道防线，实施五同步治理，采取二十一项措施，建设生态清洁型小流域"的治理思路，把农村生活垃圾与生活污水处理、化肥与农药的施用等纳入了工程建设管理内容，通过拦、蓄、节、排、灌，治废治污与绿化美化相结合，控制面源污染，保护水资源，改善人居环境。这些创新和探索开拓了水土保持工程建设新领域，有力地促进了水土保持生态建设事业的发展。

（二）坚持"八片精神"，注重治理机制创新

本期工程继续坚持"自力更生、苦干实干、讲求实效、开拓创新"的"八片精神"，在发挥政府作用的同时，适应市场经济的要求，积极创新治理机制，发动群众和社会力量积极参与。一是坚持政府把工程实施作为为群众办实事、办好事的大事来抓，群众把工程实施作为为自己谋利益、谋发展的大事来干，以中央资金为引子，通过政策拉动、政府推

动、市场调动及典型带动,激活民资,激发民力,依靠广大项目区群众自力更生,形成了苦干、实干的局面。二是在总结过去承包、拍卖、租赁、股份合作治理开发农村"四荒"资源的基础上,各地以产权制度改革为核心,明确所有权和使用权,进一步完善了有关政策,有效调动了社会力量广泛参与工程建设的积极性。对项目区内户包治理的个人和企事业单位,在资金安排上一视同仁,丰富了项目区水土保持生态建设的主体,加快了水土流失治理步伐。如山西省阳泉市政府出台了扶持民营生态建设大户的办法,明确规定,经营面积在 133.3 hm^2 以上,年度完成 33.3 hm^2 以上,水利水保工程完成规划任务 30% 以上的,补助、奖励 3 万元,并授予"民营生态建设大户"的称号。政策出台后,桃河项目区共发展 33.3 hm^2 以上民营生态建设大户 53 家,经营面积达到 14 733.3 hm^2,初步治理面积达到 5 467 hm^2。三是依靠社会力量。如柳林县积极落实工业反哺农业方针,县委、县政府出台了煤炭及其他矿产企业必须承担一条小流域或一座荒山的规定,在项目区内实行"一矿一企治理一山一沟"政策,加快了工程的建设速度。据统计,5 年来,本期国家水土保持重点建设工程由社会力量投入的水土流失治理资金达 7.28 亿元,是中央投资的 2.6 倍,群众投劳 5 000 多万个工日,有效地弥补了工程建设资金不足,确保了工程的顺利实施。

（三）坚持政府领导,注重创新部门协作机制

项目区各级政府进一步统一了认识,把治理水土流失作为项目区改善生态环境、提高农业综合生产能力、促进社会主义新农村建设的重要途径。如甘肃省定西市安定区区委、区政府始终贯彻"水保立区"的方针;辽宁省朝阳市确立了"生态立市"的发展战略,把水土保持工作纳入当地经济社会发展规划,列入政府重要议事日程;河北省邢台市各级政府签订责任状,把工程建设纳入政府考核目标。各地针对国家水土保持重点建设工程投资规模较小、中央补助标准偏低,但对工程建设的质量与标准要求高的情况,建立了"水保统一规划,政府统一领导,部门协调配合"的建设管理体制,依靠政府统一协调,发挥国土、农业、林业等有关部门的作用,按照规划,集中资金,把工程建设与退耕还林、以工代赈、扶贫开发、土地整治、农业综合开发、小型水利工程建设等相

关项目结合起来,资金捆绑使用,形成合力,提高了工程建设的标准、质量与效益。如辽宁省充分发挥政府协调能力,把农田水利"大禹杯"竞赛工程、退耕还林还草工程、"两杏一枣"工程、德国援助工程、农业综合开发工程、土地整理工程等结合起来,5年来,项目区共整合涉农资金近9 000万元,为全面完成治理任务奠定了基础。

(四)坚持治理与开发相结合,注重有效促进农民增收

本期工程紧紧围绕项目区群众最关心、最直接、最现实的基本口粮、燃料及增收等民生问题,立足于生态,着眼增收,坚持治理与开发相结合。一是在规划设计阶段,注重结合当地的经济发展规划,通过开展群众意愿调查和市场调查,优先选择市场前景好、经济价值高的品种。二是在工程实施时以坡改梯、水系工程、经果林和生产道路等措施为重点,着力解决与群众密切相关的生产生活问题,保护和高效利用水土资源,培育和发展特色产业,增强农业综合发展能力,促进农业增产和农民增收,帮助群众脱贫致富。如甘肃省定西项目区通过兴修梯田、建窖集雨,优化水土资源配置,为发展特色产业搭建基础平台;通过扩大马铃薯、优质牧草的种植面积,每公顷梯田年可增收7 500~9 000元,2007年农民人均纯收入较2002年增加了470元。三是工程建设与产业开发相结合。如江西省信丰县金龙项目区把兴果富民作为治山治水的切入点,采取政策拉动、利益驱动、典型推动,推进项目建设,效果十分显著。据统计,该期工程实施5年来,项目区农民年人均纯收入比治理前增加了1 150元,有15.1万群众摆脱了贫困,稳定地解决了温饱问题,走上致富道路。

(五)坚持示范带动,注重突出规模效益

国家水土保持重点建设工程在实施之初,就明确提出了把工程建成全国生态建设示范工程的目标。各地根据建设水土保持大示范区的基本思路,按项目区组织实施,做到工程集中连片。如陕西省榆林市,通过整合项目和资金,采取板块式建设、规模化发展、全方位优化整合的办法,把原有治理成果的巩固、提高、完善、拓展和整面坡、整架山、整条沟、整个小流域的治理紧密结合,大搞千亩以上治理点,积极发展万亩以上治理区,规模治理面积950 km²,占到新增治理面积的84%,使各个项目区都形成了连点成线、连面成片、点面结合的规模治理新格局。在创建大示范区的同时,各地还充分发挥规模治理的优势,依托当地的资源,培育和发展了一批具有当地特色的主导产业,使水土保持大示范区建设同区域经济发展、产业开发紧密结合。如今,在治理区,不仅有效地控制了水土流失,改善了生态环境,而且通过工程建设还形成或扩大了如江西赣南脐橙、山西阳泉核桃、甘肃定西土豆、辽宁朝阳红枣等各具特色的水土保持产业带,有力地带动了当地经济的发展,并成为当地重要的优势产业,实现了生态、经济和社会效益的"多赢",贫困的水土流失地区走出了一条改善生态、摆脱贫困的发展之路。

(六)坚持制度建设,注重规范工程建设管理

规范的管理是保证工程建设质量和效益的基础。为使国家水土保持重点建设工程无论从规模、质量和效益上都能成为全国水土保持生态建设的典范,各地注重完善和落实一系列的管理制度。一是按照《国家水土保持重点建设工程管理办法》的要求,各地制定了相应的管理办法。山西、江西等省结合实际制定了工程建设管理实施细则,河北、辽宁等省建立了项目实施年度检查评比排队的制度,起到了激励先进、鞭策落后的作用,从而进一步规范了工程建设管理。二是工程建设参照基本建设程序进行管理,全面推行项目责任主体负责制、工程建设监理制、资金使用报账制、群众投劳承诺制、工程建设公示制、建后产权确认制等一系列管理制度,因地制宜推行招投标制,初步形成了责任明确、群众参与、监督制约、管护到位的建管机制,有效地提高了工程建设管理水平,保证了工程建设质量。如河北省平山县在苏家庄小流域治理中,对一些土石方工程进行公开招标,节省了近1/3的投资。三是加强了档案管理。各项目县都落实专人负责,将项目规划设计、施工、验收各阶段形成的文件、图片及影像资料全部分类收集、整理、归档及保管,做到档案管理规范化、科学化。四是强化资金监管,保证了资金使用安全。各地均按照有关规定,实行专账管理,严格报账和拨款手续,规范资金的使用管理。一些地方积极推行县级报账制,把工程监理与报账制度结合起来,对资金使用进行有效监督管理。一些地方针对资金管理中的薄弱环节采取行之有效的措施加强监管,如对苗木供应实

行招标采购,杜绝苗木资金管理中的违规与腐败行为;对支付群众的劳务费,建造签字按印花名册,并作为财务建账的必备手续。同时,各地把审计作为工程竣工验收的一项重要内容,主动接受审计部门的审计监督,确保专款专用,发挥其应有的效益。

三、工程建设面临的形势和主要问题

当前,我国经济社会发展进入全面建设小康社会、加快推进社会主义现代化进程的关键时期。党的十七大从深入贯彻落实科学发展观,促进国民经济又好又快发展的战略高度,提出了建设生态文明的目标,强调要加快推进以改善民生为重点的社会建设。党和国家继续重视"三农"问题,2004~2008年连续5年制定了指导"三农"工作的一号文件,明确提出要切实加强农业基础设施建设,进一步促进农业发展和农民增收。同时,水土流失严重的革命老区和贫困地区的群众强烈要求加大水土流失治理力度,提高农业生产生活条件,改善生态及居住环境。国家水土保持重点建设工程经过20多年的实施,在技术、管理等方面取得了很好的经验,奠定了良好的群众基础。2008年4月,水利部、财政部联合批复了国家水土保持重点建设工程2008~2012年规划,工程实施范围由上一期的8省(自治区、直辖市)42县(市、区、旗)扩大到12省106个项目县。这对今后争取中央加大对国家水土保持重点建设工程的投入力度,全面推进工程建设将十分有利。

虽然国家水土保持重点建设工程的成效显著,但还存在着不少突出问题。一是农村"两工"取消对工程建设影响大。近年来,大量的农村劳动力向城市转移,农村劳动力"空心化"现象严重,组织农民参与工程建设面临劳动力短缺的问题。同时,随着农村税费改革的逐步深入,沿用传统行政方式组织农民投劳受到政策调整的影响,长期形成的以国家补贴为导向、农民自愿投工投劳开展水土流失治理的工作机制越来越难以执行,加上人工及物价持续快速上涨,给工程的实施增加了新的困难。二是国家水土保持重点建设工程投资增长缓慢、规模小、标准低。国家水土保持重点建设工程作为我国最早实施的国家重点治理项目,虽然投资数额保持稳定增长,中央投资从最初的3 000万元逐步

增加到 8 000 万元,但投资强度低、规模小,致使一些地方政府重视程度不够。三是前期工作不够深入。部分地区的前期工作不规范,前期初步设计深度不够,有的地方在前期工作阶段没能深入项目区听取群众意见,措施未做到因地制宜、科学合理,影响了工程的正常实施和实际效果。四是工程建后管护工作仍然薄弱。尽管近年来各地已经重视工程建后管护工作,在推行产权制度改革方面进行了有益探索与实践,但总体上看,工程建后管护工作仍是一项薄弱的工作,建设与管理脱节的问题没有从根本上得到解决。

四、明确目标,全面推进国家水土保持重点建设工程

2008 年水利部、财政部启动了新一期国家水土保持重点建设工程。为更好地推进工程建设,各地要统一认识、理清思路、明确目标、扎实工作,确保全面完成工程建设任务。

(一)进一步加强领导,精心组织实施

国家水土保持重点建设工程属公益性项目,必须强化政府行为,确保工程顺利实施。一要提高认识,明确国家水土保持重点建设工程作为国家工程、示范工程及长期项目的定位,政府要充分重视。二要落实政府领导责任,把工程建设纳入政府领导的考核指标,实行年度考核。三要成立工程建设领导小组,充分发挥各级政府和有关部门的作用,加强对工程的组织领导和协调,及时研究解决工程建设遇到的问题。四要真正建立起"水保统一规划,政府统一领导,部门协调配合,社会广泛参与"的建设管理体制,提高工程建设标准。重点要抓好规划,广泛征求意见,取得各方面的认同,多渠道、多部门解决投入不足问题。

(二)进一步创新治理思路和模式,做好工程建设"五结合"

新一期国家水土保持重点建设工程要继续发扬开拓创新的传统,结合当前社会经济发展的新需求,积极探索新形势下治理水土流失的新模式。要以新的理念指导工程建设,做好"五结合"。一是工程建设与新农村建设相结合。要以改善农村生产生活条件及人居环境为目标,将工程建设与农业增产增收、改善村容村貌有机结合,促进项目区生产发展、生活宽裕。二是工程建设与区域经济发展相结合。要坚持

以人为本的理念,紧紧围绕促进群众脱贫致富和发展地方经济的主题,在保证生态效益的前提下,应充分发挥当地的资源优势,以工程建设为纽带,培育和发展特色产业,突出经济效益,推动项目区走上生产发展、生活宽裕、生态良好的文明发展之路。三是人工治理与生态自然修复相结合。所有项目县必须全面落实封山禁牧政策,按照"大封禁、小治理"的治理思路,把封育保护作为工程建设的一项重要内容,充分发挥大自然的自我修复能力,重点抓封禁,减少人工种植比例,加快恢复植被。四是工程建设与其他生态工程结合。在统一规划的基础上,一方面要结合自身行业项目如"长治"工程、黄河水土保持生态工程等工程或其他水利项目,另一方面要发挥政府协调作用,与巩固退耕还林成果、以工代赈、土地整治等其他部门的生态工程结合,按照"各投其资、各负其责、各记其功"的原则,整合部门资金,提高治理标准和规模,打造精品工程和示范工程。五是工程建设与预防监督相结合。要加强项目区的监督执法工作,防止人为造成新的水土流失,杜绝"边治理、边破坏"现象发生。要严格查处破坏治理成果行为,通过行政手段加强工程管护,明确管护责任,保证工程发挥效益。

(三)进一步加大投入力度,多方筹措资金

国家水土保持重点建设工程属中央补助项目。各地要大胆探索,依靠政策,加大投入力度,建立多元化的投入机制。一要充分利用全国水土流失与生态安全科学考察成果,争取中央的支持力度,扩大工程实施范围。二要积极落实地方配套资金,地方财政增长幅度大、有匹配能力的项目县要足额配套,地方财政困难的国家贫困县,则以省、市配套为主。三要按照"谁投资、谁所有,谁受益、谁管护"的原则,建立责权利明确、所有权与使用权明晰的管理体制,吸引社会资金参与工程建设。要在总结过去承包、拍卖、租赁、股份合作治理开发农村"四荒"资源的基础上,进一步完善有关政策,积极鼓励大户和企事业单位承包治理。四要积极推动地方出台生态补偿政策。要认真学习山西、陕西等省的经验,主动开展工作,积极落实中央提出的工业反哺农业及生态补偿有关精神,推动地方出台相关政策,从煤炭、矿山、水电、油气等资源开发收益中提取一部分资金用于所在区域的水土流失治理,建立稳定

的投入渠道。五要充分调动当地群众的积极性,按照一事一议,实行群众投工投劳承诺制,让群众自觉投入劳动力参与工程建设,弥补工程建设资金不足。

(四)进一步探索群众参与机制,调动群众积极性

国家水土保持重点建设工程在多年的实践中,铸就了"自力更生、苦干实干、讲求实效、开拓创新"的"八片精神",形成了政府引导、群众和社会广泛参与的工作机制,引入了承包、拍卖、租赁、股份合作治理等多种群众参与方式,群众在20多年的工程建设中发挥着极其重要的作用。但随着市场经济的发展和农村税费改革的逐步深入,单纯依靠国家和集体组织项目实施已不太现实。各地要根据水土保持工程的特点和优势,把依靠政府行政推动与市场机制有机地结合,充分调动群众参与工程建设的积极性。在工程建设中既要按基本建设程序认真推行各项制度,又要积极探索政府推动群众参与方式。在工程的规划设计、组织实施及后期成果管护等3个阶段,都要吸引群众参与其中。通过实行投工投劳承诺制、项目公示制、产权确认制,使项目区群众行使对工程的知情权、参与权和监督权。要在符合现有工程建设管理模式基本要求与原则的基础上,采取先干后补、以奖代补、直补农民等方式实施工程建设,使群众从工程建设中得到实惠,自愿参与工程建设,开创"民生谋水保、民营办水保、民众干水保"的工程建设新局面。

(五)进一步加强资金监管,确保资金安全

各地一定要高度重视资金管理工作,把确保资金使用安全、确保干部安全作为工程建设管理的头等大事来抓。一要落实各项制度。全面实行工程建设公示制、监理制、报账制等制度,严格管理程序,严肃财经纪律,坚持专账、专人管理,做到按制度办事、靠制度管人。二要强化监督制约。各级水利水保部门要把资金管理作为工程检查验收的重点,加强监管,防止挤占、截留、挪用资金。三要主动接受审计。要主动接受审计部门监督,防止工程建设中的腐败行为,确保中央资金发挥其应有的效益。四是要积极争取落实地方配套资金,确保工程建设管理费、前期工作经费到位,避免资金违规使用。

(六)进一步加强宣传,加大工程示范带动作用

搞好宣传教育、营造良好的水土保持氛围是发挥工程建设示范作用的基础性工作。一要发挥新闻媒体的作用。要结合水土保持国策宣传教育活动,以电视、报纸、网络等传媒宣传水土保持重点建设工程取得的巨大成绩,扩大工程建设的影响与示范、带动作用,宣传水土保持工程在我国生态建设中的主体地位,提高全社会保护水土资源的意识。二要打造精品工程。要按照示范工程的标准,有意识打造精品小流域,在工程实施的理念、科技推广应用、产业开发、效益及监测评价等方面集中展示工程建设的成果,反映工程实施所取得的突出成绩。三要加大示范推广力度。要认真系统地总结工程实施的好思路、好做法,依托已建成的大示范区和精品小流域,发挥工程的辐射、示范作用。四要加强科技推广。要结合各地实际,积极推广先进技术,引进优良品种。建立科研单位参与工程建设的机制,加强对水土保持管理与技术人员、项目区农民的技术培训工作。五要搞好效益监测评价。要对工程实施效益进行监测,用科学的数据反映水土保持工程的重要作用,以及工程建设所取得的成效。

(发表于《中国水土保持》2008 年第 10 期)

中国水土保持小流域综合治理的回顾与展望

一、小流域综合治理的发展历程

我国是世界上水土流失最为严重的国家之一,在防治水土流失的长期实践中创造了丰富的经验。在这些经验中,一条非常宝贵的经验是 20 世纪 80 年代提出的小流域综合治理。

回顾小流域综合治理的形成与发展,大致可分为以下四个阶段。

(一)萌芽与探索阶段(1950 ~ 1979 年)

20 世纪 50 年代,为探索有效的治理方法和途径,山西、陕西等省的一些地方,在支毛沟流域进行了生物措施与工程措施相结合的综合治理试验。这实际上就是小流域综合治理的雏形。1956 年,黄河水利委员会肯定了"以支毛沟为单元综合治理"为方向性的经验,并部署在全流域推广。之后,以支毛沟为单元的综合治理在黄河流域蓬勃发展,并逐步影响到全国。进入 60 年代,水土保持工作转入以基本农田建设为主要内容的时期,把水、坝、滩地和梯田确立为主攻目标,大大改善了农业生产条件,提高了单位面积产量。但由于没有以小流域为单元综合治理,有的地方"东治一坡、西治一沟",单纯进行工程建设,或者单纯开展生物措施治理,结果未能形成综合防治体系,治理的效果并不理想。70 年代中期,水保工作者总结正反两方面的经验教训,逐步认识到以流域为单元综合治理的效果比较好。

这一阶段,从总体上来讲,面上治理措施的配置比较分散,效果不理想。但通过曲折的探索,使人们对水土流失规律的认识实现了螺旋式的上升,这为后来小流域综合治理概念的正式提出和确立做了思想准备。

（二）确认与试点阶段（1980～1991 年）

十一届三中全会后，从中央到地方的水土保持工作都得到了加强，水利部不失时机地召开了多次分片、区水土保持工作座谈会，推动了工作开展。在中南五省区和华北五省区的两次座谈会上，把"小流域综合治理"作为一条重要的经验推出来，要求各地积极借鉴和推广。由此，"小流域综合治理"的概念正式进入水土保持行业的视野。1980 年 4 月，水利部在山西省吉县召开了十三省区小流域综合治理座谈会，对小流域综合治理进一步作了充分的肯定，认为小流域治理是水土保持工作者的新发展，符合水土流失规律，能够更加有效地开发利用水土资源，并要求各省区认真予以推广，加快小流域治理，从此水土保持工作扭转了单项措施分散治理的局面，走上了小流域综合治理的轨道。这一治理思路的确立，也从根本上解决了长期困惑水土保持工作者的方法论问题，为实现各种措施的优化配置提供了理论依据。同时，它很好地解决了工程规划设计的单元问题，指导我们可以一个单元、一个单元地实施治理，以取得最好的治理效果。

会后不久，为探索水土保持快速治理的途径和不同类型区综合治理的模式，水利部、财政部安排在黄河、长江等六大流域开展了小流域综合治理试点工作。通过试点，在小流域治理的选点、规划、措施布置、治理标准、经费使用、检查验收、试验示范和组织领导等方面积累了经验，这为后来开展大规模的生态建设奠定了坚实的基础。同期，受农村家庭联产承包责任制的影响，户包治理小流域应运而生，全国掀起"千家万户治理千山万壑"的小流域治理高潮。但由于当时投入能力的限制，这一阶段小流域治理依然停留在较低的层次上，治理的成效也相对有限。

（三）以经济效益为中心发展阶段（1992～1997 年）

到 20 世纪 90 年代初，全国的小流域治理无论在量的方面，还是在质的方面，都发生了很大的变化。不仅有了广泛的群众基础和相当的治理规模，而且有了一批效益显著的建设典型。但随着社会主义市场经济体制的逐步建立和完善，小流域治理又出现了新的矛盾和问题，集中体现在：治理效益偏低、措施配置不尽合理、工程质量不高、管理跟不上等,小流域治理开发的经济效益不明显,群众参与治理开发的积极性受到很大影响。

这种情况下,各地在总结多年小流域治理经验的基础上,相继提出以经济效益为中心、治理与开发相结合、小流域治理同区域经济发展相结合、发展水保特色产业的思路,并积极付诸实施。把小流域治理纳入市场经济发展的轨道,积极运用价值规律、供求关系指导治理开发,调整土地利用和产业结构,走出了许多具有地方特色的治理开发路子,提高了治理开发的效益。同期,山西吕梁地区又率先推出了拍卖"四荒"使用权,极大地调动了社会力量治理开发"四荒"资源的积极性。这条经验也很快走向全国,很快掀起了新一轮的小流域治理高潮。

(四)大流域规模化防治阶段(1998年至今)

1998年以来,随着我国综合国力的提升,国家全面加大生态建设的投入,小流域治理进入了前所未有的快速发展时期。仅每年中央安排的水土保持投资就达20多亿元,全国每年治理小流域4 000多条,水土流失初步治理面积连续超过5万 km^2。

这一阶段,各级水保部门从经济社会发展和人们对改善生态环境的迫切需要出发,按照中央的水利工作方针和水利部党组可持续发展治水思路的要求,及时调整工作思路,把水土保持生态建设引入以大流域为规划单元、小流域为治理设计单元的规模化防治阶段。

在指导思想上,坚持人与自然和谐相处的理念,全面加大了封育保护的力度,充分发挥生态的自我修复能力恢复植被。在工程布局上,着力推进水土保持大示范区建设,在政府的统一领导下,由水利水保部门统一规划,分部门实施,加快水土流失防治步伐。在建设内容上,以调整土地利用和产业结构为中心,以节约保护、合理开发、科学利用、优化配置水土资源为主线,努力推进水土资源的可持续利用和生态环境的可持续维护。

二、小流域综合治理的基本概念、特点与功能

(一)基本概念

小流域是指在以水力侵蚀为主的地区,流域面积在5 ~ 30 km^2,最

大不超过 50 km² 的集水单元。小流域综合治理是指以小流域为单元，在全面规划的基础上，预防、治理和开发相结合，合理安排农林牧等各业用地，因地制宜，因害设防，优化配置工程、生物和农业耕作等各项措施，形成有效的水土流失综合防护体系，达到保护、改良和合理利用水土资源，实现生态效益、经济效益和社会效益协调统一的水土流失防治活动。

（二）基本特点

小流域综合治理的基本特点，概括起来主要有 5 方面。

1. 独立性

小流域治理的独立性，是指在实施水土流失治理的过程中，可以把每个小流域作为一个基本的单元，独立地、自成体系地进行防治和措施布设，以实现小流域整体的功能和效益。小流域治理的独立性，是由小流域自身存在的独立性所决定的。因为每一个小流域，不论面积大小，自然地理、社会经济条件如何，都是一个相对独立和完整的自然单元和社会经济单元，其水土流失产生、发展的全过程都可以在这个独立的、闭合的集水区域内体现出来。小流域治理独立性是小流域综合治理的基本依据。

2. 多样性

由于每个小流域所处的自然、气候、地理条件千差万别，土地利用、生产力水平和经济社会情况各不相同，因此每个小流域治理开发的方向、预期的目标、治理的措施、开发的路子，必然应该有所区别，这就是小流域治理的多样性。具体到每一个小流域，要因地制宜综合分析本流域自然资源的有利因素、制约因素和开发潜力，结合当地实际情况和经济发展要求，科学确定其发展方向和开发利用途径。小流域治理的多样性，为提供丰富多彩的小流域产品、满足人们多层次的需求提供了可能。

3. 综合性

水土流失的发生、发展，有自然因素，也有社会、经济因素，因此进行水土流失防治必须采取综合措施。同一个小流域内，不同部位采取的措施也不同。同时，小流域既是一个水土流失的自然单元，又是一个经济开发的社会单元,以小流域为单元进行治理,必须多目标、多功能,并使其协调发展。小流域治理的综合性,决定了在小流域治理过程中,要综合考虑各种内、外部条件,统筹多个目标,采取综合措施,构建综合防护体系,实现生态效益、经济效益和社会效益的协调统一。

4.基础性

小流域综合治理对山区经济发展来说,说到底是一项基础性工作。因为,在水土流失未得到有效治理的情况下,广大水土流失地区的水土资源不可能得到有效的保护和利用,各种适用的科学技术不可能得到有效的推广和应用,农业生产、农村经济就不可能实现快速健康的发展,更不可能实现山川秀美、全面建设小康社会的宏伟目标。小流域治理的核心,集中地体现在对水土资源的综合整治和有效利用上,为经济社会的进一步发展创造有利条件,提供基础和平台。

5.可持续性

小流域综合治理坚持统筹兼顾,在目标上立足实现多赢,不仅能够有效解决当前生存与发展的问题,而且能够有效协调人口、环境、资源的矛盾,解决长远的问题,使水土资源得到有效保护、永续利用,使生态环境得到可持续维护,使水土流失区逐步走上生态、经济协调统一、良性循环的发展轨道,实现永续发展。实践证明,任何单项措施都不能全面顾及生产、生活和生态三方面的问题,不可能从根本上解决问题。

(三)基本功能

小流域综合治理全面开展以来,在经济社会发展中展示出多方面的功能。

1.防护功能

小流域综合治理通过因地制宜、科学布设各项措施,可以实现流域水土流失从坡面到沟道、从上游到下游的层层拦蓄和全面防治,从而在流域内形成完整有效的水土流失综合防护体系,最大限度地控制水土流失,保护水土资源。一般来说,经过治理的小流域水系得到有效整治,泥沙得到有效控制。这不论是对小流域本身,还是对下游地区,客观上都起到重要的保护作用。

2. 生态功能

小流域治理是生态建设的一个重要组成部分,直接关系我国的生态安全。如果千千万万个小流域治理好了,大江大河的中上游生态环境就大为改善,就能有效减轻下游地区的灾害,确保大江大河的安全,为下游地区经济社会发展创造更好的条件。小流域治理中大量地种树、种草,或者封山禁牧、保护植被,本身也是直接的建设生态、恢复生态、改善生态的过程。经过治理的小流域,生态系统实现良性循环,生态功能发挥作用,小气候、小环境大大改善。

3. 经济功能

小流域综合治理的核心,是有效保护和高效集约利用水土资源,改善农村生产生活条件,这客观上为农村产业结构的调整、区域经济的发展、群众脱贫致富创造了有利条件。通过基本农田建设和坡面水系工程建设,增强了土壤保水、保土、保肥能力,提高了土地资源利用率、土地生产力和农作物产量,可解决水土流失地区的温饱问题;通过大面积发展经济林果,更可直接增加群众的经济收入,促进群众脱贫致富。

4. 社会功能

小流域综合治理区,大多数都在经济贫困且人口较为密集的地区,原来穷山恶水,村庄脏、乱、差。进行小流域综合治理后,不仅改善了山区农业生产条件,使光山秃岭变成山清水秀的美好家园,而且改善了群众的生活、生存条件,方便了出行,农村环境得到整治,村容村貌发生了变化,许多小流域变成人们休闲观光的农家乐,客观上提高了群众的生活质量。同时,小流域治理中大量农田生产道路和乡村道路的建设,还促进了封闭山村与外界的沟通,促进了当地文化、科技、卫生等事业的发展,加快了农村社会进步,人们的健康状况也得到一定改善。

(四)实践优势

与单项治理相比,小流域综合治理在实践中具有以下显著的优势。

1. 符合水土流失的客观规律,能够更加有效地控制和预防水土流失

以小流域为单元综合治理,因地制宜、因害设防地安排水土保持各项治理措施,能够充分发挥不同治理措施相辅相成的群体作用。如生物措施与工程措施的紧密结合,骨干工程与一般工程的全面配套,就有

效避免了片面安排、单打一简单治理的弊端。

2. 能够合理确定农、林、牧用地比例,最大限度地提高土地利用率和生产力

小流域综合治理有利于充分发挥当地水土资源优势,合理地确定农业生产结构,有效开发利用水土资源,做到水尽其用、土尽其利,促进农村经济的发展,使农民富裕起来。

3. 便于统一规划,做到上下游、左右岸治理中的合理布局,最大限度地发挥治理效益

有利于解决上下游、左右岸的矛盾,处理好局部与全局的关系,克服那种顾此失彼,一岸得利一岸受害、上游得利下游受害的弊端,从而充分调动群众的积极性,加快水土流失防治步伐。

4. 便于统一领导,使有关部门密切配合,使人力、物力、财力相对集中,做到协调治理

组织农、林、牧、水等各方面的力量打总体战,集中攻克影响当地农业生产的主要问题,发展主导产业,收到事半功倍的效果,更多更快更好地发展山区潜力大、见效快、产量高、质量优的商品经济。

三、小流域综合治理的主要理论依据

25 年来,小流域治理逐渐形成了自己的理论体系,并充分运用了其他相关理论指导实践。这些理论,不仅包括治理模式与防治技术,而且涉及其防治战略与理念抉择。

(一)径流调控理论

回顾 25 年来的发展历程,小流域治理理论方面最大的突破和建树是总结形成了径流调控理论。也正是由于径流调控理论的提出,使水土保持工作由原来的经验推动,上升到以科学理论为指导;由过去的经验治理,逐步上升到有计划、有目的的科学规划、科学设计、科学治理,从而以最少的投入取得了最大的效益。

水土流失的成因很多,问题很复杂,水土保持的规划设计、措施配置,长期以来始终是凭经验设计,而缺乏理论指导。20 世纪 90 年代以来,水土保持工作者经过长期潜心钻研,提出了径流调控理论。其基本

思想是把径流作为水土流失防治的主导因素,从控制径流入手,控制水土流失;科学调控和合理利用径流,兴利除害,高效利用水土资源。坡面径流是指天然降水除土壤渗透、地表蒸发和植物吸收外,沿着坡面流动的部分,其流量的大小、速率,是影响水土流失的主导因素。如果把起决定作用的主导因素有效控制了,其他问题也就可以迎刃而解。水土保持规划、设计、治理只有从主导因素入手,才能真正做到措施配置合理,科学、高效、合理利用水土资源,实现三大效益的统一。

径流调控的方法,简单地讲,就是将坡面径流通过一定的方式,使其分散或聚集,改变其运行规律,减轻其对土壤的冲刷。通常有三种方法,一是改变微地形,改善土壤结构,增加土壤入渗,减少径流总量;二是建设排水导流工程,把多余的坡面径流有目的地排出去,并增加地面覆盖,减缓径流对土地的冲刷;三是建设专门的集流蓄水设施,蓄积利用,既减少冲刷,又科学利用径流,提高土地生产力。总之,目前我们进行规划、设计的主要依据之一就是径流调控理论,配置措施主要针对径流的调控和利用,既充分利用径流资源,又要对它进行有效调蓄,使其为我所用,从而达到控制水土流失、有效利用水土资源的目的。近几年来,在设计中运用径流调控理论指导,小流域综合治理取得的效果更加显著,也更好地体现了水土保持的特色。

(二)系统论

水土流失是自然因素和人为因素相互作用的综合结果,治理难度很大。同时,水土流失治理涉及多个既对立又统一的矛盾体,如生态与经济、当前与长远、局部与全局等。一般说来,在生态脆弱地区,没有生态效益就没有经济效益;而没有一定的经济效益作基础,生态效益也难以持久。如何处理生态治理、环境保护与经济社会发展之间的关系,确保它们相辅相成、相互促进,是水土保持工作必须回答和解决的一个关键问题。这些年来,小流域综合治理遵循的一个重要的理论就是系统论,即把小流域治理作为一个复杂的系统,系统地进行研究,统筹协调其中各个要素之间的辩证统一关系,系统地采取综合措施进行整治,使之协调发展。实践也证明,面对复杂的水土流失问题,制定和实施水土流失防治战略,必须是系统的、综合的、配套联动的,仅凭某项单一的对策、措施,是不可能奏效和达到预期目的的。

系统论的思想,不仅是小流域治理遵循的一个基本理念,而且体现在其治理过程的方方面面。在防治策略上,小流域治理坚持治理与开发相结合,当前与长远相结合,实现生态、经济和社会三大效益协调统一。在措施配置上,强调山水田林路统一规划,工程、生物、农业、管理措施综合运用、优化配置,构建有效的水土流失综合防护体系。在项目安排上,既安排生态效益显著但需很长时间见效的项目,也建设短平快的项目,让群众尽快得到实惠。在区域布局上,把流域作为一个整体,全面兼顾,上下游统筹,有序协调推进。在建设机制上,把小流域治理纳入整个生态建设整体框架之中,以规划为基础,充分发挥各个部门的作用,协作配合,各尽其力,实现整体效益。在水土保持投入上,在不断增加政府投入的同时,广泛吸收社会资金,调动全社会的积极性。

(三)可持续发展理论

水土保持工作是可持续发展的重要内容。一方面,进行小流域治理,保护和抢救水土资源,减轻由水土流失而导致的各种自然灾害和经济损失,本身就是实现本流域可持续发展的重要手段和途径。另一方面,进行小流域治理,改善生态环境,减少开发建设过程中造成的水土流失和人为破坏,客观上为下游地区经济社会的可持续发展创造了有利条件。

可持续发展的理念,也体现在小流域治理的整个过程之中。人类要生存、经济要发展、社会要进步,必然要对水土资源进行开发,关键的问题是如何处理好开发与保护的关系,确保在经济社会发展的同时,做到可持续地利用水土资源,可持续地维护生态环境。遵循可持续发展理论,就是在小流域治理过程中,既要合理开发利用水土资源,又要有效保护资源和环境,确保资源开发的强度在大自然能够承受的范围之内;既保证当前需要,又考虑长远发展;既顾及当代人发展,又顾及后代人生存,实现永续利用和可持续发展。

(四)人与自然和谐相处理论

人与自然和谐相处既是科学发展观的内在要求,也是新时期治水思路的本质特征,更是小流域治理始终遵循的一个重要法则。因为,不论是从水土资源来讲,还是从生态环境来看,对人类活动都是有一定承载能力的,一旦超过其承载能力,水土资源和生态环境就会受到伤害。同样,人类的生态建设活动如果超过自然的承载能力,也很难收到预期的效果。因此,在小流域治理的实践中,必须始终遵守人与自然和谐相处的基本原理。

小流域治理体现人与自然和谐相处,可概括为以下四个方面:一是尊重自然规律,按照自然规律办事。根据水土资源和生态环境的承载能力,因地制宜,分类指导,合理选择防治水土流失的措施和方案,合理选择适宜的植被类型,做到因地、因水制宜。二是以人为本,关注民生。把解决群众的生产生活问题作为解决生态问题的前提和手段,稳步、扎实推进生态治理。凡是解决生产生活问题的措施,都应首先是可持续地利用资源和使生态环境逐步实现良性循环的,确保人们在安居乐业的前提下,逐步走上良性发展的道路。三是充分发挥大自然的作用。搞好封育保护,依靠生态系统的自我修复能力,恢复植被,使生态环境更快、更好地改善。尽可能地保护原有的生态环境,已经侵蚀严重的区域,通过人工治理和自然修复结合起来进行综合防治。四是正确处理人与自然的关系。在开发资源、发展经济、满足人的需要的过程中,既要关注人,也要关注自然;既要满足人的需要,也要维护自然的平衡。善待自然,让生态系统保持良好的状态,良性循环,更好地造福于人类。

四、小流域综合治理取得的主要成效与基本经验

(一)主要成效

通过 25 年的不懈努力,我国小流域综合治理取得了巨大成效。全国累计综合治理小流域 3.8 万多条,治理水土流失总面积 92 万 km^2,其中修建基本农田 1 533 万 hm^2,营造水土保持林 5 800 万 hm^2,经果林 1 000 万 hm^2,种草 867 万 hm^2,建设治沟骨干工程 4 900 多座,修建了长达数十万千米的乡村道路和田间道路,以及数以百万计的小型水利水保工程。这些水土保持设施,每年可增产粮食 180 多亿 kg,拦蓄泥沙 18 亿 t,增加蓄水能力 250 亿 m^3。

通过小流域综合治理和发展高效农牧业,治理区有约 167 万多

hm² 陡坡耕地退耕还林,稳定解决了 4 000 多万人的吃粮问题。

1. 改善农业生产条件,促进农业高产稳产

通过小流域综合治理,水土流失区的水土资源得到了有效的治理和保护,农业生产条件显著改善,为农业的持续发展奠定了坚实基础。坡耕地改造为梯田后,提高了蓄水保土和抵御自然灾害的能力,为农业高产稳产创造了条件。据对比观测,梯田平均每公顷年增产粮食 1 125 kg。如甘肃省 50 年来坚持不懈地开展以梯田为主的"三田"建设,累计完成 180 万 hm²,占全省坡耕地面积的 50% 以上。凡是治理过的流域,基本农田在北方人均增加 0.13 hm² 左右,南方增加 0.03 hm² 左右,稳定地解决了群众的温饱问题。

2. 促进区域经济发展,提高当地群众收入

小流域治理已成为水土流失地区发展经济的重要途径。在治理开发过程中,各地发挥区域优势,同特色产业开发紧密结合,围绕水果、蔬菜、药材、畜牧等产业做文章,建成了一批名特优商品基地。如黄河中游的苹果、红枣,永定河上游的仁用杏,长江中下游的柑橘,甘肃定西的土豆等,都有相当的规模,已经成为地方支柱产业和经济增长点,加快了群众脱贫致富的步伐。被称为"江南沙漠"的江西兴国县,经过十几年的坚持不懈的小流域综合治理,生态环境和经济条件发生了显著变化,人均纯收入由 1983 年的 55 元,上升到 2 000 多元。长江上游水土保持重点防治工程实施 10 多年来,113 万 hm² 坡耕地得到治理,800 多万贫困人口基本解决了温饱问题。四川省"长治"项目重点治理区内的贫困户比例由治理前的 15% 下降到现在的 5%。

3. 提高区域抗灾能力,减轻下游洪涝灾害

小流域治理层层设防,有效提高了流域农业综合生产能力和自身抗灾能力。如陕南紫阳县 2000 年"7·13"特大暴雨洪灾中,龙潭和铁佛两条小流域处在同一暴雨区,自然条件类似。龙潭流域自 1992 年以来开展了小流域综合治理,灾害损失较小,而铁佛流域由于没有进行治理,灾害损失则较重,其耕地冲毁面积、粮食减产量和倒塌房屋数分别达到龙潭流域的 6.2 倍、2.6 倍和 6.5 倍。同时,小流域治理还有效减少了对下游河道的淤积,减轻了下游地区的灾害。黄河中游的无定河

流域从 1983 年起开展小流域治理,形成了有效的水土流失综合防治体系。1994 年 7 ~ 8 月遭遇三次暴雨,总降雨量达到 308 ~ 550 mm,与治理前相似降雨条件相比,暴雨产流量减少了 50% 左右,产沙量减少了 50% ~ 63% 。

4. 改善生态环境,维护国家生态安全

经过小流域治理的地区,土地资源得到合理开发利用和有效保护,植被覆盖率显著提高,人口、资源、环境和经济趋于协调发展。黄河上中游地区经过连续的治理,目前初步治理达到了 40%,在一些重点治理区治理程度达到了 70% 以上,昔日荒山秃岭、水土流失、飞沙走石的恶劣景观变成了生机盎然的宜人景象,坡耕地实现退耕还林还草,林草覆盖率大幅度提高。曾经受沙漠化严重威胁的陕北榆林地区,现在已营造 97.3 万 hm^2 的水土保持防风固沙林,使沙区 68% 的面积得到治理,实现了人进沙退的可喜局面。陕西吴起县实施封禁三年后,林草覆盖率提高了 24%,年均土壤侵蚀模数由 1.1 万 t/km^2 降低到 0.6 万 t/km^2 。

5. 改善生产生活条件,促进农村社会进步

经过综合治理的水土流失区,开始呈现出山清水秀、林茂粮丰、安居乐业的繁荣景象,一批过去封闭、落后、荒凉的穷山村,发展成了开放、富裕、优美的社会主义新山村。"住土房、喝苦水、点油灯"的贫困农家如今住上了砖瓦房,吃上了自来水,通了电,道路四通八达。生态环境的改善,生活质量的提高,带来了村风村貌的变化,涌现出不少文明户、文明村。

(二)基本经验

小流域治理不仅仅在于模式与技术的选择,还在于战略抉择与观念的转变。实践证明,要搞好小流域综合治理,必须始终坚持以下几点。

1. 必须把小流域治理放在经济社会发展的重要地位

水土流失严重、生态问题突出,是制约我国经济社会发展的重要因素,也是山丘区贫困的根源所在。正是基于对这一基本国情的深刻认识,长期以来,特别是十一届三中全会以来,党中央、国务院坚持把水土

保持工作作为经济社会可持续发展的一项重大战略举措,全力予以推进。这些年来,小流域治理之所以能取得这样大的成效,其中十分重要的一条就是得益于各级党委、政府对小流域治理工作的重视,把其列入重要议事日程,作为当地经济社会发展的重要组成部分,一任接着一任干,一代接着一代干,一张蓝图给到底。实践证明,凡是重视水土保持,坚持不懈地开展小流域治理的地方,就能取得明显的成效。

2. 必须与区域经济发展紧密结合起来

实践证明,在小流域治理中不能就治理论治理,而要与地方经济发展紧密结合起来,尤其要与区域产业开发结合起来,把生态效益与经济效益统一起来,才能取得理想的效果。这些年来,许多地方正是由于坚持了这一点,才得到群众的拥护,实现了生态建设与经济发展的协调统一,既治山治水,又使农民富起来。总之,在推进小流域治理过程中,必须既注重自然资源的保护和培育,又重视资源的合理开发和利用,把治理水土流失与开发利用水土资源密切结合起来,使小流域的资源优势转化为经济优势,实现三大效益的统一,使群众在治理水土流失、保护生态环境的同时,取得明显的经济效益,做到"治理一方水土,改善一方环境,发展一方经济,富裕一方群众。"

3. 必须彻底摒弃掠夺式的开发利用方式

水土流失区生态之所以恶化,大都是由于实行掠夺式开发,结果不但经济没有搞上去,反而破坏了生态,陷入"越垦越荒、越荒越穷、越穷越垦"的恶性循环。要根治生态恶化,必须由掠夺资源转变为培育资源,按自然生态规律进行综合整治,尤其要恢复林草植被,发展多种经营。实践证明,对自然资源多一份破坏,会带来加倍的灾难;而多一份保护,则会得到几倍的财富。

4. 必须充分发挥政策机制的推动作用

小流域治理是一项规模宏大且非常艰巨的工程,需要大量的资金和劳动投入,关键在于建立适应市场经济运行规律的激励机制,调动群众的积极性。从20世纪80年代初期的户包小流域,到90年代的拍卖"四荒"使用权、股份合作等多种治理形式,正是通过发挥政策推动作用,把个人的经济利益同国家的生态、社会效益统一起来,才有效调动了广大农民和社会各界投入治理的积极性,实现了由被动治理向主动治理的转变。近年来,随着我国经济社会的快速发展,各地又相继涌现了一批工商大户投身水土保持,进行治理开发的局面,这既加快了小流域经济与市场经济的接轨,又极大地促进了城乡经济的融合和发展。

(三)社会评价

25 年来,小流域综合治理这条技术路线,不仅受到了水土流失地区广大干部群众的普遍欢迎,而且得到了社会各界及国内外广大专家学者的广泛认同和高度评价。

1995 年,时任中共中央总书记、国家主席的江泽民同志在考察了甘肃定西县(现定西市)官兴岔小流域综合治理后,高兴地说:"你们搞的小流域综合治理,是条加强农业、脱贫致富的好路子,应该坚持走下去。"1997 年 8 月,时任国务院副总理的姜春云同志,在全国治理水土流失、建设生态农业现场经验交流会上,这样评价小流域治理,他说:"以小流域为单元综合治理,可以合理利用土地,因害设防,各项治理措施科学配置,相互促进,收事半功倍之效。"

1988 年 9 月,全国政协原副主席、中国工程院院士钱正英同志在山西省第二次全省小流域治理工作会议上,对小流域治理高度概括,她讲了两句话,一句是"大有可为",再一句是"贵在坚持"。全国人大环资委原主任委员曲格平同志认为:水土流失是中国头号的生态环境问题,小流域综合治理是中国水土流失防治的成功之路。世界银行原行长沃尔芬森先生在 2004 年 5 月召开的首届全球扶贫大会上,对黄土高原水土保持世行贷款项目的实施予以充分肯定和高度评价,并把黄土高原项目称为世界银行农业项目的"旗帜工程"。他说,该项目通过小流域综合治理,在生态脆弱地区实现了环境改善和群众脱贫,人们用自己的手改变了自身的命运,获得了巨大成功。

小流域综合治理,更是得到了水土流失地区广大农民群众的高度赞誉。通过小流域治理,许多地方的农民开始走上了生态良好、经济发展的新路子。通过调整产业结构,发展经济林果,种植蔬菜、药材等,农民收入成倍增长,小流域成了农民脱贫致富的"聚宝盆",小流域治理工程也因此被群众誉为"德政工程""民心工程"和"致富工程"。

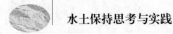

五、小流域综合治理的前景展望

小流域治理在水土流失地区全面建设小康社会、加快推进现代化进程中,具有重要的基础性作用。今后,小流域治理要以水土资源的可持续利用和生态环境的可持续维护为根本目标,在更高层次上进一步推进和加强。

(一)要进一步满足经济社会发展多样化的需求

由于不同地区自然社会条件的差别,也由于不同历史时期小流域综合治理承担的任务不同,因此小流域发挥着多样化的服务功能,不同地区,经济发展水平不同,应采取不同的模式。从目前来看,西部大部分处于江河上游、经济落后地区,小流域仍然承担着减少江河泥沙、改善群众生活条件的任务,在改善生态的同时,要在消除贫困、发展地方经济、全面建设小康社会方面发挥更大的作用。东部经济发达地区和城镇周边,小流域综合治理则应以改善生态为主要目标,增加植被,尽可能为人民提供良好的居住、休闲环境,同时给当地群众带来可观的经济收入。特别要把休闲观光、生态旅游、科技生态园区、水保户外教室、产业化经营等统筹纳入工程建设规划,把小流域建设成为集科技示范、旅游休闲、户外教室、产业基地于一体的多功能基地。在重要饮用水水源地水库库区、湖区上游,小流域综合治理的主要目标是减少泥沙和面源污染,为水源地输送清洁的水。

(二)要进一步大力推进规模化治理

要使小流域综合治理在更大范围发挥作用,就必须进行集中连片、规模化的小流域综合治理,成为中流域乃至大流域的治理。实践证明,按中流域、大流域规划,按项目区组织实施,按小流域为单元设计效果比较好,既坚持了以小流域为单元的综合治理技术路线,又符合现行国家项目管理的要求,同时更好地发挥了小流域在更大范围治理的作用。这些年来,随着国家重点建设项目增加,投入力度加大,集中连片、大规模的治理区不断增加,成了生态建设的示范工程,产生了多方面的效益,使小流域发挥了更大的作用。今后我们要适应大规模生态建设的需要,继续按项目区集中连片开展治理,推动水土流失地区进一步形成适应市场经济条件的规模特色产业,促进当地经济发展。

(三)要进一步创新治理开发的机制

搞好生态、环境治理是各级政府的职责,但是仅仅依靠行政力量是远远不够的,更重要的是发挥市场机制的作用,调动社会各方面的积极性。这些年来,全国各地吸引社会力量参与小流域治理,取得了可喜的成效。但是总的来说,目前小流域治理在体制、机制方面还有不适应之处,有许多制约发展的问题亟待通过体制、机制创新加以解决,在动员组织社会各界和人民群众参与生态治理、保护环境方面,仍有大量的工作要做。今后,要注意克服一些地方存在的重政府投入、轻民间力量的做法,在发挥政府主导作用的同时,进一步充分发挥市场机制的激励作用,聚集更多的民间人力、财力、物力,投入到小流域治理的伟大事业中去。要以水土保持规划统领全局,强化"水保搭台,政府导演,部门唱戏,全社会参与"的运作机制,加快小流域治理步伐。积极探索和逐步建立水土保持生态补偿机制,采取"以工补农""以煤补农""挖黑补绿"等多种形式支持小流域治理,从能源、水资源等收益中提取部分资金,用于上游地区或当地流域治理。

(四)要进一步把人工治理与生态修复有机结合起来

人工治理和生态自我修复都是防治水土流失、促进人与自然和谐相处的重要手段,二者相辅相成、相互联系、不可分割。在小流域治理实践中,必须妥善处理二者的关系,把人工治理与生态修复有机结合起来,小范围实施人工治理,大范围实施封禁保护,依靠二者的合力加快水土流失防治步伐。一方面,充分发动广大群众治山治水,开展人工治理,高效集约利用水土资源,提高土地生产能力;另一方面,充分发挥大自然的力量,依靠生态自我修复能力,改善生态环境。在水土保持规划设计中,既要安排人工治理的措施,也要考虑自我修复的措施。在一个具体的小流域内,要科学合理地划分和安排生产用地和生态用地,对生产用地,应尽可能进行人工治理,集约高效利用;对于生态用地,应尽可能采取生态自我修复,投入小,效果也非常好。从全国来看,要因地制宜,分类指导,突出重点。在水土流失严重、人口资源环境矛盾十分突出的地区,要突出抓好人工治理;而在水土流失程度较轻、人口密度小的地区,则要把生态修复作为主要手段。在点上开展重点治理的同时,在面上要更多地依靠大自然的力量恢复生态。当前,在不断加强人工治理的同时,要把生态修复放在更加突出、重要的位置,切实抓紧抓好。

(五)要进一步提升小流域综合治理水平

小流域治理工作今后要实现新的、更大的发展,必须建成质量高、效益好的精品流域,这就需要紧紧依靠科技进步在更高层次上开展治理,充分发挥科技的支撑作用。针对当前小流域治理工作实际,要从多方面入手提高科技水平。一是要有重点地开展一些重大课题研究,使小流域治理开发的效益能有一个较大的突破。二是要加大实用技术的推广力度,建立和完善水土保持技术服务和推广体系,促进科技成果向现实生产力的转化。三是搞好各类流域示范区建设,发挥其示范、带动作用。四是运用小流域治理的理论指导生产实践,并进一步完善小流域治理的理论体系。五是加速推进小流域的信息化和现代化,不断提升小流域的建设管理水平。

(收录于《小流域综合治理与新农村建设论文集》,2008 年)

扎实推进水土保持
生态清洁小流域建设

一、全国生态清洁小流域建设取得实质性进展

（一）开展生态清洁小流域建设逐步得到社会认同

经过近几年各地积极地探索实践,生态清洁小流域建设取得了明显成效,建设思路越来越清晰,内涵也更加丰富。实践证明,生态清洁小流域建设对于保护水源、改善水质、恢复生态、美化人居环境具有非常重要的作用。一个涵盖了水库和湖泊水土流失面源污染防治、山区防灾减灾、农村"三清四改"(清污、清障、清垃圾,改水、改厕、改路、改环境)等系统工程的生态清洁小流域建设概念基本形成,逐步得到了社会各界包括各级政府的认同。

（二）水保部门主抓这项工作的职责定位基本明确

从近几年的实践来看,生态清洁小流域建设是今后水土保持工作的一个重要发展方向,随着社会经济发展,新时期水土保持工作的内涵必然延伸和深化。改善水质,保护水源,必须以水为主线,才能实现控制水土流失和面源污染、改善生态环境的目的;必须保护和合理利用水土资源,促进生态修复。水土保持具有综合配置措施和统筹协调的行业优势,而生态清洁小流域建设必须采取更加综合的措施、更加有效的协调机制才能奏效,因此生态清洁小流域建设这项工作水保部门应该抓,还要作为重点工作来抓。目前,各地对此职责定位的认识已基本一致,在各级政府的推动支持下,各地水保部门积极开展了生态清洁小流域试点建设工作。

（三）技术路线初步形成,建设管理体系渐趋完善

各地在实践中,因地制宜,各有侧重,探索和总结出了不少各有特

色的做法,逐步形成了多种适应不同区域和需求的生态清洁小流域建设模式,涌现出北京、浙江、广东、江西等一批建设典型。以北京、浙江为代表,形成了以水源污染防治为重点的"溯源治污、分区防治、村庄配套、产业跟进"的清洁小流域技术路线;以广东为代表,形成了以流域防灾减灾为重点的"河沟整治、坡面防护、灾害预警、面源控制"的安全小流域技术路线。

同时,在各级水保部门的努力和政府的重视下,各地"水保搭台,政府主导,部门协作,整合资金,各记其功"的生态清洁小流域共建机制逐步确立,地方财政投入从无到有不断增加,长效运行管理保障机制也逐步成型。

(四)工程实施效果十分明显

以浙江永康市为例,2008 年开始开展生态清洁小流域建设,短短两年时间,取得的经济、生态和社会效益十分明显。杨溪水库水质由三类提升到二类;大力发展当地特色产业,农村产业结构得到调整;结合新农村建设,山水田林路村综合治理,村容村貌焕然一新,河道水体"黑、脏、臭"的状况彻底改变,村庄河道清水长流,村民在河边嬉水、洗衣、散步、垂钓,人水和谐。工作开展较早的北京市,生态清洁小流域建设成效更加明显。2000 ~ 2008 年各项水土保持措施累计减少土壤流失 621 万 t,减少流失总磷 204 t、总氮 621 t、COD_{Mn} 2 989 t,每年减少农村入河入库污水 400 万 t,有效地保护了水源,服务了首都建设。

生态清洁小流域建设在传统水土保持防治建设基本农田、增产增收、减少水土流失的效益目标基础上,增加了水质保护、提高区域防灾减灾能力、改善人居环境等效益目标。和传统水土保持工作相比,生态清洁小流域的生态服务价值进一步提升,提高人民生活质量的效果更加突出。

(五)社会影响力不断扩大

生态清洁小流域建设通过治山、治水、治污、治穷、治乱、治差,凡是工程实施之处,山青、水秀、景美、民富,赢得了广大干部群众的广泛称赞,工程良好的效益也促使各级政府对这项工作的重视度不断提升。如浙江永康市党委、政府、人大、政协四大班子齐抓生态清洁型小流域建设,将其作为新农村建设的重要内容。北京市委、市政府主要领导多次深入京郊考察生态清洁小流域建设,对这项工作给予了充分肯定,市财政在资金政策上给予了大力支持,全市水土保持投入从 2004 年的 5 000 万元增加到了 2009 年的 2.9 亿元,治理补助标准也从每平方千米 25 万元提高到了 50 万元。随着全国 81 条生态清洁小流域试点工程和丹江口库区生态清洁小流域大示范区建设工作的深入推进,以及可预期的国家饮用水水源地保护工作的启动,生态清洁小流域建设工程的社会影响力将进一步扩大,水土保持工作的服务领域将进一步拓宽。

二、各地开展生态清洁小流域建设的主要经验

(一)统筹规划,综合治理

水土保持工作的突出特点和传统优势就是实施综合治理,通过山水田林路的统一规划、综合治理,配合各项工程和非工程措施,最大限度地改善农业生产条件和生态环境。实施生态清洁小流域建设过程中,各地注重发挥水土保持综合治理技术路线优势,突出规划的指导作用,综合多种技术和管理措施,多管齐下,综合实施生态建设、清洁生产、污水处理等系统工程。实践证明,效果良好。

(二)因地制宜,创新建设模式

各地因经济发展程度、自然地理条件不同,需要重点解决的问题也不同,如广东省小流域治理解决的主要是山洪、滑坡、泥石流灾害等安全问题,山地灾害在小流域常有发生,对人民生命财产危害巨大;而以北京、浙江永康市为代表的经济发达地区亟待解决的是水源区面源污染治理和生态环境保护的问题。因此,各地在开展工作时,没有统一照搬某一种治理模式,而是根据自身特点,充分考虑实际需求,因地制宜,各有侧重,创新并形成了北京、浙江的"生态清洁小流域"、广东的"生态安全小流域"等独具特色的技术路线。

(三)强化部门协作

生态清洁小流域建设技术路线综合了水利水保、林业、农业、交通、环保等多部门的工程与非工程措施,工作涉及多部门职能,需要综合多

部门的力量。不少地方将生态清洁小流域建设目标任务纳入各级领导班子和部门的政绩考核内容,明确各相关部门的目标责任,形成了多部门齐抓共管的机制,效果很好。比如浙江永康市专门成立了生态清洁小流域建设工作领导小组,市委、市政府主要领导亲自挂帅,水务、环保、农业、国土、林业、财政等十几个部门负责人为小组成员,强化了生态清洁小流域建设工作跨部门的领导协调。

(四)创新投入机制

针对目前国家没有安排专项资金的实际情况,各地积极进行了多元化投入机制的尝试,积极拓宽筹资渠道,如浙江永康市出台了生态清洁小流域建设相关资金管理办法,各乡镇和中心村污水收集管网建设资金由中央和地方财政扶持、群众自行筹资、生态补偿费用等多种渠道相结合解决。一方面,根据市政府出台的生态补偿相关政策,以生态补偿金解决乡镇污水处理站运行和河道保洁的费用支出。另一方面,政府明确专项资金予以保障,如北京市财政每年从基本建设资金、水资源费和土地出让金中安排生态清洁小流域建设专项资金;浙江省绍兴、宁波等地从供水收入中列支资金划入财政专门账户,专门用于水土保持、生活垃圾处理、生活污水处理、面源污染防治等。这些投入政策的出台,有力地保障了生态清洁小流域建设工作的开展和长效运行。

(五)更新防治理念

各地在开展生态清洁小流域建设工作中,更加注重人与自然和谐的建设理念,保护原生态、恢复自然河流、以人为本以及可持续发展的建设理念贯穿工程建设始终。各地在乡村河道的治理过程中,尽可能保留河道的自然属性,保护原生态植被,并在保障河道行洪排涝的基础上,将农村供水灌溉、人文生态、休闲景观等建设综合进行,保障河道清水长流,村民拥有亲水空间。在筑起一道"入川护水"防线的同时,一座座亲水平台为村民提供了嬉水、休闲、洗衣、垂钓的好去处,形成了一道道亮丽的乡村风景线。

(六)注重科技支撑

各地在生态清洁小流域建设过程中,与高等院校、科研单位及相关技术公司进行了充分合作,在前期规划论证、设计、污水治理、边坡防护、河岸(库滨)带建设、监测评价等环节中运用了大量国际先进技术和新理念,取得了很多研究成果,具有较高的学术研究价值。事实证明,最大限度地利用各方面的人力和技术支持,提升生态清洁小流域建设的科技含量,可达到事半功倍的效果。

三、扎实推进水土保持生态清洁小流域建设

尽管各地在推动生态清洁小流域建设工作中取得了很大进展,但是从经济社会的发展和人民群众提高生活质量的迫切要求来看,还有很大差距,还存在着许多亟待解决的问题。一是国家开展的试点工程整体进展缓慢,部分地区项目进度严重滞后,个别工程实施未体现综合治理特色等;二是不少地区对这项工作的认识还不到位,特别是政府及水保部门的同志重视程度不够,没有下力气、下功夫去抓好这项工作;三是生态清洁小流域建设作为一个新生事物,目前还没有出台明确的建设标准,没有指导工作的建设管理技术规范,治理模式也仍处于各地自行探索阶段,工作开展起来有一定难度。为此,下一步应重点做好以下几方面工作。

(一)进一步提高认识

水利部党组十分重视生态清洁小流域建设,在多次重要会议上都提出明确要求。最近,陈雷部长和刘宁副部长专门对生态清洁小流域建设工作做了重要批示,要求各级水保部门学习借鉴北京和浙江永康市的经验,下大力气抓好这件利国利民的事。各级水保部门要充分认识生态清洁小流域建设工作开展的必要性、重要性,要与时俱进,全面拓展新时期水土保持工作的发展和服务空间,特别是在传统水土流失治理任务较少的东部经济发达地区以及城市化进程迅速的中西部地区,要大力推进这项工作,开创出水土保持工作的新局面。

(二)认真做好规划

规划是做好工作的前提和基础,各地开展生态清洁小流域建设必须制定出一个好的规划,明确目标、任务和建设重点。各省可根据《全国城市饮用水水源地安全保障规划》,对有水源保护任务的湖泊、水库,按照生态清洁小流域综合治理技术路线,制定水源区水土保持规

划,扎实推进生态清洁小流域建设工作。有条件的地区,还应制定区域性的生态清洁小流域建设规划。

(三)继续抓好试点

各省(自治区、直辖市)要重点抓出几个或一批典型,以点带面、逐步展开,要选择需求迫切、工作基础较好的地区,给予适当的资金倾斜,力争用 3 年左右的时间,在城市周边、经济发达地区和水源保护区抓出一批治理效果好、示范作用强、社会各界认可的建设典型,为全面推广打好基础。典型实践成功后,要注意总结成功经验,及时向全省、全国宣传推广。

(四)完善政策措施

开展生态清洁小流域建设必须注重发挥政策的支持、保障作用,在实施工程措施建设的同时,尤其要注重管理政策措施的研究、配套,针对保护生态环境和减少面源污染的要求,制定相应的政策,如生态补偿政策、结构调整、产业鼓励和化肥、农药施用的限制政策等,完善相应的预防调控机制。

(五)强化科技支撑

实施生态清洁小流域的地区要注重科技的支撑作用,密切与高等院校、科研单位合作,在建设管理过程中强化科技支撑指导,依靠科技提高治理水平。同时,抓好水土保持监测等基础建设工作,及时掌握水土流失和水质动态,能够科学反映出治理成效。

(发表于《中国水土保持》2010 年第 1 期)

强化管理 扎实开展
国家水土保持重点工程建设

革命老区大多地处偏远山区,是我国水土流失最为严重的地区,也是贫困程度最深、少数民族人口分布最为集中的区域。水土流失是制约这些区域经济社会发展、群众脱贫致富、实现全面建设小康社会目标的重要因素。全国革命老区土地面积 322 万 km^2,水土流失面积达 105 万 km^2,一些老区县水土流失面积占土地总面积比例高达 90% 。全国 76% 的贫困县和 74% 的贫困人口集中分布在水土流失严重的革命老区。党和国家高度关注革命老区的水土流失问题。1983 年,经国务院批准,财政部和水利部以江西赣南、陕北榆林、山西吕梁等革命老区为重点,开始实施全国八片水土保持重点防治工程(国家水土保持重点建设工程前身)。该工程是我国第一个由中央安排财政专项资金,有计划、有步骤、集中连片,在水土流失严重的贫困革命老区,把水土流失治理与促进群众脱贫致富结合起来,开展水土流失综合治理的水土保持重点工程,已成为我国水土流失治理的成功范例。

一、工程建设成效

30 年来,在各省(自治区、直辖市)各级党委、政府的领导下和水利、财政部门的精心组织下,治理区广大干部群众发扬"自力更生、实干苦干、讲求实效、开拓创新"的精神开展工程建设,累计完成总投资 97.27 亿元,其中中央投资 41.2 亿元,地方配套资金及群众投劳折资 56.07 亿元,群众投劳 10 亿多个工日。共完成综合治理小流域 3 800 多条,初步治理水土流失面积 5.83 万 km^2,建设基本农田 81 万 hm^2,种植经果林 81 万 hm^2,建设小型水利水保工程近 30 万处,巩固和促进陡坡耕地退耕还林还草 66.67 万 hm^2(1 000 多万亩)。工程建设取得了显著成效。

（一）从根本上改变了治理区面貌

一是有效改善了生态环境。经治理的小流域水土流失治理程度一般都达到了 70%，林草植被覆盖率平均提高 24%，减沙率在 40% 以上。生态状况明显好转，抵御自然灾害的能力明显增强。据分析测算，全国已建成的水土流失治理措施年均减沙能力超过 4.2 亿 t。二是有力促进了老区经济社会发展。工程建设立足老区实际，大力发展经济林果和特色产业，有力促进了当地经济社会发展，实现了生态建设与经济发展"双赢"。据统计，通过工程实施，项目区农民人均增收 400 元左右，共有 1 000 多万群众实现了脱贫致富。三是有力促进了老区社会进步。一大批过去封闭、落后、荒凉的穷山村发展成为开放、富裕、秀美的新山村，为革命老区全面建设小康社会创造了条件。

（二）构建了水土流失综合治理科学技术路线

经过多年实践，国家水土保持重点建设工程为全国水土保持工作的开展开创了一条既符合自然规律，又适应我国不同地区经济社会发展水平的水土流失防治之路。这就是预防为主、防治结合；以小流域为单元，山水田林路统一规划，工程措施、生物措施和农业技术措施优化配置；治理与开发相结合，人工治理与自然恢复相结合；政府组织推动和依靠市场机制推动相结合；水土保持行业主抓与部门协作相结合的水土保持技术路线与组织实施方式。这条技术路线强调尊重自然规律和经济社会发展规律，因地制宜，因害设防，形成控制水土流失的综合防护体系，把水土流失治理与促进农民群众脱贫致富和当地经济社会发展结合起来，得到了社会的支持，是一条具有中国特色的水土保持综合防治科学技术路线。

（三）建立了政府引导、群众和社会参与的水土保持工作机制

一方面，工程实施坚持以地方和群众投入为主，中央扶持的投入机制，充分发挥中央资金的引导、带动作用。另一方面，治理区各级政府和广大干部群众把工程建设作为改变当地贫穷落后面貌的一项重要措施和难得的机遇，政府把工程实施作为为群众办实事、办好事的大事来抓，群众把工程实施作为为自己谋利益、谋发展的大事来干，合力推进工程建设顺利实施。同时，在工程实施过程中，注重发挥政策的引导作

用,通过户包、拍卖、租赁、股份合作等形式,充分调动社会力量参与水土流失治理的积极性,全力提高工程建设质量与效益。

(四)树立了我国水土保持生态建设的示范样板

国家水土保持重点建设工程在技术路线、组织实施、建管机制等方面积累了丰富的经验,探索出了黄土高原丘陵沟壑区、南方红壤区等不同类型区的综合治理模式;粮田下川、林草上山,山田窖院兼治,拦蓄排灌结合,建退还封改等小流域综合治理模式;沙棘护坡与固沟、草田轮作、径流调控利用、截堵削固治理崩岗等治理措施模式;果品基地建设、观光旅游、庭院经济、"猪—沼—果"等经济开发模式。建设了一大批综合效益显著的水土保持生态建设示范工程、示范县、示范市,以及水土保持教育基地。2012 年以来,治理区有 6 个县区被授予"国家水土保持生态文明县"称号。

二、工程建设面临的形势

当前,我国经济社会发展进入全面建设小康社会、加快推进社会主义现代化进程的关键时期。党的十八大把生态文明建设放在十分突出的地位,将生态文明建设纳入"五位一体"总体布局,并明确提出切实加强水土流失综合治理是推进生态文明建设的重要内容之一。2012年中央一号文件明确要求"加大国家水土保持重点建设工程实施力度"。2012 年年底,习近平总书记在阜平等地考察时强调,各级党委和政府要把帮助困难群众特别是革命老区、贫困地区的困难群众脱贫致富摆在更加突出位置,各项扶持政策要进一步向革命老区、贫困地区倾斜。国家水土保持重点建设工程经过 30 年的实施,在技术、管理等方面积累了丰富经验,奠定了良好的群众基础。新形势下,在革命老区全面推进国家水土保持重点建设工程面临难得的发展机遇。

虽然国家水土保持重点建设工程的实施对促进革命老区经济社会发展、改善生态环境发挥了重要作用,但仍存在着不少突出问题。

一是工程实施范围有限,治理速度慢。全国共有 1 389 个革命老区县,截至 2012 年开展重点治理的项目县只有 106 个,仅占全国革命老区县总数的 8%。新一期工程的项目县虽扩展到了 279 个,但这也仅占到全国革命老区县总数的20%,绝大多数水土流失严重的革命老区县尚未开展水土流失重点治理。

二是财政资金投入不足,补助标准低。工程实施30年来,累计投入中央资金41.2亿元(第四期工程30.1亿元),远不能满足老区人民治理水土流失的迫切需求。据测算,一般水土流失地区要实现基本治理,投入标准应达到50万元/km² 左右,治理难度大的一些地区则要高达70万~120万元/km²。而工程的中央投资标准长期维持在10万元/km² 左右,第四期工程才增长至20万元/km²,第五期工程也只有28万元/km²。

三是"两工"取消后,群众投劳缺口大。农村税费改革以前,工程建设的投入主要依靠治理区广大群众投工投劳,多数治理区的群众投工投劳一般占到工程总投入的70%~80%,有的地方甚至更高。农村"两工"取消后,虽然采取了"一事一议"、投劳承诺制等办法,但群众投劳仍大幅度减少,以国家补贴为导向、组织农民投工投劳开展水土流失治理的工作机制执行难度加大。加上近年来人工及物价持续快速上涨,资金短缺的矛盾越来越突出,给工程的实施增加了难度,制约了工程进展。

三、全力推进工程建设的举措

水利部、财政部于2013年启动了新一期国家水土保持重点建设工程,实施范围涉及陕甘宁、井冈山、东北抗联等12个革命老区、20个省(自治区、直辖市)、279个县(市、旗、区)。在组织工程建设时,要深刻认识到该项工程对加快革命老区水土流失治理、改善老区民生、促进老区经济发展的重大意义,要从老区群众生产生活实际需求出发,打造精品工程,切实改善老区的生产生活条件和生态环境,千方百计提高老区百姓的收入水平,促进老区走上生产发展、生活富裕、生态良好的良性发展轨道。在推进革命老区水土流失治理工作中,要着力做好以下几方面工作。

(一)加强组织领导

一是实行政府水土保持目标责任制和考核奖惩制度。项目区各级政府要把国家水土保持重点建设工程纳入领导干部目标考核范畴,将工程建设纳入当地国民经济和社会发展计划,及时足额落实地方配套资金,及时研究解决工程实施中存在的问题。二是建立工程建设目标责任制。将目标、任务和责任层层分解落实到每个地市、每个县和项目执行单位,细化到工程建设的每个环节,并明确责任人。三是建立干部包抓负责制。省级水利水保部门要明确每个项目县的包干负责同志,及时掌握工程实施进度,协调解决问题,督促各项措施落到实处。四是要持续发挥政府的推动作用。不能因为负责领导干部的调换影响了工程建设进度和质量,要紧握治理水土流失的接力棒,一任接着一任干,一张蓝图绘到底。

(二)夯实前期工作

一是各级管理部门要严格履行前期工作审批程序,对违反前期工作管理程序的项目坚决不予立项,对前期工作不完善的项目不列入建议计划。二是各级水行政主管部门作为工程实施的主体,要着力搞好工程建设规划设计、技术指导和监督检查。三是省级项目主管部门要做好对县级实施方案的审查审批,确保设计方案符合生产实践,可以指导施工。四是工程实施方案编制单位要深入项目区认真踏查,勘测设计人员要深入山头地块、深入基层实地,因地制宜科学布设各项防治措施。

(三)规范建设管理

各地在工程建设中,一要严格按照《国家水土保持重点建设工程管理办法》的有关规定,认真执行项目责任主体负责制、工程合同制、建设监理制、资金报账制、群众投劳承诺制、工程建设公示制和建后管护责任制等制度。二要加强计划管理,要严格按照规划确定的建设范围安排年度计划,并严格执行。因特殊情况确需调整的,应履行计划变更有关手续。三要加强资金管理,严格执行资金使用管理相关制度,加强监管和审计工作,确保资金使用合理并充分发挥效益。四要完善建后管护。工程建设之前,就要落实管护责任,竣工后,要按照相应制度将成果及时移交管护主体,确保做到治理一片、巩固一片、见效一片。五要加强档案管理。应做到档案管理标准化、规范化,将项目建设前后各个环节、各个阶段形成的材料,按照立项、设计、招标投标、施工、建设管理、财务、竣工等内容,统一收集,统一进行分类整理、保存和装订,做到具体、翔实、齐全。

(四)注重创新机制

一要充分调动各方面积极性,推动形成中央、地方、企业、社会多元化的资金投入格局,多措并举筹集资金,集中力量办大事。二要进一步强化"政府主导、水保搭台、部门唱戏、社会参与"的工作机制,加强财政政策的综合集成,加大项目整合力度,多渠道增加工程建设投入。三要坚持"谁投资、谁所有,谁受益、谁管护"的原则,积极推动承包、拍卖、租赁、股份合作等多种形式的治理开发。四要认真贯彻落实水利部印发的《鼓励和引导民间资本参与水土保持工程建设实施细则》精神,抓紧配套完善有关政策措施,充分发挥民间资本在推进老区水土流失综合治理中的作用。

(五)强化宣传引导

一要发挥新闻媒体的作用。结合水土保持国策宣传,以电视、报纸、网络等传媒宣传水土保持重点建设工程取得的巨大成绩,扩大工程建设的影响与示范、带动作用,宣传水土保持工程在我国生态建设中的主体地位,增强全社会保护水土资源的意识。二要打造精品工程。按照示范工程的标准,有意识打造精品小流域,在工程实施的理念、科技推广应用、产业开发、效益及监测评价等方面集中展示工程建设的成果,反映工程实施所取得的突出成绩。三要加大示范推广力度。认真系统地总结工程实施的好思路、好做法,依托已建成的大示范区和精品小流域,发挥工程的辐射、示范作用。四要加强科技推广。结合各地实际积极推广先进技术,引进优良品种。建立科研单位参与工程建设的机制,加强对水土保持管理与技术人员、项目区农民的技术培训工作。五要搞好效益监测评价。对工程实施效益进行监测,用科学的数据反映水土保持工程的重要作用,以及工程建设所取得的成效。

(发表于《中国水利》2013 年第 18 期)

科学评估　精心打造　扎实推进国家水土保持生态文明工程建设

建设生态文明社会是党的十七大、十八大提出的建设中国特色社会主义的新内容和重大战略任务,水土保持是生态文明建设的重要组成部分和基础工程。长期以来,我国水土保持为改善生态环境、促进地方经济发展、建设生态文明做出了重要贡献。为进一步发挥水土保持在生态文明建设中的作用,2011年,水利部在全国范围内启动了国家水土保持生态文明工程创建活动。两年来,进行了积极的探索和实践,取得了比较好的效果。

一、开展国家水土保持生态文明工程建设的重大意义

(一)建设生态文明社会的需要

党的十七大首次把生态文明写入党代会的政治报告,十八大将生态文明建设放在了更加突出的位置,进一步强调了生态文明建设的地位和作用,要求把生态文明建设融入经济建设、政治建设、文化建设、社会建设的各方面和全过程,纳入社会主义现代化总体布局。加强生态文明建设对水土保持提出了新的、更高的要求,开展国家水土保持生态文明工程建设是更高层次上的水土流失防治,是贯彻中央生态文明建设的有效载体和重要抓手。

(二)贯彻落实科学发展观的需要

水土流失是我国的重大环境问题。水土保持是国土整治、江河治理的根本,是国民经济和社会发展的基础,是我国必须长期坚持的一项基本国策。创建国家水土保持生态文明工程,最根本的就是贯彻落实科学发展观的要求,以人与自然和谐相处的科学理念为指导,综合防治水土流失,实现水土资源有效保护和合理利用,促进经济社会发展与人口资源环境相协调,走生产发展、生活富裕、生态良好的可持续发展之路。

（三）推动水土保持事业发展的需要

经过长期的努力,我国的水土保持工作虽然取得了令人瞩目的成绩,但当前水土流失防治进程与国家生态文明建设的总体目标仍有很大差距,开发建设过程中急功近利、忽视生态保护的现象仍时有发生,水土流失防治理念和模式需要创新,水土保持管理服务水平有待进一步提高。为解决好这些问题并又好又快地推动水土保持生态建设,迫切需要按照科学发展观和建设生态文明社会的新理念、新要求,抓好和树立起一批水土保持生态建设典型与样板,充分发挥其引导、带动作用,全面提升我国水土流失防治水平。开展水土保持生态文明工程创建活动,可以使各地学有样板、干有目标,从而推动整个水土保持生态建设工作高标准、高质量、高效益地开展。

（四）增强全民水土保持生态文明意识的需要

良好的生态环境是经济社会发展的基础,全民的水土保持意识是建设生态文明社会的前提。推进水土保持生态文明工程创建活动,有利于在全社会范围内牢固树立生态文明观念,营造节约资源、保护环境的良好社会氛围;有利于增强广大公众保护水土资源和生态环境的意识;有利于生产建设单位、个人文明施工和提高工程建设质量;有利于形成全社会关心水土保持、支持水土保持、参与水土保持的良好外部环境,从根本上建立起自觉保护水土资源、防治水土流失的长效机制。

二、初步建立了科学的水土保持生态文明工程评价指标体系

（一）评价体系设置的指导思想、原则

以科学发展观为指导,贯彻落实中央建设生态文明社会的新要求,充分发挥水土保持在建设生态文明社会中的引领、带动作用,按照"积极建设、科学评价,成熟一批、命名一批"的工作思路,推进水土保持生态文明工程创建。依据"科学、系统、实用"的原则,制定水土保持生态文明工程指标评价体系。

(二)指标体系的主要内容

1.水土保持生态文明城市评价指标

水土保持生态文明城市评审要求是积极贯彻落实《水土保持法》，有效防治已有和人为新增水土流失，水土保持生态、经济和社会效益显著。评审对象是地级以上城市、直辖市和计划单列市。评审范围是城市规划区，不包括其市辖县、市。评选指标涉及水土保持生态建设、监督执法、防治成效、保障措施四方面的18项内容。水土保持生态建设包括水土保持规划、综合治理、工程质量和科技含量；监督执法包括法规建设、生产建设项目、事件事故、监管、监测等内容；防治成效包括生态效益、经济效益和社会效益；保障措施包括领导重视、工作机构及队伍、协调机制、制度建设、投入机制、宣传教育和引领作用。每项内容由3~5个具体指标控制，根据重要程度按总分100分赋予相应分值。

2.水土保持生态文明县评价指标

水土保持生态文明县评审要求是水土流失防治规模大、措施配置合理、建管机制健全、建设管理规范、综合效益显著，能够集中体现水土保持综合治理特点，具有显著引导、带动作用的水土流失综合防治县。评审对象是县或县级市、区。评审范围是其所辖全部区域。评选指标包含水土保持生态文明城市评选的全部内容，但在水土保持生态建设方面增加了生态修复，在防治成效方面增加了公众参与。

3.生产建设项目水土保持生态文明工程评价指标

生产建设项目水土保持生态文明工程评审要求在建设和运行中，认真履行水土流失防治义务，严格落实水土保持"三同时"制度，水土流失防治效果突出，具有一定建设规模，行业代表性强，社会影响力大，能起引领作用。评审对象是通过省级以上水行政主管部门水土保持设施验收的生产建设项目。评选的指标涉及基础工作、水土保持生态建设开展情况、措施成效和可持续保障四方面。其中，基础工作包括目标明确、领导重视、管理机构健全、责任落实和规章制度等内容；水土保持生态建设开展情况包括水土保持方案、水土保持监测、监理、监督检查、设施验收和补偿费缴纳等方面；措施成效包括扰动土地恢复、水土流失控制、工程质量、生态绿化和示范影响等内容；可持续保障包括后续管护、经费落实和加强提升等内容。

（三）评价制度与方法

水土保持生态文明工程考评工作实行创建单位自愿申报、省级水行政主管部门初评、推荐，水利部组织专家审核、评估、公示、命名相结合的管理制度。其中，申报是创建单位对照水土保持生态文明工程考评标准和实施细则逐条自检，符合标准要求后，以正式文件形式向所在省级水行政主管部门申报。申报材料包括申请报告、水土保持生态建设工作总结报告、自检报告等。推荐是省级水行政主管部门组织有关专家对申报水土保持生态文明工程的工程进行初评。通过初评的，由省级水行政主管部门向水利部提出推荐意见，并附申报材料、专家评审意见。评估工作由水利部水土保持生态文明工程评估专家委员会负责，对省级水行政主管部门推荐的水土保持生态文明工程进行审核。审核包括资格复核、指标复核，审核合格后组织召开评审会议，形成评审意见，通过评审的水土保持生态文明工程由水利部审核合格并向社会公示，公示无异议后，由水利部对水土保持生态文明工程发文命名并授牌。申报、推荐实行属地管理，创建单位应向所在省级水行政主管部门申报；跨省的生产建设项目由上级行业管理部门向水利部申报。

三、国家水土保持生态文明工程的实践与效果

（一）评价总体情况

自 2011 年创建活动开展以来，水利部水土保持生态文明工程评估专家委员会办公室先后协调组织院士、专家完成了河南省洛阳市等 21 个国家水土保持生态文明工程的资格审查和评审工作，其中水土保持生态文明城市 2 个、生态文明县 13 个、生产建设项目水土保持生态文明工程 6 个。同时，制定了《国家水土保持生态文明工程考评办法实施细则》等一系列评估管理办法，为 30 多个创建单位提供了技术指导，协调新闻媒体完成了 20 余个创建活动的宣传工作，提高了生态文明工程创建的科学化、规范化、精细化水平和社会各界的水土保持意识，保障了生态文明工程创建活动健康、有序开展。

(二)主要特点

通过评审的国家水土保持生态文明城市和县具有以下特点:一是领导重视。当地党政机关普遍重视,将水土保持工作纳入国民经济和社会发展规划,并列入重要议事日程,水土流失防治目标明确,几十年如一日,坚持不懈治理水土流失,效果显著。二是基础工作扎实。水土保持机构队伍健全,技术力量强,注重科学规划,管理规范。三是公众水土保持意识强。当地群众对治理水土流失、改善生态环境的要求迫切,社会公众参与程度高,形成了良好的水土保持、生态建设氛围。四是效益突出。通过水土保持生态建设,当地的生产生活条件和生态环境得到显著改善,水土资源得到有效保护和合理利用,治理区特色产业基本形成,农村经济稳定发展,居民收入较大幅度增加,取得了良好的经济效益、社会效益和生态效益。五是经验丰富。在积极开展水土保持生态建设的同时,创新水土保持理念、机制和建设模式,因地制宜,调整产业结构,并将水土流失治理与生态清洁型小流域建设、新农村建设和花园景观城市建设等相结合,积累了许多好经验、好做法。

(三)社会反应及效果

开展全国水土保持生态文明工程建设活动以来,各地创建的积极性很高,主要原因有:一是各地以创建活动为契机,积极将水土保持生态建设与地方发展紧密结合起来,注重科技创新和示范推广,形成了完善的水土流失综合防治体系,提高了防治质量,改善了环境,改变了城乡面貌,提升了城市和工程的品位、形象。创建水土保持生态文明工程,还凝聚了人心,调动了社会力量,增强了当地干部群众建设美好家园、美丽乡村的信心。二是各地将创建国家水土保持生态文明工程作为推动地方生态建设的抓手,以规划为平台,多行业、多部门参加,整合资金,集中力量防治水土流失,改善生态环境,打造精品工程,取得了显著成效。三是各地以创建国家水土保持生态文明工程作为贯彻生态文明社会建设的载体,全面落实生态文明建设和科学发展观,走上了生产发展、生活富裕、生态良好的可持续发展之路,在更高层次上实现了人与自然的和谐。

（四）需要进一步做好的工作

从国家水土保持生态文明工程建设开展近两年的情况来看,仍需做好以下工作:一是创建单位对申报的材料,需进一步总结提炼,丰富内容,突出特色,用数据反映效益。二是上级业务主管部门需要进一步重视这项工作,深入基层,加强指导,精心培育,有计划推进。三是水土保持生态文明工程评价指标需细化,体系有待完善,实施细则和管理办法等制度规范有待逐步健全,评审指标和评审方法有待进一步规范。

四、精心打造,扎实推进国家水土保持生态文明工程建设

（一）适应要求,规范评价制度,完善评价指标体系

一是要按照党的十八大提出的新任务、新要求,充分发挥好生态领域各方面专家的作用,科学评价,全面落实科学发展观,将建设美丽中国与创建国家水土保持生态文明工程紧密联系起来。二是广泛征求有关方面意见,建立完善评审制度和规范评审程序。按照"积极建设、科学评价,成熟一批、命名一批"的工作思路,严格审核把关,确保评审质量。三是按照水利部《关于开展国家水土保持生态文明工程创建活动的通知》要求,建立科学的水土保持生态文明工程评价指标体系,建立完善的创建申报制度,修改完善评价指标,规范审核和评审行为,提供强力技术支撑和咨询服务。

（二）精心打造,有计划推进

一是各省级水行政主管部门要坚持突出重点、分步实施、总体推进的工作思路,按照评审条件分已经具备、基本具备和近期通过努力可以具备 3 个层次对所在省的市、县和生产建设项目进行摸底,制定水土保持生态文明工程创建实施方案,有计划推进。二是创建单位要对该地区水土保持生态文明建设中的先进经验和典型模式认真总结提炼,以便于评估和宣传推广。要依托专家,对国家水土保持生态文明工程进行公正、公平、科学的评估,同时予以技术咨询、指导,进一步提高其质量和水平。三是各流域机构和省级水行政主管部门要支持、鼓励、推动市、县两级水土保持生态文明工程的创建工作,列入工作日程,认真筛选,精心培育,使国家水土保持生态文明工程具有鲜明的水土保持行业

特色和地域特色,在生态文明社会建设中更好地发挥作用。在确保质量的前提下,解决好各地发展不平衡问题,有计划、有目标推进。通过各地努力培育,到 2015 年年底,力争每个省有 3～5 个水土保持生态文明城市和生产建设项目水土保持生态文明工程,并有 3～5 个水土保持生态文明县通过评审。

(三)广泛宣传,扩大社会影响

一是组织中国水利报社、中国水土保持生态建设网和地方媒体参与评审并进行专题和专栏报道,邀请中央主流媒体对有特色的工程进行深入考察报道。二是水利部水土保持生态文明工程评估专家委员会办公室和各级水行政主管部门,要通过多种形式广泛开展水土保持生态文明工程创建工作的宣传,组织参观交流,充分发挥工程的引导、带动、辐射作用,调动一切积极因素,推动水土保持生态文明工程和美丽中国建设的全面开展。

(四)巩固成果,发挥示范作用

一是遵循"自愿申报、省级推荐、评审命名、动态管理"的原则,实施优胜劣汰的动态管理机制,不定期对已命名的生态文明工程进行抽检。二是对创建工作突出的地区和单位,在国家水土保持重点工程立项方面予以优先考虑,在资金安排上给予倾斜。对取得水土保持生态文明工程命名的地区、单位和做出重要贡献的个人,给予重点宣传,并且予以政策支持或资金扶持。三是水利部水土保持生态文明工程评估专家委员会办公室和省级水行政主管部门要进一步做好水土保持生态文明工程的管理和监督工作,组织有关专家对已命名的国家水土保持生态文明工程进行技术指导,使其进一步提升成果品质和发挥引领、带动作用。

(五)充分发挥地方开展水土保持生态文明建设的积极性

水土保持生态文明工程建设的主体在地方,党的十八大进一步突出了生态文明建设,地方党政贯彻中央部署,开展生态文明建设的积极性、主动性空前高涨。水土保持生态文明工程建设涉及多行业、多部门,具有综合功能,是改善生态环境,提高人民生活质量,建设小康社会、美丽乡村、美丽城市的重要抓手。地方水土保持部门要主动当好参谋,顺势而为,发挥优势,积极引导,科学规划,搞好服务,真正把地方开展生态文明建设的积极性调动起来。上级业务部门要在项目上、资金上、政策上、宣传上给予大力支持。

（发表于《中国水土保持》2013年第5期）

总结经验　再接再厉
全力推进"丹治"工程建设

一、丹江口库区及上游水土保持二期工程建设进展与成效

(一)项目总体进展顺利

"丹治"二期工程建设范围扩展到陕西、河南、湖北 3 省 8 个地(市)43 个县(市、区)的 93 个项目区、234 条小流域,已实现丹江口水库水源区县级行政区水土流失治理项目全覆盖。2012 ~ 2014 年,国家共下达项目总投资 18.75 亿元,计划治理水土流失面积 4 683 km^2。前两年已累计完成总投资 11.46 亿元,完成水土流失治理面积 3 112 km^2,分别占同期国家下达总投资和治理任务计划的 91.7% 和 99.7%,2014 年工程正在紧锣密鼓地实施中。目前,国家下达的投资和治理任务规模已达规划投资的 73% 和治理任务的 74%,为如期完成丹江口库区及上游水土保持"十二五"规划目标打下了坚实的基础。

(二)项目建设成效显著

"丹治"二期工程切实改善了库区和上游地区生态环境,减少了水土流失,有效控制了面源污染。据统计,项目区水土流失治理程度已达到 50% 以上,林草覆盖率提高 5% ~ 10%,水源涵养能力稳步提高,土壤侵蚀量显著减少,项目区土壤侵蚀强度已普遍由中度侵蚀下降为轻度侵蚀。通过积极推行生态清洁型小流域建设,有效控制了面源污染,保护了入库水质。同时,"丹治"二期工程建设在总结和传承一期工程建设成功经验的基础上,更加注重将水土流失治理与发展特色产业、提升农村人居环境质量结合,建成了一批规模大、效益好、有持续发展潜力的绿色经济型小流域。如河南西峡县"果沼牧"循环发展小流域,陕西丹凤县桃花谷、西乡县樱桃沟,湖北郧县寨沟生态观光农业示范小流域等,在减少水土流失、有效防控面源污染的同时,解决了项目区农民

的生计和发展问题,在水源区探索出了一条生态环境与经济社会同步促进、同步发展的新路子。

(三)项目示范作用明显

"丹治"二期工程建设了一批精品工程,如河南西峡县通过了水利部"国家水土保持生态文明示范工程"专家评审,陕西丹凤县桃花谷、西乡县樱桃沟、汉滨区三条岭小流域项目区被命名为省级水土保持科技示范园,湖北竹山县石底河小流域成为全县美丽乡村建设的示范典型。这些样板工程为全面推动区域水土保持生态建设提供了经验,树立了典范。

二、主要做法与经验

"丹治"二期工程建设工作得到了各方面认可,在国务院南水北调办组织的两次丹江口库区及上游水土保持"十二五"规划实施情况年度考核中均获得好评。各地在推进实施"丹治"二期工程的过程中,探索、积累了不少成功的做法和经验。

(一)政府发挥好组织协调作用

各级政府高度重视,强化组织领导,将工程实施纳入重要议事日程,从省到县都建立了政府主管领导任组长、相关部门负责人参加的部门联席会议制度,及时研究解决工程实施中存在的问题。建立了水土保持目标考核责任制,省、市、县、乡层层签订目标责任状,严格考核,形成了一级抓一级、层层抓落实的工作局面。

(二)严格规范工程建设管理

一是扎实做好前期工作,严把项目审批关。各项目县均按照项目管理规定要求,委托有相应资质的设计单位编制了年度实施方案,省级均组织了专家进行审查,做好技术把关,审批程序合规。二是严格执行各项管理制度,严把项目组织实施关。各地普遍执行了项目法人制、招投标制、合同管理制、工程监理制、资金报账制、建后管护制和项目公示制。特别是严格资金监管,做到了专户储存、专账核算,严格履行报账程序,由财政部门进行国库集中支付。三是严格项目督察考核,严把项目监管关。在水利部和有关部委组织核查、督察的基础上,三省水土保持主管部门不断加强项目检查和技术指导,深入了解、及时协调解决工程实施中存在的实际问题。多数县水利水保部门抽调了业务骨干,在施工期间蹲点包抓工程质量,实行"旁站式"监督,有效保证了工程建设质量和规范管理。

(三)注重技术创新

"丹治"二期工程建设在秉承以小流域为单元,实施山水田林路综合治理的基本原则下,创新理念,科学设计,采用了三条主要技术路线。一是实施溯源治污,通过坡改梯,营造水保林、经果林,农村污水垃圾收集处理,农村河道整治等一系列措施,对面源污染物进入水体的全过程进行控制,实现了对项目区水土流失和面源污染的有效防控。二是做到效益兼顾,通过大力推进坡改梯和坡面水系工程建设,将水土流失治理与发展生态农业、特色产业紧密结合,兼顾生态效益与经济效益。三是发展循环经济,推广"山上发展经济林、梯边发展生态林、山下发展经果林、配套建设养殖场和沼气池"的建设模式,形成生态农业循环产业链,既治理了水土流失、减少了面源污染,又改善了项目区农民生计。

(四)千方百计调动社会力量参与工程建设

在前期设计阶段,进行广泛的群众意愿调查,主要根据群众需求进行措施选择和布局。在工程施工阶段,对施工技术要求不高的造林种草措施,采取国家补助种苗和材料费,由受益农户实施的方式;对坡改梯、溪沟治理等难度大、投劳多的工程采取受益群众投劳和农民专业队相结合的方式进行施工,这些做法取得了群众的广泛认同,调动了群众参与项目的积极性,加快了工程建设进度。同时,在项目资金筹措方面,积极吸纳民间资本参与工程建设和产业开发,不仅有效弥补了国家投入的不足,而且解决了水土保持工程后期管护难落实的老问题,加快了区域水土流失治理进程。

三、确保完成"丹治"工程"十二五"规划目标任务

在"丹治"二期工程建设取得显著成效的同时,我们也要清醒地认识到,今后的工作任务还很艰巨。根据国务院批复的《丹江口库区及上游地区水污染防治与水土保持"十二五"规划》,2015年是"丹治"二

期工程实施的最后一年,还有 1/4 的规划任务量需要完成,任务很重;同时,通过督察发现工程建设管理环节仍存在一些突出问题,亟待解决。为此,三省各级水利水保部门务必要再接再厉,下大力气,采取有效措施,认真研究解决存在问题,确保实现工程建设目标。

(一)加强组织协调,确保圆满完成规划目标任务

南水北调中线工程作为一项重大的战略性水资源配置工程,是社会各界关注的焦点。水污染治理和水土保持是南水北调中线工程成败的关键,水土保持工作对于丹江口水库水质和上游地区生态环境保护具有不可替代的作用。做好库区及上游水土流失防治,推动中线工程顺利实施和区域经济社会可持续发展,是各级水利水保部门的职责所在。我们要从全局和战略的高度,进一步提高认识,三省水利厅要主动做好省级层面的组织协调工作,积极沟通协调财政、发改等有关部门,加快计划下达和资金拨付,落实好地方配套资金,应该由省级承担的配套资金不要压给市、县。要积极推动出台优惠政策,鼓励和引导社会力量参与工程建设。要落实奖惩机制,对工作滞后、建设管理不规范的项目县要给予处罚,对好的县要进行奖励,以推动项目更好、更快实施。各项目县作为项目实施的责任主体,要继续坚持政府主导推动,进一步做好项目组织,确保"丹治"工程"十二五"规划任务按期完成。

(二)强化建设管理,确保资金使用安全

"把钱用好、把事做好、把人管好"事关工程建设成败。根据督察意见,各地要认真整改,问题多、问题突出的地区要高度重视,对存在问题深入剖析,逐条落实,限期整改。各地要高度重视前期工作,抓好方案编制和省级审核把关、审批环节,确保方案设计科学合理。在整改的基础上,各地要进一步采取措施,切实规范工程建设资金使用及管理,确保资金安全和干部安全。要认真贯彻落实《水土保持工程建设管理廉政风险防控手册》,全面排查关键环节和主要风险点,逐条细化和落实防控措施。要特别注意一些县项目法人和施工单位、设计单位的"同体"情况可能带来廉政风险。要严格执行《水土保持工程建设管理办法》等有关规定和要求,落实项目法人制(或责任主体制)、招投标制、建设监理制、资金报账制、群众投工投劳承诺制、工程建设公示制和

产权确认制等一系列管理制度。特别是要全面落实工程建设公示制，做到项目建设内容、实施主体和资金用途等公开、透明，主动接受群众监督。有条件的地方，要积极推行村民自建，让群众自主参与建设、监督和管理。

（三）加强监管，确保工程效益发挥

各级水利水保部门要认真履职，加强事中、事后监管。长江委要进一步加强技术指导和项目督察，对督察发现的问题要及时指出，督促整改。三省水利厅作为工程管理的责任主体，要进一步强化监管力度，定期开展工作核查，准确掌握各县工程建设情况，发现问题及时整改，对工作基础薄弱的县要进一步加大培训和指导力度。特别是对工程资金管理存在的薄弱环节，要强化监管，主动配合有关部门开展项目稽查和审计。对发现挤占、截留和挪用资金情况的，要移交有关部门，一查到底。各省要针对"丹治"二期工程建设管理工作进行一次全面梳理摸底，查找不足，对下一阶段省级监管工作进行系统谋划。

（四）做好验收，确保工程如期交账

工程验收是项目建设管理的重要环节，也是"丹治"工程"十二五"规划交账的关键环节，从这几年检查的情况来看，各地对验收工作重视程度不够，工作普遍滞后。各省要全面制订验收工作计划，及时组织项目年度验收，并着手"丹治"工程"十二五"规划竣工验收的准备工作。项目验收必须在完成财务决算和审计报告的基础上进行，验收以后要落实好工程管护，抓好项目区监督执法，强化治理成果巩固。同时，各地要及时做好项目实施效益监测工作，充分利用现有监测站点，加强数据采集，长江委要加强指导。对工程建设管理取得的成效经验，各地要及时进行系统总结，广泛利用报纸、电台、电视、网络等新闻媒体加以宣传，在全社会营造支持"丹治"工程建设，自觉防治水土流失、合理开发保护水土资源的良好氛围。

四、编制丹江口库区及上游水土保持"十三五"规划的思路与措施

根据国务院批复的《丹江口库区及上游地区水污染防治与水土保

持规划》，丹江口库区及上游地区应完成水土流失治理面积 3.41 万 km^2，目前已完成水土流失治理面积 1.74 万 km^2，尚有近一半治理任务未完成；同时，受投资标准所限，坡改梯、水保林、经果林等措施比例较低，大部分地区特别是库周淹没县还有大量坡耕地没有得到有效治理，部分坡耕地虽然种植了经济林，但水土保持整地措施的标准较低，水土流失问题没有得到根本解决。根据第一次全国水利普查，丹江口库区及上游地区水土流失仍然较为严重。加上区域内农业生产粗放、大量使用化肥农药的情况还没有得到根本改变，农村生活污水和垃圾收集处理设施普遍缺乏，农业面源污染防治任务很重。因此，在"丹治"二期工程实施结束后，有必要继续开展"丹治"三期工程治理，以进一步巩固和扩大治理成果，确保水质，促进区域经济社会发展。

（一）规划思路和目标

要全面规划、因地制宜、突出重点、注重效益，初步确定"丹治"工程"十三五"规划以减少入库泥沙、控制面源污染、保护水库水质和维系生态系统良性发展为目标，在"丹治"工程"十二五"规划区域内，以三省的库区及上游区域为重点，选取面源污染比较突出、人口聚集的水土流失区，开展以生态清洁型小流域建设为主的重点治理工程。

（二）规划投资规模和标准

初步考虑按照中央资金不低于"丹治"工程"十二五"规划的资金规模设定"丹治"工程"十三五"规划投资。单位面积建设投资标准根据《生态清洁小流域建设技术导则》进行测算，主要措施安排在传统小流域综合治理基础上，将水资源保护、面源污染防治、农村垃圾及污水处理措施纳入进来。

（三）工作组织和时间安排

规划编制拟由长江委牵头，成立规划编制工作组，三省水利厅密切配合，争取在 2015 年 6 月底前基本完成水土保持内容的编制工作，以便衔接纳入《丹江口库区及上游水污染防治和水土保持"十三五"规划》。

（四）规划编制工作要求

一是高度重视，强化组织领导。长江委和三省水利部门要高度重视，把这项工作列入重要议事日程，切实加强组织领导，落实目标责任，组织强有力的工作班子,落实相关工作经费,确保规划编制工作顺利开展。二是尽早谋划,做好调研和资料收集。三省水利部门要尽快启动区域调研和基础资料收集工作,全面掌握规划区域水土流失治理和水土流失动态变化情况,做好工程"十二五"规划评估准备工作。三是集思广益,开展规划思路研究。长江委和三省水利部门要在总结一期、二期工程经验的基础上,抓紧进行规划思路和项目布局研究,并广泛征求项目区干部群众的意见,为科学编制规划和今后顺利实施规划打好基础。

（发表于《中国水土保持》2014 年第 12 期）

规划与监测

总结经验　坚定信心
推进全国水土保持监测工作

一、水土保持监测工作的成效与存在的问题

(一)监测工作取得的显著进展

在水利部党组的领导下,在各级水土保持监测人员乃至全体水土保持工作者的共同努力和社会各界的关怀下,近几年全国水土保持监测工作取得了长足的进展和一系列成果。主要包括以下 5 个方面。

1. 水土保持监测体系逐步完善

水土保持监测机构和技术队伍从无到有,逐渐壮大,人员素质迅速提高,并且聚集了一批优秀人才。目前,已经成立了水利部水土保持监测中心、七大流域机构监测中心站、29 个省级监测总站和 151 个监测分站,共有技术人员 1 500 多人。监测必需的软硬件设备逐步到位,管理制度和技术标准逐步健全。

2. 水土保持监测工作全方位展开

在全国水土保持监测网络和信息系统建设项目的带动下,各地的水土保持常规监测点的实时定位观测全面展开,取得了大量实测数据。各个流域的重点区域和重点水土保持生态建设项目的动态监测全面开展,如长江流域的三峡库区、南水北调水源区(丹江口水库周边)、干热河谷(金沙江)流域的水土流失动态监测,黄河流域的水土流失普查,多沙粗沙区水土保持动态监测和黄土高原淤地坝监测等。这些重点区域和重点工程的监测为水土保持规划、工程设计等提供了科学、准确的基础资料。监测成果需要进行公报(公告)。

3. 水土保持监测科学研究深入开展

在水土流失预测预报模型建立、"3S"技术应用、信息系统开发、设施设备研发方面做了大量工作,取得了大量科技成果。其中,18 项成

果获得省级以上科技进步奖。

4. 国内外合作与交流广泛开展

各级监测机构积极与高等院校、科研单位合作,与水文、国土、农业、林业、环保和中国科学院等部门协作,取长补短,既丰富了监测工作的内容,又提高了监测成果的技术含量。同时,积极参与国际交流与合作。通过世界水土保持方法与技术协作网(WOCAT)、日本国际协力组织项目(JICA)以及国外考察、进修学习等,与世界各国进行水土保持技术和方法交流。

5. 监测成果积极服务于国家决策、生态建设和科学研究

近年来,不同类型区、不同规模的水土流失试验观测设施,生态工程和开发建设项目的动态监测信息,以及大量的水土保持科研成果和信息系统软件等,为科学研究、政府决策和社会公众等多样化的需求提供了技术手段、信息和工具,为水土保持生态建设工程和开发建设项目水土保持设施的设计提供了数据支持,为预防监督和综合治理提供了依据。这些成绩,极大地强化了水土保持职能,拓宽了水土保持工作领域,提高了水土保持的社会影响力。

总结这些成绩,我们有如下几点经验:①监测机构建设是关键。没有机构,就无从谈及人员配备、设备配置、制度建设等一系列水土保持监测体系建设。②监测经费落实是监测工作发展的保障。实践证明,哪个单位的监测经费到位早、到位足,哪个单位的监测工作就能开展起来。只有经费落实,才能夯实基础,才能持续推动监测工作。③规范管理是保证监测工作健康发展的必要措施。监测工作是一项组织管理严谨、技术含量高的工作,有效的管理制度和完善的技术标准对规范工作程序、提高监测成果质量具有十分重要的作用。④持续开展动态监测和信息发布是强化职能、提高影响力的有效途径。动态监测是水土保持工作职能的要求;反过来,也是强化职能的途径。⑤技术研发与创新是监测工作深入开展的原动力。回顾监测工作发展的历程,每一个成果、每一次进步都离不开先进的技术支撑。我们是始终采用同时代的最先进技术,开展水土流失动态监测,实现跨越式发展的。⑥协同研究和联合攻关是突破技术难关、解决重大问题的关键。水土保持监测是

一个跨学科的综合性工作,哪个单位协调能力强、联合本领高,哪个单位就会快出成果、出好成果,就能多快好省地推进监测事业发展。

(二)目前存在的主要问题

近几年来,全国水土保持监测工作虽然发展迅速,但同时也存在一些亟待解决的问题:监测工作制度和技术标准尚不健全,仍不能全面有效地管理全国监测网络,不能很好地指导监测工作。监测技术队伍的素质还不能适应监测工作发展的要求。有些监测机构虽然成立了机构,但技术人员配备不到位,技术力量薄弱;还有些单位的领导,开拓创新不够,推动工作的力度不够,在面向市场、服务政府、自我发展方面能力较弱。监测场点少,测试手段落后,基础设施建设任务十分艰巨,监测和信息管理的技术方法很不成熟,同发达国家相比差距较大,学术交流和技术研讨不够活跃。

二、近期水土保持监测工作的重点与任务

(一)近期工作重点

今后一个时期水土保持监测工作重点包括 4 个方面:加强和完善全国水土保持监测网络和信息系统运行管理制度;深入研究和发展开发建设项目水土保持监测技术和方法;进一步加强水土流失预测评价模型的研究、开发和应用;规范和全面开展水土流失动态监测与公告,为国家生态建设提供决策依据。

(二)近期主要工作任务

1.进一步加强水土保持监测机构能力建设

加快水土保持监测机构的能力建设,就是要根据我国水土保持事业发展战略的总体目标和战略任务,以增强和充分发挥监测在水土保持工作中的基础性作用,提高监测评价、决策支持、公共服务、科技创新和协调发展的能力。当前,要加强和抓好以下 4 个方面的工作:①建立健全水土保持监测机构。成立机构,是全国水土保持监测网络和信息系统建设实施的前提。还没有成立机构的地方,要依据法律规定,进一步加大工作力度,积极争取政府支持,尽快将机构成立起来;已经成立机构的地方,要尽快落实网络建设配套经费,履行职能,开展工作。

②提高技术人员素质。技术培训和集中学习是必需的,但更重要的是在工作实践中不断提高监测人员素质,因为实践可以将书本知识转化为自己的经验。③强化监测基础设施建设。监测场点要科学设计,做到标准规范、有科技含量。不仅要建设好监测场点,而且要维护好监测设施。监测工作的主力是监测机构,同时要注意建设和利用并举,要充分利用水文系统广泛分布的测站,利用治理小流域、开发建设项目的临时监测点,利用科研院所、林业部门、国土部门相关的站点。④加大基础数据库建设和信息系统开发应用。水土保持行政管理、业务管理等工作的数据基本由监测机构提供。为了做好数据支撑工作,各级监测机构在开始工作时就应该把数据库建设好。

2. 加强管理制度建设,促进监测工作规范化

相对于目前监测工作的大好局面和要求,制度建设相对滞后,其中最重要的是水土保持监测公报制度。公报是水土保持工作成效的直接体现,是衡量监测工作的重要指标,各级机构必须定期发布公报,但目前只有十几个省(自治区、直辖市)进行了公报。当然,公报也有一个由简单到复杂逐步发展的过程,工作全面、深入的省份,公报可以比较完整;工作少的,也应该抓紧公报。因为公报不仅是衡量监测工作的指标,也是对监测工作的要求,对监测工作发挥着督促作用。

另外,需要加强以下 4 个方面的制度建设:建立监测数据年报制度,以保证全国监测数据的整编和汇编;严格监测成果审核制度,以保证监测成果的科学性和权威性,保障监测成果依法公报;规范监测工作总结报告制度,以保证全面交流和总结经验,推进监测工作健康持续发展;完善监测网络运行管理制度,共享信息,服务于社会,以保证网络高效有序运行,为水土保持管理提供技术平台。

3. 加大监测投入,多渠道落实水土保持监测经费

各级水土保持部门应将水土保持监测投入纳入工作规划和年度计划,开展对重点地区、重点工程的监测。第一,要尽力争取财政支持。监测网络的良好运行是提升我国水土保持信息化和现代化水平、缩小我国与国际领先水平差距的主要途径。我们必须从现在做起,保障投入,确保监测网络和信息系统这一公益性事业的长效运行和良好发展。

第二,国家重点水土保持生态建设项目要安排监测经费。凡是开展治理项目的区域都应开展监测,都应安排监测经费,保证和推动监测工作的开展。这本身就是生态建设项目的一个内容。第三,要从"规费"中安排监测经费。监测工作是水土保持的基础工作,有利于提高水土保持机构服务于社会的能力。在"规费"中安排监测经费,也符合政策要求。第四,各级水土保持部门在审批开发建设项目水土保持方案时,要严格按照有关规定,明确监测专项费用,保障开发建设项目水土保持监测工作的开展。同时,要积极和科研、教学等单位合作,依靠社会的力量,多渠道增加监测的资金投入。

4. 加强水土保持监测研究,丰富监测内容

监测的区域和对象要紧密配合水土保持工作的发展,为经济社会发展服务。要对综合治理、生态修复、开发建设项目、水源保护地等进行全面监测。监测内容要不断丰富。除了传统的径流、泥沙等,应该对面源污染、农户调查等进行监测,要不断增加监测的广度和深度。要进一步加强监测研究。研究中要避免低水平的重复,要做好统筹协调和前期规划工作,并按照规划坚持不懈地开展工作,力争取得突破性进展。提及研究,必须注意人才问题,尤其是带头人,这是确立研究任务、提高研究能力和保证研究水平的关键因素。建议每个单位都要选专家做科技带头人,以便把监测工作做好。

5. 加强联合,建立多层次、多渠道的协作机制

水土保持监测是技术性强、科技含量高的一项工作,涉及多学科、多部门,也是综合性的边缘学科。因此,水土保持监测要与相关部门和单位紧密结合,充分利用与水土保持内容有关的相关行业监测成果。在试验和推广新技术、新成果,研制开发新仪器、新设备,探索区域水土流失快速监测技术和方法等方面,不断提高水土保持监测的科技含量。首先,要加强与大专院校、科研单位的技术合作与交流。每个监测站点都务必要与教学、研究和技术研发单位建立长期稳定的技术合作关系,邀请科研技术人员进行技术指导,同时监测站点应创造条件成为科研基地。在合作中,要集中力量研究水土流失试验观测和评价分析中迫切需要解决的技术问题,大力推广先进实用技术。其次,要加强同国土

资源、农业、林业、环保和中国科学院等部门的协作,充分利用土地利用、植被覆盖和长期生态站的监测成果,取长补短,丰富水土保持监测的内容。同时,要努力建立数据共享机制,扩大监测成果的运用范围,更好地满足国家生态建设的需求。再次,也是当前最重要的,就是要与水文观测相结合。水文站是按江河流域布设的,站点密度大,控制范围广,积累了长期的水文泥沙观测资料,这些资料对于定量研究水土流失及其防治效益十分重要。水文系统又有一支实力雄厚的技术队伍,基层水土保持监测站点要联合基层水文工作人员,共同开展水土保持监测。同时,要加强国际技术交流,积极参与国际技术合作,引进先进的监测技术,促进我国水土保持监测工作快速发展,尤其是要在预测预报模型、信息技术、监测站网建设和管理运行等方面实现跨越式发展,力争赶上国际先进水平。部级、流域和省级等监测机构都应创造机会,走出去,学习国外先进经验,建立广泛的国际联系,为监测工作的持续健康开展培养真正的技术人才。

(三)增强责任感和紧迫感,做好监测工作

监测工作是一项新工作,监测机构的领导尤其要有饱满的工作热情,要尽快进入角色,成为专家,这样才能有思路、有方法,推动监测工作顺利开展。各级领导要成为发现人才、鼓励人才成长的"伯乐",要创造条件发挥技术人才的作用。

在今后的监测工作中,要注意处理好以下3个关系:①要处理好监测工作与创收的关系,这是主业和副业的关系。创收没错,对监测工作有推动作用,但监测机构的主要任务是为国家宏观决策服务,不能忙了副业、丢了主业,要摆正二者的关系,在做好监测工作的前提下去创收,做到统筹兼顾。②要处理好监测单位与业务主管部门的关系。双方要协调统一,共同促进水土保持事业发展,主管部门要支持监测机构,监测机构要履行好行政职能的延伸使命。③要处理好监测部门与其他部门的关系,要相互学习、取长补短,共同为国家生态建设和生态安全服务。

在日常工作中,要把握好4个尺度:①监测工作要循序渐进,由粗到细,由简单到复杂,不要求全责备,更不能急于求成,要扎扎实实地工作,打好基础。②对监测结果不要追求绝对完整、绝对精确,而是要在

现有的技术、经济和人才条件下做到最好,努力达到相对满意的程度。③监测和研究要多种方式并举,多种模式并用,宏观和微观、传统和先进、定性和定量要根据应用目的、实际条件等确定,技术和方法的规范和统一需要时间,逐步开展,而不能一刀切。④监测成果要以应用为主、以宏观趋势评价为主,方法要实用,避免事倍功半的人财物耗费,要有效使用有限的财物,解决社会关注的现实问题。

（发表于《中国水土保持》2006 年第 1 期）

国土主体功能区划分
与水土保持战略

《中华人民共和国国民经济和社会发展第十一个五年规划纲要》首次提出编制全国主体功能区划，明确主体功能区的范围、功能定位、发展方向和区域政策，将我国国土空间划分为优化开发、重点开发、限制开发和禁止开发 4 类主体功能区。国家将按社会公平、共同发展的原则，制定分类管理的差别化区域政策。国务院办公厅 2006 年印发了《关于开展全国主体功能区划规划编制工作的通知》。根据这一新的功能划分，水土保持也应针对不同功能区的定位，制定相应政策，采取相应对策，抓住不同功能区的机遇和重点，推进水土保持工作。在 2005 年开始的中国水土流失与生态安全综合科学考察中，就国土功能区的水土保持战略对策问题做了调研，笔者就此问题作一探讨。

一、划分全国主体功能区对水土保持工作的意义

主体功能区划是指依据资源环境承载能力、现有开发密度和发展潜力，统筹考虑生态功能和经济社会发展方向，从区域空间开发适宜性的角度，将区域划分为具有特定主体功能定位的不同空间单元的过程。主体功能区的提出，意味着我国区域发展导向的变化，即不再追求区域经济发展的均等化和同步发展，转而追求区域享受的政府提供的公共服务均等化，甚至生活在环境较差区域的人们也应该享受到更高质量的公共服务。构建以主体功能区为基础的区域开发格局，是落实科学发展观的体现，是促进区域协调发展和可持续发展的重要战略举措，也是党的十六届五中全会重大的理论创新及我国"十一五"规划的新亮点。作为一项公益事业，水土保持工作要紧密配合主体功能区划的开发格局，使水土保持功能区划与国土功能区划相结合，主体功能区规划和实施对区域水土保持工作有着重要的现实意义。

（一）有利于提高区域内资源环境承载能力,促进各区域可持续发展

区域的资源环境承载能力是划分主体功能区的主要依据,进行主体功能区划后,不同的主体功能区只能从事与自身的资源环境承载能力相适应的经济活动,这就从根本上避免了资源环境的过度开发,从根本上减少水土流失,有利于促进区域的可持续发展。

（二）有利于促进水土保持措施与区域政策相结合,实现水土保持措施区域化

主体功能区划确定了不同主体功能区经济活动的主要内容和产业选择的基本方向。各级地方政府只能在自己所处的功能区所界定的经济活动内容和产业选择的基本方向的框架内,进行招商引资和产业选择,水土保持措施也要在区域经济活动内容和产业选择的基本方向下进行科学配置。

（三）有利于资源整合,构建合理的地域分工体系

对国土进行主体功能区划,这本身就是一种区域分工。在主体功能区划的同时,规定了不同主体功能区经济活动和产业选择范围,这是区域分工的再次体现。对于水土保持工作来说,国土功能区划能引导人口等生产要素的有序流动,引导产业有序转移,有利于水土保持资源的整合。

（四）有利于缩小各区域水土保持工作发展水平的差距,促进水土保持事业的全面发展

以构建主体功能区为基础的区域开发格局,是在充分考虑资源环境承载能力的基础上,以致力于逐步缩小区域间人均 GDP、人均收入、人均公共服务和生活水平的差异,使城乡和不同区域人民都获得大体均等的就业、住房和教育机会,享有大体相当的公共服务、生活环境和生活水平为目的。根据这个目的,作为公益事业的水土保持工作,在区域开发格局中,应致力于各个区域有大体相当的生活环境水平,这就要求生态环境差的区域要有更好的水土保持政策支持和资金投入,这必然会促进水土保持事业的全面发展。

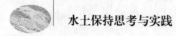

二、不同主体功能区的水土保持战略

按照"主体功能定位调整完善区域政策和绩效评价,规范空间开发秩序,形成合理的空间开发结构"的要求,将4类主体功能区划与水土流失防治、生态环境保护与改善结合起来,推行水土保持事业的再发展。

(一)优化开发区域水土保持政策及考核指标

优化开发区域是指国土开发密度已经较高、资源环境承载能力开始减弱的区域。国家要求这一区域要改变依靠大量占用土地、大量消耗资源和大量排放污染实现经济较快增长的模式,把提高增长质量和效益放在首位。优化开发区域大多是被列为国家、地方的高科技工业园区、重点开发区、试验示范区等。如我国京津地区、长江三角洲经济区、珠江三角洲经济区等,就应属优化开发区域。优化开发区域资源开发和基本建设活动较为密集和频繁,对地表的扰动强度大,重复扰动多,损害原地貌并易造成水土流失,水土保持工作应以预防监督为主,作为水土流失重点监督区实施监管。

根据优化开发区域的产业发展方向,在这些区域的水土保持政策应突出以下几个方面:一要牢固树立节约水土资源、保护生态环境的观念,新上的项目决不能是以水土资源和环境为代价的项目,加强宣传教育,增强开发建设单位和施工建设人员的水土保持意识。二要严格依法行政,强化监管力度,坚决执行水土保持设施和主体工程建设的"三同时"(同时设计、同时施工、同时投产使用)制度,强调水土保持的时效性,措施必须及时到位,对工程实施全过程的水土保持监控,水土保持不合格的不能立项、不能建设、不能验收投产。三要严格落实"谁造成水土流失、谁负责治理"的规定,及时开展恢复性治理,严格控制新的人为造成的水土流失。科学制订防治方案和研究治理措施,有效保护生态环境,对工程建设中的各类开挖面和边坡采取防护措施,弃土弃渣尽可能利用,多余的放置在规定的专门场地并进行拦挡,裸露面恢复林草植被,施工场地进行综合整治,并落实水土保持设施的施工管理、监理、监测工作,建立一批恢复治理示范工程。四要提高防治和恢复标准,按园林化恢复景观,满足优化开发区域对生态和景观的要求。

优化开发区域水土保持的考核指标主要为:水土流失面积逐年减少,水土流失强度低于容许值,未发生大量水土流失及其灾害,没有发生违规建设现象,生态环境质量逐步提高。

(二)重点开发区域水土保持政策及考核指标

重点开发区域是指资源环境承载能力较强、经济和人口集聚条件较好的区域。重点开发区域要充实基础设施,改善投资创业环境,促进产业集群发展,壮大经济规模,加快工业化和城镇化,承接优化开发区域的产业转移,承接限制开发区域和禁止开发区域的人口转移,逐步成为支撑全国经济发展和人口集聚的重要载体。在这一区域,水土保持工作应以监督和治理为主,为重点开发创造良好的资源和环境条件。

重点开发区域的水土保持政策应突出以下几个方面:一是加强监督服务,对不断引入的开发建设项目要提前介入、主动服务,使建设单位、施工单位提前知晓水土保持法律法规的规定,全过程建设中都有水土保持的全程服务,变事后监督为事前服务,不能因为水土保持的监督服务不到位而影响开发建设的进程,否则会影响到其他 3 类功能区向重点开发区域的转移进程,进而制约经济社会的整体和全局发展。二是制定鼓励扶持社会各界投入水土流失治理的相关政策,调动区域内广大群众的积极性,按照"谁治理、谁受益,谁管护、谁受益"的原则,鼓励企业单位、事业单位、民营企业、城乡群众等为水土保持投资、投物、投劳,实行集体、个人、股份、拍卖等多种治理形式,创新水土保持发展模式,明晰产权和使用权。治理成果允许拍卖、承包、继承和转让,为国家和地方大量引入开发建设项目创造良好的自然环境条件和水土资源环境。三是落实管护和持续发展责任,制定管护制度,在治理区设立管护标志,建设管护设施,定期报告管护区情况,严禁随意占用和破坏治理成果。水行政主管部门要加强检查和监督,对破坏治理成果的要依法严厉查处。四是重点开发要与水土流失治理紧密结合,重点开发项目要为当地的水土流失治理、生态环境改善提供资金支持,水土流失治理又为进一步引进开发建设项目提供可持续利用的水土资源、可再生的植被资源,重点开发与水土流失治理相得益彰、相互促进。

重点开发区域水土保持的考核指标主要为:未发生违反水土保持

"三同时"制度的事件,水土流失治理面积逐年增加,管护责任和制度落实,未发生破坏现象,生态环境逐步改善,资源、环境承载力相对稳定。

(三)限制开发区域与禁止开发区域水土保持政策及考核指标

限制开发区域是指资源环境承载能力较弱、大规模集聚经济和人口条件不够好,并关系全国或较大区域范围生态安全的区域。限制开发区域要坚持保护优先、适度开发、点状发展,因地制宜发展资源环境可承载的特色产业,加强生态修复和环境保护,引导超载人口逐步有序转移,逐步成为全国或区域性的重要生态功能区,限制开发区域水土保持工作的重点应以治理和监督为主。

禁止开发区域主要是依法设立的各类自然保护区。要依据法律法规规定和相关规划实行强制性保护,控制人为因素对自然生态的干扰,严禁不符合主体功能定位的开发活动,水土保持工作要以预防、保护为主。

限制开发区域和禁止开发区域的水土保持政策应突出以下几个方面:一是制定管护措施,宜林则林、宜封则封,充分发挥生态自我修复能力,增加生态自我修复的保护范围,搞好局部地区的水土流失治理。二是区域管理应加大保护现有植被的力度,严格限制森林砍伐,禁止毁林毁草开荒,坡度25°以上耕地实施退耕还林、退牧还草,采伐林木必须制定采伐区水土保持措施并由水行政主管部门和林业行政主管部门监督实施。加强对自然风景名胜区和水源保护区的保护。三是坚决制止一切人为破坏行为,减少人为因素对自然生态系统的干扰,未经水行政主管部门批准,不得兴建对地貌破坏较大的大、中型生产建设项目。四是推行以电代柴和以煤代柴,发展沼气,逐步改变燃料结构,发挥林草植被的生态功能。积极开辟自然保护区建设渠道,加强现有自然保护区的管理机构和基础设施建设,提高自然保护区管护能力。五是抓紧在自然生态系统具有代表性、典型性和未受破坏的地区,创建一批新的自然保护区,并严禁建设工业及一切有破坏性的行为。

限制开发区域在绩效评价方面,要突出对生态环境保护的评价,弱化对这些区域的经济增长和工业化、城市化水平的评价。禁止开发区域绩效评价则应围绕减少人为因素对自然生态的干扰,严禁不符合主体功能的开发活动等进行。这时水土保持要作为环境评价的一大因素参与绩效评价。

限制开发区域和禁止开发区域水土保持的考核指标主要为:水土保持生态保护区域修复区面积逐年增加,保护区未发生破坏事件,保护区面积未减少,质量未下降。

三、结语

国土功能区的划分是我国"十一五"规划的重大创新,它的提出必然对全国和区域的经济产生重大影响。中国政府将在 4 大功能区重点支持新农村、公共服务、资源环境、自主创新和基础设施 5 大领域,这将给水土保持工作带来新的机遇。不同国土功能区,其水土保持工作的战略重点也有所不同,本文结合中国水土流失与生态安全综合科学考察和我国水土保持工作的"三区"划分,提出了不同主体功能区的水土保持政策和考核指标,以推进未来我国水土保持事业的持续、稳步发展。

(发表于《中国水土保持科学》2007 年第 2 期)

统一认识　精心组织
扎实做好全国水土保持规划编制工作

　　新中国成立以来,国家高度重视水土保持工作,发动广大群众开展了大规模的水土流失综合治理,取得了举世瞩目的成就,但由于长期不合理的开发利用,水土流失面广量大,防治任务十分艰巨,仍然是当前我国重大的生态环境问题,是制约我国经济社会可持续发展的突出因素。搞好水土保持工作是保护耕地资源、保障国家粮食安全的迫切需要,是保护江河湖库、保障国家防洪安全的迫切需要,是改善民生、促进山丘区全面建设小康社会的迫切需要,是保护生态环境、保障国家生态安全的迫切需要。2011 年中央一号文件和新《中华人民共和国水土保持法》(简称《水土保持法》)都对水土保持生态建设提出了明确要求。为适应新形势、新要求,做好今后一个时期的水土保持工作,实现水土资源的可持续利用和生态环境的有效保护,迫切需要一个综合性、战略性、全局性的水土保持规划。因此,在全国范围内开展水土保持规划编制工作非常必要、非常及时、意义重大。

　　一、重要意义和作用

　　本次规划是新中国成立 60 多年来首次全面系统开展的水土保持综合性规划,意义重大。

　　(一)全国水土保持规划是贯彻落实国家生态文明建设、2011 年中央一号文件及新《水土保持法》要求的重要载体

　　党的十七大明确提出建设生态文明的宏伟目标,党的十七届三中、五中全会就加强生态保护、推进资源节约型和环境友好型社会建设作出了一系列重大部署,其中水土保持是建设生态文明社会的重要内容,也是我国生态建设的重要组成部分。2011 年中央一号文件从重点建设项目安排、资金投入政策倾斜等方面,提出了一系列加快水利、水土保持改革发展的新举措。新《水土保持法》为适应新形势要求,对水土保持预防保护、综合治理及监测监督等作了新的规定。上述中央的战略部署和决策、法律条文的规定都需要通过规划逐步落实。

（二）全国水土保持规划是未来我国水土保持工作的战略安排及发展蓝图

本次规划是在我国几十年水土保持实践的基础上,系统总结成功经验,分析当前形势,预测未来发展趋势,利用已有成果,根据经济社会发展的新要求,对今后水土流失防治的布局、措施作出科学规划。规划编制工作按照统一的技术要求,采取自上而下与自下而上相结合的方式,具有多层次、综合性和前瞻性,是未来20年全国水土保持工作的战略安排和发展蓝图。

（三）全国水土保持规划是今后水土保持工作的权威指导性文件

本次规划编制要广泛征求各方面意见,经过充分的科学论证,依法由国务院及各级人民政府审批,并纳入国家和地方国民经济和社会发展总体计划。规划一经批准,应当严格执行,这是区别于以往规划的一个显著标志。因此,规划具有更强的权威性和指导性,对其他部门的工作也有一定的参照性和约束性。

（四）全国水土保持规划是实现水土流失依法防治和依法监管的重要科学依据

新《水土保持法》规定:实施政府水土保持目标责任考核、国家重点水土保持项目立项、生产建设项目水土保持方案审批和水土保持补偿费征收范围确定等都必须以水土保持规划为依据。这既是新《水土保持法》强化水土流失防治的重要抓手,也是推动新时期水保工作的重点和难点所在。因此,本次规划应根据各地实际,科学确定规划覆盖的范围,为确保新《水土保持法》的顺利实施提供科学依据。

二、规划编制的有利条件及工作基础

我国半个多世纪的水土保持实践积累了丰富经验,这些成功的实践经验有力推动了我国水土保持事业的发展壮大,也为本次全国规划编制工作奠定了良好的基础。

（一）长期水土保持生产实践取得的成功经验和成熟防治模式为规划编制奠定了坚实基础

我国在水土保持生产实践中积累了大量成功经验,针对不同区域的水土流失防治模式不断完善,尤其是以小流域为单元的综合治理、南方坡改梯加坡面水系建设、黄土高原淤地坝建设等治理技术路线日趋成熟。近几年,人为水土流失防治方面的新技术得到了广泛应用,与各地不断涌现的新理念、新机制相互促进、相互融合,使水土保持工作的发展思路和防治体系日臻完善,形成了科学的指导思想和正确的技术路线,为规划编制奠定了基础。

（二）较为完备的技术标准和规划体系为规划编制提供了强有力的技术支撑

目前,我国已颁和在编的水土保持技术标准有 51 项,覆盖前期基础、综合治理、预防监督和监测评价等多个方面,水土保持技术标准体系已初步建立,使规划编制有了可遵循的技术规范、标准。另外,长江、黄河等流域性规划和三峡库区、丹江口库区及上游、东北黑土区等区域性规划以及南方崩岗、珠江上游南北盘江石灰岩地区等专业性规划的编制完成和相继实施为本次规划的编制积累了经验和资料,提供了强有力的技术支撑。

（三）水土保持科技发展为规划编制的科学性和先进性提供了保障

近年来,水土保持科学研究持续深入开展,在重大项目攻关、国家科技创新和"948"科技引进等领域取得了丰硕成果。水利部与中国科学院、中国工程院联合开展的中国水土流失与生态安全综合科学考察的考察成果,基本摸清了我国的水土流失现状,系统总结了水土流失防治成绩与经验,并就存在的问题提出了一系列对策及建议,促进了我国水土保持科技创新,为本次规划编制提供了极富价值的参考,也为规划的实施和验证提供了重要参照。

（四）预防监督工作取得的进展和成效将丰富全国规划的内容

有别于传统的水土保持工作,预防监督是一个新的水土保持工作领域。《水土保持法》颁布施行以来,水土保持预防监督工作得到不断加强,在落实水土保持"三同时"制度、有效控制人为水土流失等方面取得重大进展,特别是在落实监督管理职能、丰富工作内容、深化工作内涵方面有许多创新。新《水土保持法》的颁布实施,进一步推动了预防监督工作的开展,依法强化了监管的权威,有效提升了规划编制的基础及起点,大大丰富了水土保持规划的内容,并为规划的有序实施提供了有力的保障。

(五)水土保持信息化的快速推进为规划编制提供了准确的数据来源和现代化的手段

全国先后开展了一、二期水土保持监测网络和信息系统建设工程,初步建成覆盖各类水土流失类型区的监测站网。国家部署开展了三次全国性的水土流失遥感普查,各流域、各省根据各地实际也分别开展了不同尺度的水土流失调查。目前,正在进行国务院第一次全国水利普查水土保持情况专项普查。不断完善的监测站网和大量的普查成果,显著提升了水土保持信息化水平,其中的重要图件、数据以及在信息化进程中被广泛采用的"3S"及网络技术,都将应用于本次规划数据库及协作平台建设,会大大提高信息共享程度及规划效率。

(六)专业技术队伍和专家学者的广泛参与为规划编制提供了重要的智力保证

我国水土保持事业的迅速发展,造就了一大批专业技术人才。在这次全国规划编制中,一批年富力强、经验丰富的专业技术人才将发挥骨干作用,很多成果丰硕的院士、专家将作为技术咨询组成员发挥指导作用,还会有许多政府部门的领导和社会上关心、支持水土保持事业的人士积极参与到规划编制工作中来。全国有几十所大专院校和科研院所在从事水土保持教育与科研工作,它们也将不同程度地参与到本次规划编制中来。这些都是搞好规划编制工作的智力保证和技术支撑。

三、指导思想及目标任务

本次规划是今后20年我国水土保持工作的发展蓝图和重要指针。

(一)指导思想

全国水土保持规划编制要以科学发展观为统领,按照推进生态文明建设和资源节约型、环境友好型社会建设的要求,根据中央治水方针和水利部党组新的治水思路,以合理开发、利用和保护水土资源为主线,全面总结水土保持的成功经验,对水土保持进行战略性、全局性、前瞻性规划,加强预防保护和监督管理,注重综合治理;处理好水土保持与农村经济发展、资源开发、基础设施建设等的关系,制定与自然条件相适应、与经济社会可持续发展相协调的水土流失防治方略和布局,实现水土资源的可持续利用与生态环境的可持续维护,促进粮食安全、防洪安全、生态安全和饮水安全。

(二)目标任务

按照水利部统一部署要求,按期完成全国水土保持规划及各省级规划,并依法报批。其主要任务有以下几方面。

一是建设规划数据库及协作平台。积极发挥各级水行政主管部门的作用,从全国、流域、省级、市(地、州)级及县级等各个层面收集数据资料,规范数据格式。水利部收集国家级宏观数据资料;省级根据省情研究省级数据库的特点,在全国宏观的基础上进一步完善;市(地、州)级及县级要利用全国及省级数据库,将土地利用、水土流失状况等相关数据纳入数据库,为今后工作创造有利条件。在此数据库基础上,充分利用全国水土保持监测成果建设规划协作平台,实现规划数据的在线采集、在线协同工作、信息共享服务,促进水土保持信息化发展。

二是完成全国水土保持区划。水土保持区划是编制全国水土保持规划的基础,也是本次规划的一个重要创新点。本次水土保持区划计划采用三级分区体系。一级区划分要体现水土流失的自然条件和水土流失成因的区内相对一致性和区间最大差异性,如东北黑土区、北方土石山区、西北黄土高原区等;二级区划分要反映区域特定优势地貌特征、水土流失特点、植被区带分布特征等的区内相对一致性和区间最大差异性,如黄土高原的高塬沟壑区、丘陵沟壑区等;三级区划分是本次区划的最大亮点,要体现区域水土流失特点及水土流失防治需求的区内相对一致性和区间最大差异性,如丹江口库区水源保护区、三江源保护区以及省级特色产业发展区等。区划工作是本次规划的重点,各地要按照《全国水土保持区划导则》的区划依据与准则,定量与定性相结合,依据各地实际,认真做好区划工作。

三是复核划分水土流失重点预防区和重点治理区。按照新《水土保持法》要求,复核划分"两区"是明确水土流失防治重点以及重点项目安排的重要依据,也是本次全国水土保持规划的一项重要工作任务。"两区"的复核划分要在2006年水利部《关于划分国家级水土流失重点防治区的公告》的基础上,依照新《水土保持法》要求,明确划分原则,确定划分指标与程序,制定划分标准,提出划分成果。国家级"两区"划分由水利部组织流域机构开展,水规总院制定导则,流域机构协调各省进行复核划分。各省(自治区、直辖市)在水利部、流域机构的指导下开展省级"两区"复核划分工作。

四是制定未来10~20年总体防治目标和分区防治方略,完成区域布局与规划,提出重点项目规划布局与近期重点工程安排;提出实施进度,测算水土保持投资需求,进行防治效果评价。

五是形成一批支撑规划的研究成果、指标体系及政策措施。对规划编制中涉及的重大技术问题,开展专题研究,形成专题报告,作为规划技术支撑。

四、规划编制工作的要求

全国水土保持规划编制工作任务重、涉及面广、有相当的难度,要按照统一技术标准和要求,分层次、分阶段开展工作。做好本次水保规划编制工作,要切实把握好几个重点、处理好几个关系。

(一)更加注重以新的理念为指导

规划要系统总结长期以来水土保持工作的成功经验、做法和教训,要立足新发展、适应新形势、满足新要求,特别是要按照科学发展观的要求,以新的理念为指导,把人与自然和谐相处、尊重自然规律、保护原生态植被、促进生态自然修复等新的理念吸收进来,充分体现资源节约型、环境友好型社会建设的需要。

(二)更加注重体现新《水土保持法》的要求

新《水土保持法》强化了规划的法律地位,在水土保持预防、治理及监督等方面作出了一系列新规定。规划必须统筹考虑其中的重要条款及制度,充分体现法律的要求。

(三)更加注重发挥科技的支撑作用

随着监测能力的不断提高,科技攻关和科技创新不断深入,水土保持实用技术不断推广,水土保持信息化和现代化水平不断提升,水土保持事业发展基础不断增强。要充分运用这些成果与手段,切实提高规划编制工作的效率与质量。规划编制工作要系统梳理整合,吸收科研成果,进一步发挥科技的支撑作用,使重点项目规划及布局、防治模式及措施设计等在科研成果的基础上做到适度超前。

(四)更加注重吸收机制、体制创新成果

多年来,各地不断创新水土保持机制、体制。例如,探索建立水土保持投融资机制,推动水土保持投入多元化;建立和完善社会办水保的支持激励办法,吸引有实力的企业和个人,调动广大山丘区农民积极参与水保治理开发;探索建立有效的水土保持协调机制,加强部门之间、行业之间的协调与配合;以水电、煤炭、石油、天然气等为重点行业,探索建立国家层面的水土保持补偿机制。这些体制、机制创新的成果是水土保持事业健康发展的重要保障和动力,需要在规划中得以充分体现。

(五)更加注重经济社会发展和人民群众的新需求

规划要从各地不同的社会经济状况和自然资源条件出发,以满足经济社会发展水平和人民群众生活新要求为导向,注重因地制宜,合理规划发展方向、措施布局和治理模式,提出适度超前的建设模式、措施设计。在西部经济条件较落后地区应开展以促进粮食生产、保障粮食安全为主的生态生存型小流域建设;在满足粮食安全的地区应开展与特色产业发展相结合的生态经济型小流域建设;在经济条件较好的东部地区应开展以创造优美人居环境、保障水源水质、提高群众生活质量的生态清洁型小流域建设;在广东省和西南诸省自然灾害危害严重的地区开展以防治滑坡、泥石流为主的生态安全小流域治理。

(六)更加注重处理好规划编制中的几个关系

一是要处理好继承和创新的关系。本次规划既要系统总结、科学归纳以往各地的成功经验和做法,整合协调已有的各项水土保持专项

规划,充分吸纳近 20 年来技术推广示范、科技攻关和科学考察等方面的重要成果,将其推广应用于水土流失防治及生态建设,同时也要针对水土保持工作中面临的突出矛盾、重大战略问题,下大力气做好信息收集、对策研究、方案论证等工作,确保问题得以切实解决,本着继承、完善和创新的原则做好规划编制工作。省级规划还要结合本省实际,认真研究找准规划的创新点。

二是要处理好生态建设与改善民生的关系。规划要更加注重生态建设与社会经济发展的有机结合,防治水土流失、改善生态环境必须遵循以人为本的原则,坚持服务民生;要注重农村生产生活条件的改善,不断满足人民群众新需求,促进农民增收与农村产业结构调整,有效改善人居环境,实现生态与经济建设协调发展。

三是要处理好近期和中长期的关系。本次规划的近期规划水平年为 2020 年,远期规划水平年为 2030 年。应以近期为规划重点,细化各项目标,落实工作任务,提出规划实施进度与近期重点建设项目;中长期规划要根据经济社会发展趋势,提出与之相适应的水土保持发展方向、战略举措和目标任务,为水土资源的可持续利用和经济社会的可持续发展提供支撑。

四是要处理好重点项目与面上治理的关系。本次规划要充分考虑国家和地方财力,坚持重点项目带动与面上治理相结合的方式,以划定的水土流失重点预防区和重点治理区为依据,按先易后难、集中连片、突出重点、分步实施的原则,选择确定重点项目规划的范围及近期实施项目的范围,进行重点项目布局。在规划任务分解时,要依据现有治理水平,适当加快规划治理进度,还要提高投入水平,科学测算重点工程及面上治理占总投入的比重。

五是要处理好与其他规划衔接的关系。本次规划涉及林业、国土、环境、水资源等领域,必须做好与相关规划的衔接工作。在规划防治措施布局时,要注意与林业、国土、环境等行业规划的水土流失治理内容相互衔接、相互补充。例如,黄土高原地区的规划尤其要注意与水资源规划相协调,合理规划防治措施布局,确保与当地水资源承载能力相适应。本次规划要统筹协调好水土保持治理任务及投资。目前,水土保持治理成果主要由国家水土保持治理投资、其他相关部委治理投资、社会力量投入治理和群众投工投劳投入完成的治理面积组成。在规划治理任务分解以及经费测算时,要做好与相关部门及社会投入的衔接与协调,充分体现多行业、多部门协作治理的思路,发挥各方面的作用。

六是要处理好省级规划与全国规划的关系。本次规划在统一的规划技术大纲指导下,既要重视不同层次规划的协调一致性,也要给予各地一定的规划工作空间。全国规划要从实现水土资源可持续利用和经济社会可持续发展的战略高度出发,制定全国水土保持区划方案,拟定总体防治目标及分区防治方略,确定分区水土保持工作与生产发展方向,完成区域布局与规划,提出各区水土保持目标和任务,复核划定水土流失重点预防区和重点治理区。省级规划要以全国水土保持区划方案中的三级区为基础,在分区防治方略和水土保持布局上与全国规划相协调,落实全国规划对区域内水土保持提出的任务和目标要求,在规划内容上要结合各省(自治区、直辖市)的实际情况,突出各地水土保持特点,并指导省级以下规划的开展。

五、扎实做好规划编制工作

水土保持规划编制工作时间紧、任务重、头绪多、难度大,涉及全国七大流域机构、31 个省(自治区、直辖市),以及水利、国土整治、林业、环境保护、生态建设、草原管理等多个领域,需要各级水利部门密切配合、协调统一,才能有效保障规划的顺利开展。各地各级水行政主管部门要高度重视,充分认识其重要性、必要性和紧迫性,把思想和行动统一到水利部的部署上来,认真组织好、开展好本次规划编制工作。

(一)加强领导,落实责任

为切实加强组织领导,水利部成立了由相关部委和流域机构参加的规划编制工作领导小组,负责全国规划的组织协调。其办公室设在水利部水土保持司,具体承担领导小组的日常工作。各省(自治区、直辖市)也要相应成立省级水土保持规划编制工作领导小组,负责省内规划的组织协调,尽快明确规划日常办事机构,确定规划工作人员,落实技术承担单位,抓紧规划编制工作的运行。

（二）制计计划，控制好时间节点

各地在规划编制工作中，要按水利部统一部署要求，结合本省（自治区、直辖市）实际情况，制计详细的工作计划，明确任务和职责，建立规划编制责任制，增强规划编制工作的针对性和可操作性，确保规划编制工作的顺利有序开展，并严格控制和把握规划编制的时间节点，按期完成各阶段工作任务。

（三）加强协作，民主决策

要积极发挥领导小组的协作机制，及时沟通联系，做好与相关部门、相关规划和相关专业的协调衔接工作。领导小组办公室要及时做好规划工作的协调以及与相关部门的沟通和衔接，定期召开会议研究和协调解决工作中遇到的问题。在规划编制工作中，要注重工作节点和阶段性成果总结，对每个工作阶段、每项阶段成果进行审查；充分发挥专家咨询论证的作用，加强对重大技术问题的评估把关；要采取多种形式，广泛听取专家、部门和公众的意见与建议，增加规划编制工作的公开性和透明度，推进科学民主决策。

（四）加强培训，严控质量

负责和承担规划编制工作的有关单位，要严把质量关，确保成果的真实性、完整性、准确性和有效性。在规划编制过程中，要加强各级之间的沟通联系与配合，形成工作合力；根据规划编制工作的实际，开展数据处理、成果评定等相关培训；加强规划数据资料的管理，审查、验收后的阶段性成果要及时归档，保证成果资料的延续、转化和应用。

（五）多方筹措，落实资金

落实规划编制经费是保证规划编制工作顺利开展的基础。这次规划编制经费实行分级负责筹措。全国水土保持规划编制工作经费，由水利部在中央水利前期工作经费中统筹安排；省级水土保持规划编制工作经费，由各省（自治区、直辖市）予以安排。各地要向北京、新疆等地学习，积极与有关部门沟通，多渠道筹措经费，确保规划编制工作顺利开展；要力争将规划编制经费列入财政预算，也可从水土保持补偿费中安排一定资金；在规划编制过程中，一定要加强资金管理，确保资金安全。

（六）加强宣传，推广经验

在规划编制工作中，加强信息宣传和工作交流是整体推动水土保持规划编制工作的有效方法。一是各级部门、相关单位要定期提供规划编制工作信息和编写规划编制工作简报，及时向规划领导小组成员单位和各级人大、政府及有关部门通报进展情况，同时加强交流，大力推广好的经验。二是要充分发挥各种新闻媒体的作用，加强对规划编制工作进展、规划阶段成效和有关成果的宣传，提升规划的社会关注和公众参与度，更好地推动水土保持规划编制工作顺利开展。

（发表于《中国水土保持》2011 年第 9 期）

我国水土保持情况普查及成果运用

　　根据《中华人民共和国水土保持法》的规定,2010 年在第一次全国水利普查中同步开展了我国水土保持情况普查,这也是全国第四次土壤侵蚀普查,历时 3 年,取得了一系列普查成果,进一步摸清了全国水土流失状况和水土保持措施保存等情况,为国家宏观生态建设决策和水土流失防治提供了科学依据。此次普查方法科学、手段先进、组织严密、工作有序、成果可信,对推进水土保持信息化、现代化意义重大。

一、普查方法科学,技术路线正确

　　本次普查无论从方法、手段、获取的资料信息,还是组织方式等,在我国土壤侵蚀普查历史上创造了多个首次。

(一)首次在全国范围运用土壤侵蚀模型计算侵蚀模数,评价侵蚀状况

　　1. 在全国范围内应用通用土壤流失方程计算水力侵蚀模数

　　通用土壤流失方程作为世界上最早的土壤侵蚀预报模型,综合考虑了影响坡面土壤流失的主要因素,所用资料范围广泛,在世界各国被广泛应用。在过去几十年内,我国学者在全国不同侵蚀类型区均进行了通用土壤流失方程的应用研究,并针对各类型区的特点对方程因子的量化方法进行了深入研究。本次土壤侵蚀普查,综合应用基础资料收集整理、野外抽样调查、遥感解译和模型计算等多种技术方法和手段,首次在全国范围内应用通用土壤流失方程,全面考虑气象、土壤、地形、植被、土地利用和水土保持措施等土壤侵蚀的影响因素,计算土壤侵蚀模数,确定土壤侵蚀强度,评价土壤侵蚀分布、面积与强度。

　　2. 全面考虑各种地表形态,应用相应数学模型,计算风力侵蚀模数

　　根据不同的土地利用类型,采用了 3 种模型分别计算耕地、草(灌)地和沙地的风力侵蚀模数,其中,耕地风力侵蚀模型包括风力因

子、表土湿度因子和地表粗糙度因子;草(灌)地风力侵蚀模型包括风力因子、表土湿度因子和植被盖度因子;沙地风力侵蚀模型包括风力因子、表土湿度因子和植被盖度因子。

(二)首次系统开展野外调查,直接获取第一手资料

土壤侵蚀普查结合抽样调查方法,在全国范围内布设 33 966 个野外调查单元,对土壤侵蚀影响因素信息进行实地调查,采集了水力侵蚀和风力侵蚀影响因素的数据。在野外调查单元布设时,根据我国自然环境和土壤侵蚀特点,按照分层抽样确定野外调查单元数量和位置:在水力侵蚀区,以 1% 密度布设水力侵蚀野外调查单元;对于位于平原区、城区或1% 密度抽样数量超过 50 个调查单元的县份,则减少为 0.25% 密度;在新疆和西藏的"一江两河"流域,按 0.25% 密度布设。在风力侵蚀区,以 0.25% 密度布设风力侵蚀野外调查单元。在水力侵蚀与风力侵蚀交错区,按 0.25% 密度布设。共布设了水力侵蚀野外调查单元 32 364 个、风力侵蚀野外调查单元 2 928 个。

野外调查单元的设计与相关信息的采集,不仅保证了可以直接获取第一手资料,而且保证了相关信息的可检查和可检验;不仅能够获得抽样区域的土壤侵蚀模数,而且可以根据国家标准确定侵蚀强度,提高土壤侵蚀普查精度。

(三)首次综合运用了我国资源环境领域近年来最新调查成果

本次普查中,量化计算水力侵蚀和风力侵蚀因子值时,综合运用了我国科研院所和高校的最新研究成果,广泛收集和应用了最新的基础数据。一是首次在全国范围内收集了 2 002 个水文站和 959 个气象站 1980～2009 年或 1981～2010 年连续 30 年的降水数据,以及风力侵蚀区 229 个气象站 1991～2010 年 1～5 月和 10～12 月的逐日四时段的风速风向数据;二是采用了全国最新土壤普查的图件(第二次全国土壤普查,基本比例尺为 1:50 万)和 16 493 个土壤剖面数据;三是采用了全国 1:5 万数字线划图、土壤侵蚀野外调查单元 1:1 万地形图和 2010 年全国 1:10 万土地利用图矢量图;四是应用了多种空间分辨率和光谱分辨率的遥感影像及数据,包括全国 2.5 m 高分辨率遥感影像、2010 年 30 m 分辨率的环境卫星(HJ－1A/1B)地表反射率数据、2005～

2010 年 1 000 m 分辨率的 MODIS 传感器数据、2010 年 Aqua/AMSR – E
亮温数据、AMSR – E 轨道数据、1998 ~ 2010 年 TRMM 3B42 数据集、
1951 ~ 2007 年 APHRO_MA V1003R1 数据。同时,本次普查还采集了
1 065 个最新采样点的土壤理化性质数据。

**(四)首次在严密的组织体系、技术支撑体系和质量控制体系构造
下开展普查**

1. 自上而下,组建了职责明确、协同高效的组织体系

在国务院第一次全国水利普查领导小组的统一部署下,各流域、各
省(自治区、直辖市)和新疆生产建设兵团及基层人民政府均成立普查
机构,组建技术队伍,搭建工作条件与环境。水土保持专项普查工作组
具体负责水土保持情况普查工作,制订了细致的实施方案和进度安排,
及时组织交流、沟通、协调,极大地提高了工作效率。

2. 择优选用,组织了科技力量强的技术队伍

本次水土保持情况普查是历次水土保持相关调查中任务最重、技
术要求最高的一次,从国家到地方的各级普查机构都有科研院所和高
等院校作为技术支撑。北京师范大学、中国科学院水土保持研究所、南
京土壤研究所、成都山地灾害与环境研究所等技术单位具体承担了土
壤侵蚀因子计算分析、土壤侵蚀模数计算、土壤侵蚀强度分析与制图等
工作。开展了 24 个班次的国家级培训工作,培训骨干技术人员 3 000
多人次。省级和县级普查机构也聘请了地方院校作为技术支撑单位,指
导和辅助完成水土保持情况普查的各项工作,其普查技术队伍包括普查
指导员和普查员,均接受了系统的培训,保证了普查工作的顺利进行。

3. 构建起科学的质量控制体系

在普查中,始终将质量作为成果的生命,高度重视,严格把控,对每
个环节都明确了质量标准,落实了质量控制措施,做到全流程管理,分
环节控制;对不同任务,采取相应的质量控制手段,每个阶段质量审核
完成后,均填写了相应的质量审核意见。

本次普查方法的选择、论证和应用过程中,充分吸收了目前我国水
土保持基础科学研究成果,广泛收集了通用土壤侵蚀模型在我国不同
区域应用的研究成果,在各侵蚀因子量化过程中全面吸收了我国长期

以来的科研成果,更新了基础数据,改进了不同侵蚀区各因子的量化计算公式。应用国内近百个小区年观测资料、200 多篇文献资料和科研成果,对本次土壤侵蚀普查的评价成果进行了验证,充分保证了土壤侵蚀普查成果的合理性和可靠性。

二、进一步查清了现状,客观反映多年防治成效

本次普查与前几次普查相比增加了许多新的内容,不仅查清了土壤侵蚀的分布、面积与强度,而且对西北黄土高原区和东北黑土区的侵蚀沟道的数量、分布与面积,以及水土保持措施的面积、数量与分布也进行了普查。

(一)全面查清了土壤侵蚀的分布、面积与强度

土壤侵蚀总面积为 294.91 万 km^2,占普查范围总面积的 31.12%,其中水力侵蚀面积 129.32 万 km^2、风力侵蚀面积 165.59 万 km^2。

(1)在水力侵蚀面积中,轻度、中度、强烈、极强烈和剧烈侵蚀的面积分别为 66.76 万 km^2、35.14 万 km^2、16.87 万 km^2、7.63 万 km^2 和 2.92 万 km^2,所占比例分别为 51.62%、27.18%、13.04%、5.90% 和 2.26%。山西、重庆、陕西、贵州、辽宁、云南和宁夏 7 个省(自治区、直辖市)的侵蚀面积超过辖区面积的 25%。

(2)在风力侵蚀面积中,轻度、中度、强烈、极强烈和剧烈侵蚀的面积分别为 71.60 万 km^2、21.74 万 km^2、21.82 万 km^2、22.04 万 km^2、28.39 万 km^2,所占比例分别为 43.24%、13.13%、13.17%、13.31% 和 17.15%。新疆、内蒙古、青海和甘肃 4 个省(自治区)的风力侵蚀面积较大,占风力侵蚀总面积的比例分别为 48.18%、31.80%、7.60% 和 7.55%。

(二)全面查清了侵蚀沟道的数量、面积与分布

在西北黄土高原区的高塬沟壑区、丘陵沟壑区,共有侵蚀沟道 666 719 条,总长度为 56.33 万 km,总面积为 1 872.15 万 hm^2。其中,甘肃省侵蚀沟道数量最多,占区域侵蚀沟道总数量的 40.26%;其次为陕西省,占 21.13%。侵蚀沟道面积与数量基本一致,甘肃省和陕西省的面积较大,侵蚀沟道面积占区域侵蚀沟道总面积的比例分别达到

28.90% 和 23.95%。

在东北黑土区,共有侵蚀沟道 295 663 条,总长度为 19.55 万 km,总面积 36.48 万 hm²。其中,发展沟 262 177 条,占区域侵蚀沟道总数量的 88.7%,面积 30.36 万 hm²,占区域侵蚀沟道总面积的 83.2%;稳定沟 33 486 条,占区域侵蚀沟道总数量的 11.3%,面积 6.12 万 hm²,占区域侵蚀沟道总面积的 16.8%。黑龙江省侵蚀沟道的数量最多,占区域侵蚀沟道总数量的 39.08%;内蒙古自治区侵蚀沟道的面积最大,占区域侵蚀沟道总面积的 58.85%。

(三)首次普查水土保持措施面积、数量和分布

(1)水土保持措施面积。水土保持措施总面积为 99.16 万 km²,包含工程措施 20.03 万 km²(其中梯田 17.01 万 km²)、植物措施 77.85 万 km²、其他措施 1.28 万 km²。全国的水土保持措施主要分布在河北、山西、内蒙古、辽宁、江西、湖北、四川、贵州、云南、陕西、甘肃 11 个省(自治区),占全国水土保持措施面积的 67.91%,每个省份的水土保持措施面积均大于 4 万 km²,其中内蒙古、四川、云南、陕西和甘肃 5 个省(自治区)的措施面积大于 6 万 km²。

(2)淤地坝数量。淤地坝共有 58 446 座,淤地面积 927.57 km²,其中库容在 50 万~500 万 m³ 的治沟骨干工程 5 655 座、总库容 57.01 亿 m³。淤地坝和治沟骨干工程数量陕西省最多,其次是山西省,2 省的数量分别达到 51 259 座和 3 654 座,分别占淤地坝、治沟骨干工程总数量的 87.70% 和 64.61%。

(四)普查结果客观反映了多年防治成效

本次普查无论从土壤侵蚀面积减少情况看,还是从水土保持措施保存情况看,其结果和定性结论基本吻合,客观地反映了多年来我国水土流失防治取得的显著成效。

1. 土壤侵蚀面积有较大幅度下降

本次普查土壤侵蚀面积与公布的第二次全国土壤侵蚀遥感调查(简称第二次遥感调查)的 355.55 万 km² 相比,减少 60.64 万 km²,减少了 17.06%。

水力侵蚀面积与第二次遥感调查的水力侵蚀面积 164.88 万 km²

相比,减少 35.56 万 km^2,减少了 21.56%。其中,轻度、中度侵蚀面积减少明显,分别减少了 19.62%、36.67%,强烈侵蚀面积有所减少,减少了 5.38%,极强烈和剧烈侵蚀面积略有增加,主要来自未治理陡坡耕地、开发建设项目用地和未利用裸露土地。

风力侵蚀面积与第二次遥感调查的风力侵蚀面积 190.67 万 km^2 相比,减少 25.08 万 km^2,减少了 13.15%。其中,轻度、中度、强烈、极强烈和剧烈面积分别减少了 9.17%、13.46%、12.02%、18.40% 和 18.70%。

2. 国家重点治理地区土壤侵蚀面积下降幅度尤其明显

黄土高原地区的陕西、宁夏、山西和甘肃等省(自治区)水力侵蚀面积减少显著,水力侵蚀面积占各省份行政面积的比例由 29.5% ~ 59.3% 降为 17.87% ~ 44.85%。西南土石山区的重庆、贵州、四川和云南等省(直辖市)侵蚀面积占各省份行政面积的比例由 37.2% ~ 63.2% 降为 23.54% ~ 38.07%。

3. 水土保持措施保存情况总体良好

全国现有水土保持措施保存面积相比《2011 年中国水利统计年鉴》中累计措施面积 109.66 万 km^2 少了 10.80 万 km^2,相差 9.85%。减少的主要原因为:一是年鉴数据为多年措施面积逐年累加的数据,统计时要核减当年未成活的林木;二是受地震、洪涝等自然灾害影响,损毁了部分水土保持措施;三是生产建设项目占用、破坏的水土保持设施。应该说,近年来新实施的水土保持措施面积保存率比较高,得益于依法管护和全社会生态保护意识的增强。

三、切实应用好普查成果,指导实际工作

(一)我国水土流失依然严重,仍需突出重点加快治理

一方面,从本次普查结果看,虽然经过多年治理,水土流失面积大幅度减少,强度等级下降,成效显著,但也应该看到防治任务仍然十分艰巨,全国仍有 294.91 万 km^2 水土流失面积,尤其在人口密度相对大的水力侵蚀地区,水蚀面积仍有 129.32 万 km^2,按现有治理速度仍需 20 多年,这与 2020 年全面建成小康社会差距较大。另一方面,从水土

流失分布的情况来看,严重地区仍然在长江上中游、黄河中上游、东北黑土区和西南溶岩区等地区,这些区域今后一段时期仍然是我国水土保持生态建设的重点区域,要继续实施退耕还林、生态移民和国家水土保持重点建设工程等一系列国家重大生态建设工程。在治理水土流失的同时,大力发展当地特色产业,促进群众脱贫致富,统筹解决好这一区域的民生问题和生态问题。

(二)继续推进大面积的生态修复

本次普查结果也显示,风力侵蚀主要分布在西北地区的江河源区、内陆河流域下游及绿洲边缘、草原、重要水源区、长城沿线风沙源区等区域。这些地区相对地广人稀,利用大自然的力量促进生态自我修复,已被实践证明是一个十分成功、有效的方法,可以实现快速、大面积、费省效宏的防治水土流失目的。要继续实行封育保护政策,把人工治理同自然修复有机结合起来,以小范围的人工治理促进大面积的植被恢复。

(三)在人口密集的水蚀地区继续加大坡耕地和沟道综合治理力度

普查结果表明,强度以上水蚀侵蚀区主要分布在人口密度大、坡耕地比较集中的地区,尤以西部地区为主,是水土流失的重点区域。长期以来,坡耕地生产方式粗放、广种薄收、陡坡开荒、破坏植被问题相当严重,造成土地退化,不仅是制约流失区经济社会发展的突出瓶颈,而且淤积下游江河湖库,降低水利设施调蓄功能和天然河道泄流能力,影响水利设施效益的发挥,加剧了洪涝灾害。因此,在这些地区实施坡耕地水土流失综合治理,搞好坡改梯及其配套工程建设,能够有效阻缓坡面径流,减轻水土流失,保护土地资源。在黄土高原和东北黑土区,沟道侵蚀严重,必须加大沟道综合治理力度,采用植物措施和工程措施相结合,是减少沟道泥沙下泄的有效措施。

(四)工矿集中地区要严控人为水土流失

剧烈侵蚀主要分布在工矿比较集中的区域,生产建设活动弃土弃渣,人为水土流失严重,要认真贯彻《中华人民共和国水土保持法》确定的"预防为主、保护优先"的方针,资源相对集中的大规模开发区应当有区域水土保持规划,或在有关规划中有水土保持内容,明确水土保持任务措施。要严格执行生产建设项目水土保持"三同时"制度,没有水土保持方案的项目不能立项,没有验收的项目不能投产使用,造成水土流失的要尽快采取措施恢复植被。

(五)在东部地区和城镇周边大力推进生态清洁型小流域建设

东部地区水土流失轻微,经济相对发达,人民群众对生态环境和水质的要求不断提高,水土保持必须以提高人民生活质量为目标,以建设生态清洁型小流域为抓手。在东部地区、重要水源区和城镇周边大力推进生态清洁型小流域建设,将水土流失治理作为建设生态文明社会、改善生产环境、推进社会主义新农村建设的重要内容,努力实现天蓝、水清、景美、人富的生态文明新目标。

(六)建设数据库,服务规划和生产实际,促进信息化建设

要充分利用好全国第四次土壤侵蚀普查和水土保持措施等情况普查成果,建立各级水土保持基础数据库,深入分析各地的水土流失消长情况,围绕全国、流域和区域关注的重大问题,科学规划,明确目标和防治重点,提出相应对策措施指导各地生产实际,以此次普查成果为基础,认真落实《全国水土保持信息化规划》确定的任务,全力推进我国水土保持信息化、现代化。

(发表于《中国水土保持科学》2013 年第 2 期)

全国水土保持规划成果及应用

根据新颁布的《中华人民共和国水土保持法》(简称《水土保持法》)规定,2011年,水利部会同相关部委组织开展了全国水土保持规划工作,历时三年,编制完成了一个全面、系统、科学、高质量的规划。为贯彻国家生态文明建设战略部署,促进水土保持事业健康发展奠定了坚实的基础,使我国水土保持改革、发展的顶层设计迈上了一个新台阶。

一、全国水土保持规划的主要成果

(一)首次完成了全国水土保持区划

开展全国水土保持规划,必须以水土保持区划为基础,才能做到因地制宜,分区防治。我国区域自然条件和社会经济条件差异大,水土流失分布范围广、形式多样、强度不等、程度不一,且经济发展不平衡,导致区域水土资源开发、利用、保护的需求不尽相同,为了科学合理地确定水土流失防治分区布局,首次系统开展了全国水土保持区划。

水土保持区划是在考虑自然地理环境综合特征的基础上,依据水土流失类型、强度和危害,以及水土流失治理方法的区域相似性和区间差异性进行的水土保持区域划分,同时也是一项明确分区相应的生产发展方向和水土流失防治措施布局的工作。

1. 确定了三级分区名称

全国水土保持区划规范了各级分区命名。在继承已有传统命名的基础上,体现区域所处的地理空间位置、优势地貌特征和水土保持功能,同级区命名基本保持一致,采用多段式命名法,文字要求简明扼要。

一级区命名采用"大尺度区位或自然地理单元+优势地面组成物质或岩性"的方式命名。根据区划范围,基本继承了长期在水土保持工作中应用的名称,如东北黑土区、北方土石山区、西北黄土高原区、北方风沙区、南方红壤区、青藏高原区。另外,根据区域水土流失主要影响因素特点,创新命名了西南岩溶区、西南紫色土区。

二级区命名主要体现区域地理位置和优势地貌,采用"区域地理位置(区位、特定地理名称)+优势地貌类型"的方式命名,如大兴安岭东南山地丘陵区、南岭山地丘陵区。

三级区的命名除体现区域地理位置和地貌类型外,还创新加入了水土保持主导基础功能,体现区域水土流失综合防治方向。如燕山山地丘陵水源涵养生态维护区、四川盆地南部中低丘土壤保持区。

2. 明确了三级区划定位

全国水土保持区划采用三级分区体系,一级区为总体格局区,确定全国水土保持工作战略部署与水土流失防治方略,反映水土资源保护、开发和合理利用的总体格局,体现水土流失的自然条件及水土流失成因的区内相对一致性和区间最大差异性,如西北黄土高原区、东北黑土区、南方红壤区等都属于一级区。二级区为区域协调区,协调跨流域、跨省区的重大区域性规划目标、任务及重点,反映区域特征优势地貌特征、水土流失特点、植被区带分布特征等的区内相对一致性和区间最大差异性,如晋陕蒙丘陵沟壑区、晋陕甘高原沟壑区等都属于二级区。三级区为基本功能区,确定水土流失防治途径及技术体系,作为重点项目布局与规划的基础,反映区域水土流失及其防治需求的区内相对一致性和区间最大差异性,如丹江口水库周边山地丘陵水质维护保土区、三江黄河源山地生态维护水源涵养区等都属于三级区。

3. 建立了区划指标体系

为科学合理进行区划,从自然条件、水土流失、土地利用和社会经济等影响因子或要素中,选择建立了三级区划的指标体系。

一级区:主要依据我国大的地理单元和气候带确定大尺度空间的分异。选择海拔、大于等于 10 ℃积温、年均降水量和水土流失成因作为一级区划分的主导指标,干燥度为辅助指标。

二级区:在一级区中,以特征优势地貌类型和若干次要地貌类型的组合、海拔、水土流失类型及强度、植被类型为主要分区指标,配以土壤类型、水热指标为辅助指标。

三级区:根据二级区的区域特点,从地貌特征指标(海拔、相对高差、特征地貌等)、社会经济发展状况特征指标(人口密度、人均纯收入等)、土地利用特征指标(耕垦指数、林草覆盖率等)、土壤侵蚀强度指标中选择主导指标,配以土壤类型、水热指标等辅助指标,每个二级区下三级区的划分保持指标一致性。

4. 全国水土保持区划成果

全国水土保持区划共划分了 8 个一级区、41 个二级区、117 个三级区。其中,东北黑土区,共划分为 6 个二级区、9 个三级区;北方风沙区,共划分为 4 个二级区、12 个三级区;北方土石山区,共划分为 6 个二级区、16 个三级区;西北黄土高原区,共划分为 5 个二级区、15 个三级区;南方红壤区,共划分为 9 个二级区、32 个三级区;西南紫色土区,共划分为 3 个二级区、10 个三级区;西南岩溶区,共划分为 3 个二级区、11 个三级区;青藏高原区,共划分为 5 个二级区、12 个三级区。

(二)依法划分水土流失重点预防区和重点治理区

划分水土流失重点预防区和重点治理区(简称"两区"),是一项十分重要的基础性工作,是依法开展水土保持社会化管理的重要依据,是指导我国水土保持工作的技术支撑。抓好"两区"的水土保持工作,就抓住了全国水土流失防治的重点,对于推动面上工作意义重大。

规划中"两区"划分是根据全国第一次水利普查成果,继承了原"三区"划分成果,按区划一级区特点制定相应的"两区"划分条件和指标体系,采取定性分析与定量分析相结合的方法,提出复核划分成果。

1. "两区"的涵义与原来"三区"的区别

根据新颁布的《水土保持法》,对水土流失潜在危险较大的区域,应当划定为水土流失重点预防区;对水土流失严重的区域,应当划定为水土流失重点治理区。

与原国家级水土流失重点防治区(原"三区"划分)相比,"两区"中取消了原来"三区"的重点监督区,将重点预防保护区改为重点预防区,突出了水土流失的预防和治理,抓住了水土流失发生和治理的主要矛盾。

2."两区"划分原则

规划中"两区"划分确定了以下原则。

一是统筹考虑水土流失现状和防治需求。国家级"两区"以水土流失调查为基础,立足于技术经济的合理性和可行性,与国家和区域水土流失防治需求相协调,统筹考虑水土流失潜在危险性、严重性进行划分。

二是与已有成果和规划相协调。国家级"两区"划分要充分继承原"三区"划分成果,借鉴全国主体功能区规划等成果,与已批复实施的水土保持综合和专项规划相协调,保持水土流失重点防治工作的延续性。

三是集中连片。为便于水土保持管理,发挥水土流失防治整体效果,国家级"两区"划分应集中连片,并具有相应规模。

四是定性分析与定量分析相结合。国家级"两区"划分应采取定性分析与定量分析相结合的方法。

3."两区"划分成果

共划分了国家级水土流失重点预防区 23 个,涉及 460 个县级行政单位,县域面积 334.4 万 km^2,重点预防面积 43.92 万 km^2;国家级水土流失重点治理区 17 个,涉及 631 个县级行政单位,县域面积 163.3 万 km^2,重点治理面积 49.44 万 km^2。复核划分充分体现了"重点"二字,国家级"两区"重点预防和重点治理面积之和占国土总面积的 10% 左右,重点治理面积约占全国水土流失面积的 17%。

(三)明确了未来水土保持发展目标、布局及重点

1. 近期和中远期水土保持发展的目标、任务

规划确定近期到 2020 年,基本建成与我国经济社会发展相适应的水土流失综合防治体系,基本实现预防保护,重点防治地区的水土流失得到有效治理,生态进一步趋向好转。全国新增水土流失治理面积 32 万 km^2,其中新增水蚀治理面积 29 万 km^2,风蚀面积逐步减少,水土流失面积和侵蚀强度有所下降,人为水土流失得到有效控制;林草植被得到有效保护与恢复;输入江河湖库的泥沙有效减少,新增年减少土壤流失量 8 亿 t。

中远期到 2030 年,建成与我国经济社会发展相适应的水土流失综

合防治体系,实现全面预防保护,重点防治地区的水土流失得到全面治理,生态实现良性循环。全国新增水土流失治理面积 94 万 km²,其中新增水蚀治理面积 86 万 km²,中度及以上侵蚀面积大幅减少,风蚀面积有效削减,人为水土流失得到全面防治;林草植被得到保护与恢复,林草覆盖面积明显增加;新增年减少土壤流失量 15 亿 t,输入江河湖库的泥沙大幅减少。

2. 水土保持总体方略和区域布局

(1)总体方略。以防治水土流失,保护与合理利用水土资源,改善农业生产和农村生活条件,改善生态和人居环境,建设生态文明为根本出发点,根据水土保持需求分析,按照规划的水土保持目标,以国家主体功能区规划为重要依据,综合分析水土流失现状、水土保持功能的维护和提高、水土保持现状和发展趋势,规划提出全国水土保持总体方略和"六带六片"水土流失防治战略空间格局。

预防:保护林草植被和治理成果,强化生产建设活动和项目水土保持管理,实施封育保护,促进自然修复,全面预防水土流失。重点构建"六带"预防战略空间格局,即大兴安岭—长白山—燕山水源涵养预防带、北方边疆防沙生态维护预防带、昆仑山—祁连山水源涵养预防带、秦岭—大别山—天目山水源涵养生态维护预防带、武陵山—南岭生态维护水源涵养预防带、青藏高原水源涵养生态维护预防带。

治理:在水土流失地区,开展以小流域为单元的山水田林路综合治理,加强坡耕地、侵蚀沟及崩岗的综合整治。重点构建"六片"治理战略空间格局,即东北黑土治理片、北方土石山治理片、西北黄土高原治理片、西南紫色土治理片、南方红壤治理片、西南岩溶治理片。

监管:建立健全综合监管体系,创新体制机制,强化水土保持动态监测与预警,实现水土保持信息化,建立和完善水土保持社会化服务体系,提升水土保持公共服务水平。

(2)区域布局。以全国水土保持区划为基础,提出水土保持区域布局。

东北黑土区以漫川漫岗区的坡耕地和侵蚀沟治理为重点。加强农田水土保持工作,农林镶嵌区的退耕还林还草和农田防护、西部地区风力侵蚀防治,强化自然保护区、天然林保护区、重要水源地的预防和监督管理,构筑大兴安岭—长白山—燕山水源涵养预防带。

北方风沙区主要是加强预防,防治草场沙化退化,构建北方边疆防沙生态维护预防带;保护和修复山地森林植被,提高水源涵养能力,维护江河源头区生态安全,构筑昆仑山—祁连山水源涵养预防带;综合防治农牧交错地带水土流失,建立绿洲防风固沙体系,加强能源矿产开发的监督管理。

北方土石山区以保护和建设山地森林植被,提高河流上游水源涵养能力为重点,维护饮用水水源地水质安全,构筑大兴安岭—长白山—燕山水源涵养预防带;加强山丘区小流域综合治理、微丘岗地及平原沙土区农田水土保持工作,改善农村生产生活条件;全面加强生产建设活动和项目水土保持监督管理。

西北黄土高原区主要是实施小流域综合治理,建设以梯田和淤地坝为核心的拦沙减沙体系,发展农业特色产业,保障黄河下游安全;巩固退耕还林还草成果,保护和建设林草植被,防风固沙,控制沙漠南移。

南方红壤区主要是加强山丘区坡耕地改造及坡面水系工程配套,控制林下水土流失,开展微丘岗地缓坡地带的农田水土保持工作,实施侵蚀劣地和崩岗治理,发展特色产业;保护和建设森林植被,提高水源涵养能力,构筑秦岭—大别山—天目山水源涵养生态维护预防带、武陵山—南岭生态维护水源涵养预防带,推动城市周边地区清洁小流域建设,维护水源地水质安全;加强城市和经济开发区及基础设施建设的水土保持监督管理。

西南紫色土区主要是加强以坡耕地改造及坡面水系工程配套为主的小流域综合治理,巩固退耕还林还草成果;实施重要水源地和江河源头区预防保护,建设与保护植被,提高水源涵养能力,完善长江上游防护林体系,构筑秦岭—大别山—天目山水源涵养生态维护预防带、武陵山—南岭生态维护水源涵养预防带;积极推行重要水源地清洁小流域建设,维护水源地水质;防治山洪灾害,健全滑坡泥石流预警体系;加强水电资源及经济开发的水土保持监督管理。

西南岩溶区主要是改造坡耕地和建设小型蓄水工程,强化岩溶石漠化治理,保护耕地资源,提高耕地资源的综合利用效率,加快群众脱贫致富;注重自然修复,推进陡坡耕地退耕,保护和建设林草植被,防治山地灾害;加强水电、矿产资源开发的水土保持监督管理。

青藏高原区主要是维护独特的高原生态系统,加强草场和湿地的预防保护,提高江河源头水源涵养能力,治理退化草场,合理利用草地资源,构筑青藏高原水源涵养生态维护预防带,综合治理河谷周边水土流失,促进河谷农业生产。

3. 水土保持重点项目

(1)重点预防。规划遵循"大预防、小治理""集中连片、以重点预防区为主兼顾其他"的原则,规划重要江河源头区、重要水源地和北方水蚀风蚀交错区 3 个重点预防项目。

重要江河源头区水土保持:项目范围共涉及 32 个江河源头区,多位于山区和丘陵区,人口相对稀少,林草覆盖率较高,水土流失轻微。水土流失面积 41.18 万 km^2,其中水蚀面积 13.07 万 km^2,风蚀面积 28.11 万 km^2。其建设任务以封育保护为主,辅以综合治理,以治理促保护,控制水土流失,提高水源涵养能力。

重要水源地水土保持:项目范围共涉及 87 个重要水源地,水土流失面积 14.48 万 km^2,其中水蚀面积 14.08 万 km^2,风蚀面积 0.40 万 km^2,水土流失强度以轻度为主。项目涉及的重要水源地多为水库型饮用水水源地,主要位于中东部地区。其建设任务为保护和建设以水源涵养林为主的植被,加强远山封育保护,中低山丘陵实施以林草植被建设为主的小流域综合治理,近库(湖、河)及村镇周边建设清洁小流域,滨库(湖、河)建设植物保护带和湿地,促进重要水源地 15°~25°坡耕地退耕还林还草,减少入河(湖、库)的泥沙及面源污染物,维护水质安全。

水蚀风蚀交错区水土保持:项目范围主要涉及黄泛平原风沙、燕山、阴山北麓、祁连山—黑河等 4 个国家级水土流失重点预防区。水土流失面积 46.55 万 km^2,其中水蚀面积 9.98 万 km^2,风蚀面积 36.57 万 km^2,水土流失强度以轻度为主。其建设任务为加大生态修复力度,大面积实施封禁治理和管护,保护现有植被和草场,农业区加强农田防护林建设,增强防风固沙功能,治理水土流失严重的坡耕地、侵蚀沟道、沙化土地等,达到减少风沙危害、控制水土流失、保障区域农牧业生产的目的。

(2)重点治理。以国家级水土流失重点治理区为重点,统筹正在实施的水土保持等生态重点工程,考虑老少边穷地区等治理需求迫切、集中连片、水土流失治理程度较低的区域,规划重点区域水土流失综合治理、坡耕地水土流失综合治理、侵蚀沟综合治理以及水土流失综合治理示范区建设 4 个重点治理项目。

重点区域水土流失综合治理:涉及全部国家级水土流失重点治理区。水土流失面积共 199.81 万 km^2,其中水蚀面积 92.64 万 km^2,风蚀面积 107.17 万 km^2,水土流失强度以轻 - 中度为主。其建设任务为:以小流域为单元,山水田林路综合规划,工程、植物和耕作措施有机结合,沟坡兼治,生态与经济并重,优化水土资源配置,提高土地生产力,发展特色产业,促进农村产业结构调整,持续改善生态,保障区域社会经济可持续发展。

坡耕地水土流失综合治理:涉及所有国家级水土流失重点治理区。水土流失面积 98.1 万 km^2,其中水蚀面积 79.1 万 km^2,风蚀面积 19.0 万 km^2,水土流失强度以轻 - 中度为主。区内耕垦率高,人均耕地相对较少,人口密度较大,人地矛盾突出,坡耕地多,水土流失严重。其建设任务为:控制水土流失,保护耕地资源,提高土地生产力,巩固和扩大退耕还林还草成果;适宜的坡耕地改造成梯田,配套道路、水系,距离村庄远、坡度较大、土层较薄、缺少水源的坡耕地发展经济林果或种植水土保持林草,禁垦坡度以上的陡坡耕地退耕还林还草;东北黑土区缓坡耕地实施垄向区田、水平梯田、坡式梯田、保土耕作等,配套截排水沟、田间道路和植物埂进行综合治理。

侵蚀沟综合治理:主要涉及黄河多沙粗沙、甘青宁黄土丘陵、东北漫川漫岗、粤闽赣红壤等 8 个国家级水土流失重点治理区。水土流失面积共 36.66 万 km^2,其中水蚀面积 33.21 万 km^2,风蚀面积 3.45 万 km^2,水土流失强度以轻 - 中度为主。侵蚀沟主要分布在东北黑土区和黄土高原区。崩岗主要分布在南方红壤区花岗岩、砂页岩、碎屑岩严重风化的地区。其建设任务为遏制侵蚀沟发展,保护土地资源,减少入河泥沙。东北黑土区侵蚀沟综合治理重点是修筑沟道谷坊、沟头和沟坡防护并建立排水体系,保护耕地,保障粮食生产安全。黄土高原区及其他区域侵蚀沟综合治理重点是建设沟头、沟坡防护和沟道拦沙淤地体系,减少入黄泥沙。崩岗综合治理重点是上截、中削、下堵、内外绿化,保护农田和村庄安全,开发土地资源,改善生态。

水土保持生态文明建设示范区:规划具有典型代表性、治理基础好、示范效果好、辐射范围大的区域作为水土保持生态文明建设示范区。重点考虑水土保持生态文明工程以及治理基础较好的其他区域。建设高效水土保持植物资源利用示范区(园)。

(四)形成了一批专题规划与研究成果

1. 编制了水土保持科技、监测与植物等专题规划

为解决重大技术问题,开展了全国水土保持区划方案研究、分区分级水土流失防治目标研究、水土保持综合监管制度和政策措施研究等多项专题研究,为全国水土保持规划编制的顺利开展提供了支撑,并形成了一批研究成果。为细化重要工作内容,开展了水土保持监测、水土保持非工程措施、水土保持科技支撑、水土保持高效植物开发利用4个专题规划编制,各专题规划经过审查后都将对各自领域的水土保持工作提供重要指导。

2. 构建了水土保持政策与制度框架

规划着眼于生态文明制度化建设,以及建设社会主义法治和加强政府公共服务及社会管理能力的要求,构建了水土保持政策与制度框架。根据《水土保持法》规定,规划明确了规划管理制度、工程建设管理制度、生产建设项目监督管理制度、监测评价制度、水土保持目标责任制和考核奖惩制度、水土保持生态补偿及水土保持补偿制度等重点监管制度建设内容。明确了动态监测工作的主要内容和重点项目。明确了监督管理、科技支撑、社会服务和宣传教育等能力建设的重要内容。明确了包含国家水土保持基础信息平台和综合监督管理信息系统的信息化建设内容。

（五）搭建了水土保持规划协作平台

规划开发完成了全国水土保持规划协作平台，建设了基础数据库，实现了在线上报入库、地理信息提取、数据分析计算、远程协同规划、图形模拟显示等多种功能，提高了规划编制工作的效率。

1. 建设数据库

平台构建了规划基础数据库系统，主要包括文献资料数据库、基础空间数据库、上报指标数据库、综合分析成果数据库、区划与规划成果数据库、元数据库和权限与用户数据库。包含 25 个图层和 5 大类指标数据，数据量大于 800 GB，为区划和规划数据分析提供了强大基础。

2. 搭建协作平台

规划搭建的协作平台是建立在线协同规划、信息统一管理和共享服务的基础平台，可以实现以三维、互动、直观的方式为水土保持规划服务。该平台以一个数据中心、一个平台、一张图、三级协同应用方式为国家、流域、省提供协同联动的规划工作方式，能够以图层的形式对行政区划、基础地理数据、专题数据和区划规划成果进行管理，可实现在线编辑、上报数据查询、专题数据统计、规划相关资料共享和管理等业务功能。

二、水土保持规划的主要做法与经验

（一）注重体现生态文明建设的新要求

党的十八大提出将生态文明建设纳入中国特色社会主义"五位一体"总布局，对水土保持提出了新要求，水土保持规划在指导思想上明确提出以生态文明建设为指导，根据尊重自然、顺应自然、保护自然的生态文明理念，在目标任务上充分体现生态文明建设的内容，提出到2020 年，基本建成与我国经济社会发展相适应的水土流失综合防治体系，基本实现预防保护，重点地区的水土流失得到有效治理，生态进一步趋向好转。到 2030 年实现全面预防保护，重点防治地区的水土流失得到全面治理，生态实现良性循环。

（二）注重贯彻《水土保持法》的新规定

新颁布的《水土保持法》中的许多规定通过水土保持规划做出安

排部署,整个规划的编制都是按照《水土保持法》第二章的要求进行,如规划的基础工作、"两区"的划分、意见的广泛征求、部门之间的协调等都严格按法律规定开展。水土流失防治区域布局,重点工程的确定,防治的技术路线、制度建设、保障措施等都按照《水土保持法》相关规定做出规划。

(三)注重反映水土保持实践的新成果和新经验

近年来,在中央治水方针和治水思路指导下,结合实践积极探索,水土保持工作取得了许多新成果,积累了许多新经验,防治水土流失在理念上、思路上、机制上、模式上有许多创新。这些成功的做法和经验是今后开展水土保持工作的重要基础。新编制的规划充分吸取了这些成果和经验。如预防保护区尽可能实施封育,发挥大自然自我修复能力恢复植被;重要水源区实施生态清洁型小流域建设;水土流失地区突出坡耕地综合治理,促进当地特色产业发展。

(四)注重调查研究,充分利用科学技术手段

规划期间开展了大量调查和研究工作,全面收集、整理和分析水土保持基础资料和有关部门的相关规划成果,构建了全国水土保持规划协作平台,丰富了规划技术手段;针对规划中的重大技术问题,开展了水土保持区划方案、水土流失重点防治区划分指标体系与技术方法、水土保持综合监管制度与政策措施等多项专题研究,有针对性地开展了水土保持三级区典型防治模式、水土流失易发区划分、国家级水土流失重点防治区复核划分、规划重点项目等多次实地调研,就水土保持监测、非工程措施、科技支撑、高效水土保持植物资源开发利用编制了专题规划。规划历时3年半,汇总完成的调研、专题研究和专项规划报告总计30余册500多万字,为规划工作奠定了扎实的基础。

(五)注重听取各方意见,充分发挥专家组指导作用

规划期间专门成立了水利部牵头、相关部委参加的全国水土保持规划领导小组,先后召开四次工作会议,全面听取有关工作情况和阶段成果的汇报,相关部委充分发表意见和建议,对规划关键问题进行认真研究和决策。规划启动之初即成立了高规格的技术咨询专家组,成员有中国科学院、中国工程院的多位知名院士,以及流域机构、有关高校

及科研院所的资深专家。针对区划导则和划分成果、规划技术大纲及规划报告初步成果等重要环节和阶段成果,先后召开了7次较大规模的专家咨询会议,编制期间的技术讨论会议则达到60余次。规划充分发挥领导小组的宏观决策和专家团队的技术优势,为规划工作顺利推进提供了重要指导。

规划工作涵盖中央、省、市、县四级,涉及30多家技术部门和单位,前后参与工作的各级技术人员约1 000余人,采取"自上而下"和"自下而上"相结合的工作方式,针对区划方案、国家级水土流失重点防治区复核划分、专题规划、重点项目安排等成果,进行了反复磋商,加强统筹与协调,达成一致意见。

(六)注重运用最新普查成果和基础数据

规划运用了近几年水利部和有关部门最新的普查成果和基础数据。基础数据主要来源于国家和地方已公布的经济社会统计年鉴、相关批复规划成果、第一次全国水利普查水土保持普查成果、第二次全国土地调查成果、第八次全国森林资源清查成果等。规划最后成稿时,基准年按照批复要求又进行了调整,有关社会经济、水土流失治理现状则采用了国家公布和水利部掌握的最新统计数据。

(七)注重以经济社会发展需要为导向,解决面临的突出问题

规划系统分析了我国水土流失现状和经济社会发展需求,明确了重点预防和重点治理的对象及范围,针对重要江河源头区、重要水源地和水蚀风蚀交错区拟定了重点预防项目,在水土流失集中分布区开展小流域综合治理的基础上,重点提出了坡耕地、侵蚀沟道两个专项治理项目,以解决水源涵养、水质维护和水土流失治理等面临的突出问题。

(八)注重同国家有关规划相协调

规划遵循《全国主体功能区规划》,落实国土空间布局要求,深入研究区域水土资源条件、经济社会发展需要,开展了水土保持需求分析,体现了不同尺度国土空间水土流失及其防治的特点和需求,充分反映了区域自然条件和经济社会条件的差异,为水土资源保护和合理利用指明了方向、提供了科学依据。同时,规划很好地同《全国生态环境建设规划》《全国生态环境保护纲要》等进行了衔接,保持了生态建设与保护目标的一致性。

三、全国水土保持规划成果应用

(一)贯彻国家生态文明建设的决策部署

经国务院批准的全国水土保持规划是当前及今后一个时期我国水土保持的行动指南、决策依据和宏伟蓝图。对于推进国家生态文明建设意义重大,落实好规划内容就是贯彻生态文明建设,要广泛宣传解读水土保持规划,让全社会了解水土保持的功能、作用、目标、任务,未来可预期的效益,对促进生态文明建设的贡献。在水土保持工作中要以规划为指导、为依据、为基础,根据各地实际,细化规划确定的目标、任务,层层分解,落实到区域、流域、地块,政策、措施要落实到日常业务管理过程中。

(二)优化水土流失防治战略布局

全国水土保持规划着眼于我国生态文明建设的总体布局,对现有水土流失防治进行了空间上的优化,形成了"六带六片"的战略格局,突出了预防保护和重点治理的范围区域。落实规划布局,各地要进一步做好同主体功能区、区域水土保持功能的衔接。运用水土保持"三级"区划成果,在总体上服从国家水土流失防治大格局的前提下,从当地实际情况出发,优化水土流失防治格局,提升区域水土保持功能。

(三)推进国家水土保持重点建设工程

全国水土保持规划明确了国家层面开展的七大重点防治工程,在重要江河源头区、重要水源地和北方水蚀风蚀交错区开展以预防为主的重点工程;在水土流失严重地区、坡耕地相对集中地区和侵蚀沟分布密集地区开展以治理为主的重点建设工程;在水土保持开展较好、成效显著的地区实施水土保持生态文明建设示范工程。这些工程的实施,需要进一步根据全国水土保持规划制定更为具体的专项规划,经国家有关部门批准备案逐步实施。当前要依据国务院批准的规划抓紧制定专项规划,专项规划应将现有国家水土保持重点工程进行整合和分类,在区域上尽可能不重复,突出防治重点。

（四）完善水土保持法律政策,强化制度建设

全国水土保持规划提出了当前和今后一个时期水土保持法律法规和政策的框架,明确了制度建设的主要内容,很好地同国家有关法律进行了衔接,特别是按照四中全会关于全面推进依法治国的总目标和新《水土保持法》的规定,前瞻性地提出了我国水土保持需要进行的政策与制度安排。一方面,落实规划提出的法律政策,要从上到下形成水土保持法律法规体系,省、县、市都要从当地实际出发,制定配套法规,提高法律的操作性,减少自由裁量权和执法随意性,提高法律执行效果。另一方面,根据法律规定,建立一系列相关制度,如政府水土保持目标责任制、水土保持生态补偿制度、水土保持监督检查制度、重点工程建设管理制度等,使水土保持各项工作走上法制化、制度化、规范化轨道。

（五）夯实水土保持基础性工作

全国水土保持规划对水土保持科技、监测以及水土保持信息化建设等基础性工作都做出了安排。未来水土保持的健康发展,很大程度上取决于水土保持基础性工作的支撑,水土保持基础性工作主要包括六大体系建设:一是水土保持规划体系,即以全国水土保持规划为基础,形成由专项规划,流域规划以及省、市、县规划组成的规划体系;二是水土保持监测网络体系,即由不同类型区、水土流失重点防治区、生产建设活动集中区等不同层次监测站点构成的网络;三是水土保持科教体系,即相关水土保持科研院所、大专院校、学术团体、重点实验室、示范区、水土保持科技园等构成的科教体系;四是水土保持技术标准体系,根据水土流失防治和水土保持事业发展的需要制定的一系列水土保持技术规范标准,属于技术性法规;五是水土保持信息化体系,从中央到地方形成水土保持方面数据采集、储存、处理、运用等系统;六是水土保持社会化服务体系,由水土保持方案编制、水土保持监测、水土保持监理等3 000多家甲、乙、丙级资质单位构成的面向社会的技术服务体系。要在规划的指导下,全面加强上述六大体系建设,不断完善体系建设内容,真正为水土保持发展奠定坚实的基础。

（发表于《中国水土保持》2015年第12期）

改革与机制创新

关于当前大户治理开发
"四荒"资源的探讨

近几年,全国治理开发"四荒"资源有了很大进展。水土流失区的群众、机关团体、厂矿企业,事业单位、城镇居民、个体工商户及私营企业家以承包、租赁、股份合作、购买"四荒"治理开发使用权等多种形式,积极参与水土保持生态环境建设,呈现出全社会治理水土流失的新局面,取得了十分明显的经济效益、生态效益和社会效益。特别是一些投资数十万元、百万元乃至千万元,治理面积百亩、千亩甚至万亩以上治理开发大户的出现,成为治理开发"四荒"资源的龙头,带动了千家万户,使治理的速度、质量和效益明显上了一个新台阶。总体来看,大户治理开发的势头好、潜力大,具有生机和活力,是深化水保改革的新特点。应当认真总结经验,研究解决发展过程中的问题,正确引导,积极推进,实现"以大带小"。这对于推进全社会参与水土流失治理,加快治理开发"四荒"资源,改善生态环境,促进社会经济发展具有重要意义。

一、大户治理开发的特点

治理开发大户是指在水土流失区,以承包、租赁、股份合作、拍卖"四荒"使用权等形式,获得对土地治理开发的权益,投入相当的资金和劳力等,通过综合治理开发,在一定时间内,不仅形成较大治理开发规模,而且取得生态效益、经济效益和社会效益的集体或个人的总称。大户治理开发以雄厚的资金为依托,以"四荒"为对象,以市场经济为导向,以规模经营为基础,以经济效益为中心,对土地、资金、劳力、信息、技术等资源进行优化组合,科学管理,产业化经营,实现经济效益、生态效益和社会效益的统一。

（一）投入力度大

舍得投入是大户成功的前提。一是投入的总体规模大,如从"百万富农"到"红色地主"的山西蒲县青年农民牛伟,宁夏永宁县望远镇农民、被称为"绿色明星"的刘万义,辞职进沟搞治理、兴办绿色企业的原陕西山阳县照川区武装部长布小民,农民企业家郭栋梁等,投资都在百万元以上。特别是辽宁本溪县的造地大王、省人大代表佟胜国,下岗女工刘亚男,农民出身的罗眼科等,治理开发"四荒"资源累计投资都达 2 000 多万元。二是单位面积治理开发投入的强度大。通过调查,大户治理开发每 0.067 hm^2 水土流失土地仅投资就达数百元,有的甚至上千元,是目前国家重点治理投资的 10～100 倍。如河南嵩县农民企业家朱建生,靠承包瓷厂积累的资金,投资 200 万元承包了 26.7 hm^2 荒滩,成立了嵩县高效大农业开发中心,每公顷投资达 7.5 万元。

（二）治理规模大、标准高

大规模、高标准是大户治理开发获得良好经济效益的基础。对于大户来说,一方面,没有规模,就不能形成主导产业和拳头产品。有规模才有市场,没有高标准,就没有高效益,就不能抵御自然灾害的侵袭,治理成果就难以巩固和持久发展。另一方面,大户治理开发的投入,有的是靠多年辛苦经商、搞运输、加工、承包施工队等厂矿企业等的积蓄,有的是靠多方筹集、借贷等。他们十分清楚质量与效益的关系,质量与事业成败的关系,一旦出现闪失,损失是巨大的。治理大户实行规模经营,一般采取集中连片、综合治理开发,其规模都在 6.67 hm^2 以上,有些甚至数千亩上万亩,而且建立了比较完善的多功能治理开发和防护体系。如河北沙河市大欠村靠搞运输、办铁矿起家的李海贵,投资 300 万元,跨村承包了 1 300 多 hm^2 荒山,为了保证工程质量,他专门聘请水务局技术人员,现场测量,制定了详细的综合治理规划,坚持高标准施工。其中造林整地,水平阶宽 1.5 m 以上、深度不少于 1 m,边埂宽不少于 0.3 m,并明确验收员,监督施工质量。

（三）治理与开发紧密结合

经济效益是治理大户的原动力,又是落脚点。对于大户来说,治理是基础、是手段,开发是目的,即经济效益寓于治理措施之中,贯穿于整个治理开发活动。他们在投入治理的同时,就因地制宜地选准了开发的突破口。有的以建设高标准的粮食生产基地为突破口,综合治理开发。如开发不毛岗走上致富路的河北邢台市临城镇的张保仁,承包了本村 106 hm² 荒岗,整修了 33.3 hm² 高标准农田,两年共产粮 40 多万 kg,折合人民币 30 多万元。以此为基础,又投入 50 多万元,建成了 20 hm² 喷灌示范区,建起了高标准的羊鸭饲养场,栽植各种果树 5 000 多株,嫁接大枣 3.2 万株,兴修田间道路 1 500 m,实现了综合治理开发,滚动发展。有的以建设经济果园为突破口,实现生态果园、旅游开发一体化。如北京市怀柔县长哨营村 65 岁的彭明秀承包了本村南山 50 hm² 老果园,从 1997 年开始,先后投资 100 多万元,对老果园进行了更新改造,并建成集采摘、观光、旅游于一体的新庄园,仅 1999 年就接待游客 4 000 人,实现年收入 40 万元。有的以种草养畜为突破口,实施退耕还林,走农林牧综合治理开发的路子。总之,治理大户都是把治理与开发紧密结合起来。

(四)经营意识强、机制活

较强的经营意识是治理大户面向市场立于不败之地的思想基础,是他们区别于简单再生产小农经济的明显标志。一是市场观念强。治理大户绝大部分是私营企业家、个体工商户、专业户、包工头,或者是有胆有识的能人,他们大都经受过市场经济的磨炼,形成了较强的市场经济意识。二是开发经营方向明确。之所以敢投巨资或倾其所有,是因为他们从一开始就瞄准市场,有明确的开发经营方向。在科学规划的同时,就看好了发展适销对路的产品和主导产业,并在治理过程中付诸实施。三是经营管理机制灵活。建立了一整套适应市场经济的经营管理机制,引进了先进的企业化管理模式。随时观察市场动向,或调整产业结构,或注意产品的加工利用,提高产品的价值和商品率。如"绿色明星"刘万义,1993 年自筹 200 万元承包了 140 hm² 荒地,造田 33.3 hm² 并配套了灌溉渠道等工程,栽植优良果树 80 hm²,种植杜仲、银杏、大黄等药材 20 hm²,水保林 13.3 hm²。同时,利用开发的 33.3 hm² 良田作为饲料基地,建起了现代化的 6.67 hm² 牧业基地,家畜总存栏数保持在 1 500 头以上。1998 年,他又在新开发的 20 hm² 土地上,进行产业结构调整,新建钢架温棚 50 套。为了解决果品上市相对集中、质优价低、销路不畅等问题,他又配套了气调冷库等。由于经营管理有方,把握住了市场方向,在治理开发中取得了显著效益。目前,仅固定资产就超过 1 000 万元。

(五)科技含量高

一是科技意识强,在治理开发过程中实现科学规划,科学经营管理;二是注重采用新技术、新方法、先进的配套设施和引进优良品种;三是广泛联合大专院校、科研单位,聘请有关专家进行指导。如陕西榆林的高振东投资 200 多万元,买了 213 hm² 荒沙地,随后又租赁了 1 133 hm² 荒沙地,成立了现代生态农业企业榆林大漠公司。如今 86 个大棚内全部铺设了滴管,水分、营养液和除草剂通过滴管孔直接渗入蔬菜根系周围的沙土里,水的利用率由 40% 提高到 97%。公司还采用电热丝恒温、营养钵育苗技术,配套了保鲜库、冷藏车等。每天有 22 个品种26 t 无公害鲜菜销往榆林、北京等地,昔日的荒沙地已成为现代化蔬菜生产基地。

二、大户治理的效应

(一)增加了治理投资,加快了治理速度

治理大户的出现,无疑为"四荒"资源治理增加了巨大的社会投入,加快了治理水土流失、改善生态环境的步伐。集中人、财、物科学治理、长年治理、连续治理是大户参与治理开发的最大特点,其治理速度快、质量高,效益明显。如投资 2 000 多万元的佟胜国,3 年多时间就治理开发"四荒"资源 267 hm²,在有效治理水土流失的同时建起了优质水稻,果、菜,水产养殖,中药材 4 个生产基地,年产水稻 105 万 kg、淡水鱼 21 万 kg,已取得产值 723 万元的经济效益和良好的生态效益。

(二)提高了三大效益

大户瞄准市场治理开发。第一,他们靠一定的资金优势和科技手段,科学地配置各种生产要素,大规模、高标准综合治理开发,能够取得比较好的生态效益、社会效益和经济效益。第二,发展特色产业,形成区域化布局、专业化生产、规模化经营、产业化开发、系列化服务的产业

链,解决了农民一家一户的小生产与社会化大市场脱节的矛盾。过去形不成商品的产品,通过产业化经营变成了商品,过去卖不出去的产品,经过加工、包装、系列开发成了市场上的热销产品,带来了显著的经济效益,把荒山、荒沟变成了聚宝盆。第三,懂经营、善管理。依靠较强的经营意识和管理的现代化,提高了土地的产出率和商品率,使治理开发活动循序渐进、良性循环,三大效益不断提高。

（三）示范、辐射、带动作用强

一是大户进行治理开发取得的成功,说明在"四荒"土地上作文章照样能挣大钱,带来丰厚的利润和回报,甚至比跑运输、搞流通、办工厂等更加稳妥,更有发展前途。他们取得了实实在在的效益,用事实教育和带动了周围群众和社会各界。二是党和政府给予治理大户的充分肯定和崇高荣誉,充分表明了治理水土流失、改善生态环境是一项功在当代、利在千秋的伟大事业,激发了社会各界参与的积极性。三是他们重视科技,使一些先进、实用的最新科技成果得到了广泛、及时推广,起到了示范带头作用,使周围群众有了示范样板,更快、更容易接受并运用实用的科技成果。四是产供销体系形成后的产业化经营给周围群众致富创造了条件,大户同群众形成利益共同体,大户有利,群众也有利。五是大户新的观念和市场意识,对于改变山区广大农民传统的观念、落后的经营生产方式起到积极的推动作用,使农民尽快走出简单再生产的圈子,为农村经济发展注入了新的活力和生机。如弃官从农治石山的田应富,先后投资 120 万元,开发治理荒山 160 hm²,建起了集种植、加工、销售于一体的天然富硒绿色食品开发有限公司。公司以帮助农民脱贫致富为宗旨,实行"公司＋基地＋农户"农工贸为一体、产供销一条龙的办法,积极引导农民走向市场。在公司不断发展的同时,农民也得到了实惠。6 年来,公司带领周围群众共同致富,使 2 800 人的 3 个村从人均口粮不足 200 kg、收入不到 200 元,一跃变成了"双千村"。

（四）治理成果易于巩固、持久

一是通过大规模高标准的水土保持综合治理,建立了比较完善的综合防护体系,能够抵御各种自然灾害的侵袭。二是责权利统一,治理有权,管护有责,开发有利,调动了大户治理开发、管护利用的积极性。

三是自己劳动成果自己珍惜,他们舍得在管护上花本钱、下功夫,许多购荒者要为子孙后代谋福利,购买的使用权都在50～100年。

(五)促进了水土保持科技与生产的结合,实用技术得到推广

治理大户无论是治理开发,还是产业化经营,产供销的每个环节都有较高的科技含量,成为推广应用技术、科技与生产紧密结合的典范。他们信息灵、联系广,更容易同科研单位、技术专家联系,把最新的科技成果用于生产实践,是业务部门推广科技的得力助手。他们走出去,参观了解最新的科研成果,到科研单位请教,到发达地区参观,增长了知识,学到了技术。如小流域综合治理技术已得到大户的普遍应用。同时,先进技术的应用,提高了幼树的成活率,无公害果品、蔬菜的引进,形成了拳头产品,打开了市场销路,有的结合实践,还研制出了果树防腐抗旱特效药,获得了国家专利,有的引进以色列沙漠生产技术,为改善利用沙地创造了条件等。大量新品种的引进、新技术新方法的应用和推广,给大户带来了显著的经济效益。他们请专家办培训班、带学徒,向周围群众推广、传授新技术,促进了实用技术的应用和推广。

三、大户治理过程中遇到的困难和问题

(一)技术服务欠缺

在"四荒"地上进行综合治理开发,是一项科学性、技术性非常强的系统工程。而在目前各地社会化综合技术服务体系尚未健全的情况下,靠治理大户单枪匹马做到从治理开发到管护利用、产供销等各个环节技术到位,难度相当大。应该看到,有相当一部分治理大户由于技术原因影响了其治理开发成效。有的是自己对技术不够重视,更多的是没有能够为他们提供高质量技术服务的单位。

(二)资金支持渠道不畅

虽然这些大户较一般群众有一定的资金优势,但由于规模大、投入多,往往捉襟见肘。付了承包、买地的钱,没有治理的资金,有了治理的经费,却没有开发、管护利用和请专家进行技术指导的费用等。由于治理周期比较长,影响因素多,风险大,长期低息贷款难,借款数量有限,筹集资金渠道不畅,不少治理大户只能是因陋就简,既不能按科学的方

法治理开发,也难以适应市场经济的发展,从而导致效果不佳。

(三)优惠政策不明确

虽然国务院国发〔1993〕5 号、国务院办公厅国办发〔1996〕23 号及水利部水保〔1998〕483 号等文件对治理开发"四荒"资源都有明确的优惠政策,但对于治理规模和投资都大的治理大户,在地价、贷款、以工代赈、各种生态环境建设的资金扶持及农林牧等特产税的减免等方面还没有明确的优惠政策,不少地方有政策也没有得到很好的落实。

(四)大户的治理工作不能与国家重点治理区同等对待

这主要表现在技术和资金扶持等方面。治理大户,是国家生态环境建设的一支重要力量。由于他们投入多、规模大,加快了治理速度,而且有的治理标准、质量较国家重点治理区还要高,效益还要明显。本应将他们与国家重点治理区同等对待,但是由于人们认识上的偏见,怕扶了大户,不能"专款专用"而犯错误,因此在技术服务和资金扶持方面都不够。

(五)合法权益得不到保护

有些地方对治理大户在艰苦创业过程中遇到的各种困难理解得少、过问得少、提供解决困难的途径少。而一旦见人家效益可观,则"左右伸手"犯"红眼病",甚至哄抢等侵权现象也时有发生。有些地方政府和主管部门,没有严格按国家规定办事,使大户的合法权益受到侵犯,出现了合同未到期便提前收回、重新发包或重新调整地价的现象,严重挫伤了大户治理的积极性。

当然,有些大户也造成了一些负面影响。如有的购而不治;有的只考虑经济效益,忽视生态效益和社会效益,掠夺式开发,造成新的水土流失;有的改变土地用途等。

四、积极推进大户治理

大户参与治理开发是水土保持深化改革、适应市场经济的产物,也是深化农村经济体制改革中出现的新事物。虽然也存在一些问题但主流是好的。从发展的角度看,治理大户是社会办水保的带头人,是国家生态环境建设的一支重要力量。他们治理开发"四荒"资源符合国家政策,符合"三个有利于"。因此,我们应该给予大力支持和扶持,并通过规范管理,推动大户治理工作健康发展,加快水土保持生态环境建设步伐。

（一）提高认识,转变观念

大户的出现不是私有化,大户也不是过去的地主老财、资本家,而是我国社会主义市场经济条件下多种经济成分的重要组成部分,是一支值得重视和充分利用的治理开发队伍。大户参与治理开发有利于把市场经济引入水土流失治理,促进社会各方面的资金、技术、劳力、信息等生产要素向"四荒"流动,形成多元化的水土保持投入新机制,弥补了国家资金投入的不足,加快了水土保持生态环境建设步伐;有利于促进农村经济体制改革和产业结构调整,实现"以大带小",使广大群众积极参与水土保持生态环境建设,加快了经济发展和农民脱贫致富;大户治理开发,吸纳了大量的农村劳动力,并为城市下岗职工再就业提供了就业机会,有利于社会稳定。要彻底转变一些领导干部思想上存在的"怕集体资产流失"的陈旧观念,树立"存量换增量、产权换资金、滚动发展、共同致富"的观念,把大户参与治理推向一个新的阶段。

（二）实事求是,因地制宜

对于大户参与治理开发,要不拘一格。既要结合当地实际情况,也要兼顾大户的利益。要实事求是,因地制宜,宜包则包,宜卖则卖,也可采取股份合作制等形式。只要有利于治理水土流失、改善生态环境,有利于市场经济的发展,有利于群众脱贫致富和三大效益的提高,各级政府、主管部门都应给予大力支持,充分调动他们治理开发的积极性。

（三）加强指导,搞好服务

大户参与治理开发,涉及部门多,政策性强。各级应加强领导,在严格实行归口管理的同时,要重点搞好服务。一是提供技术服务。业务部门、科研院所都应面向大户治理开发这个大市场,提供技术服务;定期向大户进行科技培训,提供产供销信息和科技资料;及时组织大户参观学习,开阔眼界;对大户要立档建卡,优先提供物资、解决资金、安排项目并进行技术指导。二是广开资金渠道。资金是大户治理开发的保障,社会各方面应积极地大开方便之门,主动地予以排忧解难。各有关生态建设方面的资金应明确政策,予以支持;银行小额贷款、长期低息贷款,应开绿灯;水土流失区的大户治理,应和重点治理区补助标准一样,对退耕地的治理,也应当享有国家规定的同等待遇等。

(四)加强监督,保障权益

大户通过承包、拍卖等形式依法和集体经济组织建立了合同关系,各级政府和归口管理部门应加强监督。既要保证大户在合同规定范围内,享有的治理开发权、生产经营权、治理开发后新增成果的所有权(包括继承、转让、抵押等)、各级政府和部门制定的有关优惠政策等权益不受侵害,同时也要监督大户按合同履行义务。如在治理开发活动中,不得破坏原有水土保持设施,要按规划、按标准保质保量按时完成治理任务,不得造成新的水土流失、不得拖延治理时间、不得在25°以上坡耕地上开荒种植农作物等。对擅自改变土地用途、不履行合同的,应无偿收回使用权等。

(五)总结经验,完善政策

大户治理开发有许多经验值得总结和推广,如产权明晰、机制好、科学管理、技术先进等。同时还应建立和完善以下几个方面的政策体系:①制定一系列优惠政策,鼓励大户治理水土流失;②对治理成效显著的大户应根据其治理规模和投资额度,实行奖励性的补助;③实行治理开发大户的确认制度,对治理水土流失投资投劳规模较大、产业开发方向明确、管理规范的大户要由水行政主管部门确认发证并建立档案,对确认的大户,应在4个方面给予支持,即贷款、资金、技术服务和合法权益。

(六)加大宣传力度

大户治理开发"四荒"资源作为新生事物,需要全社会的理解和支持。他们有许多值得宣传和需要宣传的东西。一是要宣传他们对生态环境建设做出的积极贡献,二是要宣传他们艰苦创业和带动周围群众共同致富的精神,三是要宣传他们治理开发的先进科学的管理经验,四是要宣传他们开拓创新、适应市场经济的观念等。总之,要通过各种媒体、各种场合,大力宣传,积极引导,形成一个良好的舆论氛围,为他们创造条件,在治理水土流失、改善生态环境、发展区域经济中发挥出更大的作用。

(发表于《中国水土保持》2001 年第 2 期)

坚持改革创新
探索中国特色水土流失防治之路

在党中央、国务院的高度重视下,经过广大干部群众和水土保持技术人员坚持不懈的努力,成功探索出了一条具有中国特色的水土流失防治之路,在改善农村生产和生活条件,改善生态与环境,减少水旱风沙灾害,促进人与自然和谐,维护国家生态安全、防洪安全、饮水安全、粮食安全等方面做出了积极贡献,取得了令人瞩目的成就,积累了丰富的防治经验。

一、水土保持的发展与成就

经过 30 年的不断发展,我国水土流失防治进程明显加快,全国已累计初步治理水土流失面积近 100 万 km²,已有的水土保持措施每年可保持土壤 15 亿 t。水土流失区 2 000 多万群众通过水土保持解决了温饱问题,许多农民走上富裕发展的道路,许多区域生态环境明显改善。回顾 30 年的发展历程,我国水土保持工作主要在以下几个方面取得了显著成效。

(一)全面贯彻落实《水土保持法》,有效防治人为水土流失

1991 年,《中华人民共和国水土保持法》(简称《水土保持法》)正式颁布实施,1993 年国务院颁布《水土保持法实施条例》,同年,批准实施《全国水土保持规划纲要》,并印发了《国务院关于加强水土保持工作的通知》(国发〔1993〕5 号),明确水土保持是我国必须长期坚持的一项基本国策。《水土保持法》施行后,30 个省(自治区、直辖市)和大连、青岛、深圳等计划单列市根据《水土保持法》的规定,建立了水土保持监督执法机构,依法发布实施了水土保持法实施办法和水土流失重点防治区划分公告。据统计,县级以上制定的《水土保持法》配套法规有 3 000 多个,水利部作为水土保持主管部门,分别与计划、环保、铁

道、交通、国土、电力、有色、煤炭等部门先后联合制定和颁布了一系列配套的部门规章和规范性文件。

《水土保持法》颁布实施 17 年来,各级水行政主管部门大力加强了对开发建设项目全过程的水土保持监管。全国累计批准并实施水土保持方案 25 万多项,其中大中型开发建设项目 1 760 多个,开发建设单位投入水土保持资金 1 200 多亿元,防治水土流失面积 7 万 km²,减少土壤流失量 17 亿 t,全国有 9 000 多 km 的新建公路、1 万多 km 的新建铁路实施了水土保持方案。水土保持监督执法得到显著加强,各级水行政主管部门以落实水土保持"三同时"制度为核心,以控制人为水土流失为重点,累计开展水土保持执法检查 5.2 万次,查处违法案件 1 万多起,推动《水土保持法》的各项规定落到了实处。

（二）大力推进国家重点工程建设,加快水土流失治理步伐

改革开放 30 年来,水土流失重点治理范围不断扩大,在水蚀严重地区,长江上游、黄河中游、东北黑土区、西南石漠化区等水土流失严重地区的国家水土流失重点防治工程规模不断扩大;在风蚀严重地区,实施了京津风沙源、首都水资源、塔里木河、黑河等相关的水土流失重点防治和生态修复工程;在南水北调中线水源区组织开展丹江口库区及其上游水土保持重点建设工程;在黄土高原多沙粗沙区启动了淤地坝和晋陕蒙砒砂岩区沙棘生态工程。截至目前,正在开展的国家级水土流失重点治理工程已覆盖 600 多个水土流失严重县、市。全国各地涌现出一大批质量高、效益好的示范工程。水利部和财政部联合开展的水土保持生态建设"十百千"示范工程取得成效,大连、青岛、深圳等城市,甘肃定西、陕西榆林、江西兴国等 190 个县、市,北京密云区石匣、吉林长春市太平、江苏盱眙县白虎山等 1 398 条小流域分别被命名为全国水土保持生态建设示范市、示范县和示范小流域。甘肃天水、山西平鲁、贵州毕节等连片面积达数百至数千平方千米的水土保持大示范区建设也初见成效。

（三）创新水土保持生态修复理念,不断拓展水土流失防治新思路

进入新世纪,水利部门认真落实科学发展观的要求,按照人与自然和谐相处的理念,依法大力推动以封育保护、禁牧轮牧、围栏休牧、舍饲养畜等为主要内容的水土保持生态自然修复工作,得到了社会各界的认同。北京、河北、陕西、青海、宁夏、山西6省(自治区、直辖市)人民政府发布了实施封山禁牧的决定。山西、内蒙古、辽宁等20个省(自治区、直辖市)的136个地(市)、697个县出台了封山禁牧政策。水利部先后实施了两批试点工程,对205个县的6.4万km²面积实施了生态修复试点。在青海省三江源区安排了专项资金开展水土保持生态修复工作,封育保护面积达30万km²。国家水土保持重点工程区全面实现了封育保护。同时,积极拓展水土流失防治思路,提升水土保持综合服务功能,积极推进生态清洁小流域建设。在全国重要水源地开展了81条生态清洁型小流域建设试点工作。

目前,全国封禁范围达到69万多km²,其中有38万km²的生态与环境得到初步修复,水土流失得到了初步控制,许多修复区走上了生态、经济良性循环的可持续发展轨道,实现了土地增绿、农业增效、农民增收。

(四)不断深化改革,为水土保持生态建设注入新的活力

30年来,各地深化水土保持改革,创新发展机制,取得了明显成效。在产权制度改革方面,经过不断的探索和发展,逐步形成了较为完善的水土保持产权确认制,即明晰所有权、拍卖使用权、放开治理权、搞活经营权,鼓励和引导大户参与治理开发,为水土保持生态建设注入了新的活力。据统计,目前已有878万户农民、专业大户和企事业单位参与"四荒"土地的治理开发,已治理水土流失面积12.7万km²,注入资金108亿元,初步形成了"治理主体多元化、投入机制多样化"的新格局。在工程建设管理方面,适应市场经济的要求,因地制宜地推行项目法人责任制、建设监理制和招标投标制,推广专业队施工,提高了工程建设的质量和效益。在矿产等资源丰富的地区,积极探索从资源开采收益中提取一定比例用于当地水土保持生态建设的生态补偿机制,实行工业反哺生态,加快水土流失治理。

(五)积极探索实践,形成了以小流域为单元综合治理的成功技术路线

小流域综合治理技术在实践中获得了巨大成功,受到广大干部群众的欢迎,得到国内外专家的高度评价,已成为我国生态建设的一条重要技术路线。截至目前,全国已经治理和正在治理的小流域累计近5万条。各地涌现出了许多成功的小流域综合治理模式和典型,得到了广泛认可和推广,如黄土丘陵沟壑区"五道防线"(梁峁顶林草戴帽、梁峁坡梯田缠腰、峁缘线锁边防冲、沟坡封禁造林、沟底打坝穿靴)模式,西南石灰岩山地区"封、造、建、拦、排、通"综合治理模式,东北黑土漫岗区水保型生态农业模式,南方花岗岩区"猪—沼—果"治理开发模式等。长江上游四川省遂宁市老池小流域通过综合治理,水土流失面积由治理前的8.19 km² 下降到3.38 km²,减少了58.73%;年泥沙流失量由治理前的5.84 万 t 下降到1.12 万 t,减少了81%;土地生产率由2 413元/hm² 增加到17 094 元/hm²,提高了608.4%;粮食总产增长了31.9%,粮食单产增长了30.4%;人均纯收入增长5.81 倍,治理区较非治理区人均纯收入高出31%。

(六)加强监测预报,积极推进水土保持科技工作

一是水土保持监测工作从无到有,逐步推开。水利部先后开展了三次全国水土流失遥感普查,基本摸清了全国水土流失情况和动态趋势。初步建立了全国监测网络和信息系统,建立了全国、大流域和省区水土保持基础数据库。先后对重点治理工程,金沙江流域、丹江口库区等重点区域以及160 个大型开发建设项目实施了水土保持动态监测。二是水土保持科研与技术推广显著加强。先后建立了一批水土保持科学研究试验站、国家级水土保持试验区和土壤侵蚀国家重点实验室。开展了水土保持重大科技项目攻关,建成了一批起点高、质量精、效益好,集科研、推广、示范、教育、休闲和产业开发为一体的水土保持科技示范园,成为各地水土保持示范和科普教育、科研单位试验研究与大专院校硕士、博士培养的基地和窗口。三是2005 年水利部、中国科学院、中国工程院联合开展了中国水土流失与生态安全综合科学考察,取得了一系列重大的成果。

(七)强化基础性工作,不断完善规划、技术标准体系建设

改革开放30 年来,水土保持基础工作日臻完善,为加快生态建设步伐,推动行业又好又快发展提供了保障。国务院先后批复了《全国生态环境建设规划》《全国水土保持规划纲要》和《丹江口库区及上游水污染防治和水土保持规划》,在不同时期水土流失防治工作中发挥了非常重要的指导作用,《黄土高原地区水土保持淤地坝规划》等一批重要规划编制完成。

我国水土保持技术标准体系已基本形成并逐渐完善,先后出台和修订了《水土保持术语》《土壤侵蚀分级分类规范》《水土保持综合治理技术规范》《开发建设项目水土保持技术规范》等全国性技术标准30多项,基本涵盖了水土保持规划设计、综合治理、生态修复、竣工验收、效益计算、工程管护、监测评价、信息管理等方面,为提高我国水土保持管理水平提供了坚强有力的技术保障。

(八)加强水土保持宣传,增强全社会水土保持意识

一是开展了一系列专项宣传活动。水利部与全国人大环资委、中宣部、国家环保总局等部委联合举办了"保护母亲河""保护长江生命河""中华环保世纪行"、山川秀美批示5周年、水土保持法周年纪念、"长江流域可持续发展论坛"等大型宣传教育、纪念活动,在全国产生了强烈反响。2008年水利部又启动了全国水土保持国策宣传教育行动,拟通过3年时间全面提升公众的水土保持国策意识。二是各地积极开展中小学水土保持教育。如福建省从2001年开始,在全省范围内开展了以青少年为主要对象的水土保持科普宣传活动;黑龙江省还编印出版了当地中小学水土保持教材,对增强中小学生水土保持与生态环境意识发挥了积极作用;江西省赣州市信丰县水保警示教育基地已成为学生及社会各界人士参观、了解水土保持科技工作的平台。福建、江西、黑龙江、四川等地中小学相继组织开展了水土保持科普夏令营。全国接受过水土保持科普教育的中小学生人数达到42.6万人次。

(九)广泛开展国际合作与交流,引进国际先进理念与技术

一是成功召开了一系列重要的国际会议。第12届国际水土保持大会、第二届国际沙棘大会和中美、中非水土保持研讨会等重要会议的成功举办,交流和引进了国外先进的防治理念、治理技术和管理模式,促进了我国水土保持生态建设质量和效益的提高,扩大了水土保持工作在国内外的影响。二是积极引进外资,开展水土流失治理。黄土高

原水土保持世界银行贷款项目,是我国利用外资治理水土流失的第一个大型项目,由于成效显著,荣获全世界范围内农业扶贫项目的最高奖项"2003 年度世界银行行长杰出成就奖"。随后,云贵鄂渝四省(直辖市)水土保持生态建设世界银行贷款项目、英国赠款小流域治理管理项目相继启动实施,外资利用规模进一步扩大。三是积极开展沙棘援外项目。2001 年经商务部批准组织实施"中国援助玻利维亚沙棘种植示范区"。

(十)加强机构能力建设,为水土保持事业发展提供组织保障

改革开放 30 年来,我国水土保持机构,从行政管理、科学研究到学术团体等,从中央到地方,逐渐发展壮大,为我国水土保持工作的健康发展提供了机构队伍保证。同时,极大地提高了水土保持的社会服务能力。一是行政管理机构。1994 年,水利部设立水土保持司。各流域机构、省级水行政主管部门以及水土流失比较严重的地、县大多设立了水土保持管理机构。二是协调机构。目前,黄河中上游、长江上中游成立了水土保持委员会,大部分水土流失较为严重的省、地、县(市、区、旗)也成立了相应级别的水土保持委员会。三是水土保持科研机构。水利部成立了水土保持生态工程技术研究中心、水利部草地水土保持中心、水利部植物开发管理中心。中国科学院的一大批科研院所也都广泛参与了水土保持领域的科学研究。黄河、长江等流域机构和陕西、甘肃等 10 个省设有水土保持研究所。四是水土保持教育机构。全国设有水土保持、荒漠化防治等相关专业的大专院校达 19 所,有 40 所大学和研究机构开展水土保持专业研究生教育,现有博士点 9 个、硕士点 34 个,培养了一大批水土保持专业人才。五是水土保持学术团体。1985 年,中国水土保持学会成立,并设有多个专业委员会。六是建立水土保持资质管理制度。先后开展了水土保持方案编制、监测评价、工程监理等资质的管理工作。全国现有水土保持方案甲级资质编制单位 114 家,乙、丙级资质单位 1 000 多家;有 5 000 多人获得了水土保持方案编制资格证书。全国有水土保持监测甲级资质编制单位 91 家,乙级资质单位 173 家。

二、启示

改革开放 30 年来,我国水土保持工作积累了丰富的防治经验,取得了显著成效。当前我国水土流失仍然量大面广,侵蚀严重,防治任务十分艰巨,在今后相当长的一个时期内,我国人口、资源、环境矛盾将更加突出,特别是在城市化、工业化进程中,开发建设强度加大,新的水土流失不断产生,未来防治形势严峻。改革开放 30 年来的发展历程和成功经验为我们应对新的形势和挑战提供了重要的启示,近期我国水土流失防治必须以科学发展观为指导,特别要做好"五个坚持",继承好、运用好和发扬好改革开放的成果和经验:一是在防治战略上,坚持预防保护与综合治理"两手抓"。一方面,坚决贯彻预防为主、保护优先的方针,严格执法,控制新的人为水土流失,不欠或者少欠新账;另一方面,加快严重流失区的治理,加大生态修复力度,快还旧账。二是在指导思想上,坚持妥善处理生态与经济的关系,努力实现生态、经济和社会效益相统一。把治理水土流失与群众脱贫致富紧密地结合起来,调动群众治理开发的积极性。三是在技术路线上,坚持以小流域为单元,因地制宜,科学规划,分区防治,工程措施、生物措施和农业技术措施优化配置,山水田林路村综合治理。同时,充分发挥大自然生态自我修复能力,加快水土流失防治步伐。四是在组织管理上,坚持强化政府行为,切实加强对水土保持工作的领导。把防治水土流失列入地方各级政府重要议事日程,实行目标责任制,积极推动组织协调,一级抓一级,确保实效,同时将其作为长期任务,制定长远规划,一届接着一届干,一届干给一届看。五是在政策机制上,坚持改革创新,积极依靠政策调动社会力量投入和治理。通过制定和完善优惠政策,调动全社会参与治理水土流失的积极性,实现水土流失治理主体的多元化、投入来源的多样化,促进全社会办水保,以水土资源的可持续利用和生态与环境的可持续维护,促进经济社会的可持续发展。

(发表于《中国水利》2008 年第 24 期)

总结经验　积极探索
建立和完善水土保持补偿机制

近年来,各地积极探索建立水土保持补偿机制,取得了实质性进展和明显效果,并且积累了很多好经验、好做法,为水土保持事业发展提供了动力、增添了活力。在新的形势下,加快建立水土保持补偿机制势在必行,必须积极推进,有所作为。

一、建立和完善水土保持补偿机制意义重大

国内外实践证明,建立和完善水土保持补偿机制,有利于推动"资源有价、环境有价、生态功能有价"观念成为全社会价值取向,提高全民保护水土资源和生态环境意识;有利于培育水土保持新的投入增长点,加大防治水土流失投入力度,加快水土流失防治进程;有利于协调相关利益各方关于水土保持生态建设效益与经济利益的分配关系,促进经济发展与水土保持生态建设,以及城乡间、地区间和群体间的公平和社会的协调发展,实现资源的可持续利用和生态环境的可持续维护,构建和谐社会,推动经济社会可持续发展。

(一)创新了水土保持发展机制

建立和完善水土保持补偿机制,符合科学发展观关于加快转变经济增长方式、构建资源节约型和环境友好型社会的要求,是水土保持事业深化改革、适应新形势发展的重大举措和机制创新。水土保持补偿机制是为控制水土流失,维护和提高水土保持功能,保障水土资源的可持续利用,调整水土保持相关群体利益关系的一种机制。这种机制是以调整利益关系为切入点,充分发挥市场机制的作用,运用法律手段和政策措施,来明确和规范水土保持责任和义务。就我国具体国情而言,水土保持补偿机制至少包含三个方面:一是惩戒性补偿,利用经济手段对降低或破坏水土保持功能的行为进行控制,内化经济活动的外部成

本;二是预防性补偿,对因采取预防保护措施的区域或个人牺牲的发展机会进行补偿;三是恢复性补偿,对重要生态功能区、水土流失严重区的治理投入等。

从运作方式来看,水土保持补偿机制是以利益调节为核心的水土保持新型管理机制,既不同于强制性的命令、指示和行政规定,又不单是立法和司法等法律手段,而是经济、法律和行政等多种手段的综合运用。我国水土流失不仅量大面广、危害严重,而且成因十分复杂,既有历史的和自然的原因,又有现代人为活动的原因,防治任务非常艰巨,单一手段很难奏效。相比而言,在一定条件下,经济手段可以采取梯度标准和措施,兼具约束与激励功能,调节了"刚性"法律手段的灵活性不足以及"强制性"行政手段的弹性不足。因此,以经济调节手段为核心、以法律手段和行政手段为形式的水土保持补偿机制,在今后水土保持事业发展中将愈来愈发挥不可或缺的重要作用。

(二)增强了生产建设单位的水土保持意识

生产建设活动扰动地表,破坏水土资源,损毁水土保持设施,降低水土保持功能,恶化生态环境,引发一系列危害。客观地说,生产建设活动造成水土流失并非生产建设单位主观使然,在经济学中称为生产建设活动的负外部性或外部成本。根据外部性原理,外部成本的存在造成资源不能实现最优配置。为消除这一影响,实现资源优化配置,必须内化外部成本,征收补偿费是目前国际上通常采用的方法,即依据"谁破坏、谁付费"的原则,对生产建设单位征收水土流失补偿费。计征标准根据破坏程度确定,即破坏程度越大,征收额度越高。应该说,这一制度非常有效地防止了人为水土流失。生产建设单位作为社会的经济单元,具有追求利润最大化的必然性。为了实现利润最大化,生产建设单位进行成本比较的结果,就是尽可能减少补偿费所消耗的利润,一方面,尽可能少占地以减少扰动和破坏范围;另一方面,积极采取措施以减轻扰动和破坏强度,减少生产建设活动对生态环境破坏的随意性,降低成本,进而强化了生产建设单位的水土保持意识。

(三)弥补了水土流失防治投入不足

我国水土流失面广量大,仅靠国家投入治理远远不够,必须建立多元化的投入机制。国家投入主要用于水土流失严重地区和生态脆弱地区的治理和保护。人为活动造成新的水土流失的防治则按照"谁造成水土流失、谁负责治理"的原则,落实经费;造成水土保持功能降低或丧失的,采取统一征收水土流失补偿费,有计划地用于当地和异地治理,以提高区域整体水土保持功能。同时,还可以通过建立专项基金、推行产品认证和信用交易等多元化的补偿方式,大幅度增加水土保持投入。

(四)促进了地区间和代际间公平

依据"谁破坏、谁付费,谁受益、谁保护"的原则,建立水土保持补偿机制,可以调整上下游之间、区域之间,以及生态受损和影响区域因水土保持而导致的发展机会不均等,进而促进地区间的平等;同时,通过建立水土保持补偿机制,既保护了水土资源和生态环境,实现了可持续发展,保障了后代可消耗水土资源的数量、质量以及从中获益的可能性,又协调了代际间经济发展与水土资源保护的矛盾,促进了代际间的公平。

二、建立水土保持补偿机制时机已基本成熟

总体看来,建立和完善水土保持补偿机制的各种条件已具备,时机基本成熟,具有现实性和可操作性。

(一)法律依据充分

1993 年 8 月 1 日出台的《〈中华人民共和国水土保持法〉实施条例》第二十一条规定:"任何单位和个人不得破坏或者侵占水土保持设施。企业事业单位在建设和生产过程中损坏水土保持设施的,应当给予补偿。"这是我国首次以法律规定的形式提出了水土保持补偿的概念。

各地根据《中华人民共和国水土保持法》及其实施条例的规定,进一步对征收水土流失补偿费进行规定,并由水利、财政、物价等部门联合发布了水土流失补偿费征收、使用和管理办法,这些法律法规的制定为建立水土保持补偿机制提供了重要的法律依据。

(二)国家政策支持

进入 21 世纪,党中央、国务院连续制定出台了一系列关于生态补

偿的政策文件。2005 年 6 月 27 日《国务院关于做好建设节约型社会近期重点工作的通知》(国发〔2005〕21 号)要求:"完善有利于节约资源的财税政策。……在理顺现有收费和资金来源渠道的基础上,研究建立和完善资源开发与生态补偿机制。"2005 年 12 月 3 日《国务院关于落实科学发展观加强环境保护的决定》(国发〔2005〕39 号)指出:"要完善生态补偿政策,尽快建立生态补偿机制。中央和地方财政转移支付应考虑生态补偿因素,国家和地方可分别开展生态补偿试点。"

针对我国水土流失非常严重、治理任务十分艰巨的现实,党中央、国务院的多个重要文件都专门提到了要建立和完善水土保持补偿机制。早在 1993 年《国务院关于加强水土保持工作的通知》就提出:"对已经发挥效益的大中型水利、水电工程,要按照库区流域防治任务的需要,每年从收取的水费、电费中提取部分资金,由水库、电站掌握用于本库区及其上游的水土保持。"2005 年 12 月 31 日《中共中央 国务院关于推进社会主义新农村建设的若干意见》(中发〔2006〕1 号)明确提出:"建立和完善生态补偿机制。……加强荒漠化治理,积极实施石漠化地区和东北黑土区等水土流失综合防治工程。建立和完善水电、采矿等企业的环境恢复治理责任机制,从水电、矿产等资源的开发收益中,安排一定的资金用于企业所在地环境的恢复治理,防止水土流失。"2007 年 12 月 31 日,《中共中央 国务院关于切实加强农业基础建设进一步促进农业发展农民增收的若干意见》(中发〔2008〕1 号)要求:"深入实施天然林保护、退耕还林等重点生态工程。建立健全森林、草原和水土保持生态效益补偿制度,多渠道筹集补偿资金,增强生态功能。"2008 年 12 月 31 号,《中共中央 国务院关于 2009 年促进农业稳定发展农民持续增收的若干意见》(中发〔2009〕1 号)进一步要求:"提高中央财政森林生态效益补偿标准,启动草原、湿地、水土保持等生态效益补偿试点。"2009 年 12 月 31 号,《中共中央 国务院关于加大统筹城乡发展力度 进一步夯实农业农村发展基础的若干意见》(中发〔2010〕1 号)又强调"加大力度筹集森林、草原、水土保持等生态效益补偿资金。"中央文件多次明确提出建立健全水土保持补偿机制,为大力推进水土保持补偿机制建设提供了重要的政策支持。

（三）实践经验成熟

水土保持补偿机制涵盖范围较宽，既有通过国家财政转移支付对水土流失严重地区实施重点治理，又有上下游以及水土资源保护区与受益区之间的效益补偿；既有资源开发对生态环境造成影响的补偿，又有生产建设活动破坏水土保持设施、降低水土保持功能的补偿。就水土流失补偿费而言，目前全国有 30 个省（自治区、直辖市）相继制定出台了水土流失补偿费征收使用管理办法，尽管在名称、范围、标准等方面存在差异，但实质都是对扰动地表、破坏水土资源、降低水土保持功能的生产建设活动征收水土流失补偿费，用于本地或异地水土流失防治。如陕西省于 2008 年进一步完善了能源开采水土流失补偿费制度，根据开采产量，对煤炭、石油、天然气资源开采企业征收水土流失补偿费，用于水土流失防治；河北省邯郸、唐山等 6 市从 2008 年开始针对水源区水土流失防治采取了受益补偿形式，即按照一定比例从供水水费中提取资金用于库区水土保持；山西省建立了煤炭可持续发展基金和矿山环境恢复治理保证金制度，根据煤炭开采量征收补偿费，将部分资金用于水土流失防治。同时，一些地方开拓思路，探索出了多种补偿方式，取得了较好的效果。山西柳林、晋城，内蒙古准格尔旗，河南义马等地，针对矿产资源开发造成严重水土流失的问题，当地政府积极引导，采取了"一企一矿治理一山一沟""以工补农、以黑补绿""一企一策治理一山一沟"等方式，本着"谁开发、谁保护，谁造成水土流失、谁负责治理"的原则，要求从事煤炭及其他矿产资源开发的工矿企业，承担一条小流域或一座山的治理任务，有效协调了资源开发与水土保持的关系，为建立和完善生产建设项目水土保持补偿机制积累了丰富的经验。

对由历史原因造成的水土流失的治理，国家采取了财政补贴和当地群众投工投劳的形式。如全国八片水土保持重点防治工程、黄河上中游水土保持重点治理工程、长江上中游水土保持重点治理工程、黄土高原水土保持世界银行贷款项目等的成功实施，为通过财政转移支付和利用外资防治水土流失提供了典型。我国已经实施的退耕还林、退牧还草、京津风沙源治理等工程，采取的中央财政转移支付、"粮食换绿色"等方式也都为建立和完善水土保持补偿机制提供了良好借鉴。

（四）社会环境有利

中央关于建设生态文明的总体要求，为开展水土保持补偿工作创造了新的机遇和条件。我国经济社会发展、人们生活水平的提高，也促使公众对生态环境的需求发生了实质性的变化，逐渐由要求生态环境提供有形产品转向以提供无形的生态服务为主。较之以往，社会公众关心、支持水土保持的越来越多，参与的程度越来越高，为建立和完善水土保持补偿机制营造了良好的群众基础和社会氛围。同时，随着我国经济发展总体水平的提高，国家和地方经济实力的逐步增强，为建立和完善补偿机制，实现工业反哺农业、支持生态建设，提供了有力的资金保障。

三、积极推进水土保持补偿机制建设

（一）大力推广陕西等地经验

陕西省在建立和完善水土保持补偿机制过程中，积极进取，开拓创新，取得了突破性进展。总结陕西省的成功经验，可以概括为六点：一是以修订《陕西省〈水土保持法〉实施办法》（简称《办法》）为切入点，定位明确。修法与制定新的规定相比，不仅减少了中间环节、降低了工作难度，而且重点突出、力求实效，并保持了政策的连续性。二是积极争取省政府及相关部门的支持。生态补偿涉及利益调整，环节多，关系复杂，由省政府统一领导、多部门配合与支持，便于相关各方理清关系、明确职责，减小制度出台的阻力。三是深入开展基础研究，提供了科学、合理的水土流失补偿标准测算方法，为建立新机制提供扎实基础。四是抓关键环节。《办法》修订的整个工作重点围绕"扩大范围，提高标准"展开，即在过去征收补偿费的基础上，根据新形势、新情况，扩大征收范围，提高补偿标准。五是工作团队协作有效，形成合力，积极行动做好全面工作。六是后续工作有序推进。在制定《办法》的基础上，制定了资金管理使用规划和管理办法，健全了资金监管机制。

陕西等地在推进水土保持补偿机制建设方面的做法，再一次表明，找准关键、选准切入点才能事半功倍，取得突破。

（二）抓好关键环节

现有水土保持补偿机制存在补偿范围小、标准低、形式单一等问题，降低了补偿制度在防治水土流失中的作用。因此，新形势下水土保持补偿机制的建立和完善工作应紧紧围绕"扩大范围，提高标准，创新形式"，深入展开，以取得水土保持补偿工作的新突破。

（1）扩大范围。主要是指通过健全机制，扩大补偿机制的作用范围和征收范围。尤其是生产建设项目水土保持补偿，既包含对损坏水土保持设施、降低水土保持功能的补偿，又包含对生产建设过程中造成水土流失危害的补偿。现行生产建设项目水土保持补偿机制，作用范围仅限于"三区"范围内的五类项目，且只包含建设阶段，涉及范围较窄，将许多应该采取水土流失防治措施的生产建设活动置于约束之外。因此，必须从当前实际情况出发，在扩大监管范围的同时扩大征收范围。

（2）提高标准。主要是提高补偿费的计征标准。现有生产建设项目水土保持补偿费的计征标准大都是在我国20世纪90年代初的物价水平上确定的。与之相比，当前物价水平、人力资源价格都有了很大涨幅，因此补偿费计征标准也需同比增长。另外，现行标准大都是以征占面积为基础测算的，在很大程度上没有反映不同行为方式造成水土流失的特征和危害程度，不尽科学、合理。提高补偿费征收标准势在必行，补偿标准评价指标体系和标准测算方法需逐步完善。

（3）创新形式。主要是指探索多种补偿方式。目前，陕西、山西等地已经出台了相关政策，辽宁、云南、内蒙古、四川、甘肃等省（直治区）也在积极行动。但总体上还是主要集中在能源、资源开发水土保持补偿领域，关于预防保护以及流域上下游间水土保持补偿的研究和实践探索较少。因此，在推进能源资源开发水土保持补偿工作的同时，也应在其他领域积极探索，提出适合不同领域、不同补偿客体的形式多样的补偿类型，推动水土保持补偿工作整体向前发展。在一些地区，要积极争取把区域性水土保持补偿纳入国家和地方生态补偿范围。

（三）加强基础研究和调研

水土保持补偿相关基础研究滞后，很难为实践提供有力的支撑，成

为制约当前水土保持补偿全面实施的一个重要因素。因此,各地应结合自身实际,加强相关基础研究和调研工作,重点解决以下问题:

一是关于为什么要进行水土保持补偿。水土保持补偿是生态补偿的一个重要组成部分,与其他生态补偿既相联系又有区别,不能完全套用其他生态补偿的措施和方法。各地应在深入剖析水土保持补偿的机制、特征,分析比较水土保持补偿与相关生态补偿异同的基础上,提出建立和完善水土保持补偿机制的实施方案。尤其要明确建立水土保持补偿机制的必要性和重要性。

二是关于补偿范围、对象以及方式。依据各省自然地理资源特征和人文社会特征,以及水土流失严重程度,分析确定各自补偿范围、领域和适宜采用的方式。

三是关于征收标准测算方法。水土保持补偿的客体是水土保持功能,但目前还没有公认的关于水土保持功能的评价指标体系和测算模型,补偿标准难以科学界定。应以水土保持学、生态学、经济计量学等学科相关理论为基础,研究确定补偿额度测算模型,提出科学、公认的标准测算方法。在此基础上,根据各地实际,确定针对不同补偿对象和范围的补偿标准。

(四)由点到面,循序渐进

水土保持补偿涉及利益关系调整,实施起来具有一定的复杂性和难度,另外还缺乏经过实践检验的、科学的水土保持补偿标准确定方法与政策体系。在具体实践中,各地应借助已有成果,可先行试点,探索建立水土保持标准评价指标体系和测算模型、补偿渠道、补偿方式和保障体系,在总结试点成功经验和方法的基础上,逐步深入展开。

(发表于《中国水土保持》2010 年第 12 期)

依靠政策　创新机制
积极引导民间资本参与水土流失治理

　　治理水土流失、改善生态环境,是一项利在当代、功在千秋的伟大事业。近年来,随着国家财力的快速增长,国家加快了水土流失防治进程,但现有投入力度与艰巨的治理任务和群众不断增长的需求相比,差距仍然很大。为此,国家出台政策,鼓励社会各界广泛参与水土流失治理,民间资本逐步成为我国水土保持生态建设领域的重要补充。总体来看,民间资本参与水土流失治理势头好、活力足、潜力大,但发展过程中也还面临着一些困难和问题,必须制定优惠政策,创新机制,进一步调动民间力量参与水土流失治理的积极性,形成"水保为社会,社会办水保"的局面,以加快治理速度,改善生态环境,实现生态文明的目标。

一、民间资本治理水土流失的背景与现状

(一)民间资本的概念

　　民间资本是中国特有的概念,目前还没有统一的定义。一般说来,民间资本是指掌握在民营企业以及股份制企业中属于私人股份和其他形式的所有私人资本的统称。

　　改革开放以来,我国以市场经济为取向的改革,创造了大量的社会财富,集聚了大量的民间资本。在水土保持生态建设领域,民间资本在治理水土流失的同时,也获得了应有的增值能力,成为治理水土流失的重要投入力量。

(二)民间资本参与水土流失治理的背景

　　民间资本治理水土流失起步较早,规模不断扩大,大体可分为三个阶段:一是20世纪80年代初以户承包治理小流域,其基本特征是在水土流失地区,农民以户为单位,承包荒山、荒沟治理,典型代表是山西省河曲县的农民苗混瞒。农民通过承包合同,拥有长期的土地使用经营

权。政府出台政策发证予以保护,让农民吃上定心丸。农民在自家经营的土地上投入资金、劳力,获得了经济回报,同时也有效地治理了水土流失。尤其在黄土高原地区,形成了千家万户治理千沟万壑的局面。二是90年代初"四荒"拍卖,对集体所有的荒山、荒坡、荒沟、荒滩,面向社会拍卖使用权,使用期一般为10～70年,最长的达100年。参与购买"四荒"的有个人、单位、社会团体、企业等。在全国率先开展"四荒"拍卖的有山西省吕梁市和黑龙江省牡丹江市等地,其做法得到了中央的充分肯定,并以国务院文件的形式对拍卖形式、程序、权益等予以规范,极大地调动了社会力量治理水土流失的积极性。三是本世纪初的大户治理。所谓大户就是拥有比较雄厚资本的私人和股份制企业,这些大户多数是在从事其他产业的同时将剩余资金投资开发利用水土资源,发展风险小、可长期回报、收入相对稳定的特色产业或休闲观光项目。水土流失区通过高标准治理,为大户进一步发展创造了条件,其特点是按园区打造,单位面积投资大、规模开发、高标准治理、效益明显、科技和管理发挥重要作用,呈现出新一轮的民间资本治理水土流失的高潮。

(三)民间资本治理水土流失的现状

据不完全统计,2000～2012年,全国累计有10万多大户参与水土保持工程建设,投入资金279亿元,基本与同期国家水土保持重点工程中央资金相当;高标准治理水土流失面积4.65万 km^2,约为同期全国水土流失治理面积的25%。其中,2010年国务院"新36条"(《国务院关于鼓励和引导民间投资健康发展的若干意见》)发布以来,全国大户参与水土保持工程建设累计投入资金近100亿元。

大户治理坚持集中治理、连片治理、高标准治理,建设规模在千亩(15亩为1 hm^2)、万亩以上,投入千万元、亿元以上的不在少数,治理标准有的高达每亩上万元,是国家重点治理投入标准的10倍以上。大户治理在投资方式上,有农民大户、公司+农户、农村合作社独立出资、股份合作等;在参与方式上,有个体经营型、民办公助型、专业合作型、企业助推型、农场开发型、园区建设型等;在开发模式上,有林果产业型、循环经济型、生态经济型、观光农业型等。

（四）民间资本参与水土流失治理的动因

民间资本大户参与水土流失治理初衷各异,归纳起来主要有以下几个方面。

一是回报家乡的需求。一些从贫困山区走出来的成功人士,多年后回到老家看到乡亲们依然贫困、生存环境依然恶劣,就萌生了为家乡办点实事的念头。如何回报家乡、造福家乡,围绕水土资源做文章往往是一个重要的选择。如山西省著名企业家邢利斌,在个人事业成功后,为改变家乡贫困落后、水土流失严重的面貌,2010 年出资 1.5 亿元成立了山西联盛农业开发有限公司,对柳林县留誉镇 52 个自然村的 2 667 hm^2 土地进行流转,山水田林路村企统一规划、综合开发,打造生态农业园区。至 2012 年初,园区已累计投入 12 亿元,修建梯田 2 400 hm^2、大坝 63 座,发展核桃、钙果林 1 530 多 hm^2,并建设了万亩苗木基地和万亩高粱种植基地,在治理水土流失的同时,也为当地群众到园区打工挣钱提供了方便,使祖祖辈辈贫困的家乡人终于看到了希望。

二是投资收益的需求。近年来,随着国家产业结构的调整,一些眼光敏锐的民间资本大户依据多年的实践经验,认识到生态建设是一个商机巨大、尚待开发的领域。其准入门槛低、经营风险小,投入、经营方式灵活,收益长期稳定,资产保值增值能力强的特点,吸引了一大批有实力、懂经营、会管理的民间资本大户致力于水土保持特色产业开发。2000 年,江西省赣南市安远县独立崇观光果业公司,看准赣南山区发展脐橙果业的巨大潜力,承包荒山 1 000 hm^2,投入 2 500 多万元,在进行小流域综合治理的基础上,开发以种植脐橙为主的山地果园 800 hm^2,经多年连续投入和悉心管护,现今果园喜获丰收,年产脐橙 2.4 万 t,产值达 4 800 万元,投资回报率远高于一般行业。

三是休闲养老的需求。改革开放 30 多年来,随着国民物质生活水平的逐步提高,广大人民对生态环境、生态产品的需求也越来越旺盛,促生了一批民间资本大户,立足生态环境建设领域,开发生态旅游、休闲养老产品。如山西省晋中市榆次区大户左青艳,承包荒沟、荒坡 133.33 hm^2,利用其交通便利的区位优势,通过建设采摘园、住宿窑洞、餐饮娱乐设施,举办帐篷音乐节、采摘节、一日游等活动,打造成远近闻名的生态休闲庄园。目前,晋中市榆次区、左权县已发展类似的生态庄园 300 多处,吸引了大批休闲观光游客。广东华银集团瞄准高端休闲度假市场,发挥大企业的优势,对广东省梅县雁洋镇南福村雁鸣湖 8 km^2 的水土流失区分期进行高标准治理开发,经近 20 年的持续投入和建设,打造成了以生态休闲、有机农业为主题的旅游度假村。昔日寸草不生的"茅草岗"现已变为国家 4A 级旅游景区。

四是改善生态的需求。良好的生态环境是经济社会可持续发展的基石。生态建设作为一项公益性事业,需要社会各界的广泛参与。随着生态保护意识和社会责任感的普遍提高与增强,一些公司、企业、个体资本大户积极参与到水土保持生态建设中来。如甘肃省漳县大户蔡含真,为弥补自己做木材生意对环境造成的破坏,于 1995 年购买"四荒"地 1 765.13 hm^2,先后投入资金 1 500 多万元,完成林地改造更新 824 hm^2、封育 812.47 hm^2,治理区生态环境得到了明显改善;河北省唐山迁安市瑞阳现代农业园董事长苏议,为补偿自己当年开矿对环境造成的破坏,2011 年以来累计投入 1.6 亿元,将一座千疮百孔的废弃矿山建设成一处青山绿水的现代生态农业园区,成为当地生态建设的典范。

二、民间资本治理水土流失的作用与意义

(一)增加了治理水土流失的投资渠道

我国水土流失面广量大,经过长期不懈的努力,虽然取得了令人瞩目的成绩,但与全面实现小康社会的战略目标和生态文明建设的要求还有很大差距。历史欠账多、治理任务重、国家投入有限,是多年来水土流失治理面临的现实问题。为增加投资渠道,加快治理步伐,国家和一些地方政府陆续出台一些鼓励和引导政策,吸引民间资本参与水土流失治理。实践证明,民间资本已成为国家水土流失治理投入的重要补充,鼓励和引导民间资本参与水保生态建设是新时期、新形式下水土保持工作的重要内容,也是目前国家在治理资金不足的情况下,加快治理速度、改善生态环境、促进经济社会发展的有效途径。

（二）开发了当地的特色产业

经过市场经济的磨炼，民间资本大户一般呈现出如下几个特点：一是有一定的经济实力；二是有较强的经营管理头脑；三是注重新技术、新产品的开发和应用；四是注重规模化生产、集约化经营；五是善于观察和掌握市场动态。基于这些特点以及资本的逐利性，民间资本大户在参与水土流失治理时，因地制宜进行特色产业开发，以实现效益的最大化。有的以建设经济林果为治理方向，形成了一批响当当的水保亮点产品和优势产业，如江西赣南的脐橙、甘肃定西的马铃薯、河北冀东的板栗、安徽金寨的茶叶等水土保持产业带的形成和培育成功，与广大民间资本的积极参与是分不开的；有的治理后开发旅游、餐饮等休闲娱乐产业，发展生态经济；有的在种植的基础上配套发展养殖与加工业，实行农工商一体化，发展循环经济，取得了较好的效果。

（三）促进了当地群众增收致富

民间资本大户参与治理的区域多位于生产生活和交通区位条件较差的山丘区，吸引企业进行高层次产业开发往往比较困难。民间资本参与水土流失治理，能充分发挥山丘区农村土地、劳力和特色资源优势，对促进社会主义新农村建设和农民增收、农业增效、农村发展，实现共同富裕起到了积极的作用。据不完全统计，2010～2012年，全国民间资本参与水土保持生态建设共吸收农村剩余劳动力200多万人、促进脱贫致富150万人，年人均增收可达千元甚至万元以上。同时，民间资本通过承包、租赁、拍卖等方式，流转荒山荒地进行集约化治理、开发和经营，延长了农业产业链条，为实现传统农业向现代农业转型起到了很好的推动和探索作用，也为农民能腾出时间和精力从事养殖业或外出务工挣钱创造了条件。

（四）发挥了示范、带动作用

民间资本大户舍得投入，注重规模化、标准化治理和科技应用，因地制宜进行产业开发，发挥懂经营、善管理的特长，硬是把一片片荒山、一条条荒沟改造成瓜果飘香、山清水秀的花果山、生态沟，用实实在在的治理成果和良好的收益，激发了周边群众和广大社会力量参与水土流失治理的热情。同时，民间资本大户通过土地流转政策，将一些国家和地方水土保持项目治理成果从农民手中流转过来,明确产业开发方向,投入一定资金,进行再治理、再巩固、再提高,并从中获益,示范和带动项目区群众主动对治理成果进行经营管理,变要我管为我要管,确保工程建设治一片、成一片、发挥效益一片。

三、当前推进民间资本治理水土流失的有利条件

(一)国家推进生态文明建设为民间资本参与创造了环境

水土保持是建设生态文明社会的重要组成部分,是国土整治、江河治理的根本,是国民经济和社会发展的基础,是我国必须长期坚持的一项基本国策。党的十八大报告,把生态文明建设放在突出地位,融入经济建设、政治建设、文化建设、社会建设各方面和全过程,列入五位一体进行总体布局。2013年中央一号文件,明确要大力推进农村生态文明建设,加强农村环境保护和综合整治,努力建设美丽乡村,并鼓励资本下乡,发展包括乡村旅游和休闲农业在内的农村特色产业。国家这一生态战略部署,在对新时期水土保持生态建设工作提出更高要求的同时,也为民间资本参与水土流失治理提供了更为广阔的发展空间和发展前景。

(二)民间资本的快速聚集为民间资本参与营造了内力

近年来,随着我国经济的持续高速发展,民间聚集了大量闲置资金。据有关部门公布的统计数据,2002年全国城乡居民储蓄存款余额超过8万亿元,到2011年年底,这一数字已上升至34万亿元,占当年国内生产总值47万亿元的72.3%。其中,相当比例的闲置资金急需寻求好的投资项目,以实现资产的保值增值。从以往实践和长远预期来看,水土保持生态建设领域是一个非常好的投资方向:一是准入门槛低,投入方式灵活;二是生态产品需求市场波动小,风险可控性强;三是投资回报期长,一朝投入长期受益;四是市场处于发育期,增长潜力巨大,是一个新兴的朝阳产业。

(三)地方政府的大力支持激发了民间资本参与的活力

随着越来越多的民间资本参与水土保持生态建设并呈现出蓬勃的生机和活力,一些地方政府敏锐地意识到,利用好这支潜力巨大的民间

生态建设队伍,是贯彻落实国家生态文明建设战略、加快推进水土流失治理的一个重要途径,纷纷研究出台鼓励和引导政策。如在项目支持上,贵州、重庆等地发挥政府的协调优势,在国家政策允许的范围内,利用国家和地方相关项目,帮助建设水利、道路等基础设施;在资金支持上,重庆市綦江区制定专项资金奖励扶持办法,2008 年以来采取民办公助、先建后补方式,支持民间组织参与水保生态建设的资金达 3.85 亿元,带动民间资本投入高达 8.78 亿元;在技术支持上,河北、山西、贵州等地的水利水保部门,主动为规模以上的示范户免费提供规划设计、技术咨询和指导等服务。类似支持政策的出台,调动了民间资本参与水土流失治理的积极性。

(四)政策法规的逐步完善为民间资本参与提供了保障

2008 年,《中共中央 国务院关于全面推进集体林权制度改革的意见》(中发〔2008〕10 号),对林地承包经营收益权做了明文规定,要求各级政府征收使用治理成果时需要进行补偿。2010 年,《国务院关于鼓励和引导民间投资健康发展的若干意见》(国发〔2010〕13 号)明确要求切实保护民间投资的合法权益,培育和维护平等竞争的投资环境。2012 年,水利部出台的《鼓励和引导民间资本参与水土保持工程建设实施细则》(简称《实施细则》)(水规计〔2011〕283 号),专门对参与水土流失治理的治理开发权、成果交易权等进行了明确。《中华人民共和国水土保持法》(简称《水土保持法》)、《中华人民共和国农村土地承包法》(简称《土地承包法》)、《中华人民共和国土地管理法》(简称《土地管理法》)等法律法规,就使用权、收益权、转让权、继承权等在内的相关权益保障制度都做出了专门规定。国家和地方政府相关权益保障政策法规的出台,消除了民间资本参与水土流失治理的后顾之忧。

四、国家支持民间资本治理水土流失的主要政策措施

(一)在技术支持方面

《水土保持法》第三十三条规定:"国家鼓励单位和个人按照水土保持规划参与水土流失治理,并在资金、技术、税收等方面予以扶持。"

国务院国发〔2010〕13号文提出要建立健全民间投资服务体系,积极培育和发展为民间投资提供法律、政策、咨询、财务、金融、技术、管理和市场信息等服务的中介组织。《实施细则》第十二条、第二十条进一步明确,各级水行政主管部门应主动为民间资本水土保持工程建设提供技术服务支持,指导民间资本投资人做好治理工程设计和建设管理等工作;县级水行政主管部门应公告辖区水土保持规划和近期治理范围,为民间资本投资人提供有关水土流失治理信息,引导民间资本投资人在公告区域范围内进行相关水保工程建设。

（二）在资金支持方面

《水土保持法》释义指出,采取投资补贴、以奖代补、民办公助等手段,对公民、法人和其他组织开展的有利于水土保持的生产方式和技术措施给予扶持。《实施细则》第十条指出,按照相关政策规定,中央和地方各类用于水土流失治理的资金可以对规划范围内民间资本水土保持工程建设给予支持。

（三）在贷款优惠方面

中共中央、国务院中发〔2008〕10号文就如何推进林业投融资改革也明确规定,金融机构要开发适合林业特点的信贷产品,拓宽林业融资渠道;加大林业信贷投放,完善林业贷款财政贴息政策,大力发展对林业的小额贷款;完善林业信贷担保方式,健全林权抵押贷款制度。《水土保持法》释义指出,要设立长期无息或低息生态贷款,鼓励企业和群众大面积承包水土流失土地的治理,也鼓励企业融资建立生态基地。《实施细则》第十一条规定,各类金融机构应按国家有关政策规定积极支持民间资本开展水土保持工程建设和水土保持植物开发利用。

（四）在权益保障方面

《水土保持法》第三十四条规定:"国家鼓励和支持承包治理荒山、荒沟、荒丘、荒滩,防治水土流失,保护和改善生态环境,促进土地资源的合理开发和可持续利用,并依法保护土地承包合同当事人的合法权益。"《土地承包法》第九条规定:"国家保护集体土地所有者的合法权益,保护承包方的土地承包经营权,任何组织和个人不得侵犯。"《土地管理法》第三十八条规定:"国家鼓励单位和个人按照土地利用总体规划,在保护和改善生态环境、防止水土流失和土地荒漠化的前提下,开发未利用的土地;适宜开发为农用地的,应当优先开发成农用地。国家依法保护开发者的合法权益。"《实施细则》第十三条、十六条、十八条,对民间资本参与水土流失治理的治理开发权、水土保持工程设施的所有权和使用权,以及成果的继承、转让、转租、抵押、参股经营、征收补偿等权益进行了明确。

(五)在荣誉奖励方面

《实施细则》第十四条明确"县级以上人民政府对在水土保持工作中做出突出成绩的民间资本投资人,应依法予以表彰";第十五条明确"对民间资本投入较大、治理效果显著的水土保持工程,在工程竣工后,可以民间资本投资人名称标示"。

五、进一步做好民间资本治理水土流失的相关工作

(一)及时掌握参与治理情况

目前,一些地方民间资本参与水土保持生态建设呈多头管理或无人管理现象,造成情况不清或信息不对称,不便于规范管理和系统推进。各级应加强领导,一是要实行归口管理,明确行业管理部门,对民间资本参与治理项目建档立制,及时、全面掌握相关信息;二是按照《实施细则》要求,督促和指导民间资本参与大户特别是规模以上的大户,做好水土保持规划和有关规程规范及治理开发实施方案编制,并向县级水行政主管部门提出申请;三是依据实施方案,加强项目实施工作中的监督检查,及时跟进,掌握工程建设相关信息。

(二)加快落实相关配套政策

国务院国发〔2010〕13 号文、《实施细则》以及国家相关政策的出台,为民间资本参与水土流失治理创造了良好环境和条件。但目前多数省(市、区)对民间资本参与者最为关心的土地流转、银行贷款、项目支持、税费减免等问题还没有出台实质性的、可操作性强的配套政策。水利部门作为水土保持行业主管部门,应主动当好政府参谋,与相关部门搞好沟通协商,抓住当前有利时机,尽快研究制定和完善相关配套政策。

（三）搞好技术服务与指导

水土保持部门要进一步摸清水土流失状况，统筹规划，结合当地经济社会发展要求，明确防治区的功能定位，以便为政府决策提供依据，为民间资本参与治理提供参考。同时，相关业务部门、科研院所应面向水土保持民间资本这个大市场提供规划、设计等技术服务，定期对大户进行科技培训，提供产供销信息和科技资料。

（四）强化治理开发初期监管

从以往的建设实践看，民间资本大户在参与水土流失治理过程中，特别是在治理初期，由于开发强度较大，容易产生新的人为水土流失。为此，各级水利水保部门应加强监督检查，在保证参与大户享有相关合同权益时，严格履行水土保持责任义务，按照有关规划、标准和治理开发方案，保质、保量按时完成治理任务，防止造成新的水土流失。

（五）加大资金扶持力度

由于水土保持项目见效较慢、投资回报率不是很高、形成资产难以评估抵押，许多金融企业不愿向民间资本业主发放贷款、借款等，工程建设融资难度较大。建议各地依据国家相关政策，出台支持民间资本参与治理的小额低息、无息贷款具体政策。同时，加大项目支持，因地制宜研究出台专项资金奖励扶持政策，探索"以奖代补""先建后补"等激励机制。

六、加强政策宣传引导

各级政府应紧扣民间资本参与水土流失治理服务生态、促进民生的特点，不断总结，广泛宣传。要充分利用广播、电视、报刊、网络等新闻媒体，做好政策的解读，用生动的实例、鲜活的形式，宣传民间资本参与的重大意义、优惠政策和明显成效，总结推广先进典型，扩大工程实施的社会影响，在全社会营造关心、重视、支持民间资本参与水土流失治理的良好氛围。

（发表于《中国水土保持》2013 年第 11 期）

贯彻三中全会精神
深化水土保持改革

党的十八届三中全会是在我国改革开放新的紧要关头召开的一次重要会议，是全面深化改革的又一次总动员、总部署。会议提出了全面深化改革的指导思想、目标任务、重大原则，描绘了全面深化改革的前进方向和广阔前景，回应了群众的热切期盼，令人精神振奋、信心倍增。全会关于建立生态文明制度体系的一系列重大部署为深化水土保持改革发展提出了新的要求。

一、近年水土保持改革进展

一是建立社会力量投入水土流失治理的激励机制。在不断创新和完善以户承包、联户承包、拍卖治理、股份合作等机制办法的基础上，经过大量调查研究，水利部制定出台了《鼓励和引导民间资本参与水土保持工程建设实施细则》，明确了在技术、资金、政策等方面对民间资本的支持措施，有效调动了社会力量参与水土流失治理的积极性。据不完全统计，近10年，农民、大户和企事业单位投入水土流失治理资金已达300多亿元，接近于同期国家水土保持投入水平。社会资金的引入不仅大幅度增加了水土保持投入，有效弥补了国家投入不足，加快了水土流失治理步伐，而且通过发展农业特色产业、打造生态和休闲观光景区，在治理水土流失的同时，促进了地方经济发展，带动了水土流失区农民增收。

二是建立水土保持建设工程群众参与机制，调动当地群众积极性。国家水土保持重点建设项目积极推行了全过程群众参与机制。在项目实施前广泛征求群众意见，在实施中由群众参与建设并进行监督，在实施后将管护责任落实到户。这种建设管理机制赋予了群众更多知情权和监督权，极大地调动了当地群众治理水土流失的积极性，使群众投工投劳折资占比达到水土保持工程总投资的20%左右。

三是依法建立水土流失防治目标责任制。《中华人民共和国水土保持法》(简称《水土保持法》)第四条规定国家在水土流失重点预防区和重点治理区,实行地方各级人民政府水土保持目标责任制和考核奖惩制度。按照法律要求,目前已经开展了省级政府水土保持目标责任办法的研究制定工作。在充分调研、与相关部委座谈的基础上,初步形成了考核指标和考核内容。目前,8个省出台的水土保持条例或《水土保持法》实施办法中都明确作出了建立政府水土保持目标责任制的规定。

四是依法建立水土保持生态补偿机制。在大量调查和研究工作的基础上,《水土保持法》明确提出要建立水土保持生态补偿机制。第三十一条规定,国家加强江河源头区、饮用水水源保护区和水源涵养区水土流失的预防和治理工作,多渠道筹集资金,将水土保持生态效益补偿纳入国家建立的生态效益补偿制度。第三十二条规定,在山区、丘陵区、风沙区以及水土保持规划确定的容易发生水土流失的其他区域开办生产建设项目或者从事其他生产建设活动,损坏水土保持设施、地貌植被、不能恢复原有水土保持功能的,应当缴纳水土保持补偿费。通过法律的形式确立了"谁开发、谁保护,谁损坏、谁补偿,谁造成水土流失、谁负责治理"的原则,提供了向损坏和降低水土保持功能的生产建设项目征收水土保持功能补偿费的法律依据,符合三中全会关于建立生态补偿制度的要求。

尽管在改革方面进行了一些尝试,但我国水土保持仍面临着一系列突出问题和矛盾。一是全国仍有水土流失面积295万 km^2,治理任务非常艰巨,但目前的投入水平远远低于实际需求。二是边治理边破坏的现象还普遍存在。工业化、城镇化加快发展过程中,开发建设活动量大面广。据有关资料统计,我国每年平均搬动和运转的土石方量达到382亿 t,占全世界总搬运量的28%,每年因人为活动造成新的水土流失面积达1万多 km^2,破坏植被和生态环境,大量弃土弃渣进入江河湖库。三是基层水土保持技术力量和执法力量还比较薄弱。四是水土保持行政许可审批程序、行政效率仍需进一步简化、提高。

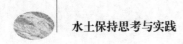

二、进一步深化水土保持改革的思路与措施

（一）创新改革管理，推动水土流失治理提速增效

一是依靠政策，大力推进民间资本治理水土流失。三中全会明确提出要建立吸引社会资本投入生态环境保护的市场化机制，我们将进一步加大工作力度，特别落实好水利部关于《鼓励和引导民间资本参与水土保持工程建设实施细则》，对民间资本在政策上予以优惠，在资金上给予支持，在规划制定、技术指导上加强服务，探索将国家重点治理资金的使用同民间资本结合起来，激发社会力量投资水土保持的活力，提高治理速度、效益和水平。

二是完善项目建管机制，更好地调动当地群众参与水土流失治理的积极性。根据水利部和国家发改委印发的《库区和移民安置区坡耕地水土流失综合治理试点项目村民自主建设管理指导意见（暂行）》，因地制宜采取理事会、合作社等形式组织村民自建，有效解决工程项目实施过程中财政评审和招标投标程序复杂、耗时长，易错过最佳施工时机等问题，既简化程序，又保证工程施工进度。同时，积极推行参与制和公示制，让群众参与工程建设的全过程，将群众由工程建设的被动受益者，转变为工程实施的组织者、建设的参与者、工程的所有者、后期管护者和成果享有者，充分保障群众的知情权、参与权、决策权和监督权，广泛调动群众参与水土流失治理的积极性，保障工程建设质量和效益的长久发挥。

三是建立和推行地方政府水土流失防治目标责任制和考核制。进一步推动落实地方政府水土保持目标责任制和考核奖惩制度。加大工作力度，确定科学合理的考核指标和简便易行的考核方式，逐步将水土保持的目标责任纳入地方政府年度综合目标考核之中。同时，加大对水土流失严重地区、水土流失重点预防区的监测力度。在监测评估的基础上，依法对目标责任落实情况进行考核。

四是加强协调，形成部门合力。在治理工作中，落实《水土保持法》相关要求，以水土保持规划为龙头，政府主导，统筹协调相关部门，整合资金，形成合力，共同推进实施山水田林路综合治理，工程、生物、农业措施相配套,系统修复生态环境,实现经济、生态和社会效益相统一。在生产建设项目管理工作中,明确交通、铁路、电力、矿山等行业、部门的水土流失防治法律责任,加大其对所属项目监管指导,形成齐抓共管防治人为水土流失的局面。

(二)加强水土保持社会化管理,保障水土资源的有序开发和有效保护

水土流失问题是我国重大生态环境问题,防治水土流失是政府必须强化的职能,要把依法行政、加强社会管理作为水土保持工作的重要职责,通过加强社会管理,实现由事后治理转向事前预防和保护、有效防治水土流失、保护生态环境的目的。

一是严格落实水土保持方案制度。依法把好水土保持方案审批关和验收关,严格落实生产建设项目水土保持"三同时"制度,控制人为新增水土流失。

二是加强监督管理。充分发挥流域机构和地方的作用,大力加强基层执法队伍能力,加大水土保持监督检查和违法案件查处力度,努力做到监管到位。

三是落实生态空间开发管制,划定生态保护红线。推动各级政府根据水土流失调查结果,依法将水土流失潜在危险较大区域划定为重点预防区,将水土流失严重区域划定为重点治理区,并向社会公告。将重力侵蚀危险区划定为禁止开发区,对水土流失严重、生态脆弱区域实行生产建设活动管制,对25°以上陡坡地禁止开垦种植农作物。

四是积极探索新型监管方式。全面提升水土保持监测和信息化水平,探索建立水土资源承载能力监测预警机制。利用先进遥感技术,对生产建设项目集中区实施动态化监管,及时监控违法行为,提高监管水平,加速实现水土保持管理现代化,为国家生态文明建设和水土资源可持续利用服务。

五是培养水土保持技术服务体系,规范市场服务。加强和培育健康有序的水土保持方案编制、水土流失监测、水土保持监理等技术服务市场体系,为社会共同防治水土流失提供专业化优质服务。

(三)体现资源有偿使用,加快推进水土保持生态补偿制度

一是加快推进《水土保持补偿费征收使用管理办法》(简称《办

法》)及标准制定进程。财政部、国家发改委会同水利部正在积极研究制定《办法》和具体征收标准。《办法》的核心是将水土保持补偿明确为功能补偿;在征收方式上,除对生产建设项目在建设期间按占地面积征收外,还规定对矿产资源开发项目在生产期间要按照矿产资源开采量征收补偿费。这充分反映了不同类型生产建设项目的水土流失特点,特别是煤炭、油气开采项目生产期间对水土保持功能的长期危害和影响,体现了可持续控制水土流失、保护生态环境的要求。要加大协调力度,推动《办法》早日出台。

二是完善水土保持生态补偿机制。在水利部推进水生态补偿机制的大框架下,已会同有关部门和科研机构,开展了多项课题研究,形成了比较完善的理论成果和政策建议。下一步将根据水生态补偿机制的总体部署,将水土保持作为水生态补偿机制建设中的一项重要内容,依法纳入国家生态补偿机制。

(四)适应简政放权要求,转变行政管理职能

按照三中全会转变政府职能的决策部署,切实强化水土保持政策法规体系建设、重大战略研究、全国及区域规划、标准规范制定、监测统计、监督检查等宏观管理事务,逐步下放以下管理权限。

一是简化项目管理程序,下放项目审批权限。经与国家有关部门协商,目前国家水土保持重点工程项目管理程序已逐步进行简化,下放了部分审批权限。今后将适应财政转移支付政策调整,进一步简化中央财政资金国家水土保持项目建设管理程序。水利部商国家有关部门根据国家有关政策和投入情况,编制工程建设规划,并根据规划和当年中央财政投入情况,将资金和治理任务切块到省。省级有关部门负责编制工程年度实施计划,将年度投资和治理任务落实到具体项目。省级年度实施计划经国家有关部门合规性审核后批复下达到项目市、县,报水利部、财政部备案。水利部将加强重点工程行业指导、监督检查和绩效评价,提高投资使用效益。

二是进一步优化水土保持方案审批和设施验收两项行政许可流程。对国家立项审批权限下放的生产建设项目,水土保持方案审批权限将同步下放,杜绝出现"取消下放审批不同步"的现象。积极探索将目前采取的水土保持方案"两稿制"技术审查方式,转变为"一稿制",减少设施验收行政审批环节,缩短审批时间。

三是精简行政许可事项。取消生产建设项目水土保持监测资质行政许可审批,移交社团组织管理。

（发表于《中国水利》2013 年第 23 期）

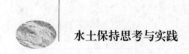

关于深化水土保持改革的思考

党的十八届三中全会提出完善生态文明制度体系,加快推进生态文明建设等一系列重大改革举措。这为深化水土保持改革指明了方向,提出了要求。水土保持是生态文明建设的重要内容和基础,深化水土保持改革、增强水土保持发展动力,对推进生态文明建设意义重大。

一、深化水土保持改革的总体思路与框架

按照党的十八届三中全会精神要求,结合水土保持工作实际,深化水土保持改革的核心是处理好政府与市场的关系,使市场在资源配置中起决定性作用,同时更好地发挥政府的作用。当前深化水土保持改革的主要内容是最大限度地激发市场的活力,依法全面正确地履行政府水土保持管理职责,转变职能、提高效率、强化监督、搞好服务,加强和优化公共服务,同时不断完善水土保持社会服务体系。

(一)充分运用市场机制推进水土保持改革

改革开放以来,各级水土保持部门在运用市场机制、引导社会力量参与治理水土流失等方面进行了积极探索,取得了比较好的效果,也积累了宝贵的经验。从最初的以户承包治理小流域、拍卖"四荒"治理开发使用权,发展到水土流失区群众、机关团体、企事业单位、城镇居民、个体工商户及私营企业家以承包、租赁、股份合作等多种形式参与水土保持工程建设。当前,要紧紧抓住国家全面深化改革的机遇,充分运用市场机制,积极鼓励和引导各类市场主体参与水土保持生态建设,营造更加有利于各类投入主体公平、有序竞争的市场环境,促进生产要素的合理流动和有效配置,推动水土流失治理提速增效。

1. 鼓励和引导民间资本投入水土流失治理

通过财政补助、贷款贴息、税收优惠、生态产品标签等措施,鼓励和引导社会资本以独资、合资、合作、联营、项目融资等方式,全面参与水

土保持生态建设,充分发挥社会蕴藏的巨大潜力。进一步明确治理成果使用权的期限、出让方式、所有权流转等,切实保障投资者的平等、合法权益,真正让投资者得到实惠,放心大胆地投入水土流失治理。

逐步改变水土保持重点工程项目实施主体,由民间资本和农民合作社等市场主体实施。水土保持部门重点加强项目的审批、监管和验收。市场主体根据水土保持规划和政府公开发布的水土保持项目申报指南,编制项目可行性研究报告报水土保持主管部门审批,水土保持主管部门根据水土流失危害、治理难易程度等,确定补助比例,按照年度投资计划,下达补助资金。允许财政项目资金直接投向符合条件的合作社,财政补助形成的资产转交合作社持有和管护。逐步理顺水土保持公共产品的价格,积极探索政府购买水土流失治理成果的机制。对有条件的重大水土保持投资项目,可向社会公开招标选定项目业主。

2. 建立公平、开放、透明的水土保持技术服务市场体系

要充分开放水土保持技术服务市场,促进市场充分竞争,实现技术资源优化配置和效率提升。清理和废除妨碍水土保持技术服务市场公平竞争的各种规定,打破行业和地方壁垒,消除市场分割和地方保护,建立公开透明的市场竞争规则,创造公平竞争的市场环境。积极培育规范的水土保持技术服务市场,加大市场监管力度,加强行业自律,维护市场竞争秩序,促进公平竞争。推行质量管理体系认证,加强从业人员培训,建立水土保持技术服务诚信体系,完善优胜劣汰的市场化评价体系和退出机制,褒扬诚信、惩戒失信,提升技术服务质量和水平。加快市场信息化建设,逐步建立全国统一的水土保持技术服务信息交易平台。

3. 鼓励和支持企业投入资金,开展水土保持科技创新

完善水土保持科学研究和技术推广的激励机制。通过财税、金融、政府采购、科技计划等方面的政策措施,鼓励和引导企业成为水土保持研究开发、技术创新和技术集成应用的主体和重要力量,激发各类市场主体的水土保持科技创新活力。定期发布水土保持科研和技术推广目录,逐步推行水土保持科研经费由事前投入扩展为事中和事后补助。探索采取政府购买服务的方式,支持水土保持技术推广和科技成果转

化应用。

4. 激发社会组织活力

理清政府和社会组织的职责分工,加快实施政社分开,推进社会组织明确权责、依法自治、发挥作用。对适合由社会组织负责的水土保持事项,交由社会组织承担。加快推进水土保持行业学会、协会与各级水土保持行政机关真正脱钩。同时要加强对社会组织的管理和指导,引导其依法开展相关活动。

(二)全面履行政府的水土保持职能

水土保持具有基础性、公益性等特点,由此决定了在充分发挥市场作用、加快水土流失治理的同时,必须加强政府对水土保持的管理,依法履行政府的水土保持职能,把该放给企业、社会的水土保持方面权力放开、放到位,把政府该管的事情管好、管到位。

1. 简政放权,转变职能

通过深化行政审批制度改革、简化审批程序、减少资质资格许可,从体制机制上最大限度地给各类市场主体松绑,通过逐步推进水土保持行业学会、协会与行政机关脱钩,更好地发挥社会力量在管理水土保持事务中的作用,下放水土保持审批事项,更好地发挥地方政府贴近基层、就近管理的优势。

进一步明确水利部和流域机构、省、市、县各级水土保持部门的职责。水利部、流域机构重点加强宏观管理,具体事项交由地方承担。合理划分中央和地方水土保持事权,明确各自财政支出责任。对革命老区、民族地区、边疆地区、贫困地区的水土流失治理工程,加大中央财政投入力度。转变国家水土保持重点工程项目管理方式,下放审批权限,水利部重点做好规划、政策、标准制定,加强行业技术指导、监督检查和绩效评价。深化行政审批制度改革,进一步优化水土保持方案审批和设施验收流程,简化办事程序,减少审批环节,提高工作效率。按照事业单位分类改革的要求,逐步理顺水土保持行政管理部门、事业单位和社会团体的关系,明确各自职责和义务范围。

2. 转变管理方式

改善和加强宏观管理,搞好顶层设计。省级以上水土保持主管部门要逐步把工作重点转移到加强水土保持发展战略、规划、政策、标准的制定和监管上来。地方各级水保部门要加强社会管理能力建设，创新社会管理方式，健全水土保持科学民主依法决策机制，推行水土保持部门权力清单制度，依法公开权力运行流程，推进决策公开、管理公开、服务公开、结果公开。

积极推行政府购买服务，把各级水土保持行政主管部门从事务性工作中解脱出来。凡属事务性管理服务（规划编制、标准起草、政策研究、咨询评估、信息服务、业务培训、科普宣传、监测评价等），除明确由法定的事业单位履行职能外，原则上都应引入竞争机制，通过合同、委托等方式向社会购买。

加强对生产建设项目和水土保持市场活动的监督管理，把工作重点由事前审批逐步转移到事中和事后监管上来，改进监管的方式方法，提高监管的成效。进一步加强水土保持技术和法律培训、科普宣传、水土流失动态信息发布等工作，为各类市场主体和社会公众提供全面优质的水土保持公共服务产品。

3. 规范行政执法

进一步改进水土保持行政执法，减少行政执法的层级。由中央审批的生产建设项目，其日常水土保持行政执法由地方水土保持执法机构负责，水利部和流域机构逐步将工作重点转移到对地方执法机构行政执法的监督和跨省区的大案要案查处上。加强基层水土保持执法能力建设，提高其执法和服务水平。

按照依法行政的要求，进一步完善水土保持行政执法程序，规范行政执法自由裁量权，全面落实水土保持行政执法责任制和执法经费由财政保障制度，做到严格规范、公正文明执法。建立和完善水土保持行政执法与刑事司法衔接机制。

（三）建立系统完整的水土保持制度体系

水土保持工作要逐步做到规范化、制度化、法制化，必须按照"源头严防、过程严管、后果严惩"的思路，建立全过程系统完整的水土保持制度体系。《中华人民共和国水土保持法》（简称《水土保持法》）是水土保持制度体系建设的重要法律支撑。

1. 建立源头严防的水土保持制度体系

在水土流失重点防治区,明确禁止和限制开发的区域范围。组织编制并发布禁止和限制的生产建设项目、生产工艺技术方法、施工工艺技术方法等名录。划定水土保持生态红线,建立水土资源监测预警机制,对水土资源超载区域实行限制性措施。大力推进水土保持监测和信息化,做好生态预警。对水土保持设施进行统一确权登记,形成归属清晰、权责明确、监管有效的产权制度,并落实严格的用途管制。完善与水土保持方案审批有关的各类配套制度、技术规范和标准体系。严格生产建设项目水土保持方案审批,对可能造成严重水土流失和生态灾难的项目要坚决叫停,对未批先建的项目要从重从严处罚。

建立有关基础设施建设、矿产资源开发、城镇建设、公共服务设施建设等规划的水土保持同意书制度。对可能造成区域性水土流失的项目,应提出水土流失预防和治理的措施。

2. 建立过程严管的水土保持制度体系

加强对生产建设项目的监管,健全生产建设项目水土保持监理、监测、监督检查、设施验收制度,确保生产建设单位全面履行水土保持义务,把水土保持方案确定的措施落到实处,最大限度地减少水土流失。

建立健全水土保持生态补偿制度。在贯彻落实国家水土保持补偿费政策、完善有关配套制度的同时,积极探索建立水土保持生态效益补偿制度,条件成熟的地方可以先行试点,取得经验后再推广到面上,最终纳入国家统一的生态补偿制度当中。

3. 建立后果严惩的水土保持制度体系

建立健全水土保持政府目标责任制和考核制。对水土保持重点预防区的国家扶贫开发工作重点县,建议将生态环境指标作为考核重点。对限制开发区域,实行严格的市场准入,建立健全防范和化解水土流失危险的长效机制。完善发展成果考核评价体系,纠正单纯以经济增长速度评定政绩的偏向,加大水土资源消耗、水土流失危害、水土保持生态效益等指标的权重。

建立水土流失危害责任终身追究制。对领导干部盲目决策,造成水土流失严重危害的,根据危害后果进行不同程度的责任追究。在自然资源资产离任审计中,将任期内水土保持情况作为一项重要内容。建立严格的水土保持成果损害责任赔偿制度,对违反水土保持法律制度,造成严重损害的企业要严惩重罚,提高其违法违规成本。明确政府各有关部门的水土保持职责,加大对行政不作为行为的处罚力度。

二、当前深化水土保持改革的重点

(一)大力推进民间资本治理水土流失,完善水土保持项目监管机制

国务院2010年13号文件提出,要鼓励和支持民间资本参与水土保持。党的十八届三中全会进一步明确了鼓励和支持民间资本参与生态建设的政策与措施。当前要进一步加大贯彻力度,特别是要落实好水利部制定的《鼓励和引导民间资本参与水土保持工程建设实施细则》,对民间资本在政策上予以优惠,在资金上给予支持,在规划制定、技术指导上强化服务。同时,积极探索国家重点治理资金使用同民间资本相结合机制,激发社会力量投资水土保持的活力,加快治理速度,提高治理效益和水平。

要积极落实水利部和国家发展改革委关于水土保持项目建设管理指导意见,因地制宜推广由村民理事会、农村合作社组织村民自建等既简化程序又保证工程施工进度的好做法、好经验。同时,积极推行群众参与制和项目建设公示制,让村民参与工程建设全过程。工程实施前广泛征求群众意见,实施过程中由群众参与建设并进行监管,实施后将管护责任落实到户,使村民由治理工程的被动受益者,真正转变为工程实施的组织者、建设的参与者、工程的所有者、运行期的管护者和治理成果的享有者,充分保障村民的知情权、参与权、决策权和监督权,广泛调动村民参与水土流失治理的积极性,保障工程建设质量和效益长久发挥。

(二)加快推进建立水土保持生态补偿机制,依法征收水土保持补偿费

实行水土保持补偿制度对健全和完善国家生态补偿制度体系、大力推进生态文明建设具有重要意义。当前,各地要依据全国水土保

补偿费征收使用管理办法及征收标准,加快推进本辖区管理办法及标准制定进程,依法征收水土保持补偿费。省级办法和标准制定应把握以下几个重点:一要明确水土保持补偿是功能补偿;二要进一步细化征收范围与对象;三要细化、规范水土保持补偿费用途和分级使用比例,调动各级征收、使用及管理的积极性;四要进一步强调有关法律责任。

根据水土流失的特点,水土保持补偿主要划分为三大类,即生产建设类、治理类和预防保护类。在水利部推进水生态补偿机制大框架下,充分体现生态效益有偿使用的原则,继续深化水土保持补偿机制研究,尽快建立水土流失治理类、预防保护类补偿制度,完善水土保持补偿机制,将水土保持作为水生态补偿机制建设中的一项主要内容,依法纳入国家生态补偿机制。

（三）落实生态空间管制,划定生态保护红线

认真贯彻落实《水土保持法》,推动各级政府根据水土流失调查结果,依法将水土流失潜在危险较大的区域划定为重点预防区,将水土流失严重的区域划定为重点治理区,明确生产、生活、生态空间,并向社会公告。对重力侵蚀危险区禁止开发,对水土流失严重、生态脆弱的区域实行生产建设活动管制,对25°以上坡耕地禁止开垦种植农作物。要建立健全水土资源节约、集约使用和保护制度,要加快重点预防区和重点治理区管理办法,以及"两区"划分导则、水土流失危险度划分标准的制定进程。

（四）依法落实地方政府水土保持目标责任制和考核制

水土流失是我国重大环境问题,建立健全水土保持政府目标责任制十分必要。《水土保持法》规定,在国家水土流失重点预防区和重点治理区,实行地方各级人民政府水土保持目标责任制和考核奖惩制度。当前的工作重点是:确定科学合理的考核指标和简便易行的考核方式,逐步将水土保持纳入地方政府综合目标考核之中。同时,要加大水土流失重点防治区监测力度,完善水土流失监测评估体系,为依法考核水土保持目标责任制提供技术支撑。

（五）大力推进水土保持监测和信息化,做好生态预警

积极推进水土保持信息化建设,实现由传统水保向现代水保的转变,充分发挥监测在政府决策、经济社会发展和社会公众服务中的作用。构建布局合理、技术先进的监测网络和信息系统预警体系。统筹先进的科研、技术、仪器和设备优势,依托先进的网络通信资源,充分利用高分辨率卫星影像和多区域、多门类、多层次的监测手段,对国家水土保持重点治理工程和生产建设项目水土保持设施建设情况进行实时监控,及时预警预报和公告水土流失动态变化情况。

(六)加强事中、事后监管,规范水土保持行政执法行为

严格落实生产建设项目水土保持"三同时"制度。依法把好水土保持方案审批关和水土保持设施竣工验收关。改进监管方式方法,强化对生产建设项目的事中、事后监管,加大对违法者的行政处分、行政处罚、行政强制、民事赔偿力度,扭转违法成本低、守法成本高的局面。进一步规范水土保持行政执法行为,减少行政执法层级,着力提高基层水土保持执法能力。完善水土保持行政执法程序,规范行政执法文书,对执法自由裁量权进行细化,制定具体的行使规则,严格执行重大行政执法决定法制审核制度。

(七)大力培育水土保持技术服务体系

按照"宽进严管"的要求,进一步降低市场准入门槛,大力培育水土保持社会化服务体系。加强市场监管,鼓励和支持各种社会力量开展水土保持技术服务,促进公平、充分竞争。建立水土保持质量评估体系,制定专门的管理办法,建立专家库,完善指标体系,科学开展评估工作。建立水土保持信誉评价体系,推行黑名单制度,从生产建设项目监督管理方面先行突破,逐步推开。进一步推进政府购买服务,引入竞争机制,科学确定技术承担服务单位,同时加强对承担单位的监督管理。积极推进技术评估、政策研究等方面的政府购买服务。

(八)加快政府职能转变

水利部和流域机构应从宏观层面着力加强水土保持战略、规划、标准、监督、监测、科研和统计等方面的工作。中央预算内投资国家水土保持重点工程项目,实行项目审批、资金、任务、责任"四到省"。水利部会同发展改革委将年度资金补助计划和任务规模切块到省,由省级有关部门分解落实到具体项目,项目实施方案由省级有关部门审查审

批。同时,要适应财政转移支付政策调整形势,进一步简化中央财政资金国家水土保持项目建设管理程序。水利部商国家有关部门根据国家有关政策编制工程建设规划,并根据规划和当年中央财政投入情况将资金和任务切块到省,省级有关部门负责编制工程年度实施计划,将年度投资和治理任务落实到具体项目。省级年度实施计划报国家有关部门合规性审核后批复下达到项目所在的市、县,报水利部、财政部备案。同时,进一步优化水土保持方案审批和设施验收流程。对国家立项审批权限下放的生产建设项目,水土保持方案审批权限同时下放。积极探索将目前采取的水土保持方案"两稿制"技术审查方式转变为"一稿制"。减少设施验收行政审批环节,缩短审批时间,提高工作效率。

(发表于《中国水土保持》2014 年第 10 期)

认真贯彻《意见》精神　更好发挥水土保持在生态文明建设中的重要作用

党中央、国务院发布的《关于加快推进生态文明建设的意见》(简称《意见》),为当前和今后一个时期推动我国生态文明建设提供了新的行动指南和重要纲领。《意见》的出台对于全面推进我国生态文明建设、贯彻党的十八大关于将生态文明建设纳入中国特色社会主义事业"五位一体"总体布局的战略部署、全面迈向"两个一百年"奋斗目标意义重大、深远,同时对于生态文明建设重要组成部分的水土保持来说,也具有极其重要的意义。贯彻《意见》精神,需要采取更加有力的措施,加快水土流失防治进程,为推进生态文明建设提供全面支撑和保障。

一、水土保持在生态文明建设中的地位与作用

水土资源和生态环境是人类赖以生存和发展的物质基础,也是人类文明孕育和演进的必要条件。历史反复证明,只有水土资源和生态环境的承载能力与经济社会发展水平相匹配、相协调,才能促进生产力的长足发展和人类文明的不断进步。反之,如果离开了健康的水土资源和良好的生态环境,人类必将失去生存基础,文明也将难以为继。水土流失状况是衡量水土资源和生态环境优劣程度的重要指标,水土流失不仅直接导致水土资源破坏、生态环境恶化,也是关系人类永续发展和文明兴衰的重要因素。

(一)严重水土流失导致文明衰落

人类历史长河中,很多古老文明的消亡都与水土流失有着密切的联系。发祥于尼罗河流域的古埃及文明、诞生于底格里斯河和幼发拉底河的古巴比伦文明、发端于印度河和恒河流域的古印度文明,其由盛

转衰的过程中无不与人口迅速增长、过度垦荒放牧、植被不断破坏导致的水土流失加剧、土地退化、生态恶化、资源枯竭、气候变化紧密相连，致使生产力不断遭到破坏，生存条件和生存环境急剧恶化，最终导致了文明的陷落，甚至消亡。我国古代沙漠、草原丝绸之路上的军事要冲、历史记载中盛极一时的楼兰古国、精绝古国以及草原丝绸之路上的重要节点统万城，曾经都是水草丰美、经济繁荣的文明之邦，但随着人口过度增长，人为破坏加剧，这些富庶的城邦及其灿烂的文明，终因水土资源枯竭、生态环境恶化，被沙漠所吞噬而消亡。这些事例清晰地揭示了水土流失加剧、生态环境恶化与人类文明演进的内在规律。水土失序，势必引发生态失衡；水土衰竭，必然导致文明衰落。

（二）水土流失是生态恶化的集中反映

我国水土流失面广量大，侵蚀严重，成为重大环境问题、生态问题。由于特殊的自然地理条件、众多的人口以及历史上长期不合理的资源开发利用，加之现代化、工业化、城市化的快速发展，大规模频繁的生产建设活动扰动地表、破坏植被，水土流失不断加剧，许多地方生态严重恶化。根据第一次全国水利普查水土保持情况普查结果，全国尚有水土流失面积294.91万 km²，占国土总面积的30.72%，不仅分布广泛，且土壤流失的总量大，侵蚀强度高。我国年均水土流失总量约为41.5亿 t，在294.91万 km² 的水土流失面积中，土壤侵蚀模数在 2 500 t/（km²·a）以上的中度以上面积占到53%，侵蚀强度远高于土壤容许流失量。侵蚀沟是水土流失的严重表现，西北黄土高原区和东北黑土区分布着96万多条侵蚀沟，其中89%的侵蚀沟仍在发展扩张。凡是水土流失严重的地区，生态状况必然恶化。严重的水土流失，导致水土资源破坏、自然灾害加剧，是我国生态恶化的集中反映，制约着经济社会的可持续发展。

（三）水土保持关系国家生态安全、防洪安全、饮水安全、粮食安全

在我国这样一个人口资源环境矛盾十分突出的国家，水土流失不仅是资源环境问题，也是事关民族生存和发展的问题。在水土流失未得到有效治理的情况下，水土资源就不可能持续利用，生态就不可能逐步得到改善，广大水土流失区的经济就不可能持续健康地发展，长期困

扰我国大部分地区的洪涝、干旱问题也不可能得到根治。因此,能否做好水土保持工作,直接关系国家的生态安全、防洪安全、饮水安全和粮食安全。从生态安全看,水土流失导致土地退化,生态功能减弱,加剧生态恶化和灾害性天气事件发生频率,如不有效防治,则可能引发生态的系统性破坏。石漠化是西南岩溶区生态恶化的最直观标志,水土流失是其主要原因之一。按现在的流失速度测算,35 年后西南岩溶区石漠化面积将增加一倍。从防洪安全看,水土流失搬运大量的泥沙进入河流、湖泊和水库,削弱河道行洪和湖库调蓄能力,增加了洪水发生的频率和洪峰流量,加大了洪涝危害程度。黄河水患、河床抬高的症结就在于黄土高原的水土流失。从饮水安全看,水土流失导致土壤涵养水源能力降低,加剧干旱灾害,同时作为面源污染的载体,输送大量化肥、农药和生活垃圾等污染物进入水体,加剧水源污染。全国现有重要饮用水源区中,作为城市水源地的湖库 95% 以上处于水土流失严重区,如果上游的水土保持工作做不好,将直接威胁饮水安全。从粮食安全看,水土流失是导致耕地损毁、耕层变薄、质量下降的重要原因。近 50年来,我国每年因水土流失损失的耕地达 6.7 万 hm^2,如不妥善治理,50 年后东北黑土区 93 万 hm^2 耕地的黑土层将流失殆尽,粮食产量将降低 40% 左右,直接威胁国家粮食安全。

(四)水土保持是生态环境建设的关键性措施

水土保持是人类同水土流失长期抗争,有效保护和合理利用水土资源、保护和改善生态环境的经验积累。党中央、国务院一直高度重视水土保持工作,新中国成立以来进行了大规模水土流失治理和生态建设,截至目前,全国水土保持措施保存面积已达到 107 万 km^2,累计综合治理小流域 7 万多条,实施封育 80 多万 km^2。以《中华人民共和国水土保持法》(简称《水土保持法》)为依据,对生产建设活动实行严格监管,有效控制新增人为水土流失。经过坚持不懈开展水土保持工作,水土流失重点治理区的植被覆盖率普遍提高,生态环境逐步改善,入河泥沙呈减少趋势,特色产业蓬勃发展,很多地方呈现出山青、水净、民富、景美的新气象。实践证明,在我国水土流失地区,大力开展水土保持就抓住了生态建设的"牛鼻子",抓住了解决生态环境问题的关键和基础,对促进生态文明建设意义重大。

二、当前水土保持工作的机遇与挑战

当前,我国正处在协调推进"四个全面"战略布局、大力建设生态文明的关键时期,水土保持工作迎来了最好的发展机遇,同时也面临着更加艰巨的任务和挑战。

(一)水土保持迎来重要发展机遇

1. 党中央、国务院高度重视生态文明建设,为水土保持加快发展提供了根本遵循和强劲动力

党的十八大以来,党中央、国务院把生态文明建设摆在更加突出的位置。习近平总书记更是从中华民族永续发展的高度就生态文明建设提出了一系列新思想、新观念、新论断,强调"良好生态环境是最公平的公共产品,是最普惠的民生福祉""生态兴则文明兴,生态衰则文明衰""绿水青山就是金山银山""要把生态环境保护放在更加突出位置,像保护眼睛一样保护生态环境,像对待生命一样对待生态环境"。中共中央、国务院出台《意见》,提出了生态文明建设的总体要求和战略任务,并对水土保持工作提出了明确具体的要求。这些都为水土保持加快发展提供了根本遵循,势必将为水土保持注入更为强劲的发展动力。

2. 坚实有力的法律支撑和技术支撑,为水土保持加快发展提供了重要保障

经过多年努力,水土保持法制建设取得丰硕成果。《水土保持法》自1991年颁布以来得到深入贯彻落实。2011年新法的修订实施,得以在政府主体责任、规划法律地位、预防保护措施和法律责任追究等多方面进一步强化。以新法为基础的配套法规建设也取得重大进展。绝大多数省份完成了新法实施办法或条例的修订工作,为依法保护水土资源提供了强有力的法律保障。水土保持监测、规划、标准化、信息化等基础工作逐步加强。在全国范围初步建成覆盖不同水土流失类型区的水土保持监测网络,重点区域、重点流域、重点水土保持工程和大中型重点生产建设项目的水土流失动态监测有序推开。新中国成立以来首次开展的集系统性、全局性和前瞻性为一体的《全国水土保持规划》编制工作业已完成,各级各类水土保持综合规划和专项规划扎实推进,水土保持中长期发展蓝图和顶层设计逐步完善。水土保持信息化加快建设,水土保持技术标准体系日益健全完善。通过法律法规体系、规划体系、标准体系、监测体系、市场服务体系的有效建立,形成了较为完备的水土保持社会化管理手段,为满足当前和今后一个时期的生产实践和管理需求奠定了坚实基础。

3. 多年防治经验和成功治理模式,为水土保持加快发展提供了宝贵的实践积累

我国水土保持工作在长期实践中不断总结经验,探索出小流域水土流失综合治理——这一被实践证明的、最具有中国特色的成功技术路线。通过以小流域为单元,实施全面规划,山水田林路综合治理,预防和治理相结合,合理配设工程措施、植物措施和耕作措施,形成从坡面到沟道、从上游到下游完整有效的水土流失综合防护体系,同时发展特色产业,增加农民收入,实现了生态效益、经济效益和社会效益的有机统一。近年来,各地根据不同地区社会经济发展水平和人民群众对良好生态的新期盼,因地制宜成功探索出一系列新型小流域治理模式。在水源保护区和城市周边区发展形成了水土流失与污水、垃圾、厕所、环境、河道同步治理,构筑"生态修复、生态治理、生态保护"三道防线的生态清洁小流域建设模式,有效减少了面源污染,改善了人居环境。在泥石流、滑坡易发区,建设生态安全型小流域,减少了灾害发生频率,保护了人民生命财产和公共设施安全。与此同时,还系统提出了实施封育保护,促进生态自然修复;以重点工程为依托,突出坡耕地和侵蚀沟治理;加强监督管理,控制人为水土流失等一系列符合我国实际的防治措施体系和技术路线。

4. 群众的认可和社会的关注,为水土保持加快发展提供了良好的社会基础

经过多年连续治理,我国重点地区水土流失状况明显改善,并在提高土地生产能力、发展特色产业、促进农民增收、改善民生福祉等多方面发挥了显著作用,受到了治理区广大群众的高度认可和普遍欢迎。

水土保持思考与实践

随着经济社会的快速发展和人民生活水平与质量的提高,生态环境问题越来越受到关注,社会公众对水土保持的关注程度普遍提高。通过大力宣传贯彻《水土保持法》和深入开展水土保持国策宣传教育行动,公众参与防治水土流失、建设美丽家园的积极性逐步提高,加快治理水土流失有了很好的群众基础和社会氛围。

(二)面临的挑战

目前正值我国经济社会发展的重要转型期,面临农业人口锐减、城镇化率不断提高、资源开发强度增加、基建规模依然较大的形势,以及推进新型工业化、城镇化、信息化、农业现代化和绿色化等一系列的新要求,水土保持工作面临着全新挑战。

1. 水土流失防治任务依然艰巨

虽然我国水土保持工作取得了显著成就,但由于特殊的自然地理条件,以及经济社会发展水平限制等多方面原因,水土流失仍然面广量大,水土流失防治进程与生态文明建设、全面建成小康社会的要求还有很大差距。目前,全国仍有近1/3的国土面积存在水土流失,2 393 万hm² 坡耕地和96 万条侵蚀沟亟待治理。东北黑土区、西南岩溶区土地资源保护抢救任务十分迫切,革命老区、少数民族地区、贫困地区严重的水土流失尚未得到有效治理,重要水源地、江河源头区和水蚀风蚀交错区等生态脆弱区域,预防保护任务十分艰巨,水土流失依然是制约山丘区经济社会发展、群众致富奔小康的重要因素。

2. 人为水土流失仍然严重

随着《水土保持法》有关监督管理工作的进一步落实,人为水土流失得到初步遏制,但有法不依、执法不严、违法不究的现象尚未完全杜绝。在加快实现工业化、城镇化的形势下,大规模的生产建设和资源开发给人为水土流失控制带来更大的压力。水土保持法规体系还需加快完善,"三同时"制度有待全面落实。各级水行政主管部门依法履行水土保持监督管理的能力与方式尚不能完全适应新形势和政府职能转变的要求,也有待进一步完善。

3. 水土保持投入相对不足

近年来国家水土保持投入总体呈增长趋势,但与艰巨的防治任务

相比,仍有相当差距。"十二五"期间全国完成水土流失综合治理面积
26.15 万 km^2,但国家重点治理工程只有 6.58 万 km^2,仅为综合治理面
积的 1/4,其余则需要地方和社会力量投入治理,但是地方配套资金落
实难、群众投劳难度大,劳动力成本节节攀升,导致治理标准较低,影响
了治理效益的发挥。

4. 公众水土保持意识有待提高

目前,生态文明建设对水土流失防治的要求越来越高,但一些地方
决策部门和领导干部对水土保持的认识仍显不足,重经济发展、轻水土
资源保护的现象仍较普遍;广大农民仍普遍缺乏主动落实水土流失防
治责任和义务的意识。全社会对防治水土流失的长期性、艰巨性和重
要性认识还不到位,防治水土流失的责任感、紧迫感尚待加强,水土资
源和生态保护意识需要尽快树立。

三、战略与举措

当前形势下,水土保持工作要抓住机遇、加快发展,必须深入贯彻
落实《意见》精神,为生态文明建设提供更加有力的支撑。重点采取以
下战略与举措。

(一)尊重自然规律,发挥生态自我修复能力

《意见》突出强调生态文明建设要坚持把节约优先、保护优先、自
然恢复为主作为基本方针,这与水土保持长期坚持的"预防为主、保护
优先"法定方针高度吻合;水土保持一直大力推进的生态修复战略也
与这一精神高度一致。落实《意见》要求,就是要进一步加大水土保持
生态修复力度,全面预防水土流失,有效保护林草植被和治理成果。在
风蚀严重、地广人稀的西北地区、降雨条件适宜和水土流失较为轻微的
地区,特别是江河源区、内陆河流域下游及绿洲边缘、草原、风沙源等生
态脆弱地区,大力推进以封育保护、封山禁牧为主的生态修复,依靠生
态的自我修复能力促进大面积植被恢复,加快水土流失治理速度。近
期要积极推动实施重要江河源头区、重要水源地和水蚀风蚀交错区等
重点水土保持预防项目。

（二）因地制宜，加快水土流失严重地区综合治理

《意见》明确要求加强水土保持，因地制宜推进小流域综合治理。我国幅员辽阔，自然、经济、社会条件差异大，水土流失形式多样、类型复杂。因此，要大力实施分区防治战略，构建科学合理的水土流失防治战略空间格局。要以全国水土保持区划的八个一级区为基础，按照不同区域的水土保持发展方向和重点，因地制宜，推进以小流域为单元的山水田林路综合治理，合理配置工程、林草、耕作等措施，形成综合治理体系，维护和增强区域水土保持功能。要扎实推进国家水土保持综合治理项目，重点突出西北黄土高原区、东北黑土区、西南石漠化区等水土流失相对严重地区，坡耕地相对集中区域，以及侵蚀沟相对密集区域的水土流失治理，带动全国面上水土流失治理工作的规模推进。在治理水土流失的同时，大力发展特色产业，促进群众脱贫致富，实现生态保护和经济社会发展共赢。加快推进生态清洁小流域建设，有效减轻面源污染，改善城乡人居环境。

（三）强化监管，依法严控人为水土流失

《意见》指出要强化执法监督，加大查处力度，严厉惩处违法违规行为。全面贯彻《水土保持法》是落实《意见》要求的重要抓手。各级水土保持部门要进一步加大水土保持监督执法力度，努力实现由事后治理向事前预防转变，坚决扭转"先破坏、后治理、边破坏、边治理"的被动局面，将《意见》要求落到实处。要进一步加大配套法规体系建设力度，用健全的法律制度保护生态环境。严格落实生产建设项目"三同时"制度，推动规划征求水土保持意见制度落实，督促有关方面科学规划建设布局，有效防范水土流失。严格生产建设项目水土保持方案和验收审批，对水土流失严重、生态脆弱和具有重要生态功能的区域实行生产建设活动管制，把好各类项目建设的水土保持关，从源头上严控人为水土流失和生态破坏。切实强化监督检查，提高基层执法能力，提高检查覆盖率，积极运用现代技术手段开展预防监督"天地一体化"监管示范，实现水土保持监督检查常态化、规范化、现代化和高效化。积极协调人大、政府开展水土保持督察和部门联合督察。推动监督检查和执法行为的衔接、行政执法与司法的衔接，坚决制止和查处违法违规

行为。

(四)加强预警,严守生态红线

《意见》强调要树立底线思维,设定并严守资源消耗上限、环境质量底线、生态保护红线。水土流失是反映水土资源和生态质量状况的重要指标。做好水土保持工作,也要树立水土流失状况"只能好转、不能变坏"的底线思维,将水土流失面积不扩大、强度不加剧、水土保持功能不降低作为各级政府的责任红线。在水土流失重点防治区,明确禁止和限制开发的区域范围。同时,对于如何严守生态红线,《意见》也给出了具体路径,要求加快推进水土流失等的统计监测核算能力建设,提升信息化水平,并强调要利用卫星遥感等技术手段开展全天候监测,健全监测网络体系,加大各级政府财政性资金对统计监测等的支持力度。对于水土保持来说,当务之急就是要大力推进水土保持监测和信息化提质升级,做好生态预警和评估,充分发挥监测在政府决策、经济社会发展和社会公众服务中的作用。要加快构建布局合理、技术先进的监测网络和信息系统预警体系。统筹先进的科研、技术、仪器和设备优势,依托先进的网络通信资源,充分利用高分辨率卫星影像和多区域、多门类、多层次的监测手段,对国家水土保持重点治理工程和生产建设项目水土保持设施建设情况进行实时监控,及时预警预报和公告水土流失动态变化情况。要加大水土流失重点防治区监测力度,完善水土流失监测评估体系,为依法落实地方政府水土保持目标责任制和考核制提供技术支撑,有效建立监测预警与开发管控、监督执法、考核问责的联动机制。要积极推进水土保持信息化建设,推动信息化与水土保持业务的深度融合。

(五)两手发力,多渠道增加水土保持投入

《意见》要求充分发挥市场配置资源的决定性作用和更好发挥政府作用。一方面,各级水土保持部门要积极争取各级财政加大水土保持投入,加快水土流失治理步伐。另一方面,要进一步探索建立多渠道、多元化的投入机制。在水利部出台《鼓励和引导民间资本参与水土保持工程建设实施细则》的基础上,各地要加快出台具有可操作性的地方性实施细则,落实有关税收优惠,并在资金、技术等方面予以扶

持,鼓励社会力量通过承包、租赁、股份合作等多种形式参与水土保持工程建设,以充分发挥民间资本参与水土流失治理的作用。积极争取有关部门支持,进一步提高水土保持工程投资补助标准,提高治理效益、促进产业发展、改善人居环境,使治理成果更好地惠及群众。

（六）广泛宣传,增强公众水土保持意识

《意见》特别强调提高全民生态文明意识,要求把生态文明教育作为素质教育的重要内容,纳入国民教育体系和干部教育培训体系;创作一批文化作品,创建一批教育基地,满足广大人民群众对生态文化的需求。按照《意见》精神,各级水土保持部门要更加深入持久地开展全国水土保持国策宣传教育行动和水土保持法制宣传,综合运用主流与新兴媒体,丰富拓展宣传形式与载体,主动面向各级领导、机关干部、管理对象、社区公众、中小学生开展宣传教育,真正把水土保持教育纳入国民教育体系和干部教育培训体系。积极推进国家水土保持生态文明示范工程、水土保持科技示范园、全国中小学水土保持教育社会实践基地建设,在全国不同水土流失类型区形成一批典型示范效果好、宣传教育功能强的平台和窗口,为普及生态文明理念,动员全社会参与水土保持、共建美丽中国营造良好氛围、创造有利条件。

（发表于《中国水土保持》2015 年第 10 期）

综合性论述

调整思路
促进水土保持工作再上新台阶

1997 年 8 月 5 日,江泽民总书记作出了"治理水土流失、改善生态环境、建设秀美山川"的重要批示,向全党、全国发出了建设秀美山川的伟大号召。3 年来,各地认真学习、贯彻和落实江总书记的重要批示和中央的部署,全国水土流失综合治理取得了很大进展,水土保持生态环境建设工作进入了一个新的发展时期。

一、水土保持生态环境建设迅速发展

3 年来,我国的水土保持生态环境建设迅速发展,呈现出前所未有的好形势。国家大幅度增加了水土保持的投入,全面加快了以长江、黄河中上游地区为重点的水土保持生态环境建设。国家开展了 370 个生态县建设,总投资近 50 亿元。水土保持国债项目在 820 个县的 1 600 多条小流域实施,总投资 22 亿元。水利基建、农业综合开发、财政支农等项目的投入都有较大幅度增加。去年水利部和财政部还联合启动了"十百千"(10 个城市,100 个县,1 000 条小流域)示范工程,在水土流失比较严重的 168 万 km²、810 个县范围内,开展了 2 万多条小流域水土流失综合治理。1998 年和 1999 年连续两年治理突破 5 万 km²,创历史最新水平,综合治理速度比过去大大加快,同时治理标准、质量和效益都有所提高。目前,为防治和减轻风沙危害,环北京地区防沙治沙试点示范工程准备近期开始实施。

在实施重点治理的地区,水土流失明显减轻,生态环境大为改观,群众生活和生产条件有了很大改善,地方经济有了较大发展。如长江上游水土保持重点防治工程自 1989 年启动以来,共治理水土流失 5.8 万 km²,治理区大于 25°的陡坡耕地有 70% 实现了退耕还林还草,林草覆盖率由治理前的 22.8% 上升到 41.1%,年均土壤侵蚀量减少 1.8 亿 t,每公顷土地每年产值增加约 900 元。黄河流域经过多年坚持不懈的努力,已初步治理了 16 万 km² 的水土流失面积,林草覆盖率增加,水土保持坝系初具规模,区域生态环境有较大改善,每年减少入黄泥沙 3 亿 t,涌现出陕北延安、榆林,甘肃定西,山西吕梁等一批成功典型。

在水土保持工作中,坚持突出预防为主的方针,强化监督执法,坚决遏制人为造成新的水土流失。目前全国基本健全了法律法规体系和监督执法体系,全国有 27 个省(自治区、直辖市)、150 多个地(市)、1 500 多个县(区、市)建立了水土保持监督执法机构,有专、兼职执法人员 6.4 万人。全国有 26 个省(自治区、直辖市)依法划分了水土保持重点治理区、重点保护区和重点监督区,并向社会公告。1998 年全国人大常委会组成执法检查组,对长江流域和黄河流域部分重点省(自治区、直辖市)贯彻实施《水土保持法》情况进行了执法检查,提出了整改意见和措施,取得了很好的效果。同时,全国人大常委会还安排了辽宁、浙江、福建、广西、重庆、贵州、云南、青海、宁夏等省(自治区、直辖市)人大常委会对本地区《水土保持法》实施情况进行了检查,黑龙江省人大常委会进行了自查。通过执法检查,各部门、各地区进一步重视水土保持工作,与水利部门密切配合,发现问题及时整改,保证了《水土保持法》的深入贯彻实施,减少了人为水土流失。全国的水土保持法律法规体系和监督执法体系逐步健全,开发建设项目水土保持方案报告制度和水土保持"三同时"制度初步形成,在 100 万 km² 的范围内实施了预防保护,人为造成新的水土流失得到一定控制。

二、水土保持工作的显著特点

3 年来,各地水土保持生态环境建设工作积累了很多好做法和好经验,主要有以下几个鲜明特点。

一是各级党政领导高度重视。各地认真贯彻落实江总书记重要批示精神,加强领导,统一思想,提高认识,健全水土保持机构,增加投入,真抓实干,切实把水土保持列入重要工作日程,并纳入各级干部政绩考核的重要内容,层层落实责任。

二是统筹规划,因地制宜,综合治理。实行以小流域为单元,山水田林路统一规划,工程、生物和农业技术三大措施优化配置,综合治理,取得了较好的治理效果。

三是坚持生态效益与经济效益、社会效益统筹兼顾,综合治理与综合开发相结合,治理水土流失与治穷致富相结合。坚持节约保护、有效利用、合理开发水土资源,促进可持续发展。坚持把小流域的资源优势转换为经济优势,做到治理一方水土、改善一方环境、发展一方经济、富裕一方群众。

四是依靠政策,深化改革,调动广大群众治理水土流失的积极性。在户包治理的基础上,大力推进租赁、股份合作、拍卖"四荒"使用权等多种形式的治理责任制。实行优惠政策,形成多元化投入机制,吸引社会各方面的资金治理水土流失。目前,全国累计已有 784 万户农民、下岗职工、企业等以购买、承包、股份合作等形式开发"四荒"资源,已经治理 1 113 万 km^2,仅 1999 年投入的资金就达 10 亿多元。

五是不断增加科技含量,提高治理水平。在水土流失综合防治中,大力推广运用现代科学技术,进行科学规划,引进实用技术,加强现代化管理,提高治理效益。

三、对水土保持基本国策形成了共识

江泽民总书记关于"治理水土流失、改善生态环境、建设秀美山川"的重要批示,深刻阐明了治理水土流失、改善生态环境的重要性、紧迫性和长期性,明确指出了水土保持的奋斗目标和方向,具有重要的现实意义和深远的历史意义,极大地鼓舞了全国人民治理水土流失、改善生态环境、建设秀美山川的信心和决心。3 年来,党中央、国务院对治理水土流失、改善生态环境作出了一系列重大决策,把水土保持生态环境建设作为实施我国可持续发展战略的一个重要组成部分。中央领导多次视察水土流失严重地区,对水土保持生态环境建设作出重要指示。通过认真学习、深刻领会、广泛宣传这些重要指示,全社会对水土保持生态环境建设的作用、地位有了新的认识,广大干部群众的思想逐步统一到了江总书记的重要批示上来。特别是 1998 年发生的严重洪涝灾害和今年北方地区多次发生的扬沙、沙尘暴天气都与水土流失严

重、生态环境恶化有着密切关系,深刻地教育了人们,也加深了对总书记重要批示的理解。水土流失是生态环境恶化的根源,已经成为我国的头号环境问题,进一步引起了全社会的广泛关注。广大干部群众深刻认识到了水土流失的严重性、危害性和治理的紧迫性,全社会对加快治理水土流失、改善生态环境逐步形成了共识,水土保持作为一项基本国策日益深入人心。

四、确立了建设秀美山川的宏伟目标

根据党中央、国务院对水土保持生态环境建设工作的一系列新部署,我们认真总结了长期治理水土流失实践的成功经验,同时根据当前我国经济社会发展对水土保持的客观要求,结合水土保持面临的新形势和新任务,转变观念,调整思路,明确了新时期水土保持的发展思路:以建设秀美山川为目标,以治理水土流失为核心,以退耕还林(草)为重点,以小流域为单元实施综合治理。实行分区防治战略,依靠科技进步,加强管理,突出保护。依靠深化改革,实行机制创新。加大行业监管力度,做好水土资源的可持续利用,努力为西部大开发和全国经济社会的可持续发展创造良好的生态环境。

根据国务院批复的《全国生态环境建设规划》和水利部制定的《全国水土保持生态环境建设规划》,全国水土保持生态环境建设的目标是:近期每年治理水土流失面积 5 万 km²,到 2010 年使重点地区的水土流失得到初步治理,坚决控制住人为造成新的水土流失。中期到2030 年,继续保持较高的治理速度,使全国水土流失治理程度达到75% 以上,重点治理区的生态环境有明显的改观。远期到 2050 年,全国建立起适应国民经济可持续发展的良性生态系统,全国水土流失地区基本治理一遍,大部分地方实现山川秀美的目标。

五、促进水土保持工作再上新台阶

我国水土保持生态环境建设工作在党中央、国务院的高度重视下尽管取得了很大的进展,但是水土保持形势严峻,水土流失治理任务依然艰巨。

面对当前的形势,我们有信心、有决心贯彻好党中央、国务院的战略部署,一定要抓住机遇,迎接挑战,采取有效措施,扎扎实实地推进全国水土保持生态环境建设工作。主要措施是:进一步落实地方行政领导任期内的水土保持目标责任制,加强领导,落实责任,继续广泛宣传水土保持法律法规,增强全社会的基本国策意识。加大执法力度,控制人为水土流失,严格执行开发建设项目水土保持方案报告制度和水土保持"三同时"制度,加大监管力度,坚决制止人为造成新的水土流失。认真贯彻落实朱镕基总理提出的"退耕还林(草),封山绿化,以粮代赈,个体承包"的政策措施,有计划、有步骤地退耕还林还草。继续抓好以长江、黄河中上游地区,风沙地区为重点的国家水土保持生态环境建设工程,当前要重点抓好环京津地区防沙治沙工作。加强前期工作,强化项目和资金管理,保证工程质量。全国力争每年完成 5 万 km^2 水土流失综合治理任务。

我们一定以更大的力度、更快的步伐、更高的质量,推动全国水土保持生态环境建设向前发展,早日实现秀美山川的宏伟目标。

(发表于《中国水利》2000 年第 8 期)

从我国水土流失现状看水土保持生态建设战略布局及主要任务

全国第二次水土流失遥感调查成果已向社会公告,这为新世纪全面开展水土保持生态建设和保护工作提供了科学依据,运用这些成果,在宏观上进行科学布局,明确防治重点和主要任务对于加快水土流失防治进程十分必要。

一、第二次水土流失遥感调查成果的主要作用

(一)进一步摸清了我国水土流失现状

调查成果显示,全国现有水土流失面积 356 万 km^2,其中受水力侵蚀的水土流失面积 165 万 km^2,受风力侵蚀的水土流失面积 191 万 km^2,在水蚀和风蚀面积中有 26 万 km^2 的水土流失面积为水蚀风蚀交错区。调查表明,全国水土流失面广量大,不论山区、丘陵区、风沙区还是农村、城市、沿海地区都存在不同程度的水土流失问题。水力侵蚀比较严重的地区主要分布在长江上游的云南、贵州、四川、重庆、湖北和黄河中游的陕西、山西、甘肃、内蒙古、宁夏等省(自治区、直辖市),同时在中、东部地区,如黑龙江、辽宁、山东、河北、江西、湖南等省的部分地区,水土流失也非常严重。风力侵蚀最严重的地区主要分布在西北地区的新疆、内蒙古、青海、西藏、甘肃等省(自治区)。水蚀风蚀交错区主要分布在长城沿线及内陆河流域的部分地区。

(二)反映了水土保持生态建设成效

通过与第一次水土流失遥感调查成果进行初步比较,全国水土流失总面积减少了 11 万 km^2,其中水蚀面积减少 14 万 km^2,风蚀面积增加 3 万 km^2。水蚀面积不仅在总量上减少的幅度大,而且在强度上也呈下降趋势。中度以上的水蚀面积由 88 万 km^2 下降到 82 万 km^2,强度

以上的水蚀面积由 38 万 km^2 下降到 27 万 km^2。20 世纪 80 年代中期至 90 年代中期，正是我国水土保持工作全面加强的时期，普遍推行了以小流域为单元的综合治理，一些地区开展了重点治理工程，预防监督工作逐步展开，水土保持生态建设的重点主要在水力侵蚀地区，这就说明水土流失综合治理在局部地区特别是水蚀区成效是显著的。

（三）掌握了水土流失动态

从水蚀和风蚀变化的动态来看，水蚀在东、中部好转，在西部恶化，与第一次水土流失遥感调查比较，水蚀面积在东部 10 省（直辖市）由 13 万 km^2 减少到 9 万 km^2，中部由 62 万 km^2 减少到 49 万 km^2，而西部由 104 万 km^2 增加到 107 万 km^2。风蚀呈加剧趋势，不仅在面积上由 188 万 km^2 增加到 191 万 km^2，而且强度普遍增强，中度及其以上的风蚀面积由 94 万 km^2 增加到 112 万 km^2，强度以上面积由 66 万 km^2 增加到 87 万 km^2。

（四）明确了防治重点区域

第二次水土流失遥感调查表明，全国 356 万 km^2 水土流失面积中有 162 万 km^2 属轻度流失区，占水土流失总面积的 46%；水蚀总面积 165 万 km^2 中有 83 万 km^2 属轻度流失区，占水蚀总面积的 49%；风蚀总面积 191 万 km^2 中有 79 万 km^2 属轻度流失区，占风蚀总面积的 42%。这些地区植被状况较好、坡度较缓，都是预防保护的重点地区，可以通过保护，进一步减轻水土流失。从水土保持工作现状来看，综合治理的重点主要在中度以上（含中度）水蚀区和水蚀风蚀交错区。全国中度水土流失总面积 80 万 km^2，其中水蚀面积 55 万 km^2，风蚀面积 25 万 km^2。强度以上水蚀区面积 27 万 km^2。

从不同强度的水土流失分布状况来看，水蚀轻度流失区绝大部分分布在东、中部，以东部为主；中度流失区绝大部分在中、西部，以西部为主；强度以上流失区主要在西部地区。轻度风蚀区基本在草原区和江河源头地区；中度风蚀区大体与水蚀风蚀交错区一致，分布在长城沿线及内陆河流域部分地区。而强度及以上的水蚀区主要在黄土高原和长江上游的部分地区，强度以上风蚀区主要在新疆和内蒙古的沙漠地区。

二、我国水土保持生态建设的战略布局

根据遥感调查成果分析,当前我国水土保持生态建设的战略布局,应从以下几个方面考虑。

(一)在防治水土流失的基本格局上,东、中、西部要根据不同自然地理条件和社会经济发展水平采取相应的防治对策、措施

东部地区总体上水土流失轻微,应以预防保护为主,首要目标是实现良好的生态环境。该地区植被覆盖度高,降雨条件好,不少地方处于沿海地区,地势相对平坦,经济相对发达,城镇化发展快,陡坡耕地较少。社会经济发展对良好的生态环境提出较高的要求,人们的生态环境意识逐渐增强。应当充分利用这些有利条件,促进水土流失轻微地区的保护工作,力争用比较短的时间,使目前东部 9 万多 km² 水土流失中的绝大部分,降低到土壤允许流失量范围内,率先实现山川秀美的目标,为东部的经济发展创造更加良好的生态环境。但是,在东部一些局部水土流失严重的地区,特别是山东的沂蒙山区等不能忽视,也应加快综合治理。

中部地区人口密度大,有山区也有平原,水土流失程度加剧。中部地区要防治兼顾,坚持小流域综合治理、综合开发。江西的赣南、湖南洞庭湖上游的四水流域、湖北大别山区、河北太行山区、东北黑土区等水土流失严重地区都迫切需要加快综合治理的步伐。中部地区开展水土保持要同区域经济发展、产业开发结合,可以取得比较好的经济效益。一些流失轻微、降雨条件较好的地区,要充分发挥生态自我修复能力,实行封山育林,大力发展沼气、小水电等能源,解决好燃料问题,尽快恢复植被。

西部地区水土流失面广量大,处于大江大河上中游地区,水蚀、风蚀、重力和冻融等多种侵蚀形式并存,治理难度大,保护任务重。西部地区经济相对落后,贫困人口比重大,水土流失与贫困互为因果,水土保持肩负着治理江河泥沙、改善农业生产条件和生态环境等多重使命。同时,要与群众脱贫致富结合起来,实施以小流域为单元的山水田林路综合治理,以恢复和重建秀美家园为目标,结合退耕还林,改善贫困地

区群众的生产条件和生态环境。长江上游、黄河中游、珠江上游的一些一级支流和长城沿线是治理的重点地区,必须坚持不懈地开展重点治理。西部地广人稀的森林草原地区、内陆河流域,要采取封育保护、减少人为干扰、转变农牧业生产方式、退耕还林、休牧还草、生态移民等措施,合理利用水资源,充分发挥生态的自我修复能力,加快植被恢复。

（二）确定治理重点和"三区"划分,实行分类指导

根据第二次水土流失遥感调查结果,对 162 万 km^2 的轻度水蚀区和风蚀区,以保护和促进自然修复为主,力争用比较短的时间,进一步提高植被覆盖度,使土壤流失量降低到允许值范围内。近期面上综合治理重点应该在 80 万 km^2 的中度水蚀区和风蚀区,对 27 万 km^2 强度以上水蚀区应作为国家重点治理区,根据国家财力逐步从目前的局部治理向面上扩展,对 87 万 km^2 强度以上风蚀区以减少人为干扰和破坏、促进自然修复、减轻侵蚀强度为主。

从国家来讲,重点治理区主要在长江上游、黄河中游,也就是水蚀比较严重的地区和水蚀风蚀交错区;重点预防保护区主要是江河源头、重要水源库区上游和植被良好的森林草原区;重点监督区主要是能源富集、开发集中、生态脆弱的晋陕蒙、晋陕豫接壤地区,南北盘江的六盘水,新疆油田建设区以及西部大开发中的基础设施建设项目,如西气东输、青藏铁路等。各省(自治区、直辖市)的水土流失情况不同,应根据本次遥感调查结果,进一步明确"三区",进行科学的水土保持生态建设区划工作,根据新情况修改有关规划,因地制宜,分类指导。

（三）根据经济社会发展的要求和不同地区水土流失特点,布设优先实施的重点建设工程

从全国来看,有必要开展一系列重点建设工程。为减少进入黄河的泥沙,实现"河床不抬高"的目标,在黄河中游地区普遍开展水土保持生态建设的同时,应在黄河中游的多沙粗沙区(强度以上水蚀区),开展以建设坝系为主的综合治理工程,重点建设治沟骨干工程和淤地坝。同时,退耕还林还草,综合治理,减少入黄泥沙。通过建坝、拦泥、淤地,改善当地农业生产条件,实现米粮下山、林草上山,为面上的生态恢复创造条件。

为减少进入长江三峡库区的泥沙和改善长江上游水土流失区群众的生产生活条件和生态环境,应重点在长江上游的金沙江下游、嘉陵江中下游等一些一级支流开展以小流域为单元的综合治理。突出基本农田建设,建设坡面水系工程,发展经济林果,集约经营,陡坡地退耕还林。

为抢救石灰岩地区极其宝贵的土地资源,改善水土流失区农业生产条件,必须实施石灰岩地区抢救性的水土保持工程,采取保土措施,建设坡面水系工程,进行沟道整治和退耕还林,保护山地土壤和沟道农田。

为保护生态环境十分脆弱的内陆河流域的绿洲生态,应当实施内陆河流域生态绿洲修复工程,合理安排生态用水,减少植被破坏,恢复绿洲,遏制生态恶化。

为保护重要水源区,减少泥沙和面源污染物入库,实施重要水源库区保护工程,如密云、官厅、丹江口、汾河等,主要措施是加强保护,减少人为破坏,实施综合治理,促进自然修复。

为减少沙尘暴对华北及京津地区环境的不利影响,应在长城沿线水蚀风蚀交错区及部分沙化草原区实施防沙治沙工程。

为保护十分宝贵的黑土地,有必要实施黑土地保护工程,实行工程措施、生物措施和农业技术措施相结合,封山禁牧,恢复生态环境。各地都应根据当地经济社会发展要求,科学布设不同类型的重点工程,纳入国民经济和社会发展计划,根据财力逐步实施。

三、当前防治水土流失的主要任务

从调查结果看,我国防治水土流失的任务仍十分艰巨。不仅现有水土流失面广量大,而且每年仍有新的水土流失产生,短期内全部治理几乎不可能。应当分轻重缓急,有所为,有所不为,采取不同的措施,按照先易后难、突出重点、逐步推进的原则加快防治水土流失的进程。

现阶段防治任务主要有以下四个方面。

(一)依法强化监督,预防人为造成新的水土流失

预防人为造成的水土流失是水土保持的一项重要任务,特别是我

国处于工业化过程和大开发大发展的历史时期,防止开发建设过程中的水土流失任务十分艰巨。要严格执行《中华人民共和国水土保持法》的规定,扼制人为造成新的水土流失,保护好现有植被,重点抓好开发建设项目水土保持方案的审批、实施和验收。落实"三同时"制度,使开发建设过程中的水土流失减少到最低限度,协调好开发建设与水土保持的关系。

(二)坚持以小流域为单元的综合治理,防治水土流失,合理利用水土资源

综合治理的重点是中度及其以上地区,目前面上治理重点应放在中度水蚀的 55 万 km² 、风蚀的 25 万 km² 范围内,以地方、群众为主,国家予以补助。特别是对江河上中游水土流失严重、人口密度相对大的地区,以小流域为单元,实行山水田林路统一规划、综合治理,采取工程、生物和农业技术三大措施优化配置,既科学地调节径流,有效地控制水土流失,使土壤免遭侵蚀,减少进入江河湖库的泥沙,又合理地利用水土资源,特别注重突出水的作用,提高土地生产力,紧密同地方经济发展和产业结构调整结合,使经过综合治理的地区水土流失的程度减轻,经济得到发展,人居环境改善,实现人口、资源、环境和社会发展相协调的目的。

强度及以上水蚀流失区共 27 万 km² ,多数都在长江上游、黄河中游的一级支流上,水土流失对国民经济和社会发展造成的危害大、影响大,必须以小流域为单元进行综合治理,在治理中也要注意人工治理同自然修复能力相结合,先封禁,后治理,要因地制宜,宜封则封,宜治则治。25°以上陡坡地应结合退耕还林,恢复植被。黄土高原强度以上侵蚀区千沟万壑,土壤侵蚀量大,亟待治理,沟道中建骨干坝、淤地坝效果好,应列为国家治理重点。

(三)加强封育保护,依靠生态的自然修复能力,促进大面积的生态环境改善

自然修复的重点地区应在水土流失轻微、降雨条件较好、人口密度较小的地区,以及生态环境极度脆弱地区,要按照人与自然和谐相处的理念,控制人对自然的干扰、过度索取和侵害。依靠大自然的力量,特

别是生态的自然修复能力,增加植被、减轻水土流失、改善生态环境。要抓住当前退耕还林、生态移民、农村产业结构调整以及经济快速发展等一切有利于生态建设与保护的机遇,解决好群众生产生活及经济收入问题。采取多种措施,特别依靠法律制度、乡规民约,强化管护,实施封育保护、封山禁牧,搞好农村能源建设,为生态自然修复创造条件。

(四)积极开展水土保持监测预报,服务于国家生态建设

监测预报是水土保持生态建设的基础,是国家宏观决策和科学防治的依据。在遥感定期宏观调查的基础上,应建立和完善全国水土流失监测网络,定量、定位监测、微观监测与定期宏观调查相结合。首先抓好站网建设,开展小区监测,通过定点监测结果提高宏观预报的准确度。特别对一些重点地区、重点项目,如国家水土保持生态建设重点治理区三峡库区、晋陕蒙接壤区、环京津风沙源区、退耕还林区、塔里木河及黑河下游区,应进一步加强监测。

(发表于《中国水利》2002 年第 7 期)

我国水土保持的目标与任务

一、我国水土流失的特点及其危害

我国是世界上水土流失最为严重的国家之一,水土流失已成为主要的环境问题。我国国土面积 960 万 km²,地势西高东低,山地、丘陵和高原约占全国面积的 2/3。在总土地面积中,耕地占 14%,林地占 16.5%,天然草地占 29%,难以被农业利用的沙漠、戈壁、冰川、石山和高寒荒漠等占 35%。

我国大部分地区属东亚季风气候,南北温差大,冬季因西伯利亚寒流南下而寒冷干燥;夏季受东南太平洋暖湿季风影响炎热多雨,7 ~ 8 月为明显降雨季节。各地年平均降水量差异很大,降水量从东南沿海的 1 500 mm 以上逐渐向西北内陆递减到 50 mm 以下。

(一)水土流失特点

由于特殊的自然地理和社会经济条件,我国的水土流失具有以下特点。

1.分布范围广、面积大

根据最近公布的全国第二次水土流失遥感调查结果,中国水土流失面积 356 万 km²,占国土面积的 37%,其中水力侵蚀面积 165 万 km²,风力侵蚀面积 191 万 km²,水蚀风蚀交错区面积 26 万 km²。西部地区水土流失最严重、分布面积最大,中部次之,东部流失相对较轻。水蚀面积包括东部 10 省(市)9 万 km²、中部 10 省 49 万 km²、西部 12 省(区、市)107 万 km²。

2.侵蚀形式多样,类型复杂

水力侵蚀、风力侵蚀、冻融侵蚀及滑坡、泥石流等重力侵蚀特点各异,相互交错,成因复杂。西北黄土高原区、东北黑土漫岗区、南方红壤丘陵区、北方土石山区、南方石质山区以水力侵蚀为主,伴随有大量的重力侵蚀;青藏高原以冻融侵蚀为主;西部干旱地区、风沙区和草原区,风蚀非常严重;西北半干旱农牧交错带,则是风蚀、水蚀共同作用区。

3. 土壤流失严重

据统计,中国每年流失的土壤总量达 50 亿 t。长江流域年土壤流失总量 24 亿 t,其中上游地区达 15.6 亿 t;黄河流域的黄土高原区,每年进入黄河的泥沙多达 16 亿 t。

(二)水土流失危害

严重的水土流失,给中国经济社会的发展和人民群众的生产、生活带来多方面的危害。

1. 耕地减少,土地退化严重

近 50 年来,中国因水土流失毁掉的耕地达 266.7 多万 hm²,平均每年 6.7 万 hm² 以上。因水土流失造成退化、沙化、碱化的草地约 100万 km²,占中国草原总面积的 50%。进入 20 世纪 90 年代,沙化土地每年扩展 2 460 km²。

2. 泥沙淤积,加剧洪涝灾害

大量泥沙下泄,淤积江、河、湖、库,降低了水利设施的调蓄功能和天然河道的泄洪能力,加剧了下游的洪涝灾害。黄河年均约 4 亿 t 泥沙淤积在下游河床,使河床每年抬高 8 ~ 10 cm,形成著名的"地上悬河",增加了防洪的难度。1998 年长江发生的全流域性特大洪水的原因之一,就是中上游地区水土流失严重、生态环境恶化,加速了暴雨径流的汇集过程。

3. 影响水资源的有效利用,加剧了干旱的发展

黄河流域 3/5 ~ 3/4 的雨水资源,消耗于水土流失和无效蒸发。为了减轻泥沙淤积造成的库容损失,部分黄河干支流水库,不得不采用蓄清排浑的方式运行,使大量宝贵的水资源随着泥沙下泄。黄河下游每年需用 200 亿 m³ 的水冲沙入海,降低河床。

4. 生态恶化,加剧贫困程度

植被破坏,造成水源涵养能力减弱,土壤大量石化、沙化,沙尘暴加剧。同时,由于土层变薄、地力下降,群众贫困程度加深。中国 90% 以上的贫困人口生活在水土流失严重地区。

从目前情况看,除了特殊的自然地理、气候条件,人为因素也是加剧水土流失的主要原因:一是过伐、过垦、过牧;二是开发建设时忽视保护;三是水资源不合理开发利用,导致生态环境恶化。

二、我国水土保持的策略与主要成就

(一)水土保持策略

我国既是世界上水土流失严重的国家之一,又是世界上开展水土保持具有悠久历史并积累了丰富经验的国家。从20世纪初开始,就进行了对水土流失规律的初步探索,为开展典型治理提供了依据。新中国成立后,中国政府十分重视水土保持工作,在长期实践的基础上,总结出了以小流域为单元、全面规划、综合治理的经验。1991年,全国人大颁布了《中华人民共和国水土保持法》(简称《水土保持法》),使我国水土保持步入了依法防治的轨道。1998~2000年,国务院先后批准实施了《全国生态环境建设规划》《全国生态环境保护纲要》,对21世纪初期的水土保持生态建设做出了全面部署,并将水土保持生态建设作为我国实施可持续发展战略和西部大开发战略的重要组成部分。经过半个多世纪的发展,我国水土保持走出了一条具有中国特色综合防治水土流失的路子。其主要做法包括以下几个方面。

(1)坚持与时俱进的思想,积极调整工作思路,不断探索加快防治水土流失的新途径。根据经济社会发展与人民生活水平提高对水土保持生态建设的新要求,在加强人工治理的同时,依靠大自然的力量,开展生态自我修复工作,促进人与自然的和谐,加快水土流失防治步伐。

(2)预防为主,依法防治水土流失。我国政府通过贯彻执行《水土保持法》,建立健全了水土保持配套法规体系和监督执法体系;规定了"预防为主"的方针,加强执法监督,禁止陡坡开荒,加强对开发建设项目的水土保持管理,控制人为水土流失。

(3)以小流域为单元,科学规划,综合治理。我国水土保持始终坚持制定科学的水土保持规划,以小流域为单元,根据水土流失规律和当地实际,实行山水田林路综合治理,对工程措施、生物措施和农业技术措施进行优化配置,因害设防,形成水土流失综合防治体系。

（4）治理与开发利用相结合，实现三大效益的统一。在治理过程中，把治理水土流失与开发利用水土资源紧密结合，突出生态效益，注重经济效益，兼顾社会效益，使群众在治理水土流失、保护生态环境的同时，取得明显的经济效益，进而激发其治理水土流失的积极性。

（5）优化配置水资源，合理安排生态用水，处理好生产、生活和生态用水的关系。同时，在水土保持和生态建设中，充分考虑水资源的承载能力，因地制宜、因水制宜，适地适树，宜林则林、宜灌则灌、宜草则草。

（6）依靠科学技术，提高治理的水平和效益。重视理论与实践、科学技术与生产实践相结合，充分发挥科学技术的先导作用。积极引进国外先进技术、先进理念和先进管理模式，注重科技成果的转化，大力研究推广各种实用技术，采取示范、培训等多种形式，对农民群众进行科学普及教育，增强农民的科学治理意识和能力，从而提高治理的质量和效益。

（7）建立政府行为和市场经济相结合的运行机制。通过制定优惠政策，实行租赁、承包、股份合作、拍卖"四荒"使用权等多种形式，调动社会各界的积极性，建立多元化、多渠道、多层次的水土保持投入机制，形成全社会广泛参与治理水土流失的局面。

（8）广泛宣传，提高全民水保意识。我国采取政府组织、舆论导向、教育介入等多种形式，广泛、深入、持久地开展《水土保持法》等有关法律法规以及水土流失危害性的宣传，提高全民的水土保持意识。

（二）主要成就

近几年来，我国实行积极的财政政策，加大了水土保持生态建设投入，水土保持各方面的工作取得了显著成绩，主要体现在以下4个方面。

1. 长江上游、黄河中上游等7大流域水土保持重点工程建设取得很大进展

在长江上游、黄河中游以及环北京等水土流失严重地区，实施了水土保持重点建设工程、退耕还林工程、防沙治沙工程等一系列重大生态建设工程。重点治理工程坚持以大江大河为骨干，小流域为单元，山水田林路综合治理,项目建设取得明显成效,也得到了治理区群众的真心拥护。同时,注重安排生态用水,水利部在塔里木河及黑河流域下游和湿地,成功地实施了调水,对于改善生态环境、恢复沙漠绿洲、遏制沙漠化,起到了积极的作用。

2. 在地广人稀、水土流失轻微地区,开展了水土保持生态修复工程

近年来,在不断加强水土保持重点治理的同时,积极探索加快水土流失防治步伐的新路子,强化保护,充分发挥大自然的力量,在生态脆弱、地广人稀、水土流失轻微地区,加大了封育保护的力度,取得很大进展。在 128 个县开展了水土保持生态修复试点工作,在三江源区 30 万 km² 范围内,实施了水土保持预防保护工程,全国封育保护面积达 60 万 km²。在推进生态修复过程中,加强了优质高效小流域、水源工程、舍饲养畜、生态移民、以电代柴等相关配套措施建设,较好地解决了群众的生产、生活问题,为大面积封育保护创造了条件。从近 2 年的情况看,生态自我修复不仅在雨水充沛的南方地区是成功的,而且在干旱少雨的北方地区也是可行的。

3. 依法推进水土保持,积极控制人为水土流失

通过认真贯彻《水土保持法》,人们的水土保持意识明显增强,特别是在开发建设项目中,较好地落实了"三同时"制度,减少了开发建设过程中的水土流失,公路、铁路、水利工程、矿山开采、城市建设等,都要求同步做好水土保持工作,防止对植被的破坏。近 5 年间,全国有 17 万个开发建设项目依法编报了水土保持方案,并积极组织实施,投入水土流失防治资金达 180 多亿元,防治面积 3 万 km²,设计拦护弃土、弃渣 8 亿多 t。

4. 水土保持科学研究工作取得了新的进展

开展了全国第二次水土流失遥感调查,摸清了全国水土流失的现状和动态,为国家生态建设宏观决策提供了科学的依据。开展了生态用水、水土保持发展战略等重大理论和关键技术研究,提出了我国水土保持中长期发展战略和近期行动计划。制定了水土保持工程前期工作、概(估)算定额等 22 项技术规范与标准,水土保持技术标准体系基本形成。以"3S"技术为突破口,推动了全国水土保持监测网络和信息

系统的现代化建设。因地制宜地推广了机修梯田、坡面水系、淤地坝、水坠筑坝、引水拉沙造田、雨水集流、节水灌溉、植物篱、"猪—沼—果"、乔灌草优化配置、滑坡预警等大量先进实用技术,提高了水土保持工程的科技含量,保证了水土保持效益的发挥。

通过半个多世纪的不懈努力,我国水土保持已取得了显著成效。全国累计治理水土流失面积 90 万 km^2。通过水土保持措施,累计可减少土壤侵蚀量 426 亿 t,增产粮食 2 492 亿 kg,基本解决了水土流失治理区群众的温饱问题,改善了当地的生态环境,提高了群众生活水平。如延安市是典型的黄土高原丘陵沟壑区,20 世纪 80 年代初,全市水土流失面积 2.88 万 km^2,占总面积的 78.4%。近些年来,市政府把治理水土流失作为脱贫致富的战略措施来抓,成效显著。全市累计完成综合治理面积 1.75 万 km^2,占水土流失面积的 62%;林草覆盖率达到42.9%,农村人均占有 0.15 hm^2 基本农田和 0.1 hm^2 经济林,粮食总产达到 8.9 亿 kg,人均产粮基本稳定在 400~500 kg;烟、果、羊、薯 4 大主导产业形成一定规模,多种经营产值 13.6 亿元,占农业总产值的68%;农民人均纯收入 1 120 元,贫困人口从 1985 年的 67 万人下降到23.6 万人。

三、我国水土保持的目标、任务与措施

进入 21 世纪,我国水土保持工作面临着严峻的挑战。

(1)水土流失防治任务十分艰巨,全国有近 200 万 km^2 水土流失面积需要治理。

(2)从水土流失发展趋势看,水土流失严重、生态环境恶化的局面尚未得到根本遏制,我国的现代化、城市化、西部大开发以及人口的增长,将对生态环境构成很大的压力。

(3)一些地区由于水土流失,导致土地退化或沙化,土地资源更为短缺,人地矛盾十分突出。防治水土流失、保护水土资源、改善生态环境,已经成为一项十分重要而紧迫的任务。

我国政府明确提出全面建设小康社会的奋斗目标,并已将水土保持生态建设确立为经济、社会发展的一项重要的基础工程,明确了我国

水土保持生态建设的战略目标和任务。今后一个阶段,水土保持工作的思路是,紧紧围绕3大目标,认真落实4项任务,切实采取8项措施,以水土资源的可持续利用和维系良好的生态环境为全面建设小康社会提供支撑和保障。

(一)3**大目标**

(1)在有效减轻水土流失、减少进入江河泥沙的同时,加强对化肥、农药等面源污染的控制和重点江河湖库周边的水源保护及生态改善。

(2)在大力改善农业生产条件的同时,突出促进农村产业结构调整和产业开发,集约、高效、可持续利用水土资源,有效增加农民收入。

(3)在改善生态环境,减轻干旱、洪涝灾害的同时,重视城乡人民环境质量的改善,促进人与自然的和谐,建设美好家园,提高人民的生活质量。

(二)4**项任务**

(1)预防监督。要重点加强对主要供水水源地、库区、生态环境脆弱区和能源富集、开发集中区等区域水土流失的预防保护和监督管理,把项目开发建设过程中造成的人为水土流失减少到最低程度。

(2)综合治理。继续加强长江、黄河上中游,东北黑土区等水土流失严重地区的治理和京津周边防沙治沙工程建设,坚持以小流域为单元进行综合整治,突出重点,抓好示范。要在有条件的地方,大力推进淤地坝建设。

(3)生态修复。在地广人稀、降雨条件适宜和水土流失轻微的地区,实施水土保持生态修复工程,实行封育保护、封山禁牧,充分发挥大自然的力量和生态的自我修复能力,促进大范围的水土保持生态建设。

(4)监测预报。加强水土流失监测和管理信息系统建设,提高水土流失调查评价和监测预报水平。

近期目标与任务:2000～2010年,每年综合治理水土流失面积5万 km²,到2010年,新增治理水土流失面积50万 km²,7大流域特别是长江、黄河中上游水土流失严重地区的重点治理工程初见成效,实施封育保护100万 km²,森林覆盖率达17%,大江大河减少泥沙10%(南方)至20%(北方),在全国水土流失区,基本建立水土保持预防监督体系和水土流失监测网络,水土保持法律法规进一步完善,基本遏制水土流失和生态环境恶化的趋势。

中期目标与任务:2011~2030年,要使全国60%以上适宜治理的水土流失地区得到不同程度的治理,重点治理区生态环境开始走上良性循环的轨道,森林覆盖率超过20%,大江大河减沙20%(南方)至30%(北方),全国建立起健全的水土保持预防监督体系和动态监测网络,形成完善的水土保持法律法规体系,全面制止各种人为造成的新的水土流失。

远期目标与任务:2031~2050年,全国建立起适应经济、社会可持续发展的良性生态系统,适宜治理的水土流失区基本得到整治,水土流失和沙漠化基本得到控制,坡耕地基本实现梯田化,宜林地全部绿化,"三化"草地得到恢复,全国生态环境明显改观,人为水土流失得到根治,大部分地区基本实现山川秀美的目标。

(三)8项措施

为实现上述战略目标和任务,我国将采取以下措施。

(1)依法行政,不断完善水土保持法律法规体系,强化监督执法。严格执行《水土保持法》,通过宣传教育,不断增强群众的水土保持意识和法制观念,坚决遏制人为水土流失,保护好现有植被,重点抓好开发建设项目水土保持管理,把水土流失的防治纳入法制化轨道。

(2)实行分区治理,分类指导。西北黄土高原区,突出沟道治理,以淤地坝建设为重点,建设稳产高产基本农田,促进退耕还林还草;东北黑土区,大力推行保土耕作,保护和恢复植被;南方红壤丘陵区,采取封禁治理,提高植被覆盖度,通过以电代柴,解决农村能源问题;北方土石山区,改造坡耕地,发展水土保持林和水源涵养林;西南石灰岩地区,陡坡退耕,大力改造坡耕地,蓄水保土,控制石漠化;风沙区,营造防风固沙林带,实施封育保护,防止沙漠扩展;草原区,实行围栏、轮牧、休牧,建设人工草场。

(3)加强封育保护,依靠生态的自我修复能力,促进大范围的生态环境的改善。按照人与自然和谐相处的要求,控制人类活动对自然的过度索取和侵害。大力调整农牧业生产方式,在生态脆弱地区,封山禁牧,舍饲圈养,依靠大自然的力量,特别是生态的自我修复能力,增加植被,减轻水土流失,改善生态环境。

(4)大规模地开展生态建设工程。继续开展以长江上游、黄河中游地区,以及环京津地区的一系列重点生态工程建设,加大退耕还林力度,搞好天然林保护;大规模开展黄土高原淤地坝建设、牧区水利和小水电代燃料工程,促进生态的恢复,巩固退耕还林成果;在内陆河流域,合理安排生态用水,恢复绿洲和遏制沙漠化。

(5)科学规划,综合治理。实行以小流域为单元的山水田林路统一规划,综合运用工程、生物和农业技术三大措施,有效控制水土流失,合理利用水土资源,促进人口、资源与环境协调发展。尊重群众的意愿,推行群众参与式规划设计,把群众的合理意见吸收到规划设计中去,调动群众参与水土保持项目建设的积极性。

(6)加强水土保持科学研究,促进科技进步。不断探索有效控制土壤侵蚀、提高土地综合生产能力的措施,加强对治理区群众的培训,搞好水土保持科学普及和技术推广工作。建设一批规模比较大的水土保持综合治理示范区和科技含量高的水土保持科技示范园区。积极开展水土保持监测预报,大力应用"3S"等高新技术,建立全国水土保持监测网络和信息系统,努力提高科技在水土保持中的贡献率。

(7)完善和制定优惠政策,建立健全适应市场经济要求的水土保持发展机制,明晰治理成果的所有权,保护治理者的合法权益,鼓励和支持广大农民和社会各界人士,积极参与治理水土流失。

(8)加强水土保持方面的国际合作和对外交流,增进相互了解,不断学习、借鉴和吸收国外水土保持方面的先进技术、先进理念和先进管理经验,提高我国水土保持的科技水平。早在1935年,美国就颁布了《水土保持法》,1971年提出了通用土壤流失方程 USLE 和风蚀预报方程 WEO。同时,美国在免耕法和封育保护等方面,也进行了较为深入的探索,积累了宝贵的经验,值得我们学习。

进入新的世纪,我国将进一步实施可持续发展战略,加大水土保持和生态环境建设的力度,扩大在控制土壤侵蚀、提高土地综合生产能力和改善生态环境等方面的国际合作与交流,同国际社会一道,为我国乃至世界生态环境的改善,做出新的贡献。

（发表于《中国水土保持科学》2002 年第 4 期）

中国的水土保持

一、中国的水土流失情况

中国国土面积为 960 万 km^2，地势西高东低，山地、丘陵和高原约占全国面积的 2/3。在总土地面积中，耕地占 14%，林地占 16.5%，天然草地占 29%，难以被农业利用的沙漠、戈壁、冰川、石山和高寒荒漠等占 35%。中国大部分地区属东亚季风气候，南北温差大，冬季因西伯利亚寒流南下而寒冷干燥；夏季受东南太平洋暖温季风影响炎热多雨，7～8 月为明显降雨季节。各地年平均降水量差异很大，降水量从东南沿海的 1 500 mm 以上逐渐向西北内陆递减到 50 mm 以下。

中国是世界上水土流失最为严重的国家之一，由于特殊的自然地理和社会经济条件，使水土流失成为主要的环境问题。中国的水土流失具有以下特点。

(一)分布范围广、面积大

根据最近公布的全国第二次水土流失遥感调查结果，中国水土流失面积 356 万 km^2，占国土面积的 37%，其中水力侵蚀面积 165 万 km^2，风力侵蚀面积 191 万 km^2，水蚀风蚀交错区面积 26 万 km^2。西部地区水土流失最严重、分布面积最大，中部次之，东部流失相对较轻。水蚀面积，东部 10 省(市)为 9 万 km^2、中部 10 省为 49 万 km^2、西部 12 省(区、市)为 107 万 km^2。

(二)侵蚀形式多样，类型复杂

水力侵蚀、风力侵蚀、冻融侵蚀及滑坡、泥石流等重力侵蚀，特点各异，相互交错，成因复杂。西北黄土高原区、东北黑土漫岗区、南方红壤丘陵区、北方土石山区、南方石质山区以水力侵蚀为主，伴随有大量的重力侵蚀；青藏高原以冻融侵蚀为主；西部干旱地区、风沙区和草原区风蚀非常严重；西北半干旱农牧交错带则是风蚀、水蚀共同作用区。

（三）土壤流失严重

据统计,中国每年流失的土壤总量达到 50 亿 t。长江流域年土壤流失总量 24 亿 t,其中上游地区达 15.6 亿 t;黄河流域黄土高原区每年进入黄河的泥沙多达 16 亿 t。

严重的水土流失,给中国经济社会的发展和人民群众的生产、生活带来多方面的危害。

1. 耕地减少,土地退化严重

近 50 年来,中国因水土流失毁掉的耕地达 266.7 多万 km^2,平均每年 6.7 万 km^2 以上。因水土流失造成退化、沙化、碱化的草地约 100 万 km^2,占中国草原总面积的 50%。进入 90 年代,沙化土地每年扩展 2 460 km^2。

2. 泥沙淤积,加剧洪涝灾害

由于大量泥沙下泄,淤积江、河、湖、库,降低了水利设施的调蓄功能和天然河道的泄洪能力,加剧了下游的洪涝灾害。黄河年均约 4 亿 t 泥沙淤积在下游河床,使河床每年抬高 8~10 cm,形成著名的"地上悬河",增加了防洪的难度。1998 年长江发生全流域性特大洪水的原因之一就是中上游地区水土流失严重、生态环境恶化,加速了暴雨径流的汇集过程。

3. 影响水资源的有效利用,加剧了干旱的发展

黄河流域 3/5~3/4 的雨水资源,消耗于水土流失和无效蒸发。为了减轻泥沙淤积造成的库容损失,部分黄河干支流水库,不得不采用蓄清排浑的方式运行,使大量宝贵的水资源随着泥沙下泄。黄河下游每年需用 200 亿 m^3 的水冲沙入海,降低河床。

4. 生态恶化,加剧贫困程度

植被破坏,造成水源涵养能力减弱,土壤大量石化、沙化,沙尘暴加剧。同时,由于土层变薄、地力下降,群众贫困程度加深。中国 90% 以上的贫困人口生活在水土流失严重地区。

除了特殊的自然地理、气候条件,人为因素也是加剧水土流失的主要原因:一是过伐、过垦、过牧;二是开发建设时忽视保护;三是水资源不合理开发利用,导致生态环境恶化。

二、中国水土保持的主要成就

中国既是世界上水土流失严重的国家之一,又是世界上开展水土保持具有悠久历史并积累了丰富经验的国家。从20世纪初开始,就进行了对水土流失规律的初步探索,为开展典型治理提供了依据。新中国成立后,中国政府十分重视水土保持工作,在长期实践的基础上,总结出了以小流域为单元、全面规划、综合治理的经验。1991年,全国人大颁布了《中华人民共和国水土保持法》(简称《水土保持法》),使我国水土保持步入了依法防治的轨道。1998~2000年,国务院先后批准实施了《全国生态环境建设规划》《全国生态环境保护纲要》,对21世纪初期的水土保持生态建设做出了全面部署,并将水土保持生态建设作为我国实施可持续发展战略和西部大开发战略的重要组成部分。近几年来,中国实行积极的财政政策,加大了水土保持生态建设投入,水土保持各方面工作取得显著成绩,主要体现在以下四个方面。

(一)长江上游、黄河中上游等7大流域水土保持重点工程建设取得很大进展

在长江上游、黄河中游以及环北京等水土流失严重地区,实施了水土保持重点建设工程、退耕还林工程、防沙治沙工程等一系列重大生态建设工程。重点治理工程坚持以大江大河为骨干,小流域为单元,山水田林路综合治理,项目建设取得明显成效,也得到了治理区群众的真心拥护。同时,注重安排生态用水,水利部在塔里木河及黑河流域下游和湿地,成功地实施了调水,对于改善生态环境、恢复沙漠绿洲、遏制沙漠化,起到了积极的作用。

(二)在地广人稀、水土流失轻微地区,开展了水土保持生态修复工程

近年来,在不断加强水土保持重点治理的同时,积极探索加快水土流失防治步伐的新路子,强化保护,充分发挥大自然的力量,在生态脆弱、地广人稀、水土流失轻微地区,加大了封育保护的力度,取得很大进展。在128个县开展了水土保持生态修复试点工作,在三江源区30万km² 范围内,实施了水土保持预防保护工程,全国封育保护面积达60万 km²。在推进生态修复过程中,加强了优质高效小流域、水源工程、舍饲养畜、生态移民、以电代柴等相关配套措施建设,较好地解决了群众的生产、生活问题,为大面积封育保护创造了条件。从近2年的情况看,生态自我修复不仅在雨水充沛的南方地区是成功的,而且在干旱少雨的北方地区也是可行的。

(三)依法推进水土保持,积极控制人为水土流失

通过认真贯彻《水土保持法》,人们的水土保持意识明显增强,特别是在开发建设项目中,较好地落实了"三同时"制度,减少了开发建设过程中的水土流失,公路、铁路、水利工程、矿山开采、城市建设等,都要求同步做好水土保持工作,防止对植被的破坏。近5年间,全国有17万个开发建设项目依法编报了水土保持方案,并积极组织实施,投入水土流失防治资金达180多亿元,防治面积3万km²,设计拦护弃土、弃渣8亿多t。

(四)水土保持科学研究工作取得了新的进展

开展了全国第二次水土流失遥感调查,摸清了全国水土流失的现状和动态,为国家生态建设宏观决策提供了科学的依据。开展了生态用水、水土保持发展战略等重大理论和关键技术研究,提出了我国水土保持中长期发展战略和近期行动计划。制定了水土保持工程前期工作、概(估)算定额等22项技术规范与标准,水土保持技术标准体系基本形成。以"3S"技术为突破口,推动了全国水土保持监测网络和信息系统的现代化建设。因地制宜地推广了机修梯田、坡面水系、淤地坝、水坠筑坝、引水拉沙造田、雨水集流、节水灌溉、植物篱、"猪—沼—果"、乔灌草优化配置、滑坡预警等大量先进实用技术,提高了水土保持工程的科技含量,保证了水土保持效益的发挥。

通过半个多世纪的不懈努力,我国水土保持已取得了显著成效。全国累计治理水土流失面积90万km²。通过水土保持措施,累计可减少土壤侵蚀量426亿t,增产粮食2 492亿kg,基本解决了水土流失治理区群众的温饱问题,改善了当地的生态环境,提高了群众生活水平。如延安市是典型的黄土高原丘陵沟壑区,20世纪80年代初,全市水土流失面积2.88万km²,占总面积的78.4%。近些年来,市政府把治理水土流失作为脱贫致富的战略措施来抓,成效显著。全市累计完成综合治理面积 1.75 万 km²,占水土流失面积的 62%;林草覆盖率达到 42.9%,农村人均占有 0.15 hm² 基本农田和 0.1 hm² 经济林,粮食总产达到 8.9 亿 kg,人均产粮基本稳定在 400~500 kg;烟、果、羊、薯 4 大主导产业形成一定规模,多种经营产值 13.6 亿元,占农业总产值的 68%;农民人均纯收入 1 120 元,贫困人口从 1985 年的 67 万人下降到 23.6 万人。

中国水土保持经过半个多世纪的发展,走出了一条具有中国特色综合防治水土流失的路子。其主要做法有以下几个方面。

(1)坚持与时俱进的思想,积极调整工作思路,不断探索加快防治水土流失的新途径。根据经济社会发展与人民生活水平提高对水土保持生态建设的新要求,在加强人工治理的同时,依靠大自然的力量,开展生态自我修复工作,促进人与自然的和谐,加快水土流失防治步伐。

(2)预防为主,依法防治水土流失。我国政府通过贯彻执行《水土保持法》,建立健全了水土保持配套法规体系和监督执法体系;规定了"预防为主"的方针,加强执法监督,禁止陡坡开荒,加强对开发建设项目的水土保持管理,控制人为水土流失。

(3)以小流域为单元,科学规划,综合治理。我国水土保持始终坚持制定科学的水土保持规划,以小流域为单元,根据水土流失规律和当地实际,实行山水田林路综合治理,对工程措施、生物措施和农业技术措施进行优化配置,因害设防,形成水土流失综合防治体系。

(4)治理与开发利用相结合,实现三大效益的统一。在治理过程中,把治理水土流失与开发利用水土资源紧密结合,突出生态效益,注重经济效益,兼顾社会效益,使群众在治理水土流失、保护生态环境的同时,取得明显的经济效益,进而激发其治理水土流失的积极性。

(5)优化配置水资源,合理安排生态用水,处理好生产、生活和生态用水的关系。同时,在水土保持和生态建设中,充分考虑水资源的承载能力,因地制宜、因水制宜,适地适树,宜林则林、宜灌则灌、宜草则草。

(6)依靠科学技术,提高治理的水平和效益。重视理论与实践、科学技术与生产实践相结合,充分发挥科学技术的先导作用。积极引进国外先进技术、先进理念和先进管理模式,注重科技成果的转化,大力研究推广各种实用技术,采取示范、培训等多种形式,对农民群众进行科学普及教育,增强农民的科学治理意识和能力,从而提高治理的质量和效益。

(7)建立政府行为和市场经济相结合的运行机制。通过制定优惠政策,实行租赁、承包、股份合作、拍卖"四荒"使用权等多种形式,调动社会各界的积极性,建立多元化、多渠道、多层次的水土保持投入机制,形成全社会广泛参与治理水土流失的局面。

(8)广泛宣传,提高全民水保意识。我国采取政府组织、舆论导向、教育介入等多种形式,广泛、深入、持久地开展《水土保持法》等有关法律法规以及水土流失危害性的宣传,提高全民的水土保持意识。

进入21世纪,中国水土保持面临着严峻的挑战。一是水土流失防治任务十分艰巨,全国有近200万 km² 水土流失面积需要治理。二是从水土流失发展趋势看,水土流失严重、生态环境恶化的局面尚未得到根本遏制,我国的现代化、城市化、西部大开发以及人口的增长,将对生态环境构成很大的压力。三是一些地区由于水土流失,导致土地退化或沙化,土地资源更为短缺,人地矛盾十分突出。防治水土流失、保护水土资源、改善生态环境,已经成为一项十分重要而紧迫的任务。

三、中国水土保持的目标、任务与措施

21世纪是全球致力于经济和自然协调发展的重要时期,中国政府明确提出全面建设小康社会的奋斗目标,并已将水土保持生态建设确立为经济社会发展的一项重要的基础工程,明确了中国水土保持生态建设的战略目标和任务。今后一个阶段水土保持工作的思路是,紧紧围绕3大目标,认真落实4项任务,切实采取8项措施,以水土资源的可持续利用和维系良好的生态环境为全面建设小康社会提供支撑和保障。

3大目标:①在有效减轻水土流失、减少进入江河泥沙的同时,加强对化肥、农药等面源污染的控制和对重点江河湖库周边的水源保护及生态改善。②在大力改善农业生产条件的同时,突出促进农村产业

结构调整和产业开发,集约、高效、可持续利用水土资源,有效增加农民收入。③在改善生态环境,减轻干旱、洪涝灾害的同时,重视城乡人居环境质量的改善,促进人与自然的和谐,建设美好家园,提高人民的生活质量。

4 项任务:①预防监督。要重点加强对主要供水水源地、库区、生态环境脆弱区和能源富集、开发集中区等区域水土流失的预防保护和监督管理,把项目开发建设过程中造成的人为水土流失减少到最低程度。②综合治理。继续加强长江、黄河上中游,东北黑土区等水土流失严重地区的治理和京津周边防沙治沙工程建设,坚持以小流域为单元进行综合整治,突出重点,抓好示范。要在有条件的地方,大力推进淤地坝建设。③生态修复。在地广人稀、降雨条件适宜和水土流失轻微的地区,实施水土保持生态修复工程,实行封育保护、封山禁牧,充分发挥大自然的力量和生态的自我修复能力,促进大范围的水土保持生态建设。④监测预报。加强水土流失监测和管理信息系统建设,提高水土流失调查评价和监测预报水平。

近期目标与任务:2000 ~ 2010 年,每年综合治理水土流失面积 5 万 km^2,到 2010 年,新增治理水土流失面积 50 万 km^2,7 大流域特别是长江、黄河中上游水土流失严重地区的重点治理工程初见成效,实施封育保护 100 万 km^2,森林覆盖率达 17%,大江大河减少泥沙 10%(南方)至 20%(北方),在全国水土流失区,基本建立水土保持预防监督体系和水土流失监测网络,水土保持法律法规进一步完善,基本遏制水土流失和生态环境恶化的趋势。

中期目标与任务:2011 ~ 2030 年,要使全国 60% 以上适宜治理的水土流失地区得到不同程度的治理,重点治理区生态环境开始走上良性循环的轨道,森林覆盖率超过 20%,大江大河减沙 20%(南方)至 30%(北方),全国建立起健全的水土保持预防监督体系和动态监测网络,形成完善的水土保持法律法规体系,全面制止各种人为造成的新的水土流失。

远期目标与任务:2031 ~ 2050 年,全国建立起适应经济、社会可持续发展的良性生态系统,适宜治理的水土流失区基本得到整治,水土流失和沙化基本得到控制,坡耕地基本实现梯田化,宜林地全部绿化,"三化"草地得到恢复,全国生态环境明显改观,人为水土流失得到根治,大部分地区基本实现山川秀美的目标。

为实现上述战略目标和任务,中国将采取以下措施。

(1)依法行政,不断完善水土保持法律法规体系,强化监督执法。严格执行《水土保持法》,通过宣传教育,不断增强群众的水土保持意识和法制观念,坚决遏制人为水土流失,保护好现有植被,重点抓好开发建设项目水土保持管理,把水土流失的防治纳入法制化轨道。

(2)实行分区治理,分类指导。西北黄土高原区,突出沟道治理,以淤地坝建设为重点,建设稳产高产基本农田,促进退耕还林还草;东北黑土区,大力推行保土耕作,保护和恢复植被;南方红壤丘陵区,采取封禁治理,提高植被覆盖度,通过以电代柴,解决农村能源问题;北方土石山区,改造坡耕地,发展水土保持林和水源涵养林;西南石灰岩地区,陡坡退耕,大力改造坡耕地,蓄水保土,控制石漠化;风沙区,营造防风固沙林带,实施封育保护,防止沙漠扩展;草原区,实行围栏、轮牧、休牧,建设人工草场。

(3)加强封育保护,依靠生态的自我修复能力,促进大范围的生态环境的改善。按照人与自然和谐相处的要求,控制人类活动对自然的过度索取和侵害。大力调整农牧业生产方式,在生态脆弱地区,封山禁牧,舍饲圈养,依靠大自然的力量,特别是生态的自我修复能力,增加植被,减轻水土流失,改善生态环境。

(4)大规模地开展生态建设工程。继续开展以长江上游、黄河中游地区,以及环京津地区的一系列重点生态工程建设,加大退耕还林力度,搞好天然林保护;大规模开展黄土高原淤地坝建设、牧区水利和小水电代燃料工程,促进生态的恢复,巩固退耕还林成果;在内陆河流域,合理安排生态用水,恢复绿洲和遏制沙漠化。

(5)科学规划,综合治理。实行以小流域为单元的山水田林路统一规划,综合运用工程、生物和农业技术三大措施,控制水土流失,合理利用水土资源,促进人口、资源与环境协调发展。尊重群众的意愿,推行群众参与式规划设计,把群众的合理意见吸收到规划设计中去,调动群众参与水土保持项目建设的积极性。

（6）加强水土保持科学研究，促进科技进步。不断探索有效控制土壤侵蚀、提高土地综合生产能力的措施，加强对治理区群众的培训，搞好水土保持科学普及和技术推广工作。建设一批规模比较大的水土保持综合治理示范区和科技含量高的水土保持科技示范园区。积极开展水土保持监测预报，大力应用"3S"等高新技术，建立全国水土保持监测网络和信息系统，努力提高科技在水土保持中的贡献率。

（7）完善和制定优惠政策，建立健全适应市场经济要求的水土保持发展机制，明晰治理成果的所有权，保护治理者的合法权益，鼓励和支持广大农民和社会各界人士，积极参与治理水土流失。

（8）加强水土保持方面的国际合作和对外交流，增进相互了解，不断学习、借鉴和吸收国外水土保持方面的先进技术、先进理念和先进管理经验，提高我国水土保持的科技水平。早在1935年，美国就颁布了《水土保持法》，1971年提出了通用土壤流失方程USLE和风蚀预报方程WEO。同时，美国在免耕法和封育保护等方面，也进行了较为深入的探索，积累了宝贵的经验，值得我们学习。这次研讨会为中美两国水土保持人士进一步开展交流与合作提供了良好的机会。我相信，通过这次研讨会，双方人士都会有所收获，进一步加强了解和友谊。我期待着双方借此机会可以拓展新的合作领域，确定新的合作目标，使中美两国在水土保持领域的合作迈上新的台阶。

进入新的世纪，中国将进一步实施可持续发展战略，加大水土保持和生态环境建设的力度，扩大在控制土壤侵蚀、提高土地综合生产能力和改善生态环境等方面的国际合作与交流，同国际社会一道，为中国乃至世界生态环境的改善做出新的贡献。

（收录于《中美水土保持研讨会论文集》，2003年）

与时俱进　扎实工作
努力开创水土保持生态建设新局面

一、过去 5 年的水土保持工作

1998 年以来,各级水利水保部门认真贯彻落实党中央、国务院加强生态环境建设的重大战略部署和水利部党组新的治水思路,以治理水土流失、改善生态环境、支持经济社会可持续发展为主线,调整思路,狠抓落实,与时俱进,开拓创新,水土保持各项工作取得很大成绩。这 5 年,是我国水土保持投入最多、治理成效最好、监督管理力度最大、改革发展最快的 5 年,标志着我国水土保持生态建设进入一个新的发展时期。

(一)水土流失综合治理速度加快

5 年来,水土流失治理速度加快主要表现为五个特点:一是重点治理范围扩大。在水蚀严重地区,以长江上游、黄河中游为重点的七大流域水土保持重点防治工程规模不断扩大,工程建设稳步推进;在风蚀严重地区启动实施了京津风沙源、首都水资源、塔里木河、黑河等相关的水土流失重点防治和生态恢复工程;国家重点治理工程带动了地方水土流失治理工作,普遍取得新进展。5 年来,开展国家水土保持重点防治的县(市)达到 700 多个,新实施综合治理的小流域 9 000 多条,占新中国成立以来所实施小流域的 1/3。二是投入大幅度增加。5 年来中央安排用于水土保持生态建设的投资达到 67.5 亿元,是"八五"期间的 10 倍。国家重点治理水土保持投资补助标准由过去每平方千米 3 万元增加到 6 万~10 万元,有的达到 20 万元。三是建成了一大批标准高、质量好的示范工程。以推进"十百千"示范工程为基础,全国建成了 1 500 多条精品小流域和综合治理示范工程,建成了甘肃天水、山西平鲁、贵州毕节等数十个几百平方千米甚至上千平方千米集中连片的水土保持大示范区,基本做到了"建一片,成一片,见效一片"。四是建设步伐加快。全国 5 年共治理水土流失面积 26.6 万 km²,其中营造水土保持林 933.33 万 hm²、种植经济林果及种草 556 万 hm²,建设稳产高产基本农田 320 万 hm²,建设骨干坝、淤地坝、坡面水系等小型蓄水保土工程 375 万座(处),每年完成的水土流失综合治理面积是过去年均治理进度的两倍。五是建设成效显著。水土保持重点治理的快速推进,极大地改善了水土流失地区农村生产条件和群众的生活条件,减少了进入江河湖库的泥沙,重点治理区生态环境有了明显改善。据测算,这些水土保持设施共可增产粮食 150 亿 kg、增产果品 200 亿 kg,为全国 1 200 多万人稳定解决了温饱问题,2 300 多万人大幅度增加了经济收入,每年可新增加拦蓄泥沙 2.5 亿 t。

（二）生态修复工作取得重大进展

5 年来,在不断加强水土保持重点治理的同时,在水利部党组的正确指导下,积极探索加快水土流失防治步伐的新路子,各地积极调整工作思路,强化保护,充分依靠和发挥大自然的力量,在生态脆弱、地广人稀、水土流失轻微地区加大了封育保护的力度,取得很大进展。一是对生态修复工作重要性的认识有了很大提高。2001 年水利部下发了《关于加强封育保护,充分发挥生态自我修复能力,加快水土流失防治步伐的通知》,对推进水土保持生态修复工作做出了全面部署,明确了要求和措施。目前,各地对生态修复在认识上有了提高、观念上有了转变、方法上有了改进,因地制宜,采取有力措施,把生态自我修复纳入了水土保持生态建设工作的重要内容。二是启动了一批试点工程。在 128 个县开展了水土保持生态修复试点工作,在三江源区 30 万 km² 范围内实施了水土保持预防保护工程,全国共实施封育保护面积 60 万 km²。三是抓配套措施建设,为生态修复创造条件。在推进生态修复过程中,各地进一步加强了优质高效小流域、水源工程、舍饲养畜、生态移民、以电代柴等相关配套措施建设,较好地解决了群众生产、生活问题,为大面积封育保护创造了条件。四是生态修复初见成效。从近两年情况看,特别是今年,陕西、内蒙古、山西、河北、贵州、四川、福建等省(区)

生态修复的效果明显,不仅大大促进了大面积植被恢复,减轻了水土流失强度,加快了水土流失防治步伐,而且促进了当地农牧业生产方式的转变和区域经济的协调发展。

(三)人为水土流失得到有效控制

一是《中华人民共和国水土保持法》(简称《水土保持法》)进一步得到深入贯彻,执法宣传工作更加广泛、深入,全社会水土保持意识逐步增强,水土保持法律法规体系不断完善,监督管理机构全面加强,初步形成了"有法可依,违法必纠,执法必严"的有效监督管理机制。二是在监督管理的程序上进一步规范,理顺了与有关部委的关系,先后与国家计委、环保、铁路、交通、电力、煤炭、有色等行业主管部门联合发文规范开发建设项目水土流失防治工作,初步形成了水行政主管部门监督管理,有关行业各负其责,共同防治水土流失的局面。三是水土保持"三同时"制度得到落实。据不完全统计,全国有17万个开发建设项目依法编报了保持方案,并积极组织实施,投入水土流失防治资金达180多亿元,防治面积3万km²,拦护弃土弃渣8亿多t。加强了执法监督检查工作,全国及地方各级人大开展水土保持执法专项检查上千次,与国家计委、国家环保总局等6部委联合开展了执法检查活动。开发建设项目水土保持设施竣工验收工作得到加强,水利部以第16号部长令发布了《开发建设项目水土保持设施验收管理办法》,一批开发建设项目水土保持设施通过了水利部组织的竣工验收,有效地保护了开发建设工程周边和沿线地区的生态环境。

(四)建设管理机制进一步完善

按照社会主义市场经济的要求,在大力推行户包、拍卖、股份合作、租赁等治理水土流失制度的基础上,积极推进大户治理,大户带小户,使治理开发向更高层次发展。积极推行产权确认,在面上治理中实行先治后卖或先买后治等办法,在黄土高原地区大力推行了淤地坝产权制度改革,进一步明确了责权利,形成了一套治理有权、管护有责、开发有利、产权清晰的治理机制,极大地调动了各方面治理水土流失的积极性,使水土保持更加充满生机和活力,形成了治理主体多元化、投入来源多样化、资源开发产业化,多渠道、多层次投资治理水土流失和全社会办水保的新格局。据统计,目前全国已有 878 万户农民、大户、企事业单位,以多种形式参与"四荒"资源治理开发,已治理水土流失面积 12.67 万 km²,吸引社会资金 108 亿元。同时,按照基本建设程序的要求,在水土保持重点项目实施中推行了项目"三制"管理和资金报账制,引入水保专业队治理,开展了水土保持用工承诺制,提高了建设成效。

(五)基础性工作全面加强

一是根据国务院批准的《全国生态环境建设规划》,各地编制和修订了水土保持生态建设规划,明确了防治水土流失的目标、任务和措施,黑龙江、云南、重庆、浙江等省(市)水土保持生态建设规划经省级人民政府批准实施。一批水土保持国家建设项目前期工作取得重大进展,京津风沙源区、首都水源区、东北黑土区、珠江上游水土流失综合防治和黄土高原淤地坝建设试点工程已经启动实施。二是完成了全国第二次水土流失遥感调查并向社会公告,摸清了全国水土流失的现状和动态,为国家生态建设宏观决策提供了科学依据。三是水土保持监测网络与信息管理系统建设经国家批准立项,2002 年项目一期工程正式启动实施。四是开展了生态用水、水土保持发展战略等重大理论和关键技术研究,提出了我国水土保持中长期发展战略和近期行动计划。五是制定了水土保持工程前期工作、概(估)算定额等 22 项水土保持技术规范与标准,规范了工程监理和规划设计管理工作。六是加强了国际交流与合作,成功举办了第 12 届国际水土保持大会。

5 年来的实践,提高了我们对水土流失规律、人与自然关系和在社会主义市场经济条件下如何有效推进水土保持生态建设的认识,积累了十分宝贵的经验,主要有以下六条。

一是坚持与时俱进的思想,积极调整工作思路,不断探索加快防治水土流失的新途径。按照水利部党组新的治水思路,根据经济社会发展与人民生活水平提高对水土保持生态建设的新要求,在加强人工治理的同时,依靠大自然的力量,开展生态自我修复工作,促进人与自然的和谐,加快水土流失防治步伐。

二是坚持改革创新的精神,建立适应市场经济要求的治理开发和建管机制,不断增强水土保持活力和生机。完善有关政策措施,调动全社会参与水土流失治理开发的积极性。推行产权确认制,明确治理成果产权归属,项目建设因地制宜推行"三制",引进专业队进行治理,规范和强化项目管理。

三是坚持预防为主、保护优先的方针,加强监督执法工作,努力控制人为水土流失。坚持依法行政,抓好监督执法。完善水土保持法律法规体系、监督执法体系和技术服务体系。进行广泛深入的水土保持宣传,增强全社会水土保持意识和法制观念。加强部门协作,落实"三同时"制度,规范开发建设项目水土流失防治工作。

四是坚持成功的技术路线,尊重自然规律。根据水土流失特点和规律,以小流域为单元,因地制宜,综合治理,建设合理的水土流失综合防治体系。遵循自然规律和植被建设的地带性规律,因水制宜,宜林则林、宜灌则灌、宜草则草、宜荒则荒。

五是坚持尊重群众意愿,治理与开发结合,实现生态、经济的协调发展。妥善处理生态建设与经济发展和群众生活的关系,着眼于生态建设,把工作的着力点放在解决群众生产生活的实际问题上。在项目规划设计过程中,吸收群众参与,尊重群众意见,把群众经济利益同国家生态效益有机结合,保证项目的可行性。

六是坚持强化基础性工作,推动水土保持事业健康发展。不断完善项目建设规划,制定行业规范、标准,推行监理、设计资质制度,加快监测及信息系统建设。

二、今后一个阶段水土保持生态建设的思路、目标和措施

根据全国建设小康社会的总体要求和水利部党组新的治水思路,在总结长期水土保持发展经验教训的基础上,今后一个阶段水土保持工作的思路是:紧紧围绕三大目标,认真落实四项任务,切实抓好六项措施,以水土资源的可持续利用和维系良好的生态环境为全面建设小康社会提供支撑和保障。

(一)三大目标

新形势、新要求为水土保持生态建设目标赋予了新的内涵。一是

在有效减轻水土流失、减少进入江河泥沙的同时,加强对化肥、农药等面源污染的控制和对重点江河湖库周边的水源保护及生态改善。二是在大力改善农业生产条件的同时,突出促进农村产业结构调整和产业开发,集约、高效、可持续利用水土资源,有效增加农民收入。三是在改善生态环境,减轻干旱、洪涝灾害的同时,重视城乡人居环境质量的改善,促进人与自然的和谐,建设美好家园,提高人民生活质量。

(二)四项任务

第一,预防监督。要坚持"预防为主,保护优先"的方针,通过强化执法有效控制人为造成新的水土流失。加强对东部地区,以及三江源区、内蒙古草原区、重要水源地库区及上游和有潜在侵蚀林区的预防与保护;加强对能源富集、开发集中、生态脆弱地区以及西部大开发中基础设施建设重点区域的预防与监督;加强对现有治理成果的保护。督促建设单位和个人切实履行防治水土流失的义务与责任,从根本上遏制人为加剧水土流失的局面。

第二,综合治理。在经济比重大、人口密集、水土流失治理任务紧迫的区域,要按照以小流域为单元综合治理的技术路线,加强以小型水利水保工程为建设重点的水土综合整治,促进退耕和大面积封育保护。按照"突出重点,逐步推进,分步实施"的原则,优先对具有抢救性质、水源保护、防洪减灾、群众生活贫困的区域开展治理,优先采取具有关键作用的水土流失防治措施进行治理。水土保持综合治理要以改善农业生产条件、解决群众生产生活问题为重点,集约高效利用水土资源,促进农村产业结构调整,不断提高群众生活水平,为全面建设小康社会提供服务和支撑。具体工作中,黄河中游地区重点是搞好以治沟骨干工程及淤地坝为主的坝系建设,以及砒砂岩区沙棘建设;长江上中游地区重点搞好坡改梯、坡面水系建设;农牧交错区重点是搞好小型水利水保工程建设,蓄水保土,发展高效农牧业,促进草原的恢复与保护;珠江上游、东北黑土区、太行山区、沂蒙山区、大别山区等水土流失严重地区,也要开展重点治理,加快防治步伐。2003～2010年,全国要完成水土流失综合治理任务40万～50万 km²,黄土高原要按照国务院批复的近期重点治理开发规划,建设治沟骨干工程1.6万座、淤地坝8万座。

力争用 10 年左右的时间,使水土流失严重地区的生态建设大见成效。

第三,生态修复。在地广人稀、降雨条件适宜、水土流失轻微等地区实施水土保持生态修复工程,通过封育保护、转变农牧业生产方式,实现生态的自我修复。特别是在 162 万 km² 的轻度流失区,要树立人与自然和谐相处的理念,控制人对自然的过度干扰、索取和侵害,依靠生态的自我修复能力,提高植被覆盖程度,进一步减轻水土流失强度。在生态脆弱区,要通过封山禁牧、轮牧、休牧,舍饲养畜,保护生态用水,使生态休养生息,促进植被恢复,加快水土流失防治步伐。要从解决群众关心的实际问题入手,加快基本农田、水利基础设施、牧区水利建设,着力改善农村生产生活条件,发展集约高效农牧业,增加农牧民的经济收入,实现"小开发、大保护";发展沼气和以电代柴,实施生态移民,确保群众安居乐业和社会稳定,促进大面积生态自我修复。要抓住当前国家开展退耕还林、退牧还草等重大生态建设项目的有利机遇,宜治则治、宜封则封,使大面积的生态环境得到快速改善。到 2010 年,在分批开展水土保持生态修复试点工程的基础上,以西部地区为重点,全面实施水土保持生态修复工程,全国封育保护面积达到 100 万 km²,使大部分地区水土流失的程度减轻。

第四,监测预报。监测预报是水土保持工作的基础,是国家生态建设宏观决策和科学防治的依据。全国水土保持监测网络及信息系统一期工程建设已经通过国家批准立项,到 2010 年,要在搞好第一期工程建设的基础上,完成全国水土保持监测网络与信息系统建设,形成以全国水土保持监测中心为核心,7 个流域监测中心站、31 个省级监测总站和 175 个重点分站为支撑的全国水土流失监测网络。加强对三峡库区、晋陕蒙接壤区、环京津风沙源区、退耕还林区、塔里木河及黑河下游区等重点地区的监测,定期发布全国及重点地区水土流失和生态环境状况,为国家宏观决策提供科学依据,以信息化促进水土保持现代化。

（三）六项措施

第一,依法行政,强化监督,切实控制人为造成的水土流失。进一步完善水土保持法律法规体系,把水土流失防治工作真正纳入法制化轨道。根据《水土保持法》规定和新的情况,制定配套法规、规章等,提高可操作性。同时,根据新形势适时修改《水土保持法》,加大预防监督力度,把治理成果的管护和生态修复区的保护纳入预防监督工作,坚决查处破坏水土资源案件。以落实"三同时"制度为重点,严把开发建设项目水土保持方案审批关,严格执行水土保持设施竣工验收制度;加强与规范水土保持设施补偿费和水土流失防治费的征收与管理;要发挥新闻媒体、广大群众的监督作用,加强宣传教育,增强全民的法制观念和水土保持意识,创造良好的社会氛围和执法环境。

第二,加强并规范水土保持重点工程建设管理,确保工程建设的质量与效益。首先是对国家水土保持重点工程,必须按大的流域或区域来组织实施,在现有基础上进行必要的整合和集中,要从根本上改变过去按县分资金的做法。要按项目管理,集中投资,规模治理,国家重点工程均要建成有一定规模的大的项目区,在更高层次上进行水土整治,建成一片,见效一片,充分发挥中央投资效益。其次是因地制宜落实基本建设制度,所有国家水土保持重点工程,要按项目性质明确项目法人或项目责任主体,对项目建设负总责,要全面推行工程建设监理制,对以中央投资为主、投资规模较大的淤地坝、坡面水系等单项工程要积极推行招标投标制。再次是加强工程的检查验收工作,进一步规范和完善检查验收管理办法与程序,建立质量事故责任追究制度。最后是加强资金管理,积极推行报账制,严格落实工程建设资金审计制度。

第三,搞好基础工作,促进水土保持生态建设的新发展。一是根据经济社会发展的新要求和水利部党组的治水新思路,组织修订从全国到流域和省地的水土保持生态建设规划。在近几年试点工作的基础上,组织编制全国水土保持生态修复专项规划和预防监督管理纲要,把新思路、新理念、新措施纳入规划,明确新时期水土保持生态建设与保护的目标、任务和重点。二是抓好水土保持技术标准的编制工作,为水土保持生态建设行业管理与工程建设管理提供技术支撑。三是搞好项目前期工作,重点抓好黄土高原淤地坝建设、东北黑土地水土流失防治、珠江上游石灰岩地区水土流失防治、丹江口水库库区水土保持治理等工程的规划及前期工作,力争尽早列入国家投资计划,启动实施。当前,前期工作的重中之重是黄土高原淤地坝建设。

第四,深化改革,建立适应社会主义市场经济的水土保持管理体制和运行机制。一是继续深化"四荒"拍卖、淤地坝产权制度改革,进一步研究完善相关政策,扶持大户治理,切实保护治理开发者的合法权益,调动社会各方面的力量参与水土保持生态建设。二是在治理组织形式上,建立一套由政府扶持与社会参与相结合的新机制,形成政府组织群众集体治理、农民个体治理、专业队和大户治理多种形式并存的新格局。三是适应农村"两工"取消的形势,在国家重点工程建设中,积极推行群众投工承诺制。在项目前期工作阶段,把项目建设的目标、规模、中央补助投资、所需群众投工及投工数量向项目区群众公开,征求群众意见,并就工程建设所需投工数量做出承诺。四是推行群众参与式规划设计。广泛听取项目区群众对工程建设内容、组织实施与成果管护等方面的意见,让群众对项目有知情权、发言权、建议权,吸收群众的合理意见,调动群众参与工程建设的自觉性、积极性,监督工程建设的组织实施。五是推行产权确认制。在水土保持工程项目前期工作阶段或水土保持工程建成后,落实治理成果的产权或使用权,明确责权利,落实管护责任,确保工程能长期发挥效益。

第五,加强科技推广,提高水土保持科技含量。一是重视发挥科研机构、大专院校的作用,为科技人员提供研究试验场地,安排研究项目。建设项目从立项到验收,专家和科技人员要全过程参与,充分发挥专家的作用,调动广大科技人员的积极性。二是增加科研投入,在水土保持规划、设计、预防监督和管理等方面,积极研究推广以"3S"为主的先进实用技术,健全水土保持技术推广体系,加强对治理区群众的培训。三是结合当前水土保持生态建设的生产实践需要和发展目标,系统开展水土保持生态用水、综合效益评价、发展战略等基础理论和应用技术研究。同时,建设一批水土保持科技示范园区和集中连片的大示范区,发挥科技示范带动作用。四是加强国际合作和交流,积极吸收与引进国外先进的管理方式与技术,开展好国际水土保持协会秘书处和国际沙棘秘书处的工作。

第六,加强组织协调,搞开放式水保,充分发挥各级政府和有关部门的作用。建立"水保搭台,政府导演,部门唱戏,全社会参与"的建设管理体制。一是加强组织领导,发挥政府在组织群众治理水土流失中的作用,特别是发挥好各级水土保持委员会的组织协调作用。各级业务部门要为政府当好参谋,搞好统一规划,制定统一标准,进行统一监测,开展信息发布,积极做好工作指导、监督检查和技术服务。二是加强综合协调、技术指导和归口管理,与有关部门相互支持,密切配合,共同做好水土流失治理工作,特别是加强与环保、电力、铁路、公路等部门的联系,争取他们的支持,创造保护水土资源的良好社会环境。三是加强与部内有关司局的合作,把以电代柴、牧区水利、生态调水、水库堤防周边生态建设等项目同水土保持生态建设有机结合,形成合力,推动水土保持生态建设,充分发挥水利在我国生态建设中的重要作用。

（发表于《中国水土保持》2003 年第 5 期）

加快水土流失防治步伐
促进人与自然和谐发展

一、2004 年水土保持工作在科学发展观指导下稳步推进

2004 年,各级水土保持部门坚持科学发展观,抢抓机遇,开拓创新,各项工作取得了新进展:国家水土保持重点工程建设稳步推进,生态修复取得突破性进展,预防监督工作向纵深发展,监测网络与信息系统建设启动实施,水土保持各项基础性、综合性工作得到全面加强。同时,通过强化宣传、警示教育和科技示范带动,全民的水土保持意识逐步增强,全社会参与水土流失治理的积极性显著提高。据统计,全年共实施水土流失综合防治 15.5 万 km^2,其中在长江上游、黄河中游、东北黑土地、珠江上游石灰岩地区等水土流失严重地区实施重点治理 1.5 万 km^2,地方、其他行业和社会力量实施治理 3.0 万 km^2。全国共改造坡耕地、沟滩地 73 万 hm^2,营造水土保持林草 287 万 hm^2,兴建小型水利水土保持工程 70 万处,黄土高原地区新建淤地坝 1 675 座。这些水保工程的实施将有效地改善水土流失区的农业生产条件和生态环境,并对促进农村产业结构调整、农民增收和增强区域经济发展后劲发挥重要作用,同时减少进入江河湖库的泥沙。在地广人稀、降雨条件适宜和水土流失轻微地区,积极实施水土保持生态修复,大范围禁牧舍饲、封育保护,依靠大自然的力量恢复植被,改善生态。发挥生态的自我修复能力是水土保持工作在认真总结过去经验教训的基础上,贯彻中央关于加强生态建设和环境保护,促进经济社会协调发展而采取的重大战略举措。近几年各地的实践证明,这一决策是非常正确和成功的,不仅带来了大面积植被的快速恢复,减轻了水土流失,而且促进了区域经济的可持续发展。2004 年,全国新增封育保护面积 11 万 km^2,有 950

个县全部或部分实施了封山禁牧,所有国家水土保持重点工程区全部实现了封育保护。在贯彻《中华人民共和国水土保持法》(简称《水土保持法》)方面,进一步加强了对开发建设活动全过程的水土保持监管力度,2004 年全国共审批水土保持方案 2.5 万个,其中国家大型开发建设项目 268 个,比上年增长了 105%,其中电力项目 152 个,公路项目 38 个,铁路项目 22 个,煤炭、天然气和矿业项目 23 个,水利和水电项目 33 个,开发建设单位投入水土流失防治经费 230 多亿元,涉及水土流失防治责任范围超过 12 万 km^2,可减少人为水土流失近 2 亿 t。全国累计在 7 000 多 km 的公路、1 万多 km 的铁路沿线实施了水土保持防护工程,有效控制了开发建设过程中的人为水土流失。

(一)水土保持重点治理稳步推进

一是以长江、黄河上中游、东北黑土区、珠江上游和京津周边等水土流失严重地区为重点的国家重点治理工程,坚持以小流域为单元综合治理的技术路线,坚持生态、社会、经济三大效益统筹兼顾的原则,极大地改善了水土流失地区农村生产条件和群众的生活条件,奠定了项目区农村产业结构调整和农民增收的基础,增强了区域经济发展的后劲,减少了进入江河湖库的泥沙,有效改善了生态环境,促进了区域人口、资源、环境与经济的协调发展。二是黄土高原地区水土保持淤地坝工程起步良好,共新建淤地坝 1 675 座,对促进当地农业增产、农民增收、农村经济发展,巩固和扩大退耕还林成果,有效减少流入黄河的泥沙等方面发挥了重要作用。三是东北黑土区、珠江上游水土流失综合防治试点工程实施一年来取得重大进展,在东北黑土区实施综合防治 600 km^2,珠江上游南北盘江石灰岩地区实施综合防治 290 km^2,加快了黑土区和石灰岩地区的土地资源保护。四是各地"四荒"治理发展很快,一大批企业、个人投资治理开发"四荒"资源,不仅给水土流失治理带来了新的观念和先进的管理方法,而且在水土保持生态建设中吸纳了大量社会资金,加快了水土流失防治。五是长江、珠江上游水土保持世行贷款项目和东北黑土地亚行水土保持贷款项目的前期工作正在有序开展。

（二）水土保持生态修复的效果逐步显现

目前,全国正在实施的生态修复试点县已达 155 个,效果显著:一是生态修复区的生态环境明显改善。各地通过基本农田、农村能源、生态移民、舍饲养畜等配套工程建设,为生态自我修复创造了有利条件,灌草萌生的速度明显加快,裸地自然郁闭,植被覆盖度大幅度提高,土壤蓄水保土、涵养水源能力提高,水土流失减轻,生态环境趋于良性循环。黄土高原、长城内外农牧交错区的广大草原,在连续 3 年大旱的情况下,林草植被得到了恢复,其长势是多少年来从未有过的。如福建省永泰县封育治理后,植物种类增加三成,森林覆盖率由 23% 增加到 43% 。二是实现了生态环境和畜牧业发展的良性互动,很多地方出现了土地增绿、农业增效、农民增收的良好发展局面。内蒙古自治区在大规模推行生态修复,舍饲、半舍饲牲畜比重达71%的情况下,畜牧业不但没有滑坡,而且实现了稳步发展。三是促进了群众的传统观念和生产方式的改变。通过试点示范带动和广泛的宣传推动,各地对依靠生态自我修复能力加快水土流失防治步伐的认识明显提高,水土流失地区的广大群众对封山禁牧的措施逐步接受,"小治理、大保护"、"小开发、大封禁"的观念逐渐深入人心,生态修复工作也逐渐得到社会各界越来越多的支持,年内与农业部联合发出了《关于加强水土保持促进草原保护与建设的通知》,共同加强水土保持生态修复,促进草原保护与建设工作。

（三）预防监督工作进一步向纵深发展

为深入贯彻实施《水土保持法》,保护和合理开发利用水土资源,维护国家生态安全,水利部采取一系列重要举措进一步加强了对开发建设全过程的水土保持监督管理力度。一是印发《全国水土保持预防监督纲要(2004—2015 年)》,明确了 21 世纪初期我国水土保持预防监督工作的指导思想、目标任务、总体布局和对策措施。二是与国土资源部联合发布了《关于进一步加强土地及矿产资源开发水土保持工作的通知》,要求各级水行政主管部门和国土资源行政主管部门认真落实《水土保持法》,通过在办理土地使用、征用和采矿登记、许可时严把审批关,加强对土地及矿产资源开发导致人为水土流失的控制,进一步提高保护水土资源的认识,坚决抵制以牺牲环境为代价获取短期经济利益的行为,从源头上防止人为水土流失的产生和生态环境的破坏。三是进一步强化方案的编制与实施的监督检查。发布《关于加强大型开发建设项目水土保持监督检查工作的通知》,明确各流域机构的水土保持监督执法职责,建立方案实施督察、汛前检查、项目公告、管理数据库等 4 项制度,有效监控开发建设可能造成的水土流失。四是积极争取各级人大、政府和有关部门的支持,先后牵头组织有关部门和单位对黄河干流拉西瓦水电站、云南省境内的高速公路等开发建设项目中的水土流失防治工作进行了联合执法检查,推动了开发建设项目水土保持"三同时"制度的落实,形成了水行政主管部门监督管理、有关部门各负其责,共同防治水土流失的局面。

(四)监测网络与信息系统建设一期工程正式启动实施

一期工程率先建设了水利部水土保持监测中心、长江和黄河两个流域机构监测中心站,以及山西、内蒙古等西部的 13 个省级监测总站及其 100 个监测分站,并配备了数据采集与管理设备,重点开展了 18 个典型监测站的建设,完成投资 7 000 多万元。开发了水土保持管理信息系统,开展了监测技术和网络技术培训工作。同时,水土流失动态监测全面展开,对嘉陵江流域、金沙江流域、黄河源头区、黄河中游多沙粗沙区和海河流域的重点流域、重点地区实施了水土保持重点监测;对黄土高原地区淤地坝建设工程、21 世纪首都水资源可持续利用规划的水土保持工程、东北黑土区水土流失综合防治试点工程和珠江上游南北盘江石灰岩地区水土保持综合治理试点工程等国家重点生态建设项目开展了动态监测;对水土保持生态修复工程开展了效益监测;对开发建设项目进行了水土流失监测,据不完全统计,年内对 50 多个开发建设项目开展了水土保持监测;开展了长江上游第二次滑坡泥石流普查,普查范围包括重庆、湖北、四川、云南、贵州、陕西和甘肃 6 省 1 市 27 个地(市)。

根据监测成果,年内首次发布了全国水土保持监测公报。

(五)基础性、综合性工作全面加强

水土保持规划和标准体系得到进一步梳理。"水土保持'十一五'

规划思路报告"编制完成,《全国生态修复规划》《南水北调中线工程水源区水土保持规划》《陕北大示范区水土保持规划》《珠江上游南北盘江水土保持生态建设规划》的编制工作有序进行,《全国坡耕地水土综合整治规划》《南方崩岗防治规划》等规划的编制工作顺利启动。《水土保持术语》和《水坠坝技术规范》《黑土区水土流失防治技术规范》《西南石漠化地区水土流失防治技术规范》等标准编制工作进展顺利。

试验示范工作逐步推开。全国第一批水土保持生态建设示范区开始建设,首批 62 个示范区涉及全国 27 个省(自治区、直辖市),项目区范围 5.89 万 km²,计划用两年左右治理水土流失 1.91 万 km²,成为全国生态建设的示范样板。水土保持科技示范园区建设起步良好。经过摸底调查,目前全国已建和在建的水土保持科技示范园区 100 多处,涌现出了广东小良、江西德安、福建金山、青海长岭沟和云南大春河等一批质量高、效益好的集生态、科研、示范、推广、科普教育、休闲观光为一体的水土保持生态科技示范园区。这些园区不仅成为展示当地水土流失防治水平、提升水土保持科技含量的有效平台,而且成为水土保持人才培训和技术推广的基地、面向社会公众尤其是广大青少年的科普教育基地,发挥了巨大的典型带动和示范辐射作用,产生了良好的生态效益和社会效益。水利部还制定了《水土保持科技示范园区建设实施方案》,进一步加快全国范围内水土保持科技示范园区创建步伐。

二、当前水土保持生态建设面临的形势

(一)我国水土流失的基本情况

我国的可持续发展正面临许多重大问题和严峻的挑战,人口、资源和环境矛盾日益突出,资源与环境的瓶颈约束日益加剧。我国是世界上水土流失最为严重的国家之一,由于特殊的自然地理和社会经济条件,使水土流失成为主要的环境问题。全国的水土流失具有以下特点。

一是分布范围广、面积大。根据全国第二次水土流失遥感调查结果,我国水土流失面积 356 万 km²,占国土面积的 37%,其中水力侵蚀面积 165 万 km²,风力侵蚀面积 191 万 km²,水蚀风蚀交错区面积 26 万 km²。西部地区水土流失最严重、分布面积最大,中部次之,东部流失

相对较轻。水蚀面积,东部 10 省(直辖市)为 9 万 km²,中部 10 省为 49 万 km²,西部 12 省(自治区、直辖市)为 107 万 km²。水土流失严重地区主要分布在长江、黄河、珠江、海河、松辽河等 7 大流域的上中游地区,尤以长江、黄河上中游分布面积最广。

二是侵蚀形式多样,类型复杂。水力侵蚀、风力侵蚀、冻融侵蚀及滑坡、泥石流等重力侵蚀特点各异,相互交错,成因复杂。西北黄土高原区、东北黑土漫岗区、南方红壤丘陵区、北方土石山区、南方石质山区以水力侵蚀为主,伴随有大量的重力侵蚀;青藏高原以冻融侵蚀为主;西部干旱地区风沙区和草原区风蚀非常严重;西北半干旱农牧交错带则是风蚀水蚀共同作用区。同时由于过伐、过垦、过牧,开发建设时忽视保护,水资源不合理开发利用等原因导致人为水土流失呈加剧趋势。

三是土壤流失严重。据统计,全国每年流失的土壤总量达 50 亿 t。长江流域年土壤流失总量 24 亿 t,其中上游地区达 15.6 亿 t;黄河流域黄土高原区每年进入黄河的泥沙多达 16 亿 t。河口至龙门区间的 18 条支流,面积 7.86 万 km²,水土流失最为严重,每平方千米土壤侵蚀模数都在 5 000 t 以上,局部地区高达 30 000 多 t。

严重的水土流失,给我国经济社会的可持续发展和人民群众的生产生活带来多方面的危害。

一是耕地减少,土地退化严重。近 50 年来,中国因水土流失毁掉的耕地达 267 多万 hm²,平均每年 6.7 万 hm² 以上。因水土流失造成退化、沙化、碱化的草地约 100 万 km²,占中国草原总面积的 50%。进入 20 世纪 90 年代,沙化土地每年扩展 2 460 km²。

二是泥沙淤积,加剧洪涝灾害。由于大量泥沙下泄,淤积江河湖库,降低了水利设施调蓄功能和天然河道泄洪能力,加剧了下游的洪涝灾害。黄河年均约 4 亿 t 泥沙淤积在下游河床,特别是来自黄河中游多沙粗沙区的粒径大于 0.05 mm 泥沙多数淤积在下游河床,导致河床每年抬高 8~10 cm,形成著名的"地上悬河",增加了防洪的难度。1998 年长江发生全流域性特大洪水的原因之一就是中上游地区水土流失严重、生态环境恶化,加速了暴雨径流的汇集过程。

三是影响水资源的有效利用,加剧了干旱的发展。黄河流域 3/5~

3/4 的雨水资源消耗于水土流失和无效蒸发。为了减轻泥沙淤积造成的库容损失,部分黄河干支流水库不得不采用蓄清排浑的方式运行,使大量宝贵的水资源随着泥沙下泄,黄河下游每年需用 200 亿 m^3 左右的水冲沙入海,降低河床。

四是生态恶化,加剧贫困程度。植被破坏,造成水源涵养能力减弱,土壤大量石化、沙化、沙尘暴加剧。同时,由于土层变薄,地力下降,群众贫困程度加深,资料显示,中国 90% 以上的贫困人口生活在水土流失严重地区。

(二)保护水土资源和生态环境是当前水土保持工作最重要的使命

水土流失既是资源问题,又是环境问题。从科学发展观对水土保持的要求来看,新形势下水土保持工作中心任务是着力解决两个问题:一是促进水土资源的可持续利用,使水土资源高效、持久地开发利用,满足经济社会发展的需要;二是促进生态环境的可持续维护,使生态系统能够稳定、良性地循环,为经济社会发展提供保障。主要包括以下八个方面。

一是有效保护、科学配置和高效合理开发利用水土资源。从近期来说,使水土流失地区的群众能"有粮吃、有柴烧、有钱花",稳定解决温饱问题和脱贫;从长远来说,使土地能稳定地为社会提供各具特色的农副产品,满足人们不断增长的物质需要,让水土流失地区群众富起来,不断提高他们的生活水平。

二是确保水土资源永续利用和生态环境的持续维护。不仅为当代人生存提供生存环境,满足当代人的需要,而且为子孙后代留下可耕作的土地,留下生存发展的空间,满足子孙后代的需要。避免那种"吃祖宗饭、断子孙路"的做法。

三是形成有效的水土流失综合防护体系。改善土壤理化性状,促进土地健康,避免或减轻干旱、沙尘暴等生态灾难的发生;减少进入江河湖泊的泥沙,减轻由水土流失引发的洪涝、滑坡、泥石流等各种自然灾害;确保水利设施的安全运行或延长其使用寿命。

四是改善生态环境。逐步修复和改善受损生态系统的结构和功能,提高环境容量;加快大面积植被恢复,为经济社会发展和人们生活提供优美的外部条件。

五是提高人们的生活质量和生活水平。为人们提供促进身心健康的良好的休闲、观光、旅游场所和生态环境;对城镇和农村生活区周边进行水土整治,为城镇和农村提供良好人居环境。

六是促进用水安全。提高土地的水源涵养能力,减轻农药、化肥等面源污染物进入水体,减少进入江河湖库的泥沙,改善河流、湖泊的水质和生态环境。

七是促进生物多样性。有效提高单位面积土地上的生物量,改善动植物栖息环境,为生物多样性发展创造条件。

八是加快社会进步。有效促进水土流失区与外界的沟通,推动科技的应用推广,促进农村和农业产业结构调整,为严重水土流失区"三农"问题解决创造条件,从而加快社会进步。

三、坚持人与自然和谐发展的水土保持生态建设理念

(一)总体思路

今后水土保持工作总的思路是:以科学发展观为指导,树立人与自然和谐相处的理念,坚持从我国国情出发,紧紧围绕水土保持生态建设面临的突出矛盾和问题,以改革开放为动力,以科技为先导,遵循自然规律和经济规律,预防为主、防治结合;人工治理与生态修复并重,强化生态修复;搞好监测预报,加强社会服务;与时俱进、求真务实,研究新情况,提出新对策,开创新局面,加快水土流失防治步伐,以水土资源的可持续利用和生态环境的可持续维护促进经济社会的可持续发展。其实质是树立人与自然和谐相处的理念,推进人与自然和谐发展,促进人与社会的全面进步。其核心是坚持以人为本,为经济社会可持续发展服务,最大限度地满足人民群众日益增长的物质、精神和文化生活的需要。

1. 牢固树立人与自然和谐的理念

这是科学发展观的内在要求,也是新时期治水思路的本质特征。在水土保持工作中落实这一理念,主要有三条:一是要处理好开发与保护的关系。在发展经济、满足人的需要的过程中,既要关注人,也要关

注自然；既要满足人的需要，也要维护自然的平衡；既要关注人类当前的利益，也要关注人类未来的利益。真正善待自然，让生态系统保持在良好的状态，良性地循环，更好地造福于人类。二是尊重客观规律，按照客观规律办事。在生态建设中，充分考虑水资源的承载能力，因地制宜，因水制宜，适地适树，宜农则农、宜林则林、宜灌则灌、宜草则草、宜荒则荒。三是充分依靠生态系统自我修复的力量恢复植被。处理好人工治理和生态修复的关系，改变过去过分倚重人工力量的做法，使二者有机结合，共同促进，实现生态环境更快、更好的发展。

2. 坚持以人为本的原则

水土保持直接面向广大农村和农民，面向经济欠发达地区，坚持以人为本尤为重要。在水土保持工作中落实以人为本，主要有三条：一是要着眼于充分调动人民群众的积极性、主动性和创造性，着眼于满足人民群众的需要和促进人的全面发展，着眼于提高人民群众的生活质量和健康素质，切实为人民群众创造良好的生产生活环境，为中华民族的长远发展创造良好的条件。二是把解决群众生产生活实际问题，作为水土保持生态建设的前提和手段，下大力气解决制约生态建设的突出矛盾。当前，在全面推进生态改善的同时，要特别重视解决水土流失区粮食生产问题。山区对外交通不便，农民经济实力很有限，从外部大量调粮非长远之计，靠外地供应口粮是远水难解近渴。农民没有饭吃，还是要毁掉林草来种粮的。必须实施基本需求先行战略，稳定当地粮食生产，提高区域粮食自给率。同时，要找准治理水土流失与增加农民收入的最佳结合点，把水土流失治理与农业增产、农民增收和农村经济发展紧密结合起来，让农民在工程实施中得到更多的实惠。三是要尊重民意，爱惜民力，科学决策。在规划设计、工程建设、建后管理等全过程中，加大群众参与力度，充分倾听意见，尊重群众意愿，真正实现好广大人民群众的利益。

3. 继续坚持以往成功经验

长期以来，我国水土保持工作积累了十分宝贵的经验。主要包括：一是坚持预防为主，依法防治，健全法制，规范程序，加强管理，搞好服务。这是水土保持工作的基本方针和确保水土保持事业顺利推进的重要保障。二是坚持以小流域为单元,全面规划,工程措施、生物措施和耕作措施优化配置,综合防治。这是经过长期实践检验、具有中国特色的水土保持技术路线。三是坚持实事求是的思想路线,尊重自然规律与经济规律,妥善处理生态效益、经济效益和社会效益的关系。这是确保水土保持生态建设取得实效的关键。四是坚持群众路线,尊重群众意愿,调动广大群众的积极性和创造性。这是搞好水土保持事业的基础。五是坚持与时俱进,积极探索,锐意改革,开拓创新。这是水土保持事业蓬勃发展的不竭动力。这些经验,是水土保持工作的"传家宝",是我们继续取得成功的基石,要继续坚持和发扬。

（二）主要任务

当前和今后一个时期内,水土保持工作重点要抓好预防监督、综合治理、生态修复、监测预报 4 项主要任务,以实现"情况明、管得住、恢复快、效果好"。

（1）预防监督。就是加强对主要水源地、水库库区、生态环境脆弱区和能源富集、重点开发区等区域的预防保护和监督管理,把项目开发建设过程中造成的人为水土流失减少到最低程度。对有潜在侵蚀危险的森林区、草原区、植被覆盖度在 40% 以上的沙区以及已经形成一定规模的治理成果区实施保护,尤其是对三江源区、内蒙古草原区、重要水源地库区和生态环境良好的区域要实施重点预防和保护。对晋陕蒙接壤区、豫陕晋接壤区及西部开发建设等重点区域实施重点监督,全面落实开发建设项目水土保持方案报批制度和"三同时"制度,防止人为造成新的水土流失。

（2）综合治理。在经济比重大、人口密集、水土流失治理任务紧迫的区域,要按照以小流域为单元综合治理的技术路线,加强以小型水利水保工程为建设重点的水土综合整治,减少进入江河湖库泥沙,改善农业生产条件,促进农村产业结构调整,促进退耕和大面积封育保护。黄河中游地区重点是搞好以治沟骨干工程及淤地坝为主的坝系工程建设,以及砒砂岩区沙棘生态建设;长江上中游地区重点搞好坡改梯、坡面水系建设;农牧交错区重点是搞好小型水利水保工程建设,蓄水保土,发展高效农牧业,促进草原的恢复与保护;太行山区、沂蒙山区、大别山区等水土流失严重地区,也要开展重点治理,加快防治步伐。

(3)生态修复。就是在地广人稀、降雨条件适宜和水土流失轻微的地区,积极实施水土保持生态修复工程,大范围禁牧舍饲、封育保护,依靠大自然的力量恢复植被,改善生态。近期主要抓好内陆河生态绿洲区、"三化"草原区、重要水源区、三江源区、长城沿线农牧交错区等生态修复重点工程。重点放在人们思想观念的转变和生产方式的转变上,为生态修复创造条件,将人工治理和生态修复有机结合起来,从根本上解决以往水土流失防治步伐缓慢的问题。力争用比较短的时间,使水土流失面积减少、程度减轻,大范围生态环境得到改善。

(4)监测预报。就是加强水土流失监测和管理信息系统建设,搞好水土流失调查评价和监测预报,不断提高水土保持管理、决策的科学化和现代化水平。今后工作的重点,一是加快全国水土流失监测系统和管理信息系统建设,搞好水土保持数据库建设,为水土保持信息化奠定基础;二是建立健全监测工作管理制度,定期发布水土流失公告或公报;三是完善监测技术标准体系,为监测工作健康发展提供技术支撑;四是开展监测技术培训,不断提高监测人员的业务素质。

(三)战略布局

我国地域辽阔,区域差异很大,水土保持生态建设也应根据不同地区自然地理条件和社会经济发展水平,采取相应的防治对策与措施。东部、中部、西部各自的布局为:

东部地区:总体上水土流失轻微,应以预防保护为主,首要目标是实现良好的生态环境。该地区植被覆盖度高,降雨条件好,不少地方处于沿海地区,地势相对平坦,经济相对发达,城镇化发展快,陡坡耕地较少,社会经济发展对良好的生态环境提出较高的要求,人们的生态环境意识逐渐增强。应当充分利用这些有利条件,促进水土流失轻微地区的保护工作,力争用比较短的时间,使目前东部 9 万 km² 水土流失中的绝大部分,降低到土壤允许流失量范围内,率先实现山川秀美的目标,为东部的经济发展创造更加良好的生态环境。东部局部水土流失严重地区,如东北黑土地、沂蒙山区等要加快治理。

中部地区:中部地区人口密度大,水土流失程度最为严重,要防治兼顾、防治并重。重点地区治理要坚持以小流域为单元,综合治理、综合开发。除现有重点治理区外,要逐步加大对韩江上游、四水流域、大别山区、太行山区等地区的治理。中部地区经济相对落后,水土保持生态建设要同区域经济发展、产业开发有机结合起来,改善当地生产条件,促进山区、老区人民脱贫致富。水土流失相对轻微、降雨条件较好的地区,要充分发挥生态自我修复能力,实行封山育林,大力发展沼气、小水电等能源,解决好燃料问题,尽快恢复植被。

西部地区:西部地区处于大江大河上中游,水土流失面广量大,水蚀、风蚀、重力侵蚀和冻融侵蚀并存,治理难度最大,保护任务繁重。同时,该区经济相对落后,贫困人口比重大,水土保持肩负着治理江河泥沙、改善农业生产条件和生态环境等多重使命。大江大河源头地区和生态环境十分脆弱的区域,重点是强化预防保护,特别是西部地广人稀的森林草原地区、内陆河流域,要大力实施封育保护,减少人为干扰,转变农牧业生产方式,退耕还林,休牧还草,合理利用水资源,充分发挥生态的自我修复能力,加快植被恢复。人口相对密集的地区,要把水土保持与群众脱贫致富结合起来,以基本农田建设为突破口,实施以小流域为单元的山水田林路综合治理,改善贫困地区群众的生产条件,实现粮食基本自给。

四、2005 年水土保持生态建设重点工作

2005 年是全面实现"十五"计划目标的关键一年,任务十分艰巨,2005 年水土保持生态建设的工作重点有以下几个方面。

(一)深入贯彻《水土保持法》,强化依法行政

配合全国人大对开发建设项目落实《水土保持法》情况开展检查,推动省、地、县的执法检查工作。以落实"三同时"制度为重点,加强审查、监督和验收工作,加强执法队伍能力建设,加大培训力度,严格水土保持方案资质管理,提高编制单位的设计水平。联合开发建设项目行业主管部门开展专项检查,重点加强对矿产资源开发和城市周边开发的检查。组织开展《水土保持法》修改的调研工作。

（二）继续推进水土保持重点工程建设

实施好在建的长江上中游、黄河上中游、京津风沙源区、首都水源区、淤地坝工程等国家水土保持重点建设工程和黑土地、珠江上游南北盘江水土流失防治试点工程。组织开展国家重点工程年度专项检查，对"长治"工程、国家水土保持重点建设工程等进行评估。大力推行项目建设公示制、报账制、产权确认制、监理制以及群众投劳承诺制等，规范工程建设管理，增强工程建设的透明度，调动群众参与治理的积极性，确保国家投资的使用效益。积极拓展水土保持新领域和新内涵，加强水源保护和面源污染防治试点工作。

（三）积极开展水土保持生态修复工作

借助当前实施退耕还林、退牧还草、以电代柴、农村能源建设、小城镇建设等有利条件，在各级政府的统一领导下，协调有关部门共同推动生态修复，加大各方投入力度，进一步推动县级以上政府发布封山禁牧令，坚决禁止违法开垦活动，为大面积封育保护创造条件。要进一步完善配套法规、管理办法和乡规民约，强化监督管理。编制完成《全国水土保持生态修复规划》以及各级水土保持生态修复规划。继续组织水土保持生态修复试点示范工作，开展全国第一批生态修复试点验收。有针对性地开展生态修复机制、关键技术、效益监测指标体系研究，制定生态修复技术标准和规范，推动生态修复工作取得新进展。

（四）建立和完善水土保持监测网络，推进监测预报工作

实施好全国水土保持监测网络和信息系统建设一期工程，同时力争启动二期工程建设。做好水土保持监测规划，完善水土保持常规监测点建设，开展水土流失及其防治效益的监测预报试点。加强监测制度建设，完善监测技术体系，严格监测资质管理，保证监测质量。继续做好水土流失防治重点区、水土保持重点建设项目和开发建设项目的水土保持监测工作，实现以项目带监测。加强与水文网站等国家生态环境监测网站的合作，实现优势互补，信息与资源共享。加强监测技术培训、科学研究与推广，提升监测预报工作的技术水平和科技含量。大力建设水土保持基础数据库，促进水土保持现代化。全面开展国家、省（自治区、直辖市）等不同层次的水土保持监测公报，及时向全社会发

布"三区"划分。

（五）创新机制，探索和建立政府主导、部门协调、市场运作与社会参与的新机制

通过进一步深化产权制度改革，制定优惠政策和管理办法，加大"四荒"地水土流失防治力度，鼓励社会力量参与水土流失治理。在充分利用国家投入资金的同时，积极吸纳民间资本、外资等参与水土流失治理，不断探索水保多元化投入新机制。要探索水土保持生态补偿机制，重点落实《国务院关于加强水土保持工作的通知》（国发〔1993〕5号）中"在已经受益的大中型水利、水电工程中提出一定比例的水费、电费用于库区及上游水土保持"的政策。

（六）加快水土保持示范工程建设

要推动和规范全国水土保持生态建设大示范区的建设，加大投入力度、总结经验。加快全国水土保持科技示范园区建设步伐，宣传典型，做好验收标准制定和命名工作。

（七）进一步做好基础性工作

组织制定《全国坡耕地综合整治工程规划》《全国重要水源区水土保持规划》《珠江上游石灰岩地区水土流失防治规划》《黑土地水土保持规划》《南方崩岗防治规划》《全国水土保持科技发展规划》等。推动云贵鄂渝4省（直辖市）世行贷款项目、黄土高原世行贷款三期项目、黑土地保护以及青海、宁夏亚行贷款项目的有关前期工作。积极开展矿区及城市周边人为水土流失防治，坡耕地改造潜力与效益，重要水源区面源污染防治及其效果，贫困地区、革命老区、少数民族地区水土流失问题等重大课题的专题调研。进一步完善水土保持技术标准体系，做好水土保持信息管理技术标准体系的制定工作。

（八）大力开展宣传教育和培训

推动黄土高原淤地坝建设等国家重点工程的宣传工作，加大对南水北调水源区水土保持工作的报道力度。联合共青团中央青少部开展"保护水土资源，建设美好家园"活动，通过共建水土保持生态警示教育基地，加强科普教育。联合教育部门开展中小学生的水土保持教育工作，采取切实措施增强青少年的水土保持意识。按照《水土保持从业人员培训纲要》要求,加大培训力度,全面提高水土保持从业人员的理论水平、业务素质和服务能力。

（收录于《2005 年中国水利发展报告》,2005 年）

努力完善五大体系
推进"十一五"水土保持工作新发展

国家"十一五"规划已经明确了水土保持生态建设的任务,完成这一任务,在坚持以往成功经验的基础上,必须适应新形势的要求,大力改革创新,努力完善水土保持五大体系,并着力在五个方面下功夫。

一、努力完善水土保持五大体系

(一)完善监督执法体系

依法行政是国家对经济活动与社会服务实施公正、有效管理的必然要求,也是对政府行为的最基本要求。水土保持监督执法作为国家依法行政的一个重要方面,经过15年的努力,其体系已基本形成,从国家到地方出台了一系列相应的法律法规,建设了一支能吃苦、能战斗、敢碰硬的执法队伍,监督执法范围逐步扩展,执法力度不断加大,为遏制人为水土流失、保护生态环境做出了重要贡献,取得了社会公认的显著成绩。但是,与经济社会发展对水土保持的要求相比,水土保持监督执法工作还有许多不相适应的地方,"十一五"期间应得到进一步强化。目前水土保持监督执法方面存在的主要问题有:执法的手段不硬,执法的标准不统一,执法的时效性不强,执法不够规范,执法的质量和执法队伍的素质亟待提高,法律法规需进一步修改完善。解决这些问题,需要从完善水土保持监督执法体系建设着手,重点是落实"四抓"。一是抓法规建设。要以修改《中华人民共和国水土保持法》为重点完善水土保持法律法规,进一步明确政府在水土保持工作中的责任,明确违法主体承担的法律责任与处罚标准,明确执法范围,强化执法手段。二是抓队伍建设。要以市、县为重点,完善机构建设,行使监督职能,配备相应设备,搞好培训工作。监督执法机构不健全、人员力量配备不足的地方,要作为近期工作的重点尽快完善充实,要下大力气组织开展执法队伍的培训工作,培训要根据实际工作需要有的放矢,既要加强理论与业务知识的培训,更要注重结合案例分析进行培训。三是抓规范化建设。进一步规范执法程序,完善和落实制度,使执法工作走向规范化、制度化、科学化。四是抓相关技术支撑体系建设。继续加强对水土保持方案资质的管理,严格把关,对持证单位定期考核,确保质量。在评估论证水土保持方案的过程中要充分发挥专家的作用。

(二)完善重点工程建设管理体系

水土保持重点工程建设是国家生态建设的重要组织部分,对推动水土保持面上治理、巩固其他生态建设项目成果、促进大范围生态修复具有十分关键的作用。"十一五"时期,国家将继续在长江上游、黄河中游、东北黑土区、珠江上游南北盘江等区域实施重点治理,黄土高原淤地坝工程、晋陕蒙砒砂岩区沙棘生态建设工程、农业综合开发水土保持工程、国家水土保持重点建设(原八大片治理)工程、京津风沙源区和首都水源区水土保持工程仍将继续实施,并将启动实施云贵鄂渝四省(市)水土保持世行贷款项目、南水北调中线丹江口库区及上游水土保持工程、全国水土保持监测网络及信息管理系统二期工程和淮河上中游水土保持重点工程,以上即形成了我国水土保持重点工程体系。工程建设管理的任务十分繁重,搞好重点工程建设不仅仅是上项目,增加投入,更重要的是管理。目前,水土保持工程基本建立了相应的工程建设管理制度,明确要求落实项目责任主体,全面推行工程建设监理制、投劳承诺制、工程建设公示制、资金使用报账制和产权确认制,因地制宜推行招标投标制。但在工程建设中,仍然存在规划不完善、地方配套资金不落实、前期工作滞后、建后管护薄弱、竞争激励机制不健全等问题。这需要进一步完善水土保持重点工程建设管理体系,对工程建设项目的规划、立项、建设与管护实行全过程管理。一是根据新形势发展的要求和各级公告的水土保持"三区",制定或修订各级水土保持规划,明确工程建设的布局与重点,并按照规划适时开展重点工程建设前期工作,搞好项目储备。二是抓好工程建设管理现有各项制度的落实,要通过严格的检查验收,发现问题,解决工程建设管理中的薄弱环节,提高资金使用效果。三是不断创新完善工程建设管理机制,充分调动广大群众和社会力量治理水土流失的积极性。四是巩固工程治理成果,明晰产权,责任到户,强化管护,治理一片、见效一片,实现工程建设区水土资源的可持续利用和生态环境的可持续维护。

(三)完善示范工程建设体系

全国有近 200 万 km^2 的水土流失面积需要治理,在目前国家财力、物力与人力情况下,不可能依靠财政投资全面开展水土流失综合治理,现有的重点治理很多也只是低标准的初步治理,中央与地方投资也多是补助性质,更多的是调动受益区群众与社会力量参与水土流失治理。因此,水土保持需要把示范作为一项重要任务,完善示范工程体系建设。通过水土保持示范工程建设,一方面,引导各部门各行业按照科学的技术路线开展生态建设,引导社会资金投入水土流失治理;另一方面,探索新时期水土保持生态建设的新理念、发展方向,提高水土流失治理的科技水平与质量效益。这些年来,全国各地已经建成了一批质量高、效益好、规模大,有明显区域特色的示范典型,如"十百千"示范工程、城市水土保持生态建设示范工程、开发建设项目水土保持示范工程以及返还治理示范工程等,都起到了非常好的示范、带动作用,受到了社会各方面的好评,看得见、摸得着、学得到。"十一五"期间,大力开展示范工程建设仍然是水土保持的一项重点工作,要精心打造,逐步完善,形成各具特色的示范工程体系。当前,各地要结合当地实际,重点抓好大示范区、科技示范园区和开发建设项目示范工程的建设,努力推出一批好典型。大示范区建设要突出规模、质量与效益,做到规模大、质量高、效益好,建管机制有创新,集中连片,突出水保特色,切实起到示范、宣传与带动作用。科技示范园区建设要在提高科技含量上、体现水土保持技术路线上做文章,把治理、科研、教育、培训、机制创新融于一体。每一个示范园区都应该是一个生产实验基地、博士工作站、户外教室、旅游观光景点,为科研教育提供基地,为宣传推广水土保持技术知识提供学习园区,为水土保持生态建设的发展方向提供示范样板。开发建设项目示范工程要立足高标准、高起点,引进先进技术,推广水土保持先进的实用技术,体现人与自然和谐相处的理念,让开发建设单位、个人能学到在开发中保护的好经验、好做法,增强全社会保护水土资源的意识。

(四)完善科技支撑体系建设

科技一直是水土保持工作中相对薄弱的环节,实现"十一五"时期水土保持生态建设的目标和任务,必须大力推进水土保持科技的应用与创新,加强与完善水土保持科技支撑体系建设。一是科研机构要参与水土保持生产实践的全过程。建立良好的协作互动机制,积极创造条件让广大科研人员、大专院校师生等参加到水土保持工作中来,努力解决生产中需要解决的问题。二是近期要建立起水土保持科技协作网,管理部门与科研单位、生产一线与科研单位、科研单位与科研单位之间,要建立起互通信息、信息共享的平台,生产实践中需要什么技术,科研部门有什么技术,都可以通过这个平台去了解,既可以搭建生产与科研结合的桥梁,也可以避免科研工作的不必要重复。三是抓好规划与技术标准等基础性工作。工程建设、生态修复、科研、监测、培训等都需要规划的指导,搞好规划体系建设,事业发展才有目标,工作才有预见性。规划体系建设要分类、分层次,有的需要编制从县、省、流域到全国的规划,有的只需要编制流域与全国性的规划。规划要在认真分析研究经济社会发展与国家相关政策的前提下,把需要与实际可能有机结合起来,提出可行的、操作性强的目标任务,经政府或相关部门批准后实施,使规划真正起到指导工作的作用。目前,需要根据新的要求,修订完善各级各类相关的水土保持规划。同时,随着水土保持工作的发展,规范标准工作显得越来越重要,生产实践、科研特别是水土保持行业与社会化管理,都迫切需要建立起比较完善的水土保持标准体系,近年来,水土保持标准制定工作取得了可喜成绩,但仍然还有一些急需的标准没有制定出台。下一步要根据水土保持工作发展的需要,抓紧制定有关监督管理、预防保护、监测评价以及信息化管理等方面的规范标准,形成比较完善的水土保持规范标准体系。

(五)完善监测评价体系

监测评价是水土保持生态建设的一项十分重要的基础工作。"十五"期间已经启动了全国水土保持监测网络一期工程,"十一五"期间将实施二期工程,并适时开展第四次全国土壤侵蚀调查。完善水土保持监测评价体系,一是要以不同水土流失类型区代表性监测点为建设重点,充分发挥现有监测点的作用,尽快建成全国水土保持监测网络与信息系统。落实各级监测事业经费,为水土保持监测网络的正常运行提供保障。二是依托重点工程建设,根据监测纲要或规划,统一标准、统一指标、统一发布,有组织、有重点地开展水土流失动态监测与水土保持工程效益监测,定期发布水土保持监测公报。三是与水文水资源部门密切合作,利用现有水文监测资源,完善水土保持监测站点布设,有效开展水土保持监测,更好地从微观与宏观两个层面反映全国或区域水土流失动态变化,以及水土保持生态建设的成效。四是加强对水土保持监测队伍的培训,提高监测人员业务水平。加强水土保持监测资质的管理,调动社会力量参与监测,做到规范、科学、有序。五是开展水土保持工程评估工作,通过水土保持效益监测,组织对国家水土保持重点工程进行评估,全面总结工程建设的成效、经验,分析存在的问题,为加强工程建设管理提供科学依据。

二、在五个方面下功夫

(一)在增强全社会保护水土资源的意识方面下功夫

这些年来,在党中央、国务院高度重视生态环境建设的大背景下,全社会保护水土资源的意识已得到明显增强,水土保持在我国经济社会发展中的地位与作用也逐步得到加强。但是,从防治水土流失的长期性、艰巨性、紧迫性来看,从国家经济社会发展对水土保持的要求来看,人们的水土保持意识还远远不够,全社会对水土保持的参与程度和了解程度并不很高,水土保持在经济社会发展中并没有达到应有的地位,发挥出应有的作用,这些都严重影响水土保持的发展。因此,水土保持部门必须始终把增强全社会保护水土资源意识、提高水土保持的地位与作用作为一项重要任务,常抓不懈。要采取多种形式,利用新闻媒介和各种载体广泛宣传。要利用目前正在全国范围内开展的中国水土流失与生态安全综合科学考察活动,以及水土保持大示范区、科技示范园区、水土流失警示教育等载体,围绕提高水土保持工作的社会影响力这条主线,搞好水土保持宣传工作,利用各种场合宣传水土流失的危害,宣传水土保持在推进社会主义新农村建设、促进经济社会可持续发展等方面的重要作用,提高全社会对防治水土流失和保护水土资源重要性的认识,使更多的人了解、更多的人参与、更多的人支持水土保持,更好地推动水土保持各项工作的开展。

(二)在强化水土保持社会化管理上下功夫

适应新形势的要求,更新执政理念,完善执法方式,在水土保持工作的管理对象、管理手段和管理内容方面,注重社会化管理和社会化服务职能,是今后水土保持的发展方向。推进水土保持社会化管理,一是认真履行《中华人民共和国水土保持法》赋予的职能,严格水土保持监督执法,使全社会各类开发建设活动置于水土保持监督范畴,切实履行保护水土资源的责任与义务,防止人为水土流失加剧。二是以水土保持规划作为统筹协调的手段,发挥水土保持规划综合性和全面性的技术优势,通过水土保持规划,在项目布局、建设重点上,把社会和部门各方面治理水土流失的生态建设项目整合起来,统揽规划区域内的水土流失防治工作,调动各方的积极性。三是在水土保持工程管理方面,将社会各部门、各行业的项目逐步纳入管理的范畴,统筹开展水土流失综合治理,同时对实施效果进行跟踪评价。四是依靠政策引导,调动社会力量参与水土保持生态建设。五是发挥行业协会和学会等非政府组织的作用,规范水土保持各类资质管理,加强服务与社会化管理。要积极开展工作,适应新形势要求,承担起水土保持社会化管理与服务的职能。

(三)在机制与体制创新方面下功夫

今后水土保持生态建设面临的一些深层次矛盾与问题,主要集中在投入、协调等几个方面,这都需要以改革与创新的思路去解决,建立起适应经济社会发展需求的机制与体制。一是完善水土保持领导协调机制。要通过发挥各级水土保持委员会的协调作用,加强对水土保持工作的组织领导,形成各级领导重视、各部门共同参与水土保持工作的局面,解决水土保持工作中的重大问题,真正形成"水保搭台,政府领导,部门配合,社会参与"的格局。水土流失严重地区没有水土保持委员会的应恢复成立,已经有水土保持委员会的要正常运作起来,水利水保部门要当好参谋,定期召开会议,研究解决水土流失防治工作中的一些重大问题。二是完善水土保持政策激励机制。要按照"谁投资、谁所有、谁受益"以及兼顾社会公平的原则,进一步完善农村治理开发"四荒"资源政策,在积极鼓励大户参与水土流失治理的同时,确保水土流失区大多数群众受益,推进水土保持工程产权制度改革,调动社会力量投入水土保持工程建设管理的积极性,多渠道增加水土保持投入。三是完善水土保持群众参与的机制。要按照中央农村税费改革取消农村"两工"政策的要求,在保证群众知情权、建议权、监督权的基础上,建立农民投劳参与水土保持工程建设的机制。同时,在项目的规划设计阶段,要认真征求当地群众的意见,做到科学合理可行、群众认可,使群众自觉自愿参与到工程建设管理中来。四是研究与建立水土保持生态补偿机制。2006年中央一号文件明确要求,要建立和完善水电、采矿等企业的环境恢复治理责任机制,从水电、矿产等资源开发收益中,安排一定的资金用于企业所在地环境的恢复治理,防止水土流失。因此,各地要推动各级人民政府研究制定出台水土保持补偿政策,从煤炭、矿山、石油、天然气、水电站等资源开发项目收益中,提取一定比例的经费用于所在区域的水土流失防治工作,拓宽水土保持生态建设投资渠道,建立保障水土保持生态建设稳定投入的长效机制。要与有关部门协调力争出台相关生态补偿政策,先从试点抓起,各地应结合实际加大工作力度,争取先行出台相关政策。

(四)在努力发挥科技的作用上下功夫

水土保持事业的发展离不开科技,必须下功夫努力发挥科技的作用,推动水土保持事业不断向前发展。依靠科技要注重推进科技创新、加强实用技术推广、发挥专家的作用、强化基础工作和加强国际交流与合作。要建立水土保持科技协作网,完善水土保持科技体系建设,发挥科技在水土保持工作中的重要作用。一是解决认识问题。长期以来,水土保持科技应用相对薄弱的重要原因之一就是对科技的重要性认识不足。根据经济社会发展的新要求,水土保持工程建设必须进一步提高质量与效益,监测与管理工作必须适应现代化、信息化的要求,这都需要科技的应用。二是关于机构问题。要发挥好现有水土保持科研机构和大专院校的作用,要积极推动科研机构的恢复和建立,加强同科学院系统相关所站的协作。同时,要发挥行业学会、协会的作用,各地都应成立水土保持学会,在中国水土保持学会的领导下开展工作。三是关于投入问题。要改变过去只重视花钱搞工程而不重视水土保持科技的片面观念,要舍得花钱搞科研与科技推广,今后在可能的情况下应优先保证科研与科技推广的投入。四是搞好培训,要加强对水土保持各级管理、技术人员的培训工作。通过培训,使水土保持工作者了解掌握水土保持科技最新的成果与发展方向,不断提高业务素质。同时,要结合水土保持工作面向基层、面向农民群众的实际,加强对农民水土保持知识的培训工作,组织科技人员到基层对农民进行技术指导,鼓励科技人员到生产第一线为农民提供技术服务。培训工作要发挥大专院校和行业协会、学会等中介机构的作用。

(五)在丰富和实践新的理念上下功夫

理念决定思路,思路决定出路。这几年,在中央水利方针和水利部党组治水新思路的指导下,人与自然和谐相处的理念、可持续发展的理念、依靠生态自我修复的理念在水土保持工作中得到贯彻,工作思路进行了调整。水土保持在加强小流域综合治理的同时,注重发挥生态的自我修复能力,全国水土流失防治速度明显加快,成效显著。党的十六届五中全会明确要求统筹城乡经济社会发展,建设环境友好型社会,扎实推进社会主义新农村建设。水土保持生态建设在改善农业生产条件、加强农业基础设施、提高农业综合生产能力、促进农民增收、控制面源污染、保障饮水安全和维护良好生态环境等方面具有不可替代的重要作用。做好这些工作,都需要实践新理念、丰富新理念。在贯彻落实科学发展观、构建和谐社会和建设社会主义新农村的进程中,水土保持将发挥十分重要的作用,需要在工作中不断以新的理念为指导,创新思路,推进各项工作。

(发表于《中国水土保持》2006 年第 11 期)

新时期我国水土保持工作的主要特征

进入 21 世纪,我国水土保持工作进入了一个新的发展时期,在科学发展观的指导下,按照中央治水方针和水利部党组新的治水思路,顺应形势,与时俱进,开拓创新,理论和实践不断丰富发展。总结和把握好新时期水土保持的主要特征,对于推动传统水土保持向现代水土保持转变具有十分重要的意义。

一、以新理念为指导,把人与自然和谐作为指导工作的核心理念

新时期的水土保持工作摒弃了过去人定胜天、战天斗地、人进沙退等单纯的对自然征服和改造的思维方式,转变为尊重和顺应自然规律,把人与自然和谐作为指导工作的核心理念。在人与自然和谐理念的指导下,水土流失防治理念不断发展和丰富,以人为本、保护优先,强调对原生态、原地貌植被的保护,可持续保护水土资源和生态环境,充分发挥生态自我修复能力,遵循植被的地带性规律,充分发挥社会力量的作用,开放式搞水土保持等,都成为新时期水土保持防治理念的重要组成部分。这些新的理念对指导和促进水土流失防治发挥着十分重要的作用。

新理念带来了新变化,在保护优先理念的指导下,水土保持工作在战略上进行了调整,突出预防为主,由事后治理改为事前保护,依法加强对新的人为水土流失的控制,落实生产建设项目水土保持"三同时"制度,在我国现代化、城镇化,大规模开发建设过程中有效遏制了人为水土流失。在发挥生态自我修复能力理念指导下,在全国绝大多数地

区实施了封育保护、禁牧限牧,有 1 200 多个县发布了禁牧令,改变了传统的农牧业生产方式和人们的思想观念,大范围的植被得到了恢复,减轻了水土流失程度。在以人为本理念的指导下,水土保持在措施配置上特别强调改善当地群众生产生活条件,在坡改梯、坡面水系、沟道治理、农田生产道路和特色产业发展 5 个方面大力支持,舍得投入,受到治理区干部群众的欢迎。在保护原生态、原地貌植被理念的指导下,在生产建设项目和水土保持生态工程实施中尽可能保留原地貌植被,减少对自然植被的破坏,取得了比较好的景观效果和生态环境效应。新的理念在水土保持工作的许多方面得到体现,效果十分明显。

二、以"两个可持续"为最高目标,适应我国建设生态文明的需要

进入 21 世纪,水利部党组根据新形势发展的要求,明确提出了水土保持工作的最高目标和努力方向是实现水土资源的可持续利用和生态环境的可持续维护,这个目标是检验和衡量水土保持成效的重要标准,是对水土保持理论、实践的提炼和升华。把水土保持的目标提高到资源利用和生态环境保护的高度,符合国家可持续发展战略,符合国家生态文明建设的要求。按照"两个可持续"目标的要求,水土保持需要正确处理好人与自然的关系,处理好经济发展和生态保护的关系,处理好生态效益、经济效益和社会效益的关系。

水土保持实现"两个可持续"的目标,一是要同国家经济社会发展密切结合,特别是同国家一系列建设目标相结合,同小康社会建设结合,同新农村建设结合,同资源节约型、环境友好型社会建设结合,同生态文明建设结合。二是在战略上,从水土保持实际出发,实施保护优先、综合治理、分区防治、项目带动、生态修复和科技支撑六大战略。三是当前任务必须着力做好预防监督、综合治理、生态修复、监测评价、水源保护和人居环境改善等工作。

三、以依法行政、加强社会化管理为重要职责,全面促进水土流失防治工作

依法行政、加强社会化管理是政府业务主管部门的重要职责。随着我国工业化、城市化、现代化进程的加快,造成水土流失的因素越来越复杂,社会关注和参与水土流失防治的积极性越来越高,特别是社会主义市场经济体系的建立健全和依法治国方略的全面实施,水土保持行业必须根据新的形势变化,把依法行政、加强社会化管理作为重要工作职责,通过加强社会化管理有效促进水土流失防治,达到保护生态环境的目的。

经过多年的努力,水土保持在依法行政、开展社会化管理工作方面已经有了比较好的基础,一是有一部《中华人民共和国水土保持法》,并形成了水土保持法律法规体系和执法体系,为依法行政提供了有力的法律依据和保障;二是水土保持技术路线比较成熟,形成了一套防治水土流失的综合配套措施,水土保持规划体系和规范标准体系逐步完善,为开展社会化管理提供了有力的技术支撑;三是水土保持市场准入制度逐步建立,水土保持方案编制资质、水土流失监测资质、水土保持监理资质等是水土保持开展社会化服务和管理的重要手段;四是严格监控生产建设过程中人为水土流失,督促相关行业、部门自觉做好水土保持工作。不断扩大监管的范围和领域,改进监管的方式和方法。水土保持开展社会管理,须做好监督执法、技术服务、统筹协调等工作。在社会化服务方面,水土保持工作在继续服务水土流失地区群众的同时,也要面向社会相关行业、部门和参与水土流失防治的广大社会公众。在社会化管理方面,必须加强相关行业、部门的协调,规范其防治水土流失的措施,形成共同防治水土流失的格局。此外,实现水土保持社会化管理,必须加强基础性工作,尤其要通过完善法律法规体系、水保规划体系、规范标准体系、监测体系和市场准入体系等,形成完备的水土保持社会化管理手段。

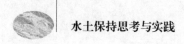

四、以信息化建设为重要内容,夯实水土保持事业发展的基础

水土保持信息化是推动水土保持事业发展的基础性工作,也是提高工作效率、实现资源共享、提升科学发展水平、带动水土保持现代化的重要途径。近 10 年来,随着计算机网络技术和空间信息技术的应用与发展,水土保持信息化发展迅速。一是基础设施建设取得重要进展,全国水土保持监测网络和信息系统一期、二期工程的实施,基本的数据采集与处理设备、数据管理与传输设备,以及水土流失试验观测设备都得到了配备,信息化的基础得到加强。二是水土保持业务系统开发与应用日益广泛,国家、流域、地方都从不同层次的需求开发了水土保持办公自动化系统、区域信息与数据库管理系统。三是建成了一批重要流域、区域的水土保持数据库。如黄河中游多沙粗沙区、长江三峡库区、东北黑土区等水土流失数据库。四是规章制度和技术标准陆续发布实施。为了统一规范信息化建设工作,提高效率、减少重复、加强协作、共享资源,水利部先后颁布了一系列有关制度、管理办法、技术标准以及管理技术规程等。五是培养人才,提供广泛的信息服务。围绕信息化建设培养了一大批水土保持信息化专门人才,利用网络、数据库为水土保持行业和社会提供了大量及时、翔实、可靠的水土保持信息。

今后一个时期水土保持信息化建设的目标是:建立完善的水土保持信息化技术标准和工作制度,初步建成由地面观测、遥感监测、科学试验和信息网络等构成的数据采集、处理、传输与发布的基础设施体系,建成基于时空逻辑的水土流失、水土保持措施以及相关因素的数据库,构成满足各级水土保持业务应用服务和信息共享的技术平台,形成基于网络、面向社会的信息服务体系,全面提高水土流失监测预报和水土保持生态建设管理、预防监督、科学研究以及为社会公众服务的能力。

五、以科技为支撑,增强水土保持事业发展的后劲

近年来,水土保持科技水平得到了显著提升,科技为水土保持事业

发展提供了重要支撑。一是初步形成了水土保持基础理论体系。我国水土保持科技工作者通过长期水土流失治理实践、试验研究、观察和测试，摸清了水土流失的基本规律，提出了土壤侵蚀分类系统，建立了以土壤侵蚀学、流域生态与管理科学、区域水土保持科学为基础的中国水土保持理论体系。二是从中国国情出发，总结出比较完整的小流域水土流失综合治理理论与技术体系。基本建立起适合不同地区、不同地理环境、不同土壤侵蚀类型的水土流失防治技术、方法和模式。三是初步建立起水土流失观测与监测站网，在不同侵蚀类型区建立起监测小区，在不同流域空间尺度布设监测站点，开展了水蚀、风蚀、重力侵蚀、冻融侵蚀等不同形态和侵蚀作用力的水土流失观测，为水土保持科研和宏观决策提供了基础数据。四是初步构建了水土保持科学研究与教育体系。随着水土保持事业的发展，水土保持科研和教育队伍不断壮大。全国专门从事水土保持科研或以水土保持为主的相关科研机构达53个，水土保持科技人员4 000多人。特别是2005年，水利部、中国科学院、中国工程院联合开展了中国水土流失与生态安全综合科学考察，这是新中国成立以来，水土保持领域规模最大、范围最广、参与人员最多的一次跨部门、跨行业、跨学科的综合科学考察。科学考察的成果得到广泛应用，同时，从国家层面上推动水土保持科研工作，促进了产、学、研的充分结合，使广大专家、技术人员在水土保持各个领域发挥更大作用。

今后一个时期，我国水土保持科技将得到更大的发展，用5～10年的时间，努力构建水土保持科技示范与推广、监测评价两大体系和国家基础理论研究、水土保持科技协作和国家水土保持科学决策与工程设计支撑三大平台，在水土保持重大基础理论和关键技术研发、应用等方面取得突破。

六、以机制创新为动力，加快水土流失防治步伐

新时期，通过机制创新不断增强水土保持自身发展的活力与动力，积极推动建立各个层面的水土保持协调机制，以《中华人民共和国水土保持法》为准绳，以水土保持规范为基础，统筹防治水土流失的综合

措施,政府主导、部门协作,分工负责、明确责任,形成共同防治水土流失的新格局。在国家重点治理区,加强同农业、林业、国土、环保、农业综合开发等部门的协作,整合项目,增加投入,提高效益。在生产建设项目水土保持监督管理方面,明确交通、铁路、电力、矿山等行业、部门依法履行水土流失防治的责任,落实"三同时"制度,遏制人为水土流失。

积极推动水土保持生态补偿机制的建立。建立和完善水土保持生态补偿机制,有利于调整相关群体之间的利益关系,调动各方面防治水土流失的积极性;有利于增强人们保护水土资源、防治水土流失的自觉性,推动"环境有价、资源有价、生态功能有价"观念成为全社会的价值取向;有利于增加水土保持投入,解决防治投入严重不足的问题,加快水土流失防治进程。如陕西等一些地方在建立水土保持生态补偿机制方面取得新突破,大幅度增加了水土保持投入,同时积累了好的经验。

从我国国情来看,水土保持生态补偿机制大体可以分为三类。一是历史原因造成严重水土流失的地区,急需治理,其生态补偿主要是国家、地方政府投资和当地群众投工投劳,既可解决当地群众生产生活问题,持续利用水土资源,又能改善生态环境,减少对下游地区的危害。二是进行生产建设活动和资源开发的生态补偿。按照"谁开发、谁保护,谁造成水土流失、谁负责治理,谁损坏水土保持功能、谁补偿"的原则,以及开发地下资源、建设地上生态环境的思路,建立水土保持生态补偿机制,促进生产建设单位积极治理水土流失并负责恢复受损的水土保持功能。同时,把资源开发的一部分利润作为当地治理水土流失的资金,实现以工补农、补生态的作用。三是重要生态功能区的生态补偿。如国家重点预防保护区、重要水源区、重要生态屏障,受益地区应当向这些地区进行生态补偿,从水费、水电站电费中提取一定比例用于库区及上游地区的水土流失防治,建立生态补偿税或者国家财政转移支付,实施保护措施,同时对为保护生态付出代价、做出贡献的群体或个人给予资金补偿。实行生态补偿是建立水土保持长效投入机制的重要内容,需要坚持不懈地推进这项工作。

此外,大力推动建立治理水土流失过程中的群众参与机制,依靠政策调动社会力量参与水土流失治理积极性等,都是加快水土流失防治步伐的重要动力。

七、以适应经济社会发展的新形势、满足人民群众新需要为导向,在更高层次、更广范围、更大规模上治理水土流失

一是不断推进国家水土保持重点工程建设。在长江上游、黄河中游等区域实施国家重点治理工程的基础上,又在水土流失严重和对国家经济社会发展影响较大的东北黑土区、西南石灰岩地区、京津风沙源区和南水北调中线丹江口库区等相继启动国家重点治理工程,其规模和范围不断扩大,已覆盖600多个县、市。开展国家重点工程建设的水土流失治理区,都取得了明显的生态效益、经济效益和社会效益,为小康社会和新农村建设提供了支撑。目前,正在积极推进的有坡耕地水土流失综合整治工程和革命老区水土保持重点建设工程,力争列入国家战略工程,以大项目带动水土保持事业的大发展。二是打造示范、精品工程,发挥典型示范,带动作用。在全国范围开展不同层次、不同类型的水土保持示范工程建设,对示范工程的规模、质量、效益、科技和机制等提出要求,进行支持和培育,为全社会进行生态建设提供样板,引导部门、社会力量和广大群众参与水土流失防治。三是在坚持传统小流域综合治理的基础上,根据不同地区社会经济发展水平和人民群众对良好生态和优美环境的新期盼,采取不同的治理模式,使小流域治理发挥"保生存、保水源、保安全、保生态"的作用。西部地区、贫困地区、少数民族地区的水土流失治理仍然要把改善群众生产生活条件、解决群众吃粮增收放在突出位置,开展坡耕地水土流失综合整治、淤地坝工程建设,确保治理区群众有必需的基本农田。在泥石流、滑坡易发区,要以小流域为单元,节节拦蓄,突出拦沙坝、谷坊、塘坝等工程建设,同时,实施封育保护、自然修复,减轻自然灾害,保护当地群众生命财产和公共设施。在重要水源保护区,建设生态清洁型小流域,大力推广北京市的经验,实施"三道防线"战略,保护水源、控制面源污染,同时建设良好的生态环境,为城镇居民提供休闲观光的去处。在大江大河源头

地区、地广人稀地区,大力推进生态自然修复,实行封育保护,小范围进行人工治理,采取轮封轮牧、舍饲养畜、生态移民、能源替代等措施,充分发挥大自然的自我修复能力,加快植被恢复。

八、以加强机构能力建设为基础,更好地服务社会

近年来,水土保持行业管理队伍、监测评价队伍、科技队伍、学术团体等得到迅速发展。一是行业管理机构逐步健全完善。流域机构、省级水行政主管部门,以及水土流失比较严重的地、县,大多设立了水土保持管理机构和监督执法机构。二是协调机构的设立。黄河上中游、长江上中游设立有水土保持委员会,水土流失比较严重的省(区、市)、地(市)、县(市、区、旗)也设立了相应级别的水土保持委员会。水土保持协调机构负责人由政府领导担任,成员由相关部门领导组成,定期研究解决水土流失防治工作中的一些重大问题,在水土保持工作中发挥了重要作用。三是水土保持监测评价机构逐步完善。形成了全国水土保持监测网络:1个国家监测中心、7个流域监测中心站、31个省级监测总站、175个监测分站、738个监测点。此外,通过建立水土保持资质管理制度,开展了水土保持方案编制、监测评价、工程监理等资质的管理工作,全国现有水土保持方案甲级资质编制单位114家,乙、丙级1 000多家,有5 000多人获得了水土保持方案编制资格证书。全国有水土保持监测甲级资质编制单位91家、乙级173家;水土保持工程监理甲级资质单位13家、乙级19家、丙级101家。这些持有水土保持各类资质、资格的单位和个人为社会提供了强有力的服务。四是水土保持科研队伍进一步壮大。水利部成立了水土保持生态工程研究中心,中国科学院的一大批科研院所广泛参与了水土保持科研工作,黄委、长江委等流域机构和10个省设有水土保持研究所,近年来得到充实和加强。全国设有水土保持及相关专业的大专院校达19所,有40所大学和研究机构开展了水土保持专业研究生教育。五是水土保持队伍素质不断强化。水利部专门制定并下发了《水土保持从业人员培训纲要》,根据形势发展要求,有计划地大规模培训从业人员,不断提高队伍整体素质,增强社会服务能力。六是注重人才结构优化。一方面,利用市场

准入机制,让相关行业的技术单位参与水土保持技术服务工作,凡是符合条件的,发给相关资质,发挥行业专业技术和人才优势;另一方面,积极引进相关专业人才,优化内部专业结构。

九、以宣传教育为手段,营造良好社会氛围,提高公众水保意识

大力传播生态文明观是水土保持部门的重要责任。近年来,围绕水土保持宣传教育,开展了一系列活动,取得了良好的效果,为促进水土保持事业的全面发展发挥了积极作用。一是精心策划宣传活动,扩大水土保持社会影响。水保部门积极发挥各级人大、政协、宣传、共青团等部门、组织的优势和力量,组织开展了一系列有声势、有规模、有效果的宣传活动,内容涉及水土保持综合治理、生态修复、监督执法、监测预报、秀美家园建设等方面,通过策划大量新闻报道,积极营造有利于水土保持生态建设的良好舆论氛围。2008 年,水利部制定了全国水土保持国策宣传教育行动方案,包括媒体宣传、科考成果宣讲和国策教育培训三大内容,用 3 年时间,在全国范围内大规模开展水土保持国策宣传教育,反响强烈,各级水保部门的宣传意识显著提升,水土保持的社会影响逐步扩大,公众的水土保持意识和认知程度明显增强。二是借助专家、媒体呼吁,引起社会各界、各级领导、有关部门对水土流失问题的重视,促成了一批重要的水土保持治理工程立项实施,对加快治理步伐发挥了重要的推动作用。进入 21 世纪以来,淤地坝、东北黑土区、西南石漠化地区、丹江口库区等一批国家水土保持重点工程的启动实施,以及八片水土保持重点防治工程和农发水土保持等项目投资的持续增加、范围的不断扩大,都离不开有力的宣传推动。三是大力开展全国中小学生水土保持科普教育,激发青少年保护生态环境的热情。从我国建设生态文明的要求看,必须重视青少年生态教育工作,从小培养他们保护水土资源的意识。福建、江西、青海、黑龙江、北京等地的水土保持科普教育走进了中小学课堂,全国接受过水土保持科普教育的中小学生达数百万人次。四是近年来各级水保部门适应水土保持监督执法工

作深入发展的需要,充分发挥新闻媒体的监督作用,大力宣传贯彻法律法规的先进典型和模范,引导社会舆论监督水土保持违法违规行为。在水土保持监督执法专项行动中,各地通过有力的媒体宣传和媒体监督,有效地打击和震慑了水土保持违法违规行为,减少了执法阻力,提高了公民的水土保持法制意识。全国人大围绕水土保持监督执法专门开展环保世纪行活动,通过舆论监督,达到了事半功倍的效果。五是建设水土保持科技示范园区,为社会提供了解水土保持知识、开展科研示范和科普教育的基地。新时期,生态文明建设任务艰巨,必须建立面向全社会开展水土保持宣传教育的机制,全面推动中小学生水土保持科普教育,强化公众的水土资源保护意识,大幅度提高广大公众的参与程度,努力形成生态文明的良好社会氛围。

十、以更广泛的国际合作为舞台,扮演重要角色

近年来,我们大力开展国际交流与合作,增进了国际社会对中国水土保持事业的了解,也使中国水土保持防治经验走出国门,走向世界。一是成功召开了一系列重要国际会议。第 12 届国际水土保持大会、第二届国际沙棘大会、中美及中非水土保持研讨会等重要会议的成功举办,交流和引进了国外先进的防治理念、治理技术和管理模式,促进了我国水土保持生态建设质量和效益的提高,扩大了水土保持工作在国内外的影响。二是积极引进外资,开展水土流失治理。黄土高原水土保持世界银行贷款项目实施获得"2003 年度世界银行行长杰出成就奖",随后,云贵鄂渝 4 省(市)水土保持生态建设世界银行贷款项目、英国赠款小流域治理管理项目相继启动实施,外资利用规模进一步扩大。三是在借鉴国际先进经验的基础上,成功输出了中国水土流失治理技术和模式。中国小流域综合治理以及生产建设项目水土保持监督管理在国际上处于先进水平。从 2001 年开始,水利部组织专家实施了"中国援助玻利维亚沙棘种植示范区"项目,受到了中国驻玻利维亚使馆和当地政府的好评。2008 年,在世行、欧盟、英国发展部的组织下,非洲 13 个国家的相关专家来我国参加水土保持专题学习培训,不少国家提出要借鉴和引进我国生产建设项目编报水土保持方案的管理经

验。通过国际交流,与许多国家和地区建立了合作关系。新时期,我国水土保持国际合作的舞台越来越大,世界水土保持协会为更好地传播、交流水土保持技术、理念等,将秘书处设在中国。因此,我国水土保持要立足中国国情,通过更广泛的国际合作与交流,在国际水土保持舞台上扮演更加重要的角色。

（发表于《中国水土保持》2009 年第 10 期）

水土保持 60 年：
成就·经验·发展对策

 我国是世界上水土流失最严重的国家之一,在长期的生产实践中,我国劳动人民积累了丰富的水土流失治理经验。中华人民共和国成立以来,在党和政府的重视和关怀下,水土保持事业跨入了蓬勃发展的全新历史时期,取得了举世瞩目的辉煌成就。

一、新中国成立以来水土保持取得显著成就

 经过 60 年的不断发展,我国水土流失防治进程明显加快,全国已累计初步治理水土流失面积 101.6 万 km²,已有的水土保持措施每年可保持土壤 15 亿 t,增加蓄水能力 250 多亿 m³,增产粮食 180 亿 kg,治理区农民走上了富裕发展的道路,区域生态环境明显改善。

(一)大力开展国家重点工程建设,水土流失综合治理稳步推进

 新中国成立 60 年来,我国的水土流失治理逐步由单一措施、分散治理、零星开展的群众自发行为发展成为国家生态建设的重点工程,全面规划、综合治理、整体推进,治理工程的建设规模和覆盖范围不断扩大,治理效益日益凸现。从 1983 年我国第一个国家列专款、有规划、有步骤、集中连片大规模开展水土流失综合治理的国家生态建设重点工程——全国八片水土保持重点防治工程启动以来,国家先后实施了长江上中游水土保持重点防治工程、黄河上中游水土保持重点防治工程、黄土高原水土保持世行贷款项目、农业综合开发水土保持项目、国债水土保持项目、京津风沙源治理水土保持工程、首都水资源水土保持项目、晋陕蒙砒砂岩区沙棘生态工程、黄土高原淤地坝、京津风沙源、东北黑土区、珠江上游南北盘江、丹江口库区及上游、云贵鄂渝世行贷款和岩溶地区石漠化治理等一批水土流失重点防治工程,治理范围从传统

的黄河、长江上中游地区扩展到全国主要流域,正在开展的国家级水土保持重点治理工程已覆盖了 600 多个水土流失严重县、市。全国各地涌现出一大批质量高、效益好的示范工程。目前已初步建成面积在 100 km² 以上,综合效益显著,示范、带动作用强的大示范区 62 个,走上了以小流域治理为基础,大流域为骨干,集中连片、规模推进的发展轨道。凡是经过水土流失重点治理的地区,都取得了明显的生态效益、经济效益和社会效益,给当地群众带来实实在在的利益。如国家农业综合开发水土保持项目实施 20 年来,累计治理水土流失面积 5.4 万 km²,增加林草面积 310 多万 hm²,林草覆盖率增加了 15% 以上,年可减少土壤流失量 1.4 亿 t,建设基本农田 45 万 hm²,每年可增加粮食生产能力近 5 亿 kg,发展经果林近 57 万 hm²,年经济林果品生产能力近 20 亿 kg,项目区每年农民人均增收 300 多元,500 多万人实现了脱贫致富。进入 21 世纪,水利部进一步拓展工作领域,将建设良好人居环境作为重要任务,在北京、江苏、浙江、四川和重庆等地的 81 条流域开展了生态清洁型小流域建设的实践与探索,为防治面源污染、开展水源保护积累了宝贵经验。

(二)全面贯彻落实《中华人民共和国水土保持法》,人为水土流失得到有效防治

从 1957 年国务院颁布我国第一部较为系统、全面、规范的水土保持法规——《中华人民共和国水土保持暂行纲要》,到 1991 年《中华人民共和国水土保持法》(简称《水土保持法》)正式颁布实施,再到当前《水土保持法》修订工作取得实质性进展,我国的水土保持工作逐步走上了依法防治轨道,形成了较为完善的水土保持法律法规体系和监督执法体系,"三同时"制度得到深入贯彻落实。水利部相继在水土保持方案审批、水土保持设施验收、水土流失防治费和水土保持设施补偿费征收等方面制定并出台了一系列配套法规和政策,与环保、铁路、交通、国土、电力、有色金属、煤炭等部门联合制定和出台了关于生产建设项目水土保持方面的一系列规章制度,全国共出台县级以上水土保持配套法规 3 000 多个。《水土保持法》颁布实施以来,各级水行政主管部门大力加强对开发建设项目全过程的水土保持监管,全国共审批生产

建设项目水土保持方案 25 万多项,其中国家大中型项目 1 800 多个,特别是西气东输、青藏铁路、西电东送等一批国家重点工程在执行"三同时"制度中做出了很好的表率,全国 1.5 万 km 新建公路、1.2 万 km 新建铁路实施了水土保持方案;先后完成 1 000 多个项目的水土保持验收,其中国家重点项目上百个;生产建设单位投入水土保持资金 1 450 多亿元,防治水土流失面积 8 万 km²,减少水土流失量 17 亿 t。水土保持监督执法工作全面规范和加强,31 个省(自治区、直辖市),200 多个地市,2 400 多个县建立了水土保持监督管理机构,共有专、兼职监督执法人员 7.4 万人,累计开展水土保持执法检查 5.2 万次,查处违法案件 1 万多起,推动《水土保持法》的各项规定落到了实处。经过 18 年的努力,已经形成了水行政主管部门行业监督管理、有关部门各负其责、共同防治水土流失的局面,社会各界的水土保持法制观念明显加强,人为水土流失在一定程度上得到遏制。

(三)注重发挥生态自我修复能力,大面积植被得到迅速恢复

进入 21 世纪,水利部适应新形势,积极调整工作思路,基于对人与自然关系的科学认定,作出了在加大水土流失综合治理力度的同时,充分依靠大自然的自我修复能力,加快植被恢复、减少水土流失、改善生态环境的战略选择。为了推动这项工作,水利部先后启动实施了 2 批水土保持生态修复试点工程,涉及 29 个省(自治区)的 200 多个县,并在青海省三江源区安排了专项资金,实施了水土保持预防保护工程,封育保护面积 30 万 km²,初步探索出不同地区开展水土保持生态修复的模式和措施,成为各地开展生态修复工作的示范和样板。生态自然修复理念逐步得到全社会的广泛认同,北京、河北、陕西、青海、宁夏、山西 6 省(自治区、直辖市)先后发布实施了封山禁牧的决定,全国 27 个省(自治区、直辖市)的 136 个地市和近 1 200 个县实施了封山禁牧,国家水土保持重点工程区全面实施了封育保护,全国共实施生态自然修复 72 万 km²,其中 39 万 km² 的生态环境已得到初步修复。

(四)加强监测预报和科技支撑,水土保持现代化和信息化水平逐步提升

60 年来,水土保持科技水平稳步提升,监测工作逐步强化,数字化、信息化、现代化进程明显加快。一是水土保持监测工作从无到有，逐步推开。水利部先后开展了 3 次全国水土流失遥感普查，基本摸清了全国水土流失情况和动态趋势。全国水土保持监测网络和信息系统一期工程竣工并投入运行，二期工程建设前期工作取得重大进展，初步建成了由水利部水土保持监测中心、7 个流域中心站、29 个省级总站和151 个分站组成的水土保持监测网络，建立了全国、大流域和省区水土保持基础数据库，水土流失监测预报能力显著增强；从 2003 年起连续7 年发布全国及部分省区水土保持公报，在社会上产生了重要影响。先后对水土保持重点治理工程，金沙江流域、丹江口库区等重点区域以及 160 个大型开发建设项目实施了水土保持动态监测。二是水土保持科研与技术推广显著加强。先后建立了一批水土保持科学研究试验站、国家级水土保持试验区和土壤侵蚀国家重点实验室。开展了一大批水土保持重大科技项目攻关，建成了一批起点高、质量精、效益好，集科研、推广、示范、教育、休闲和产业开发为一体的水土保持科技示范园，成为各地水土保持示范和科普教育、科研单位试验研究与大专院校硕士、博士培养的基地和窗口。三是 2005 年，水利部、中国科学院、中国工程院联合开展了中国水土流失与生态安全综合科学考察，经过 86个科研院所和大专院校的 28 位院士、223 位教授和研究员，各级水利部门上千名水土保持工程技术人员近 3 年的努力，取得了一系列重大的成果，系统总结了我国水土流失防治的主要成绩与经验，摸清了当前面临的主要问题，科学评价了我国水土流失现状与发展趋势并提出相应防治对策，为国家宏观决策和水土保持生态建设提供了重要支撑。

经过 60 年不断发展，我国水土保持规划体系和技术标准体系已基本形成，机构队伍逐步完善，宣传教育深入开展，国际交流与合作领域不断拓展，影响力显著提升，呈现出前所未有的发展势头，在我国生态建设中发挥着越来越重要的作用。

二、水土保持生态建设的主要经验

60 年来我国水土保持工作的持续深入开展，探索出了一条适合中国国情的水土流失防治之路，有力地遏制了人为水土流失，保护了珍贵的水土资源,改善了生态环境和群众生存发展状况,保障了经济社会可持续发展,为开创中国特色水土保持新局面积累了宝贵的经验。

(一)在指导思想上,坚持以人为本、服务民生,注重生态建设与经济发展有机结合,实现生态建设与经济发展"双赢"

新中国成立 60 年来,水土保持工作始终立足于我国人口众多、山丘区面积比例大、贫困人口集中、人均土地资源有限、人口生存与发展对土地资源依存度高的基本国情,在指导思想上,坚持以人为本,从服务民生和发展经济入手,着力解决群众生产生活问题,促进农业增效和农民增收,注重把治理水土流失与当地特色产业发展紧密结合起来,大幅度提升水土保持经济效益,突出生态效益,兼顾社会效益,实现三大效益的统一。近 10 年,1.5 亿群众从水土保持工程中直接受益,2 000多万山丘区群众的生计问题得以解决,水土流失治理区已建成上百个水土保持生态建设大示范区,培育了一大批水土保持产业基地,江西赣南的脐橙、晋陕峡谷的红枣和甘肃定西的土豆等,都已成为当地群众脱贫致富的重要支撑,使群众在治理水土流失、保护生态与环境的同时,取得了明显的经济效益,从而进一步激发群众治理水土流失的积极性。

(二)在防治理念上,坚持人与自然和谐相处,注重遵循自然规律和发挥自然修复能力,加快水土流失综合防治步伐

我国水土流失量大面广、成因复杂、危害严重,加快水土流失治理进程,大面积改善生态环境,维护生态安全,是水土保持工作面临的艰巨任务。历史经验教训证明,水土保持工作必须摈弃以往人定胜天、战天斗地、人进沙退、向沙漠进军等错误做法,坚持人与自然和谐,尊重自然规律、植被建设规律,充分依靠大自然自身能力修复生态,实现由人工治理为主转向人工治理同自然修复相结合。近年来,生态自然修复的理念日益深入人心,技术路线逐步成熟,各地总结出以草定畜、以建促修、以改促修、以移促修和能源替代等许多做法,取得了很好的生态效果,为大面积封育保护创造了有利条件。多年实践表明,生态修复不仅在雨水丰沛的南方地区是成功的,而且在干旱少雨的北方地区也是可行的,不仅能促进大面积植被恢复,加快水土流失治理步伐,改善生态环境,而且能促进干部群众观念和农牧业生产方式的转变,实现生态环境和农牧业发展的良性互动,促进区域经济的协调发展,能以较小的投入取得显著的生态效益和经济效益,多快好省,费省效宏,是值得我国水土保持生态建设长期坚持的一项重要经验。

(三)在防治方针上,坚持保护优先、防治结合,注重事前预防保护,做到预防保护与综合治理"两手抓、两手硬"

新中国成立以来,我国经济社会快速发展,但是长期以来形成的粗放型增长方式尚未根本改变,资源开发强度大,生态代价高,一直是水土保持工作需要解决的突出矛盾。60 年水土保持的探索与实践证明,水土保持工作必须坚决贯彻预防为主、保护优先的方针,严格执法,控制新的人为水土流失,不欠或者少欠新账,同时加快严重流失区的治理,快还旧账。近年来,水利部门依法开展了全国水土保持"三区"划分工作,划定 16 个重点预防保护区、7 个重点监督区、19 个重点治理区共 42 个国家级水土流失重点防治区,加强了对三江源、首都水源区、丹江口水源区等重要区域的预防保护工作,对南水北调、西气东输、西电东送等国家重点建设项目实施了有效的监督管理。各地也按照"三区"划分,结合当地实际情况,对重点预防保护区、重点监督管理区及确定的重点监督工程,实施有效监督。水利部进一步发挥水土保持方案审批的调控作用,提出对 10 种情况开发建设项目水土保持方案不予批准、3 种情况不予通过技术评审的规定,通过划定"红线",严格方案审批,进一步强化了依法行政,规范了开发建设项目管理,启动实施的全国水土保持监督执法专项行动,共调查生产建设项目 10.48 万个,开展执法检查 3.56 万次,对 2.68 万个水土保持违法违规项目印发了限期整改通知书,对 2 201 个项目进行了通报曝光,有效增强了全社会的水土保持意识和法制观念,提高了水土保持依法行政水平,促进了建设项目水土保持督察工作的规范化、制度化。各级水行政主管部门也不断强化水土保持方案审查、依法加强监督检查、大力推进水土保持设施验收工作,显著提高了水土保持方案的申报率、实施率和验收率。

(四)在技术路线上,坚持以小流域为单元,注重因地制宜,科学规划,实现工程措施、生物措施和农业技术措施优化配置,山水田林路村综合治理

新中国成立以来,小流域综合治理在理论、实践、技术、机制等方面不断创新和发展,逐步形成了以 30 km² 的闭合集水区为单元,因地制宜,科学规划,工程措施、生物措施和耕作措施优化配置,山水田林路村综合治理的技术路线,在减少水土流失、改善生态环境的同时,最大限度地提高土地资源的利用率和生产力,实现水土资源的优化配置,妥善解决群众的生产和生活问题,有效协调人口、环境、资源的矛盾,使水土资源得到有效保护、永续利用,使生态环境得到可持续维护,使水土流失区逐步实现生产发展、生态良好、生活富裕,走上生态、经济、社会协调统一、良性循环的发展轨道。截至目前,全国已经治理和正在治理的小流域累计近 5 万条。各地涌现出了许多成功的小流域综合治理模式和典型,得到了广泛认可和推广。目前,小流域综合治理这条技术路线在实践中获得了巨大的成功,受到广大干部群众的欢迎,得到国内外专家的高度评价,是我国生态建设最为宝贵的一条重要技术路线。

(五)在投入机制上,坚持改革创新和多元化投入,注重依靠政策调动各方面的积极性,形成全社会办水土保持的局面

60 年来,改革创新始终是水土保持不断发展的重要推动力。各地在实践中深化水土保持改革,创新发展机制,制定完善政策,有效调动了全社会参与治理水土流失的积极性。在产权制度改革方面,通过明晰所有权、拍卖使用权、放开治理权、搞活经营权等方式,鼓励和引导大户参与治理开发,逐步形成了较为完善的水土保持产权确认制度,为水土保持生态建设注入了新的活力。在矿产等资源丰富的地区,积极探索从资源开采收益中提取一定比例用于当地水土保持生态建设的生态补偿机制,实行工业反哺生态,加快了水土流失治理步伐。据统计,目前已有 878 万户农民、专业大户和企事业单位参与"四荒"土地的治理开发,已治理水土流失面积 12.7 万 km²,注入资金 108 亿元,初步形成了"治理主体多元化、投入来源多样化"的格局。如陕西省通过建立能源开发水土保持补偿机制,预计每年可从煤炭、石油、天然气资源开采中征收 13.5 亿元用于水土保持。

三、当前水土保持工作面临的主要问题

经过 60 年的建设,我国水土流失防治工作虽然取得了很大成绩,

但是当前,水土保持工作还面临着一些亟待解决的问题。

(一)水土流失防治进程与国家生态建设和小康社会建设的总体目标还有很大差距

尽管近 60 年来我国水土保持工作成绩很大,但目前,全国亟待治理的水土流失面积仍有 180 多万 km²,有 24 万 km² 坡耕地和 44.2 万条侵蚀沟亟待治理,东北黑土地保护、西南石漠化地区土地资源抢救任务仍十分迫切。按照我国每年 4 万~5 万 km² 的水土流失治理速度,初步治理现有水土流失面积至少需要 50 年时间,这与全面建设小康社会的要求存在很大差距。从投入上看,长期以来中央水土保持投入处于较低水平,近年来每年投入不足 20 亿元,农民"两工"折算投入一般要占到水土保持总投入的 80% 以上。随着近年来农村"两工"取消,水土保持工作面临严峻考验。由于投入不足,亟待开展的坡耕地整治、坡面水系建设、沟道治理等措施安排得非常有限,难以满足群众改善生产生活条件的迫切要求。

(二)全社会水土保持意识与建设生态文明的要求还有很大差距

我国正处在加快工业化、信息化、城镇化、市场化、国际化发展的进程中,一些地方政府由于缺乏水土流失防治目标责任意识,在发展经济过程中,忽视水土资源保护的现象依然存在。开发建设过程中急功近利、破坏生态的问题仍较为普遍,造成了严重水土流失。水土流失地区干部群众的水土资源保护意识还有待进一步增强,不少地方仍然存在陡坡开垦、顺坡耕作、超载过牧等现象,导致生态恶化,土地生产力下降。目前,我国多年平均年土壤侵蚀量仍为 45 亿 t 左右,人为水土流失呈现加剧趋势,未来防治形势十分严峻。

(三)《水土保持法》贯彻落实情况与建设法治政府的要求还有很大差距

目前,生产建设项目水土保持方案申报率、执行率和水土保持设施验收率仍然偏低,有法不依、执法不严、违法不究的现象依然存在。虽然《水土保持法》中明确规定相关部门有防治水土流失的义务和责任,要主动配合主管部门开展水土保持工作,但现实情况往往不能落实,部门和地方在进行开发建设项目立项或审批时,在没有水土保持主管部门对其水土保持方案批复的情况下,就擅自放行的现象依然存在,生产建设项目为降低造价,不认真落实水土保持措施,造成严重水土流失的问题仍屡禁不止。据统计,目前我国生产建设项目水土保持方案实施率仅为55%左右。另外,水土保持监督管理能力与全面建设法治政府、依法行政的要求还有很大差距,主要表现为监督管理机构和人员配置还没有完全到位,监督管理人员的法律素养和执法水平还有待提高,监督管理还存在缺位、不到位现象等。

(四)水土保持体制机制建设与加快防治步伐的要求还有很大差距

水土流失防治工作涉及多行业、多部门,必须加强部门和行业之间的协调与配合。目前,各相关部门之间的协调与配合还不够,不利于水土保持工作的顺利开展。在措施配置上,一些部门在防治过程中片面强调某项措施,生态系统的完整性被人为割裂开来,措施之间不能有效配合,从而降低了生态治理的功能和效果。在资金投入上,我国在防治水土流失的工程建设方面实行多头管理模式,涉及部门较多,导致生态保护和建设投资分散,难以形成合力。

四、新时期水土保持发展展望

回顾过去的60年,水土保持事业成就辉煌,展望新的征程,水土保持发展任重道远、前景光明。新时期,我们要立足于我国社会主义初级阶段的基本国情,落实科学发展观,坚持走中国特色水土保持生态建设道路,努力开创水土保持工作新局面,为建设生态文明和实现全面建设小康社会做出更大的贡献。

(一)主要目标

力争用15～20年时间,使全国水土流失区得到初步治理或修复,大多数地区生态环境趋向良性发展;现有坡耕地全部采取坡改梯、陡坡退耕、等高耕作、保土种植等水土保持措施;严重流失区水土流失强度大幅度下降,中度以上侵蚀面积减少50%;70%以上的侵蚀沟道得到控制,下泄泥沙明显减少;全民水土保持生态意识和法制意识显著增强,人为水土流失得到根本控制,生产建设项目水土保持"三同时"制度落实率达到100%,水土流失重点预防保护区实施有效保护。

(二)防治对策

第一,实施保护优先战略,推进水土流失防治由事后治理向事前保护的根本性转变。坚持预防为主、保护优先的原则,按照国务院关于编制全国主体功能区规划的部署和要求,切实加强对限制开发区和禁止开发区的管理,依法严格保护水土资源和生态环境。严格保护自然植被,禁止过度放牧、无序采矿、毁林开荒和开垦草地等行为。对扰动地表、可能造成水土流失的各类生产建设项目,必须编报水土保持方案,全面落实水土保持"三同时"制度。从严控制重要生态保护区、水源涵养区、江河源头和山地灾害易发区等区域的开发建设活动,充分做好水土保持方案论证,实施水土流失防治措施。

第二,实施综合治理战略,构建科学完善的水土流失防治体系。统筹考虑各种水土流失因素,在全面规划的基础上,预防、保护、监督、治理和修复相结合,因地制宜,因害设防,优化配置工程、生物和耕作措施,宜林则林、宜草则草,形成有效的水土流失综合防治体系,实现生态效益、经济效益和社会效益的统一。以坡耕地水土流失综合整治为突破口,推动小流域综合治理,加大梯田、坡面水系和小型蓄水工程建设力度,科学配置水土资源,提高水土资源的利用效率和效益。

第三,实施分区防治战略,因地制宜推进东中西部水土保持工作。在东部地区以提供良好人居环境和保护水源为目标,大力推进生态清洁小流域建设,提高水土资源利用效率,加强生态环境保护,增强经济社会可持续发展能力。在中部地区进一步加大生产建设项目监督管理力度,对严重水土流失区进行综合治理,遏制人为水土流失,促进生态保护与经济发展良性互动。在西部地区以改善农业生产条件、改善生态环境、减少进入江河湖库泥沙为主要任务,加大重点地区水土流失防治力度,建设旱涝保收基本农田,搞好特色产业开发,为农民增收创造条件。

第四,实施项目带动战略,以点带面实现水土保持新发展。在继续加强长江上游、黄河上中游、东北黑土区和西南石漠化地区等重点治理的基础上,重点抓好黄土高原多沙粗沙区淤地坝建设、南方崩岗综合治理、高效水土保持植物资源建设与开发利用,以及水源地泥沙和面源污染控制等重点项目建设,推动面上水土流失防治工作。

第五,实施生态修复战略,发挥大自然的力量促进大面积植被恢复。牢固树立人与自然和谐的理念,尊重自然规律,切实加强封育保护与生态自然修复,充分发挥大自然的力量,加快水土流失防治步伐。搞好基本农田、灌溉草场建设,大力实施生态移民等工程,减轻对生态环境的压力,为生态自然修复创造条件。

第六,实施科技支撑战略,切实把水土保持引导到依靠科技进步的轨道上来。加快科技创新,以统筹人与自然和谐发展为目的,以水土保持基础研究为依托,以解决水土流失治理中的重大问题为重点,以科技示范和推广为手段,通过自主创新与综合集成研究,建立符合我国国情的水土保持基础研究体系、重大科研攻关体系、示范和推广体系,不断提高水土保持科技贡献率和水土流失防治水平。

(发表于《中国水土保持科学》2009 年第 4 期)

认真贯彻中央水利工作会议精神
推动水土保持事业又好又快发展

中央水利工作会议是新中国成立以来第一次以中央名义召开的水利工作会议,其规格之高、内容之实、影响之大、效果之好前所未有。会议全面吹响了动员全党全社会力量、加快推动水利实现跨越式发展的进军号角,充分体现了党中央、国务院对新形势下水利工作的高度重视和坚强领导。会议对当前及今后一个时期的水利工作做出的全面部署,为水利事业指明了前进方向,为水利改革发展注入了强大动力。会议高度重视水土保持工作,把扎实推进水土保持作为水利改革发展的重点任务,提出要实施国家水土保持重点工程,加强长江上中游、黄河上中游、西南石漠化地区、东北黑土区等重点区域及山洪地质灾害易发区水土流失防治;加快实施坡耕地综合整治工程,强化生产建设项目水土保持监督管理,遏制人为水土流失;建立健全水土保持补偿制度;坚持保护优先和自然恢复,加强重要生态保护区、水源涵养区、江河源头区和湿地的保护,搞好生态清洁小流域建设,维护河湖健康生态,改善人居环境。各级水土保持部门要准确把握中央对水土保持工作的总体要求和目标任务,紧紧抓住机遇,开拓创新、扎实工作,推动水土保持事业又好又快发展。当前,全面贯彻中央水利工作会议的决策部署,需要我们着力从以下五方面抓紧落实。

一、以贯彻新《水土保持法》为主线,进一步强化水土保持预防监督管理

中央水利工作会议强调水土保持首先要立足于防,对生态地位重要、易发生水土流失的重点地区,依法从严控制开发建设活动,最大限

度地避免和减少对自然生态的扰动,维系良好生态功能。贯彻新《中华人民共和国水土保持法》(简称《水土保持法》)既是落实这一会议精神的重要抓手,也是确保中央要求得到落实的法律保障。当前必须着力抓好以下工作:

一是着力抓好新《水土保持法》配套法规体系建设。新《水土保持法》已于 2011 年 3 月 1 日实施。新法的出台既为协调人与自然关系、保障经济社会可持续发展提供了法律准绳,也为依法防治人为水土流失提供了法律武器。当前的首要任务是抓紧健全水土保持配套法规体系,实化、细化各项法律规定和政策制度,切实提高法律的可操作性。要尽快组织制定和发布水土保持补偿费征收和使用、方案编报审批、设施验收等管理规定和办法,以交通、电力、煤炭、水电等行业为重点,进一步完善水土保持方案报告制度,全面落实中央一号文件和中央水利工作会议提出的"严格执行水土保持方案报告制度""健全水土保持补偿制度"等要求,为有效防控水土流失提供政策保障。

二是进一步强化水土保持监督管理。从严控制江河源头区、水源涵养区、生态脆弱区和山地灾害易发区等区域的生产建设活动。更加严格地执行"限缓批"制度,规范水土保持方案编报审批,切实落实新法"对开办可能造成水土流失的生产建设项目,要求选址、选线避让水土流失重点预防区和重点治理区,无法避让的,应当提高防治标准,优化施工工艺"等要求。各级水土保持部门要加大对方案执行情况的检查力度,全面开展水土保持设施验收工作,依法严肃处罚各类水土保持违法行为。对生产建设活动造成的水土保持设施损坏、地貌植被破坏等行为,积极推动水土保持补偿费征收。继续加强监督执法能力建设,切实提高监督执法水平。力争到"十二五"末,使全国水土保持方案申报率达到 80% 以上,国家大中型生产建设项目全部落实水土保持"三同时"制度。

二、以加强国家水土保持重点工程建设为龙头,加快水土流失综合治理步伐

中央水利工作会议深刻指出,单一工程措施根治不了水患,必须要

多措并举,综合治理,把工程措施与非工程措施结合起来,在继续加强水利工程建设的同时,更加注重采取植树种草、水土保持、生态修复等措施;对已经形成严重水土流失的地区,要以小流域为单元进行综合治理,实行山水田林路村统筹,工程措施、生物措施和农业技术措施结合,以更大的力度和决心,加快推进水土流失综合治理。

一是加大国家水土保持重点工程治理力度。继续推进长江上中游、黄河中上游、东北黑土区、西南石漠化区等重点地区的水土流失治理,充分吸收多年来水土保持实践中的成功经验和成功模式,因地制宜采取综合治理措施,形成有效的水土流失综合防护体系。加大坡耕地水土流失综合治理、南方崩岗治理、革命老区水土保持重点工程建设力度,推动易灾地区、三峡库区、黄河中游粗泥沙集中来源区拦沙工程等水保重点治理工程的实施,在抓好重点治理的同时积极推动面上水土流失治理,努力完成"十二五"治理水土流失面积 25 万 km^2 的任务。

二是继续积极推进生态修复。在巩固现有修复成果的基础上,进一步加强生态脆弱敏感区、重要生态功能区、水源涵养区以及地广人稀地区的生态自我修复,加大对原生态、原地貌植被的保护力度。对水土流失重点治理区全面实施封禁保护。积极推动县级以上人民政府出台封育保护和封山禁牧轮牧政策,搞好舍饲养畜、生态移民、能源替代等配套措施建设,转变农牧业生产方式,减少对自然的人为干扰和破坏,为生态修复创造条件。力争到"十二五"期末,80% 以上的山丘区县(市)出台封禁政策,采取有力措施促进植被自然修复,减轻水土流失程度,维护和恢复生态系统功能。

三是积极推进生态清洁小流域建设。中央水利工作会议及中央一号文件都提出要大力开展生态清洁小流域建设。各地要以经济较发达地区、重要水源区和城市周边为重点,按照以小流域为单元,山水田林路村统一规划、因地制宜、综合治理的思路,通过采取生态修复、生态治理和生态保护措施,治山治水治污相结合,建设生态清洁小流域,改善农村人居环境,提高防洪减灾能力,控制和减少农业污染,保护和涵养水源水质,达到山清水秀、人与自然和谐,经济发展与环境改善并举的目标。"十二五"期间,力争在试点的基础上,全面开展生态清洁小流域建设工作,形成完善的生态清洁小流域建设机制和模式,保障河畅其流、水复其清。

三、以加强基础工作为切入点,夯实水土保持科学发展的保障体系

中央水利工作会议就切实完成水利改革发展重点任务给出了科学路径,强调必须要加强顶层设计、统筹规划,科学确定水利发展长远目标、建设任务、投资规模,有计划、有步骤,分阶段、分层次推进。同时,强调要充分发挥现代科技、信息管理等手段的作用,建立综合防灾减灾体系。这对于切实加强水土保持工作、落实会议要求和重点任务具有重大的指导意义。当前需按照会议精神,抓紧开展好以下工作:

一是抓好全国水土保持规划。从国家经济社会发展大局出发,科学确定今后水土保持发展目标、总体布局、分区防治方略、重点项目等。

二是抓好水土保持普查工作。通过普查全面掌握水土流失动态变化及消长情况,科学评价水土保持效益及生态服务价值,为国家水土保持生态建设提供决策依据。

三是进一步加强监测预报工作。启动实施国家水土保持基础信息平台建设工程,加快建立健全监测评价管理制度,强化监测网络运行管理。切实加强水土流失动态监测,及时面向社会发布水土保持公报、公告,充分发挥水土保持监测工作在政府决策、经济社会发展、社会公众服务以及目标责任制考核中的支撑作用。

四是大力提升水土保持科技水平。积极开展重大基础理论研究和关键技术研发,推动建立国家水土保持重点实验室,初步建立国家土壤侵蚀评价与预报模型。完善水土保持技术标准体系,加强科技示范和推广工作。近期在全国建成 100 个高水平的水土保持科技示范园,形成一批水土流失防治模式和先进技术的研发推广基地。进一步加快水土保持信息化建设进程,以信息化带动水土保持现代化。

四、以体制机制创新为动力，不断增强水土保持事业发展的生机和活力

我国水土流失量大面广、成因复杂、危害巨大，治理的任务极为繁重、治理的难度异常艰巨，而治理的需求却又非常迫切。因此，必须依靠改革创新，着力构建充满活力、富有效率的体制机制，这样才能尽快实现中央水利工作会议提出的目标任务。

一是认真落实水土流失严重地区地方政府水土保持目标责任制。要按照新《水土保持法》要求，抓紧建立健全地方政府水土保持目标责任制和考核奖惩制度，切实发挥政府在水土保持规划的制定和执行、资金投入保障等方面的主导作用。

二是积极推进建立水土保持协调机制。加强部门之间、行业之间的协调与配合，形成"水保搭台，政府主导、部门协作、全社会参与"的协作机制。

三是建立健全水土保持生态补偿机制。以水电、煤炭、石油等重点行业为突破口，试点建立能源开发和重要水源区补偿机制，逐步推进国家层面的水土保持补偿机制建立工作，依法将水土保持补偿机制纳入国家生态补偿机制。

四是建立水土保持激励机制。支持和鼓励社会力量、水土流失地区群众积极参与治理水土流失。

五、以水土保持国策宣传教育为载体，努力构建有利于水土资源保护的法制环境和社会氛围

中央水利工作会议深刻阐述了加强宣传教育的重要意义。水土流失严重是我国国情、水情的重要特征，加强水土保持国策宣传教育是实现人水和谐、生态文明的必由之路。

一是要着力抓好新《水土保持法》的宣传贯彻工作。要集中培训各级水土保持工作人员和各类水土保持技术服务人员，强化依法行政、依法履责的意识和能力。与此同时，特别要加强对各级有关部门和铁

路、公路、电力、煤炭、石油等相关重点行业的普法宣传,确保国家重大基础设施建设和重点领域依法落实水土保持要求。

二是要广泛深入开展全国水土保持国策宣传教育行动。充分发挥新闻媒体的宣传引导和舆论监督作用,组织编制科普教材、法律法规宣传手册,大力开展青少年水土保持教育,努力营造全社会保护水土资源、自觉防治水土流失的良好氛围。

（发表于《中国水土保持》2011 年第 8 期）

新时期我国水土保持的形势与任务

我国是世界上水土流失最严重的国家之一。水土流失直接关系国家生态安全、防洪安全、粮食安全和饮水安全。新中国成立以来,党和政府领导人民开展了大规模的水土流失治理和生态环境建设,取得了显著成就,初步探索出一条适合我国国情、符合自然规律和经济规律的水土流失防治路线。进入新时期,加快水土流失防治步伐,改善生态环境,协调好人与自然的关系,以水土资源的可持续利用和维系良好的生态环境,促进经济社会的可持续发展,更加成为我国面临的一项重大而紧迫的战略任务。分析新的形势,水土保持发展的机遇与挑战并存。

一、水土保持工作面临的发展机遇

(一)党中央、国务院高度重视水土保持工作

在全面建设小康社会、加快推进社会主义现代化建设新的历史时期,国家不断加大生态建设力度,水土保持的基础地位和作用更加凸现。党的十七大明确提出建设生态文明的宏伟目标,党的十七届三中全会就加强生态保护、推进资源节约型和环境友好型社会建设作出了一系列重大战略部署,党的十七届五中全会就加快转变经济发展方式,提高生态文明水平提出了新的要求。《中共中央 国务院关于加快水利改革发展的决定》进一步明确了新形势下水利的战略定位,提出要实施好国家水土保持重点工程,进一步加强长江上中游、黄河上中游、西南石漠化地区、东北黑土区等重点区域及山洪地质灾害易发区的水土流失防治;加强重要生态保护区、水源涵养区、江河源头区、湿地的保护;实施农村河道综合整治,大力开展生态清洁型小流域建设;强化生产建设项目水土保持监督管理;建立健全水土保持等补偿制度,为新时期水土保持事业发展指明了前进的方向。中央一号文件从财政金融、投资税收、政绩考核等各个方面,提出了一系列加快水利、水土保持改

革发展的新政策新举措,内容具体、操作性强、含金量高,为水土保持发展提供了难得的机遇。

(二)水土保持工作全面步入法制化轨道

1991 年《中华人民共和国水土保持法》(简称《水土保持法》)正式颁布实施以来,水土保持工作逐步走上了依法防治的轨道,形成了较为完善的水土保持法律法规体系和监督执法体系。全国共出台县级以上水土保持配套法规 3 000 多个。各级水行政主管部门依法加强预防保护措施,不断强化监督管理,深入开展全国水土保持监督执法专项行动和水土保持监督管理能力建设活动,锻炼和塑造了一支敢于执法、善于执法、能打硬仗的水土保持监督管理队伍,建设单位的水土保持法律意识明显加强,各级各类生产建设项目的水土保持方案申报率、实施率和设施验收率大幅度提高。截至目前,全国已审批生产建设项目水土保持方案 25 万多项,生产建设单位防治水土流失面积达 8 万 km²,减少水土流失量 17 亿 t,生产建设过程中的水土流失得到有效防治。在全国人大、国务院和有关部门的高度重视下,《水土保持法》修订工作经过 5 年的努力,于 2010 年 12 月 25 日,通过第十一届全国人大常委会第十八次会议审议,以中华人民共和国主席令第 39 号公布,自 2011 年 3 月 1 日起正式施行。新《水土保持法》充分体现了科学发展观的要求和人与自然和谐的思想,注重以新的理念为指导,将近年来党和国家关于生态建设的方针、政策以及各地的成功做法和实践以法律形式确定下来,在水土保持政府目标责任制、预防保护、规划法律地位、水土保持方案管理、水土流失重点治理、监测管理、补偿制度及行政处罚等方面予以强化,从法律层面对长期以来困扰水土保持工作的体制不顺、机制不活、防治资金不足、规划效力不够、执法依据不足、责任追究不严等问题给出了破解途径,法律的针对性、权威性、操作性、约束性明显增强。它的颁布施行进一步健全了我国的水土保持法律体系,是水利法制建设的一个重要里程碑,对水土保持事业发展具有重大而深远的意义。

(三)水土保持重点工程建设蓬勃发展

国家已相继在长江上中游、黄河中上游、环京津地区、东北黑土区、珠江上游南北盘江、南水北调水源地和晋陕蒙砒砂岩地区等水土流失严重地区实施了一系列国家水土流失重点防治工程,安排专项资金进行集中连续治理,有效减少了进入黄河、长江的泥沙,控制了石漠化、沙漠化扩张,保护了黑土地,当地农业生产条件和生态环境得到了改善。在重点工程的带动下,全国已累计初步治理水土流失面积 105 万 km^2,已有水土保持措施每年可减少土壤侵蚀量 15 亿 t,增加蓄水能力 250 多亿 m^3,增产粮食 180 亿 kg。近 10 年来已有 1.5 亿群众从水土保持工程中直接受益,2 000 多万山丘区群众生计问题得以解决,许多水土流失治理区群众走上了富裕发展的道路,区域生态环境明显改善。持续不断的重点工程建设为全国水土流失综合防治提供了样板。

(四)社会公众对水土保持的关注程度普遍提高、需求迫切

随着经济社会的快速发展和人民生活水平、生活质量的提高,人民群众对生态环境问题越来越关注。近年,水利部在全国范围内广泛开展水土保持国策宣传教育行动,大力营造搞好水土保持、建设生态文明的舆论氛围,全社会的水土保持意识和法制观念明显增强,公众参与防治水土流失、建设秀美家园非常踊跃,治理水土流失有了很好的群众基础和社会氛围。

二、水土保持工作面临的主要挑战

近年,在中央水利方针和水利部党组新的治水思路指导下,水土保持工作取得重要进展。但是也应看到,当前水土保持工作与科学发展观的要求和广大群众的期待相比,还有很大差距,面临着以下挑战。

(一)水土流失防治任务依然艰巨

我国由于特殊的自然地理条件,众多的人口以及长期的开发利用,生态建设历史欠账多,全国仍有 180 多万 km^2 的水土流失面积、0.24 亿 hm^2 坡耕地和 44 万条侵蚀沟亟待治理,水土流失依然是制约山丘区经济和社会发展、群众脱贫致富的主要因素。按照目前我国每年 4 万 ~ 5 万 km^2 的水土流失治理速度推算,初步治理现有水土流失面积至少需要 50 年时间,这与全面建设小康社会的要求存在很大差距。

(二)人为水土流失加剧的趋势依然严峻

我国生态环境基础脆弱,承载能力十分有限。在工业化、城市化和

435

现代化快速推进的形势下,新的人为水土流失仍将不断加剧。据统计,仅"十五"期间,开发活动扰动地表面积就达 5.53 万 km^2,弃土弃渣量 92.1 亿 t。经济建设中重开发、轻保护的现象仍普遍存在,对水土保持监管能力和水平提出了严峻挑战。特别是目前低等级公路建设,大规模的矿山开采,大量的群众采石、挖砂、取土,无序的山丘区林果业开发等生产建设活动,点多量大,破坏严重,监管难度很大,有法不依、知法犯法的现象仍时有发生。

(三)水土流失投入不足的困境仍未改变

按照水土保持的传统组织模式,农民"两工"折算投入一般要占到水土保持总投入的80%以上。尽管国家持续加大水土流失防治投入,但是随着农村"两工"的取消,群众组织发动难度加大,水土保持工作面临着严峻考验,有些地方的投入甚至出现严重滑坡。由于投入不足,近年来各地在安排治理措施时,往往更多安排自然修复方面的措施,而亟待改造的坡耕地、坡面水系、沟道治理、崩岗防治等措施安排得非常有限,小流域综合治理配套措施建设也还很不完善,难以满足群众改善生产生活条件的迫切要求。据统计,近年我国平均每年治理的坡耕地不足 20 万 hm^2,而 20 世纪 90 年代中期坡耕地改造通常达到每年 60 万 hm^2。投入的严重不足、关键工程和配套措施的滞后,都在一定程度上限制了水土保持综合效益的充分发挥。加快水土流失治理的财政、金融、税收等相关政策措施亟待进一步研究和落实,鼓励社会投入的机制还需要不断建立和完善。

(四)水土保持基础工作薄弱

目前,水土保持规划、监测评价、标准规范、科技发展、机构建设、队伍技术力量的现状与新《水土保持法》和新形势的要求还不能完全适应,水土保持信息化和现代化水平有待进一步提高。

三、新时期水土保持工作的任务与对策

我国近期水土流失的防治目标与任务是:力争用 15～20 年的时间,使全国水土流失区得到初步治理或修复,大多数地区生态环境趋向良性发展;现有坡耕地全部采取坡改梯、陡坡退耕、等高耕作等水土保

持措施;严重流失区水土流失强度大幅度下降,中度以上侵蚀面积减少50%;70%以上的侵蚀沟道得到控制,下泄泥沙明显减少;全民水土保持生态意识和法制意识显著增强,人为水土流失得到根本控制,生产建设项目水土保持"三同时"制度全面落实,水土流失重点预防保护区实施有效保护。

为实现上述目标和任务,将采取以下防治对策:

第一,以新的理念为指导,推动水土保持事业科学发展。新时期的水土保持将按照可持续发展的治水思路,把人与自然和谐作为指导工作的核心,并围绕这一核心,全面树立三大理念。一是坚持发挥生态自我修复能力的理念。在大江大河源头地区、地广人稀地区,实行小范围人工治理、大范围封育保护,充分发挥大自然的自我修复能力,加快植被恢复。采取舍饲养畜、生态移民、能源替代等措施,促进传统的农牧业生产方式向生态改善、生产发展、生活富裕的良性发展模式转变。二是坚持以人为本的理念。在水土流失严重的山丘区,相当一部分群众生产条件艰苦,种地难、饮水难、行路难、增收难,水土保持工作在有效控制水土流失的同时,应尽可能在措施配置上将改善当地群众生产生活条件放在突出位置,在坡改梯、坡面水系、沟道治理、农田生产道路和特色产业发展等方面加大投入力度,促进广大山丘区产业结构调整,实现粮食增产、农业增效、农民增收,不断增强发展的普惠性和持续性。同时,应根据不同地区社会经济发展水平和人民群众对良好生态和优美环境的新期盼,采取不同的治理模式,使水土保持小流域治理发挥"保生存、保水源、保安全、保生态"的作用。在泥石流、滑坡易发区,通过水土流失综合整治,保护当地群众生命财产和公共设施安全。在重要水源保护区,通过积极推进生态清洁型小流域建设,保护水源,控制面源污染,大力改善生态,为人民群众提供宜居舒适的生活环境。三是坚持保护原生态、原地貌植被、近自然生态的理念。一方面,以预防为主、保护优先的原则为指导,严格保护自然植被,禁止过度放牧、无序采矿、毁林开荒和开垦草地等行为,大力加强对重要生态功能区的保护;另一方面,在生产建设项目和水土保持生态建设工程设计、实施中尽可能保留原地貌植被,扩大生物措施比例,减少对自然植被的破坏,提高生态功能和服务价值。

第二,以加强社会管理为重要职责,全面贯彻依法行政。实现水土保持社会化管理,须做好监督执法、基础支撑、技术服务、统筹协调等工作,不断完善法律法规体系、水保规划体系、规范标准体系、监测体系和市场准入体系,形成完备的水土保持社会化管理手段。一是全面落实新《水土保持法》,进一步完善水土保持法律法规体系和执法体系建设,完善配套规章和规范性文件,为依法行政提供依据。二是严格监控生产建设过程中人为水土流失,不断扩大监管的范围和领域,改进监管的方式和方法,督促相关行业、部门自觉做好水土保持工作。对扰动地表、可能造成水土流失的各类生产建设项目,要求必须编报水土保持方案,对不符合水土保持和生态保护要求的生产建设项目要严格执行限批、缓批制度,落实划定的水土保持"红线"。大力加强生产建设活动全过程的管理,强化监督监测,严格设施验收,全面落实水土保持"三同时"制度。对重要生态保护区、水源涵养区、江河源头区和山地灾害易发区等的开发建设活动,依法从严控制,加强监管。三是不断完善水土保持规划体系和规范标准体系,总结推广成熟的水土保持技术路线,为社会管理和社会参与提供有力的技术支撑。四是建立健全水土保持市场准入制度,加强水土保持方案报告编制资质、水土流失监测资质、水土保持监理资质管理,完善水土保持社会服务和管理的手段,规范市场秩序,保证服务水平。五是积极开展宣传教育,不断强化全社会的水土保持意识和法制观念,形成人人参与、支持水土保持的良好社会氛围。

第三,以重点工程建设为龙头,加快水土流失综合治理步伐。我国水土流失面积大,涉及范围广,并且在区域分布上呈现很强的不均衡性,尤以黄河中上游地区、长江上中游地区、西南石漠化地区、东北黑土区等区域的流失最为严重,影响最为深远。目前,我国还处在社会主义初级阶段,生产力发展依然处在较低水平,在投资有限的情况下,水土保持工作是全面铺开,还是集中力量、重点突破,不仅是一个治理方法问题,更是一个防治战略问题。实践证明,突出重点、项目带动是符合我国国情,适应现阶段生产力发展水平,具有重要推动作用的有效方法。水土保持重点工程针对不同区域、不同类型水土流失的规律和特点,科学规划,因地制宜,因害设防,以小流域为单元,进行山水田林路草综合治理,立足于各项措施的相互配套,致力于各方力量的有机整合,从根本上扭转了工作上零敲碎打、力量分散,治理中措施单一、收效不大的问题,具有标准化、规模化、高效化的显著优势,在实际工作中发挥了极大的试验示范、辐射带动作用。今后将在继续加强长江上游、黄河上中游、东北黑土区、西南石漠化区、山洪地质灾害易发区等水土流失严重地区重点治理基础上,着力抓好坡耕地水土流失综合治理、黄土高原多沙粗沙区淤地坝建设、南方崩岗综合治理、水土保持植物资源建设与开发利用、湖库型水源地泥沙和面源污染控制等重点项目建设,实现水土资源的高效利用和有效保护,推动各个层面的水土流失防治工作。

第四,以机制创新为动力,增强水土保持发展活力。主要包括三个方面:一是进一步建立各个层面的水土保持协调机制。以新《水土保持法》为准绳,以水土保持规划为基础,建立水土流失严重地区政府目标责任制,将水土流失防治任务定量化、指标化,做到可监测、可评估、可考核,并与干部政绩考核相结合,纳入政府目标管理,严格任期考核。强化部门协作机制,统筹防治水土流失的综合措施,政府主导,部门协作,分工负责,明确责任,切实增加地方投入,形成共同防治水土流失的新格局。在国家重点治理区,加强同农业、林业、国土、环保、农业综合开发等部门的协作,整合项目,增加投入,提高效益。在生产建设项目水土保持监督管理方面,明确交通、铁路、电力、矿山等行业、部门应依法履行的水土流失防治责任,遏制人为水土流失。二是积极推动水土保持生态补偿机制的建立。建立和完善水土保持生态补偿机制,有利于调整相关群体之间的利益关系,调动各方面防治水土流失的积极性;有利于增强人们保护水土资源、防治水土流失的自觉性,推动"环境有价、资源有价、生态功能有价"观念成为全社会价值取向;有利于增加水土保持投入,解决防治投入严重不足的问题,加快水土流失防治进程。从我国国情来看,水土保持生态补偿机制大体可以分为三类:第一类是历史原因造成的水土流失严重地区,急需治理,其生态补偿主要是国家、地方政府投资和当地群众投工投劳,既解决当地群众生产生活问题,持续利用水土资源,又改善生态环境,减少对下游地区的危害。第二类是进行生产建设活动和资源开发的生态补偿,按照"谁开发、谁保护,谁造成水土流失、谁负责治理,谁损坏水土保持功能、谁补偿"的原则,以及开发地下资源、建设地上生态环境的思路,建立水土保持生态补偿机制,促进生产建设单位积极治理水土流失并负责恢复受损的水土保持功能。同时,把资源开发的一部分利润作为当地治理水土流失的资金,实现以工补农、补生态的作用。第三类是重要生态功能区的生态补偿,如国家重点预防保护区、重要水源区、重要生态屏障,受益地区应当向这些地区进行生态补偿,从水费、水电站电费收益中提取一定比例用于库区及上游地区的水土流失防治,建立生态补偿税或者国家财政转移支付,实施保护措施,同时对为保护生态付出代价、做出贡献的群体或个人给予资金补偿。三是建立和完善水土流失防治社会参与激励机制,把政府引导和群众投入有机结合起来,提高工作的透明度,保障群众知情权、参与权、表达权、监督权,充分发挥群众作为水土流失治理主体、受益主体的能动作用。

第五,以科技为支撑,夯实水土保持发展基础。近年,水利部同中科院、工程院联合开展了水土流失与生态安全综合科学考察,制定了《全国水土保持科技发展规划纲要》,明确了科技发展的目标任务:通过5~10年时间的努力,构建起水土保持科技示范与推广、监测评价两大体系以及国家基础理论研究、水土保持科技协作、国家水土保持科学决策与工程设计支撑三大平台,在水土保持重大基础理论和关键技术研发、应用等方面取得突破。同时,不断加大信息化建设力度,建立完善的水土保持信息化技术标准和工作制度,建成由地面观测、遥感监测、科学试验和信息网络等构成的数据采集、处理、传输与发布的基础设施体系和基于时空逻辑的水土流失、水土保持措施以及相关因素的数据库,构成满足各级水土保持业务应用服务和信息共享的技术平台,形成基于网络、面向社会的信息服务体系,全面提高水土流失监测预

报、水土保持生态建设管理、预防监督、科学研究以及社会公众服务的
能力,提升科学发展水平,带动水土保持现代化。

(发表于《中国水利》2011 年第 6 期)

深入贯彻中央水利决策部署
扎实推进水土流失综合防治

2012 年水土保持工作牢固树立以人为本、服务民生的理念,紧紧围绕国家经济社会发展和生态文明建设大局,深入落实习近平总书记对长汀水土流失治理工作的重要批示、中央加快水利改革发展重大决策部署和新《中华人民共和国水土保持法》(简称《水土保持法》),抢抓机遇,开拓进取,扎实工作,水土保持生态建设取得新进展,为民生水利发展、生态文明建设和促进经济社会又好又快发展提供了有力支撑。

一、2012 年水土保持工作成效显著

(一)全面贯彻落实新《水土保持法》

积极开展配套法规制度体系建设。陆续出台与新法重要条款相配套的多项制度,配合财政部、国家发改委完成《水土保持补偿费征收使用管理办法(征求意见稿)》,生产建设项目水土保持方案管理办法和水土保持设施验收管理办法完成征求意见,正式施行水土保持违法行为举报受理和处理办法,制定完成省级政府目标责任考核办法和执法文书。江西、甘肃、四川、重庆、贵州 5 个省(直辖市)《水土保持法》实施办法(条例)业已颁布。浙江等 10 个省(自治区)《水土保持法》实施办法将列入人大立法计划,内蒙古等 5 个省(自治区)列入政府立法计划。

不断强化水土保持监督管理。坚持依法行政,严格水土保持方案审批制度,进一步落实生产建设项目水土保持"三同时"制度,继续推进水土保持设施验收工作,加大对人为扰动生态环境的防控力度,强化水土保持预防监督管理。全年全国共开展监督执法检查 3.1 万次,检查项目 2.1 万多个,审批各类生产建设项目水土保持方案 2.3 万个,建

设单位投入水土保持资金近 1 000 亿元,涉及责任防治范围 1 万多km²,组织了武广高铁等近 7 000 个生产建设项目的水土保持设施验收。其中,水利部共审批大中型生产建设项目水土保持方案 240 个,开展水土保持设施验收 160 个。

规范水土保持监测和监督执法建设。完成了第三批水土保持监测资质延续、2012 年生产建设项目水土保持监测资质审批工作,开展了全国 258 个甲、乙级水土保持监测资质持证单位监测专项检查。全面启动全国第二批 788 个县的水土保持监督管理能力建设工作,系统提升机构队伍依法行政能力。

(二)不断加大水土流失综合治理

全面完成水土流失综合治理任务。2012 年,水土保持投入不断加大,中央投资 54.66 亿元,较 2011 年增长近一倍。全国共完成水土流失综合防治 7.9 万 km²,其中新增综合治理 5.3 万 km²,实施封育保护2.6 万 km²。治理小流域 3 400 条,新建大中型淤地坝 340 多座,治理崩岗 2 100 多处。长江黄河上中游、东北黑土区、西南岩溶区、京津风沙源等地区的国家水土流失重点治理加快推进,新启动实施丹江口库区及上游水土保持二期工程,水土保持重点工程覆盖范围进一步扩大。

积极推动全国坡耕地水土流失综合治理试点工程。2012 年,全国坡耕地水土流失综合治理试点工程落实中央专项投资 14 亿元,较2010 年翻了一番,实施范围由 2011 年的 22 个省(自治区、直辖市)100个县扩大到 140 个县,建设坡改梯 9.47 万 hm²,带动全国实施坡改梯26.67 万 hm²。全国坡耕地水土流失综合治理试点工程实施后,每年可蓄水 5 200 多万 m³,可保土 1 180 多万 t,项目区人均基本农田面积增加近一倍,农民人均年收入增加 300~500 元,水土流失基本得到控制,农业生产条件得到极大改善。

加强重点工程建设管理。组织召开了黄土高原淤地坝安全运用现场会,落实了淤地坝建设管理责任。印发《国家农业综合开发水土保持项目管理实施细则》,联合财政部修订了《中央财政小型农田水利设施和国家水土保持重点建设工程补助专项资金管理办法》。全面完成《全国坡耕地水土流失综合治理规划》《丹江口库区及上游水污染防治和水土保持"十二五"规划(二期)》等专项规划。

(三)积极推动革命老区水土保持工程

落实习总书记批示,深入推广长汀水土保持经验。福建省长汀县人民在长期治理水土流失的实践中,探索出了一系列符合当地实际的有效做法。习近平总书记先后两次就长汀水土流失治理工作作出重要批示。为贯彻落实习近平总书记的重要批示,大力弘扬长汀精神,水利部组织召开了总结推广长汀水土流失治理经验座谈会,陈雷部长出席并作重要讲话。长汀水土保持的成功实践,是科学发展观在长汀的创造性运用和实践,不仅是福建生态省建设的一面旗帜,也是我国南方地区水土流失治理的一个典范。会后,各地结合实际深入学习贯彻长汀经验,有力推动了全国水土流失防治工作。

推动革命老区水土保持规划。编制完成《革命老区水土保持重点建设工程规划》,在1 389个革命老区县中筛选491个水土流失严重、经济欠发达的县作为规划实施范围。组织编制《国家水土保持重点建设工程省级实施规划(2013—2017年)》,并获批复,以全国水土流失最严重的、经济欠发达的一类和二类革命老区县为实施重点,选取其中20个省的水土流失最为严重的279个县实施项目。

加大革命老区水土保持投入。积极协调有关部门,促成以革命老区为实施重点的国家水土保持重点工程投入大幅度增加,2012年,分两批共安排中央财政资金20亿元。同时,针对财政部15亿元追加资金建设任务重、时间紧的现实,及时召开动员部署会议,实行半月报制度,会同财政部组成10个检查组进行督导检查,资金下达两月来治理任务已完成过半。

(四)继续推进水土保持生态修复

全国已有1 250个县出台封禁政策,国家水土保持重点工程项目区全面实施了封育保护,累计实施封育保护面积达75万 km²,其中47万 km²生态得到初步修复。各地在生态修复的政策建设、措施配套、经验宣传等方面进一步加大力度。青海三江源、新疆内陆河流域、西藏地区等重点修复区的修复效果进一步显现。重要生态功能区和脆弱区的生态功能得到有效保护。实施生态修复的区域内乔灌草等植物自然萌生速度明显加快,植被覆盖度大幅度提高,生态环境显著改善。黄河上中游 24 个生态修复区林草覆盖度由原来的 27.5% 提高到现在的 60%。宁夏中部干旱带盐池、同心、海原等县封山禁牧三年后,植被覆盖率增加 25%~50%。

(五)不断推进水土保持机制创新

引导民间资本参与治理水土流失。制定出台《鼓励和引导民间资本参与水土保持工程建设实施细则》,坚持科学引导、积极扶持、依法管理、保护权益的原则,实行"谁投资、谁所有、谁管护"政策,积极鼓励和引导民间资本参与治理水土流失。

积极开展生态清洁型小流域建设。全国已有 235 个县开展了生态清洁型小流域建设,实施小流域达 444 条,已建成生态清洁型小流域 301 条,有效发挥了"保生存、保水源、保安全、保生态"的综合作用和效能,为改善人居环境、保障水质安全、控制面源污染发挥了重要作用。北京、江苏、浙江等省(直辖市)把这项工作作为当地新农村建设的重要载体,整乡整县推进,每年投入数十亿元。

建立健全水土保持生态补偿机制。大力推广陕西、山西、河南等省的经验,以水电、煤炭、石油等重点行业为突破口,以重要水源区和生态功能区为重点,建立健全水土保持生态补偿机制。

(六)全面强化水土保持基础性工作

《全国水土保持规划》编制工作进展顺利。已全部完成全国水土保持区划、规划数据上报等规划基础工作。

水土保持普查工作新进展。如期完成全国水土保持情况普查数据上报接边、审核评估论证、事后质量抽查等工作,基本摸清了水土流失本底状况和水土保持措施保存情况。

编制完成《全国水土保持信息化规划》。明确提出水土保持信息化建设的顶层设计方案和总体构架。扎实开展重点流域、重点治理工程、重点建设项目水土流失动态监测。

进一步完善水土保持技术标准体系。颁布实施《水土保持遥感监测技术规范》《水利水电工程水土保持技术规范》等技术规范,已颁布和在编修的水土保持领域技术标准达 54 项。

水土保持科技工作持续进展。呈现研究领域不断扩大、项目不断增加、投入逐步增加的良好局面,科技成果转化力度明显增大,水土保持科技支撑作用不断提升。

(七)广泛开展水土保持国策宣传教育

深入宣传学习新《水土保持法》。印发《关于开展〈中华人民共和国水土保持法〉施行一周年宣传活动的通知》,全面部署新《水土保持法》学习宣传工作。以新《水土保持法》知识竞赛为重点,采取多种形式深入学习贯彻《水土保持法》。全国共有 11.4 万人参与竞赛答题,其中 2.5 万人答题全部正确;各地共印发水土保持法宣传画 24.5 万套。

深化国策宣传教育行动。水利部印发了《深化全国水土保持国策宣传教育行动实施方案》,在全国启动开展以"五个一工程"为载体的深化水土保持国策宣传教育行动。

持续推动水土保持宣传教育平台建设。正式出版发行全国小学版水土保持科普读本,已建成全国中小学生水土保持教育社会实践基地 24 个、国家水土保持科技示范园区 84 个。

全面开展水土保持生态文明工程创建活动。组织制定国家水土保持生态文明工程考评办法实施细则,开展了 9 个国家水土保持生态文明县、3 个国家生产建设项目水土保持生态文明工程、1 个国家水土保持生态文明城市专家评审,命名了内蒙古准格尔旗和陕西吴起县 2 个国家水土保持生态文明县。

开展多种形式的宣传教育活动,进一步增强水土保持生态文明意识。水利部与中央电视台联合摄制水土保持专题片《我们的家园》,在《人民日报》、新华网、中央电视台、中央人民广播电台等中央新闻媒体上开展了一系列的专题宣传教育活动。

二、2013 年水土保持工作重点

2013 年,将深入贯彻党的十八大精神,紧紧围绕生态文明建设总体目标和要求,全力推动水土流失综合防治工作取得新成效,重点要抓好以下工作:

以出台水土保持补偿费制度为突破,扎实推进《水土保持法》的全面贯彻落实。加大协调力度,力争年内出台水土保持补偿费征收使用、方案和设施验收三项管理办法,推动全国三分之一的省份出台《水土保持法》实施办法(条例)。进一步强化监督管理,推动生产建设项目落实水土保持"三同时"制度。扎实推进全国第二批水土保持监督管理能力建设活动。

以革命老区水土流失重点治理工程为龙头,确保全面完成年度水土流失综合治理任务。力争正式启动实施革命老区水土流失重点治理工程,加快坡耕地水土流失综合治理,确保年内完成综合治理水土流失5 万 km^2,建设坡改梯 30 万 hm^2。

以生态清洁型小流域建设为重点,大力推进东部地区、重要水源区生态建设与保护。适应经济社会发展和人民群众的新需求,不断创新治理模式和理念,在有条件的地区因地制宜推进生态清洁型、生态经济型、生态环境型、生态安全型小流域建设。

以信息化建设为抓手,扎实推进水土保持基础性工作。落实《全国水土保持信息化规划》,推动国家级水土保持信息化基础平台建设前期工作。全面完成全国水土保持情况普查各项任务,提升水土流失动态监测水平。编制完成《全国水土保持规划》。

以"五个一工程"为载体,全面深化水土保持国策宣传教育。在全国树立一批水土保持生态文明典型,推出一批宣传教育力作,搭建一批宣传教育平台,打造一批形象宣传阵地,建立一支宣传教育队伍,在全社会牢固树立生态文明理念。

(发表于《中国水利》2012 年第 24 期)

努力推动水土保持事业发展
促进生态文明建设

加强水土流失防治,促进人与自然和谐,保障国家生态安全和经济社会可持续发展,是一项长期而紧迫的战略任务。目前,我国正处在推进生态文明建设、全面建成小康社会的关键时刻,水土保持工作任重道远。总结我国近年来水土保持取得的成效与经验,分析当前面临的机遇与挑战,研究今后的发展方向、战略与措施,对于立足现实、着眼长远、抢抓机遇、跨越发展,推动水土保持事业向更新理念、更高层次、更好水平迈进,促进生态文明建设十分必要。

一、近年来我国水土保持工作回顾

(一)成效与进展

近年来,在党中央、国务院的高度重视下,经过广大干部群众和水土保持工作者坚持不懈的努力奋斗,我国水土保持工作步入了依法防治轨道,有效地构建了预防、保护、监督、治理和生态修复有机结合,工程、生物和农业三大措施优化配置的水土流失综合防治体系。总体来看,水土流失面积和强度大幅下降,生态环境向良性发展,治理区农业生产条件得到改善,公众保护生态的意识普遍增强,水土保持事业得到全面发展。

一是全国水土流失面积减少,植被覆盖度增加。经过多年持续治理和大规模的自然修复、封育保护,我国水土流失面积明显下降,治理区植被覆盖度普遍提高,整体生态环境趋好。根据全国第四次土壤侵蚀普查结果,土壤侵蚀总面积大幅度下降,现有水蚀、风蚀总面积294.91万 km^2。与第二次水土流失遥感普查结果相比,水蚀面积由164.88 万 km^{2}下降到了129.32 万 km^2,风蚀面积由190.67 万 km^{2}下降到 165.59 万 km^2,总面积下降 60.64 万 km^2。这些结果总体上反映了我国水土流失防治的显著成效。从植被变化来看,在长江流域水土流失最为集中的上游"四大片",经过 20 年治理,林草覆盖率提高了 30%以上,荒山、荒坡面积减少了 70%。如江西兴国县经过治理植被覆盖率从 1982 年的 28.8% 提高到 2009 年的 72.2%。水力侵蚀剧烈程度居全球之最的黄土高原,主色调已经发生了由黄到绿的变化。黄河粗泥沙集中来源区已有一半面积实现由黄转绿,植被覆盖率普遍增加了10~30 个百分点,一些区域增加了 30~50 个百分点。黄土高原水土流失严重区域的陕西吴起县、内蒙古准格尔旗经过多年治理,水土流失治理程度已达到 80%,植被覆盖率由治理前的 10% 左右提高到 60%~70%。

二是江河流域土壤侵蚀量减少,水土保持拦沙作用明显。监测资料显示,进入江河的泥沙量总体减少,土壤侵蚀量和侵蚀强度持续降低。根据《中国水土保持公报》,10 年来,我国主要大江大河流域土壤侵蚀量大幅度下降。最新的普查结果也表明,侵蚀面积和侵蚀总量均大幅度下降。长江流域土壤侵蚀量不足多年平均值的 1/2,黄河流域土壤侵蚀量不足多年平均值的 1/3。四川省 2011 年输入长江的泥沙量比 2000 年减少 46%。珠江南北盘江项目区实施工程 3 年后,项目区水土流失面积减少了 78%,土壤侵蚀模数下降近 60%。黄河在年径流量基本持平的情况下,流域年侵蚀总量较 10 年前减少了 1/5。2012年 7 月 21 日在黄河一级支流皇甫川流域所降暴雨,与 1989 年同期暴雨的降雨量、雨强和分布都十分相近,但洪峰流量、次洪量和次洪输沙量仅相当于 1989 年的 40%~44%,水土保持措施固土保水、拦截泥沙的作用十分明显。

三是治理区农业生产条件和生活环境改善,农民收入大幅度增长。凡是实施过重点治理的地区,坡耕地变成梯田,农田道路、水利设施配套,造林种草,恢复植被,同时发展当地特色产业,农村的生产生活条件显著改善,农业综合生产能力明显提高,形成了一大批以水果、蔬菜、药材、畜牧业为主的水土保持特色产业基地,农民平均收入可达 3 万~7.5 万元/hm^2,促进了经济增长方式发生改变,使农民收入大幅度增长。水土保持显现出治穷致富、改善民生的重要作用。10 年间,全国共有 1.5 亿群众从水土流失治理中直接受益,2 000 多万山丘区群众的生计问题得到稳定解决,许多人走上了富裕发展的道路。黄土高原每年依托水土保持工程可增产粮食 100 多亿 kg,稳定解决 1 000 多万人的基本口粮。

四是社会公众保护生态的意识增强,参与程度提高。新中国成立以来,国家始终重视水土保持工作,特别是进入新世纪后,动员全社会力量治山治水,实施了一系列重大生态工程。我国资源、生态、环境与社会关系已发生巨大变化,"一方治理、多方破坏"的局面明显改观。通过《中华人民共和国水土保持法》(简称《水土保持法》)等资源环境保护法的贯彻实施,逐步落实"预防为主"的水土保持工作方针,形成了有利于水土保持的法制环境和舆论氛围。全民的水土保持意识、法制观念显著增强,全社会对水土保持的关注程度和参与热情都显著提高。和以往相比,社会各界对于保护水土资源、维护和改善生态环境、加强水土流失防治的呼声越来越高,部门、行业、社会力量和企业大户主动参与、投入水土流失治理的越来越多,生产建设项目依法履行水土保持义务的自觉性显著提高。

五是水土保持事业蓬勃发展,各项工作全面推进。从法律保障看,自 1991 年《水土保持法》颁布实施,到 2010 年新《水土保持法》修订出台,法制建设成果丰硕。水利部先后制定出台了一批重要的部门规章制度和规范性文件,各省(区、市)出台了相关管理规定和规范性文件,从上到下基本形成了适应新形势的水土保持法律法规体系。从投入来看,国家对水土保持的投入呈现稳定增长态势,地方政府投入水土流失治理的比重也在逐年加大,生产建设项目以及社会力量投入水土保持的比例显著提高。

2002～2012 年,中央安排水土保持专项资金近 300 亿元,利用外资 15 亿元,带动地方和社会投入 200 多亿元,生产建设项目投入水土流失防治费 4 000 多亿元。从发展基础看,全面建立了水土保持监测、规划、技术标准、科技支撑和社会服务五大体系,极大地推动了我国水土保持工作的开展。从机构队伍看,各级水土保持行政管理机构、监测机构、科研机构逐步健全,职能得到强化;学术团体、大专院校的水土保持力量得到全面加强和充实。

这些显著的成效和变化主要得益于以下几个方面:

一是党中央、国务院的高度重视。随着我国经济社会的发展和综合国力的增强,国家对生态建设的重视程度不断提升,明确将生态文明建设列为全面建设小康社会的重要目标,并全面加大了对生态治理与保护的投入,先后实施了退耕还林、退牧还草、能源替代、生态移民、水土流失重点治理等一大批生态建设工程,不断扩大水土流失区治理的范围与规模,加快了长江上中游、黄河中上游、东北黑土区、珠江上游、丹江口库区及上游等水土流失严重地区的治理进程,水土保持生态建设得到了前所未有的发展。

二是我国经济社会的快速发展。改革开放的不断深化和市场经济的不断发展推动了农业和农村的深刻变革,农民以粮食生产为主体的单一经营活动和单一收入来源格局发生了根本性的改变。农民农业收入比重和对农业生产的依赖程度逐渐下降,收入来源市场化、多元化和非农化的趋势明显,广种薄收的掠夺式、粗放式农业生产方式正在逐步被集约高效的现代农业所替代,农村生活条件的改善,获取燃料、饲料方式的改变,农村人口向城镇大量转移,都使得生态和环境的压力有所减轻。同时,随着农民收入的持续增长和素质的不断提高,人们对待自然的观念也发生了积极变化,这些都为开展水土保持创造了极为有利的条件。

三是持之以恒地综合防治。长期以来,国家在水土流失严重地区,坚持不懈,开展重点治理,取得了明显的治理效果和示范、带动作用。近 10 年,全国共完成水土流失综合治理面积近 50 万 km^2,实施坡改梯 200 万 km^2。到 2011 年年底,全国累计初步治理水土流失面积 110 万 km^2,综合治理小流域 5 万多条,实施封育范围达 72 万 km^2,其中 45 万 km^2 生态得到初步修复,有效减少了进入黄河、长江的泥沙,明显控制了石漠化、沙漠化扩张,有力地促进了水土资源的保护和利用。黄河中上游地区连续 30 年实施有针对性的重点治理,先后开展了水土保持重点防治工程、黄土高原水土保持世行贷款项目等一系列水土流失重点防治工程,长江上中游连续 20 多年实施了七期"长治"重点治理工程,对 5 000 余条小流域开展了综合治理;陕北无定河流域、辽宁朝阳等水土流失严重地区,国家连续近 30 年实施了重点治理。甘肃定西安定区治理水土流失数十年,坚持水土保持立县不动摇,山川面貌发生了很大变化;陕西吴起县从 1998 年开始连续十几年实施封禁治理,荒山变绿,水土流失减轻。

四是《水土保持法》多年的贯彻实施。《水土保持法》颁布后,各级水行政主管部门把强化监督管理作为水土保持工作一项全新的重要职能,在实践中开拓探索、攻坚克难,通过 20 多年的不懈努力,在落实生产建设项目水土保持"三同时"制度,积极争取各级人大、政府和有关部门支持,加强监督检查、严格执法、严厉查处违法案件、广泛深入开展普法宣传等方面取得了显著成效,推动水土流失防治步入了法制化、规范化轨道,有效地树立了《水土保持法》的权威,使其在保护水土资源、改善生态环境中发挥了重要作用。目前,全国大中型生产建设项目水土保持方案申报率已达 95% 以上。近 10 年,全国共审批 34 万个生产建设项目水土保持方案,有 2 500 多个大中型生产建设项目依法实施了水土保持"三同时"制度,防治水土流失面积 15.4 万 km^2,减少水土流失量 20 多亿 t,涌现出了青藏铁路、西气东输、西电东送等一批生态建设示范工程,人为水土流失得到有效遏制。

五是科学防治理念和发展机制的创新运用。进入新世纪,水土保持坚持以人与自然和谐的理念为指导,遵循自然规律和科学规律,强化封育保护,依靠大自然力量,发挥生态自我修复的作用,大力转变传统农牧业生产方式,为生态修复创造了有利条件,使大面积植被得以加快恢复、生态系统逐步向良性演替。此外,根据人民群众对良好人居环境和清洁水源的迫切需要,开展了生态清洁小流域建设,将小流域综合治理与面源污染治理、保障饮水安全等紧密结合,有效发挥了"保生存、保水源、保安全、保生态"的综合功能,改善了城乡人居环境,得到了社会普遍认可。在发展机制上,水土保持项目更加突出以人为本,把发展农村经济和实现农民增收作为重要目标,全面加强了民生措施的配套和建设力度,大力发展林、果、畜等特色产业,促进了农业产业结构调整,坡耕地水土流失综合治理等专项工程做到了无特色产业不上项目,实现了国家宏观生态效益与山区群众微观经济效益的协调统一。

(二)近年来水土保持工作的主要做法

1. 依法行政,充分发挥法律的监控作用

多年来,各级水保部门始终坚持以《水土保持法》为准绳,以各类生产建设项目监管为重点,以水土保持方案制度为抓手,以全面贯彻落实水土保持"三同时"制度为核心,严格监控了生产建设过程中的人为水土流失。一是把新法及相应的配套法规修订作为重中之重,全力以赴抓法律法规体系建设;二是用好法,履行法律赋予的职能,不断加大执法力度,把法律规定的条款落到实处;三是加强执法队伍的能力建设,2009 年、2012 年先后开展了水土保持监督管理能力建设活动,全面提高了执法队伍的水土保持监督管理能力,充分发挥了法律对水土资源不合理开发利用行为的约束和监控作用,推动了水土流失防治责任的落实。

2. 重点治理,以国家重点工程为龙头,带动面上治理

通过多年的推动,水土保持部门狠抓项目前期工作和重点工程立项并取得重大成效,国家先后在长江上中游、黄河中上游、东北黑土区、南方岩溶区等水土流失严重地区和丹江口库区等重要水源区实施了一系列国家水土流失重点防治工程,治理范围从传统的黄河、长江上中游地区扩展到全国主要流域、主要水土流失类型区。目前,全国水土保持重点工程覆盖了 600 多个水土流失严重县,重点工程的实施有力地推动了全国水土流失治理工作。

3. 强化基础,全面推进水土保持监测、规划、标准等工作

始终把加强水土保持基础性工作作为保障水土保持科学发展的前提,大力提升了水土流失防治工作的规范化、科学化、现代化、信息化水平。经过多年努力,在全国范围初步建成了覆盖不同水土流失类型区的水土保持监测网络,对重点区域、重点流域、重点水土保持工程和大中型重点生产建设项目全面实施了水土流失动态监测。扎实推进各级各类水土保持综合规划和专项规划,全面启动了新中国成立 60 多年来首次开展的集系统性、全局性和前瞻性为一体的《全国水土保持规划》

编制工作,强化了对水土保持中长期和近期发展蓝图的顶层设计。加快水土保持信息化建设,全面推进水土保持技术标准体系建设,基本满足了当前的生产实践和管理需求。

4. 创新机制,调动社会力量防治水土流失

改革创新始终是水土保持不断发展的重要推动力。近年来,水土保持改革不断深入,机制创新取得突破,有效调动了全社会参与治理水土流失的积极性。一是建立和完善了水土保持生态补偿机制。在新《水土保持法》中明确了水土保持补偿机制,使生产建设单位投入更多经费用于水土流失治理。如陕西省颁布了《陕西省煤炭石油天然气资源开采水土流失补偿费征收使用管理办法》,大幅度增加了水土流失治理投入。二是进一步完善社会激励机制,大力巩固和完善了以户承包、联户承包、拍卖治理、股份合作等机制办法,积极扶持和引导民间资本和社会力量参与水土保持生态建设。如山西省每年拿出 1 100 万元用于扶持民营水保大户。据统计,全国已有 1 000 多万户农民、大户和企事业单位参与"四荒"土地治理开发,治理水土流失 10 万多 km²。

5. 注重科技,依靠科技进步提高水土流失整体防治水平

科学技术始终是水土流失防治的重要支撑。近年来,印发了《全国水土保持科技发展规划纲要》,明确了科技发展的目标任务。水利部与中国科学院、中国工程院联合开展了水土流失与生态安全综合科学考察。在科考的基础上,相继开展了国家"973"计划、国家科技支撑计划、水利部行业公益性专项等一批国家级重大研究项目,在坡面土壤侵蚀机制、流域侵蚀产沙机制、区域水土流失过程等方面有了新的突破,集成研发了一些关键技术和新材料、新工艺等,建成了一批水土保持重点实验室和试验基地,科技成果转化力度明显增强,水土保持科技水平不断提高。

6. 营造氛围,不断增强公众水土保持生态文明意识

加强水土保持国策宣传教育是实现人与自然和谐、生态文明的必由之路。多年来,各级水保部门深入开展水土保持工作宣传,取得了显著成效。开展的水土保持国策宣传教育行动,广泛宣传了水土流失的危害性和水土保持的巨大成就。组织专题调研,高位推动水土保持工作。大力开展水土保持科技示范园建设,联合教育部创建中小学水土保持教育社会实践基地,在全国范围内全面启动国家水土保持生态文明工程建设。已建成的一批水土保持生态文明县(市、旗)、生态文明工程、24个全国中小学水土保持教育社会实践基地、84个国家水土保持科技示范园,成为生态文明实践与教育的重要平台。通过形式多样、持久深入的宣传教育,全民水土保持意识普遍增强。

二、当前水土保持形势

当前我国进入了大力推进生态文明建设和全面建成小康社会的关键时期,水土保持工作迎来了最好的发展期、机遇期。

(一)水土保持机遇前所未有

1. 党中央、国务院高度重视生态文明建设,水土保持迎来新的发展机遇

党的十八大突出生态文明建设,把生态文明建设作为建设美丽中国的宏伟目标,进一步提出要实施重大生态修复工程,推进荒漠化、石漠化、水土流失综合治理。连续多年中央一号文件都对水土保持工作提出了明确要求,2011年的中央一号文件和中央水利工作会议,对水土保持工作做出了一系列重大部署,明确提出到2020年重点区域水土流失得到有效治理的总体目标。习近平同志2011年年底以来先后多次对福建长汀、陕西延安水土流失治理工作做出重要批示,要求总结长汀等地经验,推动全国水土流失治理工作。

2. 新《水土保持法》颁布实施,提供了有力的法律保障

历时5年修订完成并颁布实施的新《水土保持法》,成功破解了原法与新形势、新任务不相适应的若干问题,在政府主体责任、规划法律地位、预防保护措施、法律责任追究等多方面实现了实质性加强,显著提升了法律的威慑力、执行力和可操作性。同时,各地积极开展水土保持配套法规建设,陆续出台了具有地域特色的新《水土保持法》实施办法(条例),进一步健全了我国水土保持法制体系,提高了新《水土保持法》的可操作性,强化了法律法规的效力和作用。

3. 全社会关注水土保持, 形成了有利的社会环境

随着经济社会的快速发展和人民生活水平与质量的提高, 生态环境问题越来越受到关注, 社会公众对水土保持的关注程度普遍提高。通过贯彻《水土保持法》、实施大规模的水土保持生态建设和广泛开展水土保持国策宣传教育行动, 大力营造了搞好水土保持、建设生态文明的舆论氛围, 全社会的水土保持意识和法制观念明显提高, 公众参与防治水土流失、建设秀美家园的积极性非常高, 为进一步加快开展水土保持工作提供了良好的社会环境。

4. 经济社会快速发展, 为水土流失防治创造了条件

我国经济平稳较快发展, 综合国力大幅提升, 财政用于生态建设的资金不断增加, 科技进步日新月异, 不仅为水土保持生态建设提供了人财物多方面的保障, 而且研发出了更多的新材料、新技术、新工艺, 为水土流失防治提供了重要的科技支撑; 同时, 随着城镇化进程的加快, 农村人口不断向城镇转移, 水土流失区的环境压力将进一步得到减轻。

(二) 水土流失防治形势依然严峻

1. 水土流失治理任务艰巨

虽然我国水土保持工作取得了显著成就, 但由于自然地理条件、经济社会发展等多方面原因, 水土流失防治进程与国家生态建设总体目标还有一定差距。目前, 在人口相对密集的区域水力侵蚀面积仍有 129 万 km^2, 2 400 万 hm^2 坡耕地和 96 万条侵蚀沟亟待治理。东北黑土区、西南石漠化地区土地资源保护抢救的任务十分迫切, 革命老区、少数民族地区、贫困地区严重的水土流失尚未得到有效治理, 水土流失依然是制约山丘区经济和社会发展、群众脱贫致富的主要因素。

2. 人为水土流失严重

当前, 我国正处在工业化、城市化快速发展过程中, 新的人为水土流失仍很严重, 比自然状态下高出数十倍甚至上百倍。生产建设中重开发、轻保护的现象仍普遍存在, 特别是低等级公路建设, 大规模的矿山开采, 大量的群众采石、挖砂、取土, 无序的山丘区林果业开发等生产建设活动, 点多量大、破坏严重, 监管难度很大, 有法不依、知法犯法的现象仍时有发生, 对水土保持监管能力和水平提出了严峻的挑战。

3. 水土流失治理投入严重不足

随着农民外出打工,劳力减少,组织群众治理难度加大,加之物价上涨,治理成本逐年上升。近年来,水土保持投入虽有大幅度增加,但与严峻的水土流失形势和经济社会发展需要相比还有很大差距。地方迫切要求的坡耕地水土流失综合治理难以大规模实施,坡面水系、沟道治理、崩岗防治等措施安排得非常有限,国家重点治理工程的投入规模和实施范围仍需扩大,治理标准仍需提高。

4. 土地经营者参与治理的积极性不高

水土保持是一项社会公益性事业,投资收益周期长,经济效益相对较低,土地经营者参与治理的积极性不高。土地所有权、使用权和经营方式不协调,土地经营者重经济效益、轻生态保护,重眼前利用、轻持续发展,水土资源保护与可持续利用意识不强,不少地方仍存在陡坡开垦、顺坡耕作、超载过牧、炼山开发等现象,急功近利,以耗竭珍贵的土地资源来换取短期效益。

5. 群众诉求增多,对水土流失问题越来越敏感

一方面,随着经济社会的快速发展,人民生活水平和质量的提高,全社会的水土保持意识、生态保护意识在增强,对人居环境改善的要求也在不断提高;另一方面,人们对水土流失问题也越来越敏感,特别是一些生产建设项目的弃土弃渣危害当地、影响环境,群众反应强烈,诉求增多。

三、水土保持发展方向、战略与主要措施

(一)水土保持发展方向

新时期的水土保持将贯彻落实十八大精神,按照中央治水方针和水利部党组的可持续发展治水思路,在理念上,坚持以人与自然和谐为指导,尊重自然、顺应自然、保护自然;在方针上,坚持预防为主、保护优先、综合治理、注重效益;在工作目标上,要不断满足人民群众的新期盼和建设生态文明社会的新要求,努力使水土保持生态服务功能和经济效益相协调;在治理模式上,因地制宜,因需制宜,多种模式并举,发挥多功能、实现多目标;在机制上,鼓励扶持与约束制约相结合,建立更多

能够调动社会力量参与水土流失治理的机制;在水土保持管理上,要向法制化、信息化、规范化、科技化和精细化方向发展。

(二)水土保持发展战略

近年来,水土保持在总结过去经验的基础上,结合新形势要求,逐步形成6大发展战略。

1.实施生态修复战略,发挥大自然的力量促进植被恢复

牢固树立人与自然和谐相处的理念,尊重自然规律,切实加强封育保护与生态自然修复。在地广人稀、降雨条件适宜和水土流失较为轻微的地区,实施水土保持生态修复,全面封育国家重点工程区。在内陆河生态绿洲区、"三化"草原区、重要水源区、三江源区、长城沿线农牧交错区以及青藏高原区等生态脆弱区,实施生态修复重点工程,充分发挥大自然的力量,加快水土流失防治步伐。

2.实施综合治理战略,强化水土流失严重地区的综合治理

在全面规划的基础上,突出重点、分步实施,优先对水土流失严重、人口密集、对群众生产生活和经济社会发展影响较大的区域进行综合治理。按照不同水土流失类型区的特点,结合经济社会发展需求,始终坚持以小流域为单元的综合治理,采取不同防治模式,建设生态清洁型、生态经济型、生态安全型小流域,因地制宜,优化配置工程、生物和农业耕作措施,构建科学完善的水土流失综合防护体系,有效保护和合理利用水土资源,改善生态环境。

3.实施项目带动战略,以点带面实现水土保持新发展

在继续加强长江上游、黄河上中游、东北黑土区、西南石漠化地区、丹江口库区、京津风沙源区等重点治理的基础上,重点抓好全国坡耕地水土综合整治、黄土高原多沙粗沙区淤地坝建设、南方崩岗综合治理,实施革命老区水土保持重点建设工程、农业综合开发水土保持工程、高效水土保持植物资源建设与开发利用以及水源地泥沙和面源污染控制等重点项目建设,推动面上水土流失防治工作。

4.实施预防保护战略,推进植被良好和生态脆弱区的预防保护与能源、资源开发密集区的监督管理

坚持预防为主、保护优先的方针,结合全国主体功能区规划,切实

加强对限制开发区和禁止开发区的管理。严格保护自然植被,禁止过度放牧、无序采矿、毁林开荒和开垦草地等行为。严格执行生产建设项目水土保持方案审批制度,从严控制重要生态保护区、水源涵养区、江河源头区和山地灾害易发区等区域的开发建设活动,严守"红线",实行水土保持方案限批、缓批制度。强化国家水土保持重点监督区的监督管理,全面落实水土保持"三同时"制度,推进水土流失防治由事后治理向事前保护的根本性转变。

5. 实施分区防治战略,因地制宜推进东、中、西部水土保持工作

根据国家区域协调发展战略,结合第四次土壤侵蚀普查结果反映的状况,在东部地区以建设生态文明示范区、改善人居环境和水源保护为目标,大力推进生态清洁小流域建设,提高水土资源利用效率,加强生态环境保护,增强经济社会可持续发展能力。在中部地区进一步加大生产建设项目监督管理力度,对严重水土流失区进行综合治理,促进生态保护与经济发展良性互动。在西部地区以改善农业生产条件、保护生态环境、减少进入江河湖库泥沙为主要任务,加大重点地区水土流失防治力度,建设基本农田,搞好特色产业开发,为农民增收创造条件。

6. 实施科技支撑战略,加强科技创新,不断提升水土流失防治水平

以统筹人与自然和谐发展为目的,以解决水土流失治理中的重大问题为重点,强化水土保持基础理论研究与关键技术集成研发,加快水土保持科技创新,完善全国水土保持监测网络及信息系统,建立完善的水土保持科技成果示范推广与转化体系、科普教育体系和科技协作网络与基础条件平台,推进水土保持科技成果转化与示范推广,提高水土保持科技贡献率,不断提升水土流失防治水平。

(三)水土保持主要措施

1. 抓好新法贯彻,有效防治人为水土流失

深入学习、广泛宣传《水土保持法》,加大法律宣传贯彻培训力度,加强公众对《水土保持法》的认识;继续抓好配套法规建设,各地应结合实际修订《水土保持法》实施办法,健全水土保持配套法规体系,增强法律的可操作性;加强执法队伍能力建设,落实生产建设项目水土保持"三同时"制度,加大执法检查力度,严格对生产建设项目实施全过

程监管,保障新《水土保持法》的顺利实施和全面落实,有效控制人为水土流失。

2. 强化政府行为,加强组织领导

要全面推进落实地方政府水土保持目标责任制,建立健全考核奖惩制度,切实发挥政府在水土保持规划的制定和执行、项目实施、资金投入保障以及组织发动等方面的主导作用,并运用经济技术政策和法律行政等手段,组织调动社会各方面力量,加快防治步伐。尤其要建立有效的水土保持协调机制,加强部门之间、行业之间的协调与配合,形成"水保搭台、政府主导、部门协作、社会参与"的协作机制。

3. 千方百计增加投入,加快水土流失防治步伐

一是要进一步加大国家对水土流失治理的资金投入,扩大重点治理范围和规模,提高单位面积治理标准。二是要加强同相关部门的协调,统一规划,分工协作,加大投入力度。三是要推动各地政府高度重视水土保持工作,进一步加大地方财政投入的力度,落实配套资金,开展地方水土保持重点工程建设。

4. 大力推进机制创新,增强水土保持发展活力

一是积极推进建立多元化的水土保持投资融资机制,通过政策调动民间资本治理水土流失的积极性,实施财政补贴、税收减免、技术扶持、信贷优惠等政策,鼓励和支持社会力量以多种投入方式、多种形式参与水保治理。二是落实水土保持补偿费征收、使用管理制度,大力推广陕西省的经验,以煤炭、石油、矿山开采等重点行业为突破口,征收水土保持补偿费,同时要以重要水源区和生态功能区为重点,建立健全水土保持生态补偿机制。三是建立群众参与治理机制,支持和鼓励水土流失地区群众投资投劳参与治理水土流失。

5. 夯实基础工作,以信息化促进水土保持现代化

不断完善水土保持规划体系和技术标准体系,做到有目标、有布局、有措施、有标准。定期开展水土保持普查工作,全面掌握水土流失动态变化及消长情况,科学评价水土保持效益及生态服务价值。切实加强水土流失动态监测,实施国家水土保持基础信息平台建设工程,强化监测网络运行管理,及时发布水土保持公报。加快水土保持信息化

建设进程,以信息化带动水土保持现代化。积极开展科学研究和技术研发,推动建立国家水土保持重点实验室,初步建立国家土壤侵蚀评价与预报模型,加强科技示范和推广工作。

6.广泛开展宣传教育,增强公众生态文明理念

以新《水土保持法》宣传为重点,不断增强全民的水土保持法制观念,不断深化水土保持国策宣传教育行动。水土保持宣传要进人大、政协、政府和党校,对广大群众要进社区、厂矿、课堂、村庄。要树立一批水土保持生态文明典型,推出一批水土保持宣传教育力作,创建一批水土保持科技示范园区、教育社会实践基地和网络平台,营造一批水土保持生态建设工程形象展示阵地,使广大群众学有榜样、看有典型,牢固树立生态文明理念,不断营造良好的水土保持氛围。

(发表于《中国水土保持》2013 年第 4 期)

"十二五"成果辉煌　"十三五"蓝图绘就　水土保持努力为实现小康社会提供支撑

　　"十二五"期间,水土保持工作认真贯彻落实党的十八届三中、四中全会精神,以及中共中央国务院关于加快推进生态文明建设和体制改革的总体部署,按照水利部党组的要求,完善水土保持法律法规体系,强化水土保持监督管理,扎实开展重点区域水土流失综合治理,搞好以规划为主的顶层设计,夯实基础性工作,深化水土保持改革,水土保持生态建设取得显著成效,为促进生态文明建设,保障经济社会可持续发展提供了重要支撑。

一、"十二五"水土保持成效显著

(一)贯彻《水土保持法》取得新进展

　　一是水土保持法律法规体系进一步完善。2011 年 3 月 1 日,修订后的《中华人民共和国水土保持法》(简称《水土保持法》)正式颁布实施,2014 年,水利部联合财政部、发展改革委等四部门制定出台了全国水土保持补偿费征收管理办法及标准。目前全国有 25 个省(区、市)修订了省级《水土保持法》实施办法或条例,有 18 个省(区、市)出台了省级水土保持补偿费征收管理办法及标准,各地制定修订配套文件近3 000件,基本形成了自上而下、更加完备的法律法规体系,为水土保持依法行政提供了坚实的法律保障。二是认真履行"两项行政许可"职责。水土保持"三同时"制度落实进一步强化。"十二五"期间,各级水行政主管部门共审批生产建设项目水土保持方案 13 万个,累计开展执法检查近 6 万次,检查生产建设项目 3 万多个,完成近 3 万个生产建设项目水土保持设施验收。三是水土保持监督管理能力不断提升。2009 ~

2015 年,水利部分两批在全国组织开展水土保持监督管理能力建设活动,通过完善配套法规体系、增强机构履职能力、规范行政管理行为,系统提升水土保持依法行政能力,有 1 195 个县通过验收,达到监督能力建设标准。各级水行政主管部门依法履行行业监督管理职能,有关部门各负其责,齐心协力共同防治人为水土流失,人为水土流失得到有效遏制。据统计,"十二五"期间共投入人为水土流失防治资金近 7 000 亿元,防治人为水土流失面积近 6 万 km²,减少水土流失量近 7 亿 t。

(二)水土流失综合防治取得新成效

"十二五"期间,全国共完成水土流失综合治理面积 26.15 万 km²,治理小流域 2 万余条,实施坡改梯 133 多万 hm²,修建骨干和中型淤地坝 2 000 余座,建成生态清洁小流域 1 000 多条,实施生态修复面积 10 余万 km²,林草植被得到有效恢复,水土资源得到有效保护。五年来,国家继续加强长江上中游、黄河中上游、丹江口库区及上游、京津风沙源区、西南岩溶区、东北黑土区等重点区域水土流失治理,在全国 700 多个县实施了国家水土保持重点治理工程,累计安排水土保持中央投资 240 多亿元,是"十一五"期间的两倍多,完成水土流失重点治理面积 6.46 万 km²,坡改梯 37.27 万 hm²。在重要水源区和城镇周边地区,大力推进生态清洁小流域建设,为防治面源污染、改善人居环境、保护水资源发挥了重要作用。凡是经过水土流失治理的地区,都取得了明显的生态效益、经济效益和社会效益。重点治理区生态环境明显改善,林草覆盖率普遍增加 10% ~ 30% 以上,平均每年减少土壤侵蚀量近 4 亿 t,黄河潼关站 2011 ~ 2014 年平均输沙量仅为 1.78 亿 t。治理区特色产业得到大力发展,每年增产果品约 40 亿 kg。

(三)水土保持改革取得新突破

"十二五"期间,水土保持改革不断深化。一是积极引导民间资本参与水土流失治理。2012 年水利部制定出台了《鼓励和引导民间资本参与水土保持工程建设实施细则》,按照科学引导、积极扶持、依法管理、保护权益的原则,对民间资本投入水土流失治理在资金、技术等方面予以扶持,民间资本投入逐年增加,多元化投入机制逐步建立。据统计,"十二五"期间民间资本投入水土流失治理达 200 亿元以上。二是进一步完善水土保持补偿费制度。水利部联合财政部、发展改革委等部门先后印发了全国水土保持补偿费征收管理办法及标准,从国家层面规定了水土保持补偿费的征收、缴库、使用管理的程序和要求,明确了水土保持补偿是功能补偿。三是根据国务院行政审批制度改革精神和水利部关于深化水利改革的指导意见要求,进一步下放审批权限。对国家立项审批权限下放的生产建设项目,坚持水土保持方案审批和设施验收权限同步下放,杜绝出现"取消下放审批不同步"的现象。四是进一步规范水土保持中介服务管理。生产建设项目水土保持方案编制和生产建设项目水土保持监测两项中介服务不再指定中介,由市场自主选择。将水土保持方案技术评审和设施验收技术评估两项中介服务转为水利部委托开展的技术性服务,服务费用由中央财政支付并纳入水利部部门预算。五是进一步精简项目前置审批。根据水利部精简前置审批手续、规范中介服务、实行网上并联审批实施方案,水土保持方案审批不再作为企业投资项目核准的前置条件,与项目核准及其他行政审批实行并联办理。六是进一步优化水土保持方案和验收审批两项行政许可的程序和工作流程。实现水土保持方案和设施验收审批事项由水利部行政审批受理中心统一受理,公开服务指南,制定审批细则,简化审批流程,提高审批效率和服务质量。

(四)水土保持基础工作进一步夯实

"十二五"期间,水土保持规划、监测、信息化、科技支撑等基础工作整体推进,取得明显成效。

一是经国务院批复同意出台了我国首部《全国水土保持规划(2015—2030年)》(简称《规划》)。水利部会同发展改革委、财政部、国土资源部、环境保护部、农业部、国家林业局六部委,历时4年多编制完成了《规划》,并于2015年10月经国务院批复同意正式实施。该《规划》是今后一个时期我国水土保持工作的发展蓝图和重要依据,也是贯彻落实国家生态文明建设总体要求的行动指南。《规划》系统分析了我国水土流失防治现状和趋势,以全国水土保持区划为基础,以保护和合理利用水土资源为主线,以国家主体功能区规划为重要依据,提出了全国水土保持区划、国家级水土流失重点防治区和全国水土保持工作的总体布局和主要任务。

二是水土保持监测工作扎实推进。开展了第一次全国水利普查水土保持情况普查,掌握了全国土壤侵蚀的面积、分布与强度及其动态变化,为全国水土保持规划编制和国家水土保持宏观决策奠定了坚实基础。全面完成全国水土保持监测网络和信息系统二期工程建设,建成了 175 个监测分站和 736 个监测点,初步形成了覆盖全国主要水土流失类型区的监测网络系统。印发《全国水土流失动态监测与公告项目管理办法(试行)》,启动实施全国水土流失动态监测与公告项目,按年度发布国家水土保持公报,全国已有 26 个省(区、市)持续发布水土保持公报。

三是水土保持信息化水平明显提升。制定了《全国水土保持信息化规划(2013—2020 年)》《全国水土保持信息化实施方案》《全国水土保持信息化工作 2015—2016 年实施计划》。依托国家水利信息骨干网、公共网络通信资源,初步建成了全国水土保持信息网络,实现了水利部、流域机构和省级的信息传输。建成了全国水土保持普查、重点防治区动态监测、水土保持方案和水土保持规划等数据库,省级以上水土保持数据库数据总量达到 100 TB。开发了包括监督管理、项目管理和监测等内容的全国水土保持信息管理系统,初步构建了全国水土保持信息管理平台。

四是水土保持科技支撑能力显著增强。水土保持科学研究取得重大进展,建成了一批水土保持科学研究试验站、国家级水土保持试验区和土壤侵蚀国家重点实验室。开展了"黄河上游沙漠宽谷段风沙水沙过程与调控机理"等国家"973"计划项目,"长江上游坡耕地整治与高效生态农业关键技术试验示范"等国家科技支撑计划项目,"水蚀地区坡面水土流失阻控技术研究"等公益性专项研究。在坡面土壤侵蚀机制、流域侵蚀产沙机制、区域水土流失过程等方面有新的突破,总结推广了以坡改梯、坡面水系、雨水利用为主的水土保持实用技术,科技成果转化力度明显增强,水土保持科技水平不断提高。

五是水土保持技术标准体系逐步完善。"十二五"期间,根据水土保持工作发展需求,进一步修订完善了水土保持标准体系表,建立了涵盖综合、建设、管理 3 大标准类别、14 个功能序列,共 53 项的水土保持标准体系。编制、修订了《水土保持工程设计规范》《水土保持工程调查与勘测规范》等国家标准和《水土保持工程施工监理规范》《水土保持规划编制规范》等 10 多项行业标准,现行有效水土保持标准达 51 项,基本构建了符合我国国情和水土保持工作需要的技术标准体系,为水土流失的预防、治理和监督工作提供了技术支撑。

六是国际合作与交流力度不断加大。为进一步加强海峡两岸在水土保持领域的技术合作与学术交流,成功搭建海峡两岸水土保持高水平学术交流平台,推动签署了《海峡两岸水土保持学术交流框架协议》。世界水土保持学会设在中国,水利部历时四年开展了世界水土保持学会登记工作,并已正式获得民政部批复,取得了独立的法人资格。世界水土保持学会创办了《国际水土保持研究》期刊(英文,季刊),以开放获取模式发行,这是水土保持领域唯一由中国主办的全英文期刊,目前已出版 8 期,为全球水土保持科技、教育和管理人员搭建了高质量的交流平台。

(五)水土保持宣传教育工作开创了新局面

"十二五"期间,全面启动以"五个一工程"为重点的深化水土保持国策宣传教育行动,水土保持宣传教育走进了千家万户,全社会水土保持公众意识明显提升。一是宣传教育手段和形式不断创新。充分利用报刊、网络、微信等媒介,以及知识竞赛、知识讲座等方式,不断加大水土保持宣传力度。制作了《我们家园的水土保持》《走出坡耕地之困》《治理流失之痛》等一批水土保持电视作品和公益广告,举办各类新《水土保持法》培训班、讲座 1 000 余期,印发《水土保持法》图解 30 万套,在各类媒体上刊发新法宣传报道 2 万余条。水利部编制的《水土保持读本(小学版)》入选"2013 年国家新闻出版广电总局向全国青少年推荐百种优秀图书",成为各地开展水土保持生态教育的课程资源。二是水土保持科技示范工作取得突破。目前全国共建成 104 个国家水土保持科技示范园、24 个全国中小学水土保持教育社会实践基地,已成为各地开展中小学生水土保持教育、普及生态文明理念的重要教育实践基地。三是水土保持生态文明工程创建工作稳步推进。为充分发挥水土保持在生态文明建设中的重要作用,水利部开展了国家水土保持生态文明工程创建工作,五年来共创建国家水土保持生态文明工程57 个,很好地发挥了典型样板在生态文明建设中的引导、示范、带动作用。四是水土保持国策宣传教育进党校活动正式启动。水利部开展了加强水土保持国策宣传教育推进水土保持进党校试点工作,各地结合实际积极推进,目前宁夏固原、山东临沂等 62 个地市已将水土保持纳入地方党校课程,水土保持国策宣传教育工作不断深入。

二、经验和做法十分珍贵

(一)注重依法行政

坚持把依法行政作为贯彻落实新《水土保持法》的重要举措,加强法律法规体系建设,认真履行法律赋予的职责,坚持依法行政、依法决策、依法管理。不断规范和强化行政许可、行政处罚、行政强制、行政征收等执法行为,进一步优化审批程序,精简审批环节,逐步推进行政决策的公开透明。对不符合国家政策法规和技术标准的水土保持方案不予批复,对未达到要求的项目不予验收。全面落实"有法必依、执法必严、违法必究"要求,严格查处了一批违法行为,取得了良好的执法效果。

(二)注重工程建设管理

"十二五"期间,把完善重点项目制度建设和监督管理作为重点工作来抓,加强和规范工程建设管理,为国家水土保持重点工程顺利实施提供保障。水利部会同发展改革委、财政部等有关部们,及时制定或修订了不同投资渠道水土保持项目建设管理办法等一系列制度文件。同时,建立了水利部、流域机构和省地级水行政主管部门三级监督检查机制,及时掌握重点工程建设和投资计划执行情况,加强工程建设廉政风险防控制度落实情况监督管理,保障国家水土保持重点工程健康发展。

(三)注重顶层设计

依法进一步强化水土保持规划的引领作用,国务院批复同意的《规划》从国家层面上对今后一个时期我国预防和治理水土流失、保护和合理利用水土资源做出了整体部署。编制完成了《全国水土保持"十三五"规划》。同时,编制和制定水土保持重点工程、水土保持信息化、水土保持监测、水土保持科技发展等一批专项规划,为开展各项水土保持工作提供重要的规划依据。

(四)注重机制创新

认真贯彻落实《国务院关于鼓励和引导民间投资健康发展的若干意见》,依法细化完善鼓励民间资本参与水土流失治理的政策,通过深化改革,创新体制机制,广泛吸引民间资本和群众参与水土流失治理。深入贯彻落实国务院有关清理和下放行政审批、规范行政审批前置服务项目、清理中介服务等要求,在水土保持行政审批工作中迅速采取相应措施,下放审批权限、简化审批程序、优化工作流程、规范中介管理,提高了审批效率和服务质量,更好地服务国家经济建设,激发了市场活力。积极推进水土保持生态补偿机制建立,增加水土保持投入。

(五)注重宣传教育

随着新《水土保持法》的颁布,以及水土保持工作组织领导与协调机制、灵活多样的联动机制和奖励机制的日益完善,宣传教育作为水土保持工作的软实力,其作用发挥日益凸显。积极将水土保持宣传工作纳入目标责任体系,与绩效考核、项目安排挂钩,充分调动了各地开展宣传工作的积极性,并注重加强与新闻媒体及重要网站的沟通协作,开展了形式多样的宣传教育活动,营造了良好的水土保持事业发展社会氛围和外部环境。

(六)注重科技示范

立足国家生态文明建设的全局性和科学技术发展的前瞻性,重点针对国家水土保持重点工程开展生产建设项目水土流失防治,以及立足水土保持监督执法等过程中的理论与技术需求,重点解决不同区域水土流失防治过程中的重大理论和关键技术,针对国内水土流失防治实践,强化科技成果的应用和转化,逐步构建了符合我国国情的水土保持科学研究、示范推广、基础平台体系,不断提高水土保持科技的贡献率。大力推进水土保持生态文明工程和水土保持科技示范园建设,发挥典型示范作用。

三、问题、挑战仍然存在

"十二五"期间,我国水土流失防治工作虽然取得了很大成绩,但是目前仍然存在一些亟待解决的问题。

(一)防治任务依然艰巨

全国仍有 295 万 km^2 国土面积存在水土流失,1 333 万多 hm^2 坡耕地和数十万条侵蚀沟亟待治理,东北黑土区、西南石漠化地区以及革命老区、少数民族地区、贫困地区水土流失治理进程仍然严重滞后。《全国水土保持"十二五"规划》确定每年完成水土流失治理面积 5 万 km^2,水土流失防治进程与生态文明建设、全面建设小康社会的要求还有较大差距。

(二)治理投入严重不足

"十二五"期间,国家水土保持重点治理工程中央投资 240 多亿元,仅占《全国水土保持"十二五"规划》确定中央投资的 40% 左右。虽然全国完成水土流失综合治理面积 26.15 万 km^2,但国家重点治理工程仅完成 6.46 万 km^2,为全国完成综合治理面积的四分之一。水土保持投资不足,加之重点治理工程地方配套资金落实不到位、群众投劳难度大、治理标准低等因素,急需进一步加大中央与地方投入,加快水土流失治理步伐。

(三)人为水土流失依然存在

当前大部分生产建设单位能依法编报水土保持方案,但在生产建设过程中不认真履行"谁破坏、谁治理"的法定义务,不落实水土保持措施,或不及时、不到位的现象仍有发生,有的"乱挖乱弃",甚至直接向河道、水库倾倒废弃土石渣。城镇建设、开发区建设和农林开发活动还未完全纳入水土保持方案管理,造成水土流失的现象依然存在。

(四)信息化建设有待加强

目前,水土保持信息化工作存在信息采集设施设备落后、自动化程度低、技术应用水平落后与信息资源共享率低等实际问题,难以及时、全面地获取信息,资源分散,开发系统低水平重复。同时,各级水利部门对信息化工作重视程度不够,基层技术人员缺乏,导致信息化开发与应用脱节,且尚未建成一套完整的管理制度、管理措施和管理办法,统一指导全国水土保持信息化工作。

四、"十三五"目标明确,任重道远

"十三五"期间,水土保持要认真贯彻落实党的十八届五中全会精神和《中共中央　国务院关于加快推进生态文明建设的意见》,深入实施《水土保持法》,落实国务院批复的《规划》,不断开创水土保持新局面。

(一)以贯彻《水土保持法》为重点,认真履行社会管理职责

全面推进依法行政,强化社会化管理。一是进一步完善水土保持配套法规制度体系建设,加快出台省级水土保持补偿费征收使用管理办法和标准。二是进一步优化水土保持方案和验收两项行政许可审批流程,公开服务指南,制定审批细则,简化审批流程,规范审批行为,提高审批效率。三是严格把好生产建设项目开工前水土保持方案审批关和竣工后验收关,有效推动水土保持"三同时"制度的落实。四是进一步加强中介服务监管,建立水土保持信用评价机制,培育和完善水土保持社会服务体系。五是进一步加强水土保持机构队伍的监督管理能力建设,强化监督检查,严格查处违法行为。

(二)以全国规划为引领,推进水土保持工作全面发展

根据国务院批复的《规划》,组织各省编制和完善省级水土保持规划,明确各地"十三五"和今后一段时期的目标任务、责任分工和有关政策措施,形成上下协调、协同配套的水土保持规划体系。完善与生态文明建设要求相适应的水土保持制度体系,建立水土流失重点预防区和重点治理区地方各级人民政府水土保持目标责任制和考核奖惩制度。组织各级水行政主管部门开展重要江河源头区、重要水源地和水蚀风蚀交错区,以及重点区域水土流失综合治理、坡耕地和侵蚀沟综合治理等专项规划编制。积极协调发改、财政等有关部门落实项目建设资金,加快水土流失综合治理进程。

(三)以重点工程为龙头,加快水土流失综合防治步伐

继续充分发挥国家水土保持重点工程典型示范、辐射带动作用,推

进全国水土流失治理工作全面提速。继续加强长江和黄河上中游、东北黑土区、西南岩溶区,以及老少边穷地区等水土流失重点区域水土流失治理,加强丹江口库区及上游等重要水源地生态清洁小流域建设,加快坡耕地水土流失综合治理和黄土高原病险淤地坝除险加固建设。根据中央和地方事权,在中央加大投入的同时,地方各级政府也要加大水土保持公共财政投入力度,并拓宽资金渠道,将征收的水土保持补偿费等用于水土流失预防和治理。积极鼓励和引导社会资本参与水土流失治理,落实有关优惠政策,并在资金、技术等方面予以扶持。

(四)以深化改革为核心,提供优质高效的公共服务

继续深化水土保持改革,最大限度地激发市场的活力,依法全面履行政府水土保持管理职责,转变职能,提高效率,强化监督,提供优质服务。一是依托水利部行政审批在线监管平台,继续优化水土保持方案和验收审批程序,规范行政执法行为。二是加快推进水土保持中介服务改革,完善水土保持方案技术评审和设施验收技术评估购买服务,确保资金管理安全和高效使用。三是充分运用市场机制,积极鼓励和引导各类市场主体参与水土保持生态建设,营造更加有利于各类投入主体公平、有序竞争的市场环境。四是探索村民自建自管、以奖代补等水土保持工程建设管理机制,广泛调动村民参与水土流失治理的积极性,保障工程建设质量和效益长久发挥。

(五)以现代信息技术为载体,着力提高监管效能

在用好部门、群众、舆论监督等手段的基础上,注重运用大数据、"互联网+"等新技术,提高监管效率和效果。一是完善水土保持监测网络,启动重要水土保持监测站点升级改造示范,实现水土保持监测和监管协同联动。二是运用无人机、大数据等高科技和现代化执法手段,开展预防监督和重点治理天地一体化监管示范,对生产建设活动集中区域定期开展遥感调查,实现重点区域水土流失预报预警。三是继续推进水土保持监督执法能力建设,强化生产建设项目水土保持监督检查,严格查处违法行为,真正做到有法必依、执法必严、违法必究。

(六)以国策宣传教育为抓手,切实增强公众水保意识

"十三五"继续深入开展水土保持国策宣传教育活动。一是坚持不懈抓好每年的《水土保持法》宣传月活动,增强全社会学法、遵法、守法、用法意识。二是继续做好面向各级领导、机关干部、管理对象、社区公众、中小学生的"五面向"宣传工作,全面推进《水土保持法》宣传教育进党校活动。三是综合运用主流媒体和新兴媒体,丰富拓展宣传载体,推出一批宣传教育精品。依托水土保持科技示范园、教育实践基地和国家水土保持生态文明工程,开展系列水土保持典型示范和科普宣传。四是进一步树立普法教育和法治实践结合的理念,开展以案说法、以案释法等活动,切实增强生产建设单位履行水土保持法律责任的自觉性和积极性。

宣传与教育

加强宣传　为水土保持事业
发展营造良好社会氛围

2008 年水利部决定用 3 年时间开展全国水土保持国策宣传教育行动,旨在增强全民的水土保持意识,为建设生态文明,推进水土保持事业全面发展营造良好的社会氛围。各地应充分认识本次行动的意义,做到重视宣传、善于宣传,把行动真正地开展起来。

一、宣传工作为促进水土保持事业发展做出了重要贡献

近年来,各级水保部门结合水保业务工作,积极开展了富有成效的宣传教育活动,取得了很好的效果,为促进水土保持事业的全面发展发挥了积极的作用。

一是广泛开展宣传活动,强化公众水土保持意识。总体来讲,各级水保部门比较重视宣传工作,上下一心,着眼于全国水土保持工作大局和本地区、本单位的工作重点,积极协调各级人大、共青团组织等部门的优势和力量,大力开展水土保持宣传工作,组织了一系列有声势、有规模、有效果的宣传活动,在水土保持综合治理、生态修复、监督执法、监测预报、秀美家园建设等方面,策划了大量的新闻报道,积极营造有利于水土保持生态建设的良好舆论氛围,公众的水土保持意识和认知程度明显增强。水利部先后与全国人大、中宣部、共青团中央和国家环保总局等部委联合举办了"长江上游生态行"、"再造秀美山川西北行"、"保护长江生命河"、"保护母亲河"、"中华环保世纪行"、《中华人民共和国水土保持法》周年纪念等大型宣传、教育、纪念活动,在全国产生了强烈反响,许多地方都同当地新闻媒体合作开展了系列性的水土保持报道,扩大了水土保持的社会影响,增强了全社会的水土保持生态意识。

二是通过媒体呼吁,促进国家重点建设工程立项上马。各级水土保持部门从国家生态建设的需要出发,既立足当前,又着眼长远,从20世纪90年代中期以来,精心谋划,充分发挥媒体的特殊作用,大力宣传水土流失危害,宣传水土保持的成效,引起社会和有关部门、领导专家对水土流失问题的重视,促成了一批重要的水土保持治理工程的立项实施,对加快治理步伐发挥了巨大的推动作用。1998年中央电视台《焦点访谈》栏目播出的"风沙逼近北京城"专题节目促进了京津风沙源工程的启动建设。近年来,通过对东北黑土区、珠江石漠化区、黄土高原区、南水北调水源区等区域的水土流失问题进行持续深入的专题调研和媒体呼吁,推动了黑土地保护、珠江上游石灰岩治理、丹江口库区及上游水土保持、黄土高原淤地坝等重点工程的立项和实施。北京市通过宣传试点经验,成功地将生态清洁小流域这项水保部门的创新,纳入首都生态环境建设的重要内容。这些重点工程能够立项实施,水土保持宣传功不可没。

三是从娃娃抓起,激发青少年保护生态环境的热情。青少年是祖国的未来和希望,他们正处于人生观、价值观形成的重要阶段,具有较强的可塑性,是生态建设和保护的重要后备力量,因此在广大青少年中树立水土保持意识至关重要。近年来,福建、江西、青海、黑龙江、北京等地的水土保持科普教育走进了中小学课堂,全国接受过水土保持科普教育的中小学生人数达数百万人次。如福建省从2001年开始,在全省范围内开展了以青少年为主要对象的水土保持科普宣传活动,把水土保持宣传教育与素质教育及乡土教育有机结合起来,极大地激发了中小学生参与水土保持生态建设与保护的热情;黑龙江省编印出版了当地中小学水土保持教材,对增强中小学生水土保持与生态环境意识发挥了积极作用。作为水土保持科普教育的重要平台,近年来各地科技示范园建设也取得重大进展。全国已建和在建的科技园区达到150多处,这些科技示范园已经成为当地科学研究、成果展示和科普教育的基地和窗口,受到了广大师生的欢迎。

四是通过舆论监督,形成良好法制氛围。各级水保部门适应水土保持监督执法工作深入发展的趋势,充分发挥新闻媒体的监督作用,不仅大力宣传贯彻法律法规的先进典型,同时也非常注重引导社会舆论监督水土保持违法违规行为,有效减少了执法阻力,营造了良好的水土保持法制氛围,达到了事半功倍的效果。中央电视台《焦点访谈》栏目播出的"修了公路毁了水库"专题节目,提高了有关行业认识,理顺了部门关系,促进了开发建设项目水土保持工作。如广西2007年投入水土保持宣传经费300多万元,利用《中华人民共和国水土保持法》颁布实施周年纪念等契机大力开展普法宣传,在广西电视台、《广西日报》和《中国水利报》播(登)水保新闻和公益广告;甘肃省通过新闻媒体曝光典型案例的做法,起到了"查处一起案件、教育一个行业、规范后续项目"的作用,有效地落实了开发建设项目水土保持"三同时"制度;深圳市水务局自2002年以来,每年从固定的水土保持宣传经费中列支10万元专项用于年底在《深圳特区报》或《深圳商报》上曝光水土保持违法违规行为,宣传水土保持生态建设工作中取得的成绩。开发建设项目水土保持监督执法专项行动启动后,这项经费增加到每月10万元。各地通过有力的媒体宣传和媒体监督,有效地打击和震慑了水土保持违法违规行为,起到了鼓励先进、鞭策落后的作用,提高了公民的水土保持法制意识,增强了各级政府及职能部门协调做好水土保持工作的责任心。

二、加强宣传是新时期水土保持工作的重要使命

加强水土保持宣传教育既是加快水土流失防治、全面提升水土流失综合防治水平、贯彻实施水土保持法律法规、满足经济社会发展的需要,也是适应水土保持事业自身发展和当前生态建设形势、建设生态文明的客观要求。

(一)加强宣传是强化公众水土流失忧患意识的需要

水土资源是人类赖以生存发展的基础和前提,其有限性和脆弱性决定了在不断增长的人类需求压力下,水土资源极易因人类不当的利用方式遭到破坏引发水土流失,导致生产力急剧下降,生态环境持续恶化,而资源的恢复和再生则一般需要相当长的时间,甚至是不可逆转的。因此,水土流失对人类生存环境和经济社会发展的影响是多方面

的、全局性的和深远的,但是由于其缓慢渐变的过程,危害总是累积到一定程度才逐渐显露,往往容易被人们忽视,得不到及时妥善的防治,贻误了最佳的防治时机。当前,水土流失已成为我国的头号环境问题,加快水土流失防治步伐刻不容缓,加强水土保持宣传和教育,强化公众的水土流失忧患意识,呼吁国家和公众对水土流失问题的重视,争取投资的增加和有效的保护已是当务之急。

(二)加强宣传是动员全社会参与水土流失防治的需要

水土保持历来是一项社会性、群众性、综合性很强的事业,没有广大社会公众的参与和有关部门的支持,仅靠水利水保部门进行治理很难改变目前的严峻局面。因此,必须加强水土保持宣传教育工作,树立全民的水土保持基本国策意识和法制观念,让全社会了解,进而参与和支持水土保持工作。只有充分地调动广大群众的积极性和能动性,才能够最大限度地加快水土保持防治进程,最大限度地保护治理成果、发挥治理效益,最大限度地控制和减少人为水土流失。

(三)加强宣传是推动各级政府落实水土流失防治责任的需要

水土保持关系当前经济发展,也涉及长远可持续发展,关系当前民生,也涉及子孙后代的生存,是各级政府义不容辞的重要职责。然而,目前一些地方单纯追求 GDP 增长、忽视水土保持和生态建设,政府部门没有认真履行水土流失防治责任,有法不依、执法不严的现象仍较为突出。只有不断加强宣传,让各级政府领导及时了解水土保持,深化对水土流失和水土保持的认识,才能认清自己承担的责任,从而增强依法防治水土流失的责任意识。

(四)加强宣传是减少执法阻力、改善执法环境的需要

贯彻《中华人民共和国水土保持法》,加大对各类开发建设项目的监管力度,严控人为水土流失是各级水行政主管部门的职责。虽然法律明确规定有关部门有防治水土流失的义务和责任,应主动配合主管部门开展水土保持工作,但现实情况往往不那么乐观。有些部门和行业对水土保持义务不履行、不配合,不认真落实水土保持措施,造成了严重的水土流失,有些开发建设项目的业主甚至逃避监管、抗拒执法,给监督执法工作带来了很大阻力。只有通过深入到位的宣传工作,发挥舆论的警示和监督作用,让开发建设单位和行业主管部门学法、敬法、守法,让广大群众知法、用法、护法,才能够形成良好的执法环境,将违法行为置于社会公众的监督和谴责之下,从而更好地破解监管难题,减少执法阻力。

(五)加强宣传是建设生态文明的需要

党的十七大报告提出建设生态文明,标志着生态建设在党和国家发展大局中占据了更加重要的位置,进入了经济社会建设的主战场,同时也为水土保持事业发展提供了更广阔的空间和更高的要求。建设生态文明,不仅仅是要开展大规模的生态建设,更重要的是从公民的意识入手,加强生态文明教育,树立正确的生态价值观、科学发展观、生态法制观。没有对我国水土流失问题的清醒认识和妥善解决,生态文明是难以实现的。因此,加强水土保持宣传教育既是建设生态文明的重要内容和实现途径,也是生态文明的具体体现,同时生态文明建设也为加强水土保持宣传提供了有利的时机和科学的指导思想。

三、精心组织,狠抓落实,实施好国策宣传教育行动

全国水土保持国策宣传教育行动是今后一段时期内水土保持工作的一项主要任务。为了推动这项工作,水利部印发了《全国水土保持国策宣传教育行动实施方案》。不少流域机构、省(区、市)以及有关单位结合各自的实际积极贯彻,制订了切实可行的行动方案和年度实施计划,并迅速开展工作,狠抓落实。贯彻实施国策教育行动,要注意把握以下几点。

(一)把握一个主题

水土保持国策宣传教育的主题是:深入宣传贯彻《中华人民共和国水土保持法》,强化全社会水土保持国策意识和法制观念,推动资源节约型、环境友好型社会,建设促进生态文明。国策宣传教育行动要紧密围绕这一主题,突出水土保持行业特色,结合国家社会关注的热点,着力宣传水土保持与建设生态文明、维护生态安全、保障饮水安全、服务和改善民生、消除贫困、推动社会主义新农村建设的关系及作用。

（二）明确两个抓手

深入开展本次行动，要一手抓宣传、一手抓教育，两手并重。一方面，充分运用政府信息渠道、媒体传播优势和新兴的宣传形式，大力宣传报道水土流失的危害、水土保持生态建设进展情况、重大举措及成效经验，增强各级领导防治水土流失的责任感、使命感，唤起社会公众对水土流失问题的密切关注和普遍支持。另一方面，通过教育培训，全面提高公众的水土保持国策意识，普及水土保持科学知识和实用技术，增强公众参与水土保持的积极性和主动性。

（三）抓好三个环节

1. 开拓创新，抓好媒体宣传

要通过有效的媒体宣传把体现国家水土保持生态建设的方针政策与反映群众对于良好生产生活条件和提高收入水平的需求结合起来，既要积极展现水土流失防治的显著成就，也要充分反映水土流失严重地区的迫切需要。按照《全国水土保持国策宣传教育行动实施方案》的要求，围绕中国水土流失与生态安全综合科学考察成果、水土保持重点工程建设成效和经验、水土流失的危害性、开发建设项目水土流失问题和防治的先进典型4个侧重点，把全民作为宣传对象，系统深入地开展宣传报道。要研究媒体宣传的规律和特点，创新形式、创新方法、创新内容，在充分发挥各级电视广播、报纸、杂志等传统大众媒体优势的同时，积极探索网络媒体、户外平面广告、电视公益广告、公益活动等新型的宣传形式，善用资源、突出效果、扎实推进，形成体现时代性、富于创造性、全面覆盖性的水土保持宣传新局面。

2. 面向高层，抓好科考成果宣讲

历时两年的中国水土流失与生态安全综合科学考察是新中国成立以来我国水土保持领域开展的规模最大、范围最广、参与专家最多的一次科学考察行动，取得了丰硕的成果，明确了今后一段时期水土保持的发展战略，提出了发展目标，为制定水土保持发展规划、进行水土保持科学决策提供了重要依据，也为开展宣传提供了大量素材。要充分利用好、宣传好科学考察取得的成果，聘请专家开展大规模宣讲活动，各地应当以本地区水土流失的现状和特点、水土保持工作的成就和经验、存在的突出问题、发展趋势和今后的水土流失防治对策为重点,大力宣传水土保持的战略地位与作用。业务部门要主动向人大、政府汇报水土流失与生态安全状况,将水土保持列入各级党校、行政学院的学习内容。要充分发挥各级水土保持委员会的作用,积极协调有关部门共同开展科考宣讲活动,并针对不同的宣传对象有侧重地编写宣讲材料。

3. 深入持久抓好教育培训

水土保持国策教育培训主要包括五方面内容:水土保持科普教育、技能教育、法制教育、警示教育和生态理念教育。在实施过程中要特别注意五个"面向",力争做到五个"走进"。

一要面向中小学生大力开展水土保持科普教育。将水土保持国策宣传与中小学生教育有机结合,积极协调教育部门,注意学习福建、黑龙江等地的先进经验,结合当地实际,组织专家针对不同年龄层次的学生心理特点和接受能力,编写图文并茂、生动形象、寓教于乐的水土保持教材和科普知识宣传材料,采取参与性强、行之有效的灵活形式,组织中小学生水土保持课内外实践活动,普及水土保持有关知识,培养青少年学生保护水土资源,维护良好生态的自觉性和责任感,加强教师水土保持知识的培训。同时,加快水土保持科技示范园区、试验实习基地等多种形式的户外教育基地建设,为长期开展水土保持国策宣传教育提供硬件支撑。

二要面向广大农民大力开展水土保持技能教育。将国家水土保持重点治理工程、试点工程项目区农民群众作为主要对象,向农民发放宣传材料,宣传水土保持在促进粮食生产、改善生产条件等方面的重要作用。充分发挥水土保持科研机构的作用,鼓励专业技术人员到生产一线传授水土保持实用技术,促进科研成果与生产实践相结合。针对农民迫切需要的水土保持技术,开展水土保持知识和技能培训,提高项目区群众参与水土保持的技能,提升水土保持工程的建设管理水平和科技含量。

三要面向社区群众及开发建设单位开展水土保持法制教育。社区群众对于良好生态环境和优美的生活环境有着较高的诉求,既是保护水土资源、防治水土流失的主力军,也是监督和抵制城镇建设中违法行为的一支重要力量。因此,必须重视向群众宣传水土保持法律法规,深入街道乡村,发放法律宣传材料,让群众了解水土保持与自身生活的密切联系,树立起自觉保护水土资源的意识,组织发动群众积极投身到水土保持中来。同时,要深入厂矿企业,面向开发建设单位,加大对开发建设业主的宣传和培训力度,提高其对水土保持法律法规的认知度,增强守法的自觉性和责任感,消除开发建设单位的抵触情绪。通过法制教育,营造良好的执法环境,减小执法阻力,降低执法成本,提高执法效率。

四要面向社会公众开展水土流失警示教育。水土流失的危害既影响国家整体的发展,也关系每一个社会个体的生存和发展。因此,必须采取多种形式大力开展水土流失警示教育,真实地反映水土流失现状,客观地揭示水土流失已经和可能造成的严重后果,提高公众的水土流失忧患意识和防治水土流失的紧迫感。应在已有的基础上,进一步完善水土流失警示教育基地建设,在水土流失严重地区、重要水源地保护区、生态功能区、滑坡泥石流区利用宣传标语、标示牌(碑)等形式,大力开展水土流失警示宣传教育。

五要面向专业技术人员开展生态理念教育。专业技术人员是科学防治水土流失的重要保证,要加大各类专业技术人员的教育培训力度,对开发建设项目水土保持方案编制单位、水土保持科研人员和专业技术队伍进行及时的政策理论培训和技术知识体系更新,使水土保持生态建设的新理念、新技术、新科技更好地体现和应用到防治工程设计、施工、管理的全过程。

教育培训真正做到五个"面向",需要水土保持部门深入持久地进行组织,锲而不舍地大力推动,使水土保持教育走进教材、走进课堂、走进社区、走进农户、走进开发建设工地,才能够在潜移默化中逐步树立全民的水土保持国策意识,增强全社会学法、守法、用法,监督和抵制违法行为的自觉性。

四、建立水土保持宣传教育的长效机制

水土保持国策宣传教育的深入开展,需要强有力的组织领导和制

度保障,需要长期不断、坚持不懈地强化和推动,因此要尽快建立宣传教育的长效机制,这样才能保证这项行动抓得实、效果好。

（一）切实加强组织领导

面对新的形势和任务,各级水土保持部门的领导要站在水土保持发展全局的高度来认识宣传教育工作的重要性,重视宣传、善于宣传,投入更多精力抓好宣传教育工作,形成一把手亲自抓,主管领导具体抓,其他领导共同抓,齐心协力、齐抓共管的局面。水土保持业务部门要进一步把宣传教育摆上重要议事日程,树立抓宣传教育就是抓业务、抓业务必须抓宣传教育的意识,把宣传教育和业务工作有机结合起来。一是精心策划。宣传工作千头万绪,必须做好总体策划。按照《全国水土保持国策宣传教育行动实施方案》的要求,根据各地实际,认真制定切实可行的实施方案,明确宣传教育的目标、内容、重点、实施步骤和措施,落实专人负责。二是突出重点。水土保持宣传工作涉及面广,必须根据现实和可能,分清主次,找准宣传点和突破口,集中力量重点攻关。下更多的功夫找准结合点,发现水保工作的亮点,取得更好的宣传效果。三是狠抓落实。对已经确定的任务,决不能停留在纸上,要制订符合现实的阶段性目标和近期工作计划,明确进度、质量和效果,与业务工作同时布置、同时落实、同时检查,做到责任到位、措施到位、投入到位。领导同志要及时跟踪进展情况,总结经验,修正不足,确保达到预期目的。

（二）建立考评激励机制

为了有序地开展水土保持国策宣传教育行动,必须建立宣传工作报告制度和考核制度。要将行动开展情况纳入年度考核指标体系,每年年初和年终要将宣传工作计划和开展情况向上级部门报告,做到有计划、有部署、有要求、有检查、有总结、有评比。建立激励机制,对成绩突出的单位或个人要予以表彰和奖励;对宣传工作漠然、工作没有起色的单位予以批评。宣传工作搞得好的地方,国家在项目、资金上要予以鼓励支持。

（三）多渠道解决投入问题

国策宣传教育工作要舍得投入。各地要认真研究,结合实际,多渠道筹措水土保持宣传教育经费。有重点治理工程的地区,要将水土保持宣传教育纳入水土保持重点工程地方配套管理经费中统筹安排解决。有条件的地区,可以尝试从每年征收的水土保持补偿费中拿出一定比例的经费,用于水土保持宣传教育工作,更要积极从地方财政申请用于水土保持宣传的经费。

（四）加强与新闻媒体和有关部门的联系

深入开展水土保持国策宣传教育行动,一定要充分调动一切可以调动的力量,积极寻求社会舆论的支持,争取不同宣传媒体的配合,相互协作,形成合力,增强整体效应。同时,加强与各级人大、政协、教育、科协、共青团、妇联系统的联系,寻找和创造合作机遇,凝聚部门力量和智慧,整合分散的资源和优势,共同开展不同形式的宣传教育活动,扩大水土保持国策宣传教育的影响力。

（发表于《中国水土保持》2008 年第 8 期）

打造精品　努力
使《中国水土保持》发挥更大作用

　　2010 年,《中国水土保持》创刊 30 周年了,我们在郑州召开这次座谈会,共同回顾《中国水土保持》30 年来的发展历程,共商今后发展对策,很有意义。

　　首先我谨代表水利部水土保持司对《中国水土保持》杂志创刊 30 周年表示热烈祝贺! 向为杂志发展付出辛勤劳动的杂志社的全体同志以及老一代编辑们表示衷心的感谢和亲切的慰问! 向主办单位黄委多年来在人力、财力和物力等方面对杂志的大力支持表示衷心的感谢! 向多年来关心支持杂志发展的各位编委、通联人员和广大读者表示衷心的感谢!

一、《中国水土保持》创刊 30 年来取得了巨大成绩

　　《中国水土保持》自 1980 年创刊至今已 30 年,这 30 年正是我国经济社会快速发展的重要时期。30 年来,杂志茁壮成长:从试办到正式出版,由内部发行改为国内正式发行,又扩大为国内外公开发行;由双月刊改为月刊;由小 16 开变成大 16 开、48 个页码增至 72 个页码;由一本新刊发展成具有政策性、技术性、实用性和新闻性独特风格,在水土保持行业和相关行业有影响的技术刊物;从一本不知名的刊物成长为河南省第一届自然科学二十佳期刊、全国水利系统优秀科技期刊、全国优秀农业期刊、全国中文核心期刊,为我国水土保持宣传立下了汗马功劳,为我国水土保持事业发展做出了卓越贡献。

　　一是水土保持行业工作的指导工具。30 年来,中央关于水土保持及生态建设的重大方针政策,水利部党组的治水新思路和我国水土保持工作的新理念、新经验,通过《中国水土保持》杂志以及有关报纸和

网络传播到全国、传播到基层。各地、各级水土保持工作人员依靠杂志、报纸和网络,及时学习贯彻国家关于水土保持与生态建设的新要求,了解我国水土保持事业发展的新情况,推动本区域水土保持新发展。同时,杂志还及时反映了水土保持基层工作动态,既为各级业务负责同志提供了基层信息和决策依据,又为各地相互学习、借鉴提供了好的经验和做法。这样,既做到了上情下达,又实现了下情上传,有效促进了我国水土保持事业发展。

二是广大水土保持工作者的学习园地。《中国水土保持》杂志业务性、知识性很强,凡是从事水土保持工作的同志通过杂志都可以学到很多新知识。为了提高广大水土保持工作者的业务水平,在杂志出版的前10年,专门开辟了"水土保持讲座""水土保持名词解释""农业科学技术基础知识讲座""水土保持治沟骨干工程讲座""系统工程讲座""草木群芳谱"等栏目,普及水土保持知识。后来,又逐步设立了"技术与措施""新技术应用"等栏目,发表大量理论与实践相结合和技术应用的文章,深受读者欢迎,被广大水土保持工作者誉为良师益友,成为大家的学习园地。

三是我国水土保持成就的宣传窗口。改革开放以来的30多年是我国水土保持事业发展最快、经验最多、成效最好的时期,从水土保持综合治理小流域试点,到国家水土保持重点工程建设,再到"长治"工程、珠江上游石漠化治理、东北黑土地综合治理,从户包小流域治理,到"四荒"资源治理开发;从水土保持治沟骨干工程试点建设,到淤地坝亮点工程的大规模实施,各项水土保持重点工程不断展开,治理规模不断扩大。从1982年国务院颁布实施《水土保持工作条例》,到1991年全国人大颁布实施《中华人民共和国水土保持法》(简称《水土保持法》),再到新世纪《水土保持法》的修订;从城市水土保持,到生产建设项目水土流失防治;从典型区域、典型小流域的水土流失试验研究,到水土保持监测网络系统的全面建设;从单纯治理,到预防为主,到人与自然和谐相处、利用自然自我恢复能力开展生态修复的实践;从治理项目的管理办法、工程建设的标准规范,到水土保持规划编制等,这些时段的水土保持工作开展情况及其成效都在杂志上得到了充分的宣传报道,推动了我国水土保持工作的不断发展。

四是水土保持业务技术的交流平台。30 年来,为了达到"交流水土保持工作的经验、技术措施和水保科研成果,宣传水土保持的基本知识,推动水土保持工作的开展"的目的,几代办刊人积极探索,不断努力,把杂志打造成了水土保持业务技术的交流平台。杂志创立至今发表了大量的关于水土保持技术方面的文章,涉及水土保持规划设计、综合治理、项目管理、监督执法、生态修复、监测评价、开发建设项目水土流失防治等,为我国水土保持工作者提供了展示自己能力的舞台,为科研人员提供了交流研究成果的园地,为水土保持管理者提供了探讨工作、启迪思想的场所,为提升我国水土保持工作水平发挥了重要作用。

五是我国水土保持发展历程的记录档案。一套《中国水土保持》杂志就是我国水土保持 30 年发展历程的真实记录。1982 年,国务院发布实施了《水土保持工作条例》,随后在杂志上设立了"预防保护"栏目,发表了大量有关文章,对 1991 年国家颁布实施《水土保持法》起到了舆论先导作用,目前发展成为比较成熟的"监督执法""建设项目防与治"栏目。1983 年,首个国家级水土保持重点工程——全国八片水土保持重点防治工程启动实施,在杂志上及时设立了"重点治理"栏目,目前已演变为"工程建设与管理"栏目,先后发表了大量关于国家重点工程建设方面的文章,有效推动了国家重点工程建设,带动了面上水土保持工作的开展。1984 年设立的"小流域治理""专业户园地""流失规律"等栏目,则客观反映了在 20 世纪 80 年代的大背景下,千家万户治理千沟万壑的历史事实,也如实记录了这一时期我国水土保持工作者遵循水土流失规律,研究以小流域为单元、山水田林路综合治理水土流失的探索历程。进入 21 世纪以来,围绕水利部党组提出的治水新思路、新理念和新举措,在杂志上设立了"生态修复""监测与评价"等栏目,刊发了中国水土流失生态安全综合科学考察成果、全国水土保持重点建设工程二期二阶段治理和北京生态清洁小流域建设等方面的论文,为推动新时期的水土保持工作发挥了积极作用。

总体来看,《中国水土保持》的创办,促进了我国水土保持事业的发展,提升了行业水平,提高了队伍素质,凝聚了行业力量。30 年来,杂志及时收集有关专家、领导和基层等各方面的智慧、经验、知识,开展反复交流,相互借鉴,使大家的水土保持认识呈螺旋式上升。杂志的内容广泛,题材多样,有领导讲话、有科技成果、有技术探讨、有基层实践等,为大家创建了一个很好的相互学习交流的平台。

目前,办刊的环境和条件与以往相比发生了很大变化,面临新的挑战,概括为三个冲击:第一,网络化、数字化对期刊的冲击。网络化使期刊基本失去了新闻性,网络化催生的电子期刊缩短了出版周期,网络提供的海量信息是纸质期刊无法比拟的。第二,稿源减少对期刊的冲击。随着我国机构改革的深入,多数省级水土保持主管部门已经转为公务员管理或参照公务员管理,不再评职称了,加之有些地方、有些同志忽视技术和经验总结,使杂志的稿源明显减少。第三,体制、机制改革对期刊的冲击。新闻出版体制、机制改革对期刊的运行产生了重要影响,改革的总体取向是企业化、市场化,对于公益性很强的水土保持事业,《中国水土保持》杂志依靠广告经营维持生存是不现实的。这些问题严重影响着杂志今后的生存与发展。

二、努力把《中国水土保持》办成精品杂志,为水土保持事业发展做出新贡献

30 年来,《中国水土保持》杂志取得了巨大的成功,成绩来之不易。当前,面临新形势、新情况、新问题,需要我们坚定信心,共同努力,保护好、发展好水土保持战线这一基本舆论阵地。

(一)进一步注重宣传,充分发挥《中国水土保持》杂志的作用

各级水土保持部门要高度重视新闻宣传工作,善于运用报刊网络指导工作,特别要发挥好《中国水土保持》杂志的作用。毛泽东同志说过:一张报纸,有极大的组织、鼓舞、激励、批判、推动的作用。胡锦涛总书记强调:做好统一思想的工作,必须进一步唱响主旋律、打好主动仗,充分发挥舆论宣传的重要导向作用。近年来,水利部党组十分重视水土保持宣传工作,开展了水土保持国策宣传教育活动,有效提高了全民的水保意识和法制观念。30 年来的水土保持实践也证明,有效的新闻

宣传所发挥的作用是立体的、深远的,对水土保持业务工作具有十分积极的推动作用。我们应该始终坚持把宣传放在与业务工作同等重要的位置上,主要领导同志要亲自抓,抓实抓好。《中国水土保持》杂志的社会影响力很大、声誉很好,我们要继续关心、精心呵护这本杂志,使之成为水土保持宣传的重要载体。

(二)进一步坚持杂志正确的办刊方向

《中国水土保持》是水保人自己的刊物,也是水利部指导全国水土保持工作的重要渠道。杂志30年的发展历程证明,创刊时确立的"面向生产实际、面向基层、面向全国,服务于经济建设"的办刊方针是正确的,必须坚持下去。杂志作为综合类科技期刊,主要读者对象定位为水土保持各级管理部门的业务人员、水土保持规划设计单位的技术人员,兼顾水土保持科学研究工作者和高等院校及相关行业的科技工作者是正确的,必须坚持下去。但杂志社不能固步自封,要与时俱进,积极完善和发展,不断赋予杂志新的内涵和时代特征,增强其竞争力,使其在农业或生态类刊物中更具特色,杂志要集专业性、知识性、实用性和资料性为一体,满足不同层次的需求,不断扩大水土保持的社会影响力。水土保持司将继续把《中国水土保持》杂志作为工作指导性刊物,各级水土保持主管部门要积极利用这一宣传载体,切实把各地的好经验、好技术、好典型宣传好、推广好。

(三)进一步改革创新,提高刊物质量

党的十七大提出建设生态文明的宏伟目标,水土保持肩负着重大的历史使命。作为一门新学科与新行业,水土保持新理论、新技术、新经验等将不断涌现,这些都为杂志的发展壮大提供了广阔的空间与舞台,也需要杂志社进一步改革创新,提高刊物质量。一是注重内容创新。要围绕目前社会关注的热点问题、行业关注的焦点问题以及工作中的难点问题,注意选用顺应形势、立意新颖的稿件,要有计划地约请有关专家撰写具有前瞻性的稿件,注意收集国家重大科研课题、项目的最新研究成果等,积极引导水土保持工作健康持续发展,不断提高杂志的质量和影响力。二是注重网络创新。紧跟新闻出版行业发展新趋势,在搞好传统期刊出版发行的同时,加快期刊的数字化、网络化步伐,适时推出期刊的网络版。三是注重版面创新。在保持杂志传统风格的基础上,学习《国家地理》等国内外著名期刊,在版式和体例等方面积极探索,使杂志既有严谨的科学性,又赏心悦目,具有一定的可读性。

(四)进一步发挥编委的积极作用

目前,各流域机构、省(区、市)的水土保持局(处)长都担任了杂志的编委,这既是名誉,更是责任,希望各位编委要有大局意识、阵地意识和责任意识,关心支持杂志的发展。一是要积极主动地为杂志的不断发展壮大出主意、想办法,共同努力把《中国水土保持》办得更好。二是积极投稿。根据杂志社初步统计,近2年,水保管理部门人员的来稿数量在减少,好稿件更少。要积极组织本区域的水保人员认真总结工作经验,钻研业务技术,创新激励机制,鼓励业务工作者勤思考、勤动笔,多为杂志提供本区域水土保持新技术、新进展等方面的好稿件。三是扩大发行。目前杂志的年均发行量与历史上发行最多的年份相比,减少了约40%。事实上,新世纪以来水保事业有了很大发展,领域拓宽了,从业队伍也扩大了,但杂志的发行量不增反而减少了,个别省的绝大多数县级水土保持部门竟连一份杂志都不订,这怎么能搞好业务工作。我认为,一个打算从事水土保持、热爱水土保持的工作者,应当长期订阅《中国水土保持》杂志,以便于学习、积累水土保持业务知识,使自己终生受益。各省(区、市)的编委们要主动宣传动员,像湖南、重庆、四川以及江西等发行较好的省市那样,扩大杂志发行的覆盖面,增加杂志在本区域的发行量。凡是国家开展的水土保持重点治理县和监督执法能力建设县都应该订阅一定数量的《中国水土保持》杂志,不仅专业人员应该订阅,主管领导也应该订阅,以起到宣传作用。

(五)进一步加强杂志社的自身建设

时代在前进,改革在深入。杂志社必须要有强烈的危机感和使命感,不断苦练内功,加强自身建设,提高人员素质和编辑水平,精心打造核心期刊的核心竞争力,努力把杂志办出特色、办成精品。一是进一步完善杂志的通联网络。通联网络是连接杂志与市场的桥梁纽带,关系到杂志的健康发展,要进一步健全和壮大通联网络,加强通联队伍管理,各地也要给予大力支持。二是加强学习。要及时学习党和国家关于生态建设的新要求,认真宣传贯彻党的方针政策。同时,要关注我国水土保持工作的发展动态,了解和熟悉水土保持工作的新理念和新技术,不断提高编辑人员的政策水平和业务素质,努力构建结构合理、业务过硬、适应要求的采编队伍,为打造一流刊物提供智力支撑。三是增强经营意识。水土保持杂志也有一定的市场,杂志社要树立为市场服务的意识,主动研究开拓服务对象,通过服务扩大影响力,增强自身生存能力。四是加强制度建设。要不断完善健全规章制度建设,保障杂志社的各项工作高效、健康、持续发展,促进杂志又好又快发展。

（发表于《中国水土保持》2010 年第 9 期）

以贯彻新《水土保持法》为契机
开创水保国策宣传教育新局面

一、全国水土保持国策宣传教育行动取得丰硕成果

2008 年,水利部启动实施了全国水土保持国策宣传教育行动。全国上下积极行动、扎实工作,开展了多层次、全方位的宣传教育,基本完成了国策宣传教育,行动的目标和任务,取得了显著成效和新的突破。3 年来,全民的水土保持国策意识和水土流失忧患意识普遍增强,生产建设项目履行水土保持法律义务的自觉性逐步提高;全社会水土保持法制观念、社会各界对水土保持关注度和参与程度显著提高,水土保持的社会影响不断扩大。开展水土保持国策宣传教育行动,为《中华人民共和国水土保持法》(简称《水土保持法》)的修订和水土保持重大工程的立项实施创造了良好的氛围和舆论环境,有力地促进了水土保持各项工作又好又快发展,同时积累了许多好经验和好做法。

(一)加强领导,宣传教育工作规范化

水土保持国策宣传教育行动开展以来,各地普遍增强了对宣传教育工作重要性及意义的认识,树立了正确的宣传观念,加强了组织领导,把宣传教育工作列入工作议程,有序开展。

一是加强组织领导,积极推动。山西、新疆等省水利厅成立了水土保持国策宣传教育行动领导小组,加强高位推动和指导;陕西省、市、县三级均成立了水土保持宣传教育领导小组,形成三级齐抓共管的良好态势;长江委和黄委召开流域宣传会议,推动流域宣传工作;福建、湖北和辽宁等省专门召开全省水土保持宣传教育工作会议;山西省水保局把宣传工作列入水土保持工作年度考核目标,在总分 100 分中占 20分;浙江省把宣传作为年度水土保持工作考核的一项重要内容,引导和

促进市、县进一步加强水土保持宣传;山东、云南和陕西等省印发了《关于加强水土保持国策宣传教育工作的通知》,对全省水土保持宣传教育工作提出了要求;云南省建立了新闻报道激励机制;贵州省和江西省赣州市制定了《水土保持信息报送奖励办法》。

二是制订计划,有序开展。3 年来,各地普遍制订了水土保持国策宣传教育行动实施方案,明确了目标和任务,做到了 3 年有方案、年初有计划、年底有总结。黄河上中游管理局就黄土高原淤地坝做了专项宣传方案,连续开展了 40 期系列宣传报道,每年组织开展流域性的集中采访报道。洛阳市人民政府印发了《洛阳市水土保持国策宣传教育行动实施方案》,对全市宣传教育工作提出了要求。

三是落实经费。辽宁省 3 年安排省级宣传教育经费 100 多万元,大连市 3 年投入水土保持宣传经费 268 万元,深圳市每年安排宣传教育经费 190 万元左右。湖南省每年安排省级专项宣传教育经费 70 万元,要求每个市(州)每年安排经费不低于 20 万元、重点治理项目县不低于 10 万元、一般县不低于 5 万元,全省每年到位的宣传工作经费超过了 1 000 万元,使水土保持宣传教育工作经费有保障。

(二)借力媒体,水土保持新闻报道显著增多

各地充分发挥新闻媒体的作用,积极联系、加强沟通、通力合作,共同推进水土保持宣传教育工作,提升了宣传效果。

一是联合开展重大宣传活动。3 年来,水保部门通过精心策划,与新闻媒体联合开展了中华环保世纪行活动,围绕《水土保持法》修订、新中国 60 周年纪念活动、《水土保持法》发布日、水土保持科学考察、淤地坝建设、坡耕地治理、石灰岩地区水土流失治理、毕节生态建设大示范区、生态补偿机制、青少年水保教育等主题开展了一系列的重点宣传报道,集中力量,形成合力,效果显著。特别是甘肃省坡改梯治理在《新闻联播》中的专题报道,为坡耕地水土流失综合治理工程的实施营造了良好氛围。

二是加强新闻报道。各地充分利用报刊、电视、广播和网络等新闻媒体,拓宽选题、丰富形式、突出特点、深度报道,明显加大了水土保持宣传力度。3 年来,先后在《人民日报》、新华社、中央电视台和中央人民广播电台等中央媒体刊发水土保持新闻 620 多条,在《经济日报》《人民政协报》和《中国水利报》制作多期专版,中国水土保持网新增新闻 11 000 多条、图片新增 9 000 多幅。

(三)加强培训,壮大宣传教育队伍

在国策宣传教育行动的推动下,各地注重水土保持宣传队伍建设,提高了宣传教育工作水平。首先是落实责任,专人负责。省级普遍明确 1 名处级干部分管宣传教育工作,1 名工作人员负责联络,做到了工作有人管、有人干、有人推动。其次是建立了通讯员制度。全国发展水土保持生态建设网站通讯员 600 多人,覆盖了流域、省、计划单列市和市、县级等单位,做到了新闻渠道通畅。最后是加强培训,提高素质。2008 年以来,水利部举办了 2 期水土保持新闻宣传培训班,培训水土保持宣传骨干 200 多人,在宣传阵线发挥了先锋作用;黄河上中游管理局成立了黄河流域水土保持宣传协作理事会,每年开展水土保持宣传培训和交流组建了由 300 多名宣传骨干组成的通讯员队伍;青海、辽宁等省也举办了水土保持宣传培训班,培训省内宣传骨干 300 多人,培养建立了宣传工作队伍。

(四)攻坚克难,宣传教育领域不断拓宽

各地在宣传教育工作中,注重面向领导与面向社会相结合,积极拓宽宣传教育领域,扩大了宣传覆盖面,增加了受众人群。

一是实现了水土保持进人大的突破。2010 年 10 月 28 日,在《水土保持法》修订即将通过的关键时期,经精心策划,反复协调,全国人大常委会在人民大会堂举行第十八讲专题讲座,由孙鸿烈院士主讲《我国水土流失问题及防治对策》。吴邦国委员长主持讲座,全国人大常委会副委员长及常委会委员听取了讲座。水土保持宣传开创了进全国人大的先河,起到了高位宣传、事半功倍的效果。

二是实现了水土保持进党校的突破。2010 年,宁夏自治区党委党校把水土保持列为授课内容,向各级领导干部宣讲。河南、山东等省的部分地区实现了水土保持进党校。福建省已在三明、长汀等 10 多个市、县(区)把水土保持知识讲座送进党校。2010 年,黑龙江省委组织部培训班专设了水土保持课程。

　　三是深入农村、社区和工地。长江委印刷宣传画册和海报6万多份，在世行水土保持项目区广泛发放。北京市以建院附中、海淀区实验小学等十所中小学校为试点，在全市开展水保"进课堂、进校园、进社区、进园区、进流域"五进活动。河北省制作了水土保持专题片，通过省委组织部远程教育平台面向全省广大农村党员播放，成为山区干部群众了解水土保持工作的良好教材。福建省对农民进行水保宣传和实用技术培训，印发了《山地茶果园水土保持实用技术手册》8万多册，举办不同形式的培训班150多期，共有8000多名茶果农受到培训。湖南省制作了水土保持系列宣传画，在全省范围内广泛张贴。河南省信阳市编制了《水土保持基础知识问答》等宣传材料，面向社会开展宣传。深圳市制作了《合理开发建设 保护水土资源》的专题片，并深入工地，组织建设、施工、监理等单位人员观看，提高开发建设单位保护水土资源的意识和自觉性；制作了全国第一部以水土保持为主题的3D电影——《水土保持总动员》，开展了"水土保持进万家"活动，在全市各厂区、社区、文化广场、军营、学校等场所播放，强化公众水土保持国策意识。

（五）积极推进，青少年水保教育蓬勃开展

　　各地积极在青少年中开展水土保持教育，从娃娃抓起，充分发挥小手拉大手的带动和辐射作用。

　　一是水土保持进课堂。黑龙江省水利厅和教育厅联合召开了全省青少年水土保持宣传教育现场会，并联合下发了《关于加强青少年水土保持普及教育工作的意见》，大力推进全省青少年水土保持教育工作。哈尔滨市水务局编写了水土保持系列教材（小学版、初中版），并在全市1 550余所中小学校举办"水土保持杯"德育实践活动课竞赛，充分发挥学校主阵地、课堂主渠道的作用。牡丹江市从1998年开始在小学生中实施水土保持教育，10年来，基点学校由1所小学扩展至20所，2008年秋季又覆盖到全市477所小学，共有40万人次的中小学生不同程度地接受了水土保持教育。小手拉大手，学生连家长，水土保持教育还辐射到了城乡30多万户家庭。福建省从2002年始在全省开展中小学水土保持教育，制定了《福建省水土保持普及教育行动指南（试行)》,建立了110个水土保持普及教育基点学校,全方位、有系统地开展水保普及教育工作,成效显著。福建省水土保持普及教育行动基点学校——建瓯一中开展的中学水土保持暨环境教育实施模式构建研究,获全国基础教育课程改革教学研究成果一等奖。深圳市与教育部门联合建立了水土保持辅导员制度,水土保持走进学校、走进课堂,培养中小学生从小养成"保持水土,从我做起"的自觉性。四川省编辑出版了《四川省水土保持科普教育小学读本》,由蒋巨峰省长题写书名,团省委、教育厅和水利厅联合发文启用。湖南省湘西州组织编写了中小学水土保持教育读本,在全州100所中小学中开展水土保持国策宣传教育。北京、江西、青海等地,相继编制了水土保持教材,开展了青少年水土保持教育。

二是水土保持科普教育。河北、湖北、甘肃、深圳、山东临沂等地编辑出版了中小学水土保持科普读本,积极开展了青少年科普教育工作,受到了学生的欢迎,得到了师生的好评。中国水土保持学会受水利部委托,抓紧组织编制全国水土保持科普读物。长江委组织编写完成了《水土保持——长江焦点关注》科普读本。浙江省安吉县编辑出版了水土保持科普教育小学读本,作为全县小学乡土教材,每两周安排一课时,对全县5 000多名小学五年级学生授课。云南省姚安县在太平镇老街小学举行了水土保持国策宣传教育进学校科普知识讲座,全校全体师生员工200多人参加了讲座。河北省唐山市水保部门与唐山11中联合举办了以"情系水土,保护家园"为主题的水土保持宣传活动,开展了知识竞赛和水土保持征文。深圳市在水土保持科技示范园举行了"真情守护,关爱水土"的水土保持主题日活动,赠送水保读物、朗诵水保诗篇、共唱水保之歌、畅谈水保感言、发出水保倡议,取得了非常好的效果。

(六)创新发展,宣传教育手段形式多样

在充分发挥电视、广播、报纸、杂志等大众媒体比较优势的同时,各地开拓创新,积极探索依托网络、手机、平面广告、主题活动等新兴媒体和宣传形式,多形式、多层面、多角度开展水土保持宣传,提升水土保持影响力。

一是积极应用网络平台。全国已有 7 个流域和 23 个省(区、市)建立了水土保持网站(页),水利部建立了水土保持生态建设网站、水土保持监测网站、中国水土保持学会网站和水土保持科技协作网站。各地积极发挥网络受众广、信息多、更新快的特点,将其迅速发展成为水土保持宣传工作的重要平台,大力开展宣传工作。目前,水土保持生态建设网日访问量超过 1 000 人次,年均新闻信息 3 000 多条,成为全国水土保持工作的重要窗口和阵地。在《水土保持法》颁布实施纪念日当天,四川省和甘肃省各发送手机短信 100 多万条,2011 年 3 月 1日,山东省向济南市移动、联通和网通中的 200 万用户,发送了《水土保持法》颁布施行的消息和宣传口号。

二是积极创新宣传手段。各地广开思路,创新方法,面向社会各界开展了一系列有声有色的宣传活动,增强了社会各界对水土保持的认识和理解。广东省通过培训班、图片展、演讲比赛、问卷调查、有奖问答、咨询台、公益广告、宣传册、宣传杯、宣传车、环保袋、海报、扑克牌、雨伞等多种形式开展宣传活动。江西省组织开展了水保文化沙龙活动,加强公路水土保持宣传牌建设,布设路边大型宣传牌 236 块、小型宣传牌 2 356 块。陕西省采用"水保之春"音乐会、水保画册和电视专题片等方式,推进水保宣传教育。甘肃省筹资近 2 000 万元,在省内主要公路交通出入地段,设立永久性水土保持公益宣传牌 56 个,实现了全省公路主干线水土保持宣传牌全覆盖,收到了良好的宣传效果。淮委与松辽委在《水土保持法》纪念日举办了知识竞赛和水土保持杯排球赛等宣传活动。

二、水土保持宣传教育工作面临的新形势与新要求

在充分肯定宣传教育工作成绩和经验的同时,我们也清醒地看到,水土保持宣传教育工作还面临着不少困难和问题,在领导重视、资金保障、宣传举措等方面仍需得到加强,在适应经济社会发展新要求方面仍需努力,在营造水土保持良好环境方面仍然任重道远。"十二五"时期是水土保持改革发展的重要时期。《中共中央 国务院关于加快水利改革发展的决定》(又称中央一号文件)进一步明确了水土保持工作的

主要任务。新《水土保持法》的施行刚刚拉开帷幕,宣传贯彻任务艰巨。准确把握水土保持面临的新形势和新要求,积极开展宣传教育工作,对于促进水土保持事业又好又快发展具有重要意义。

(一)提高生态文明水平需要进一步普及水土保持理念

党的十七大明确提出建设生态文明,并将其列为全面建设小康社会的重要目标。水土保持是生态文明建设的重要内容,是我国必须长期坚持的一项基本国策。生态文明理念的树立和形成,需要加强宣传、逐步培育。我们要大力宣传保护优先的理念,倡导从源头扭转生态环境恶化趋势。要大力宣传水土流失危害,增强社会各界水土资源忧患意识,呵护水土,关爱家园,要加强水土保持法规宣传,实现生产建设与水土保持同步,遏制造成新的人为水土流失;要大力宣传水土保持生态建设的成效,提高公众参与水土保持的积极性。总之,要唱响以水土资源的可持续利用和生态环境的可持续维护促进经济社会可持续发展的主旋律。

(二)落实中央一号文件需要加强宣传工作

中央一号文件明确了水土保持改革发展的重点和任务,为水土保持发展提供了契机。中央一号文件明确提出,要实施国家水土保持重点工程,进一步加强长江上中游、黄河上中游、西南石漠化地区、东北黑土区等重点区域及山洪地质灾害易发区的水土流失防治;大力开展生态清洁小流域建设;建立健全水土保持补偿制度;强化生产建设项目水土保持监督管理等。中央一号文件为水土保持改革发展指明了方向,水土保持宣传教育工作要以中央一号文件为指南,确定宣传工作重点,制订宣传工作方案,为中央一号文件的贯彻落实提供舆论引导、创造良好氛围。

(三)贯彻新《水土保持法》需要全面开展宣传教育

新《水土保持法》的施行,是水土保持发展的新里程碑。与原法相比,新法在许多方面实现了重大突破:一是明确了地方政府目标责任制;二是确立了水土保持规划的法律地位;三是强化了水土保持预防保护;四是强化了水土保持方案管理;五是强化了水土流失重点治理;六是强化了水土保持监测管理;七是规定了水土保持补偿制度;八是加大了水土保持违法处罚力度,增加了滞纳金制度、代履行制度、查扣违法机械设备制度,强化了对单位(法人)、直接负责的主管人员和其他直接责任人员的违法责任追究。各地要深刻理解新法的要义,有计划地开展形式多样的宣传活动,促进新法早日落到实处。

(四)水土保持新发展需营造良好舆论氛围

近 10 年来,随着经济社会的发展,水土保持的内涵不断深化、外延不断拓展、内容不断丰富,水保监测、生态修复、生态清洁小流域、生态安全小流域、面源污染防治、生态补偿等工作创新发展,水土保持的社会服务能力进一步加强。宣传教育工作要敏锐地察觉水土保持的新发展,及时把握水土保持的发展创新,全面了解新发展的内涵和意义,站在前沿,积极宣传,搞好引导,为水土保持新发展创造良好的舆论氛围。

三、深入推进水土保持国策宣传教育

"十二五"时期,宣传教育工作要以中央一号文件为指导,围绕国家生态文明建设大局,以贯彻落实新《水土保持法》为重点,继续深入推进水土保持国策宣传教育行动。重点做好以下几点工作。

(一)全面宣传新《水土保持法》

宣传新《水土保持法》,是近期全国宣传教育的主要工作。各地要根据陈雷部长和周英副部长在学习贯彻新《水土保持法》视频动员会议上的重要讲话精神,按照水利部《关于深入开展学习宣传贯彻新〈水土保持法〉的通知》(水保〔2011〕32 号)的要求,制订宣传计划,策划宣传活动,大力推进宣传工作。一是开展形式多样的普法活动,大力宣传新《水土保持法》的亮点和重点;二是曝光重大违法违规行为和不符合水土保持要求的生产建设项目;三是宣传生产建设项目水土保持示范工程;四是宣传全国水土保持监督管理能力建设活动。

(二)加强水土流失危害宣传

我国水土流失面积 356 万 km^2,占国土总面积的 37.1%。严重的水土流失,导致耕地减少、土地退化、泥沙淤积,加剧洪涝灾害,恶化生态环境,危及国土和国家生态安全,给国民经济发展和人民群众生产生活带来严重危害。各地要继续加强对水土流失危害的宣传,宣传水土流失是土地退化和生态恶化的集中反应,是我国的重要环境问题,进一步增强全社会水土流失忧患意识,增强社会各界对水土保持工作的关注、支持和参与。

(三)大力宣传水土保持生态建设成就和经验

要着重宣传水土保持重点工程对减少水土流失、提高土地生产力、改善农业生产条件和生态环境、促进农村产业结构调整和群众增收的重要作用。一要继续坚持不懈地宣传长江上游、黄河中上游、东北黑土区、珠江上游、丹江口库区及上游等国家重点工程建设的成效;二要以坡耕地水土流失综合治理试点工程成效宣传等为重点,推动工程全面铺开;三要加大生态清洁小流域的宣传力度,推动水土保持防治模式创新发展;四要积极宣传重点项目前期工作,为黄河中游粗泥沙集中来源区拦沙工程、三峡库区等水土保持重点工程立项实施营造氛围。

(四)做好规划、普查等基础性工作的宣传

一是做好《全国水土保持规划》和"十二五"水土保持规划宣传。《全国水土保持规划》2010年开始编制,计划3年编制完成并报国务院审批,这将是第一个由国务院批复的全国水土保持综合规划。"十二五"水土保持规划明确了近5年水土保持工作的目标、任务和重点。要大力宣传规划的亮点和特色,增强规划的约束性和权威性,促进规划的贯彻落实。二是做好水土保持普查宣传。此次普查工作范围广、内容多、技术性强、历时长、宣传点多,要大力宣传普查工作的意义,及时报道普查动态,加强社会了解和关注,争取各方面的支持和配合,确保如期完成普查各项工作。

(五)及时宣传水土保持改革发展新成果

一是要以学习贯彻落实中央一号文件为契机,大力宣传推行水土保持生态补偿机制的重要性和必要性。积极报道各地从资源开发收益、城镇土地出让金中提取资金用于水土保持的探索与实践;以煤炭、石油、天然气和水电开发等领域宣传为重点,推进水土保持生态补偿取得更大突破。二是加强地方人民政府水土保持目标责任制宣传,推动建立健全相应制度。三是积极宣传工程建设管理新机制,推动水土保持生态建设。

（六）深入推进"四进"和青少年水保教育

一是继续推进水土保持"四进"（进党校、进人大、进政府和进政协）工作。要学习宁夏等地的经验，积极与党校、人大、政府和政协等部门联系，进行高层宣传。二是继续推进青少年水保教育。要组织编写水土保持教材或科普读物，为学校提供教材；要组织培训老师，为学校开展教育提供师资；要加强大示范区和科技示范园区建设，为学校开展教育提供水土保持户外教室。

四、扎实做好水土保持国策宣传教育工作

（一）加强领导，落实责任

各地要进一步加强领导，把水土保持宣传作为一项重要工作，列入工作议程和年度工作重点。要进一步强化和落实领导责任制，主要领导亲自抓，要配备得力人员，明确岗位责任，增强责任心和使命感。要把宣传工作与水土保持监督管理、重点治理等工作同时布置、同时落实、同时检查、同时考核。要加强基层宣传队伍建设，充分发挥基层的积极性，全面深入推进宣传教育工作。要加强与新闻媒体的沟通和配合，广泛利用各种资源，形成宣传教育工作合力。

（二）编制方案，制订计划

宣传教育工作要实现有序开展，必须有方案和计划。一要抓紧编制"十二五"水土保持国策宣传教育行动总体方案，明确目标、任务、工作重点；二要抓紧制订好年度工作计划，把工作任务分解到每年、落到实处。

（三）多方筹措，落实资金

各地要向辽宁、深圳等地学习，开阔思路，多渠道筹措经费，确保宣传教育工作的正常开展。特别是实施国家水土保持重点工程的县，要把水土保持宣传列入年度重要工作，积极申请财政预算，从水土保持补偿费中安排一定比例的资金，落实宣传教育经费，加大水土保持宣传教育力度。

（四）精心策划，以宣传推动项目立项

要着眼大局，围绕工作重点和难点，提前谋划、精心策划宣传重点

和重大活动,切实发挥舆论的引导和影响作用,营造水土保持良好氛围,推进水土保持改革发展。一是在重大项目立项前要积极策划,组织大型宣传活动,开展系列宣传,形成规模效应,吸引社会各界广泛关注,为项目立项营造舆论氛围;二是要围绕工作重点,尽早策划,利用各种媒体,开展有影响力的宣传活动,推动水土保持重点工作顺利实施。

（五）创新机制,提升效果

要积极探索、勇于实践,创新水土保持宣传教育工作机制和理念,推动宣传教育工作实现新突破。要探索建立宣传教育工作激励机制,奖优罚劣,推动水土保持宣传教育工作。一是实行宣传工作一票否决制。即宣传工作没做好,不得参评各级水土保持先进,切实提高宣传工作在水土保持工作考核中的权重。二是宣传工作与项目和投资挂钩。各地宣传工作开展情况,将作为水利部年度安排投资、新上项目的重要参考指标。宣传工作做得好的地方,优先考虑或适当增加中央水土保持投资和安排新项目,水利部将进一步加强监督检查,及时通报各地宣传工作进展。

（六）加强队伍建设,提高宣传水平

要进一步加强培训,培养一支既懂水保又懂宣传的队伍,不断提高宣传能力和水平。一是中国水土保持生态建设网站要加强对全国通讯员的培训;二是各地要加强宣传教育培训,切实增强宣传人员素质,提高宣传工作水平。

（发表于《中国水土保持》2011 年第 5 期）

开拓创新　不断深化
水土保持国策宣传教育

一、2011 年水土保持宣传教育工作取得新进展

2011 年,中央发出首个以水利为主题的一号文件,中央首次召开水利工作会议,新《中华人民共和国水土保持法》(简称《水土保持法》)颁布实施,有力地推进了水土保持事业的发展,同时为水土保持宣传教育工作提供了更宽广的工作舞台,各地抢抓机遇,扎实工作,水土保持宣传教育取得了新突破、新进展、新成效。

(一)抓住机遇,积极宣传贯彻新《水土保持法》

一是制订总体方案,推进全国宣传贯彻新法。新法颁布后,水利部及时制订方案,印发了《关于深入开展学习宣传贯彻新〈水土保持法〉的通知》,全面部署新法宣传贯彻活动。各地积极行动,组织开展了形式多样的宣传贯彻活动。据统计,共印发宣传品 15 万份,组织演出 70 余场(次),制作专题宣传片 10 余部,举办座谈会 600 余次。水利部组织了新法知识竞赛,全国 11.4 万多人踊跃参赛。海委群发宣传短信,陕西、广西和深圳等地分别举办了新法专题音乐会或文艺晚会,北京、湖南、陕西等地开展了知识竞赛。这些活动丰富多彩,都取得了良好效果。

二是领导重视,会议推动。2011 年 3 月 1 日,水利部召开了学习贯彻新《水土保持法》视频动员会议。陈雷部长出席会议并作重要讲话,要求水利系统广大干部职工认真学习贯彻新法,着力落实新法的各项规定。全国共设立分会场 1 100 个,约 3.5 万人参加了会议。会后,各地及时贯彻视频会议精神,掀起了学习贯彻新法的高潮。

三是编写新法释义,完善宣传贯彻材料。新法通过后,水保司配合

全国人大常委会法工委和国务院法制办，及时编写了新法释义。释义由法律出版社出版，全国共印刷发行 7 万多册，成为新法宣传贯彻的重要工具书。

四是开展培训，学习新法。水保司组织编写新法学习材料 10 多种，组织开展了大规模培训工作，推进新法宣传贯彻。在 2011 年全国水土保持工作会议上，邀请全国人大法工委经济法室黄建初主任对新法进行了解读。4 月举办了新法学习班，对流域机构和省级水土保持局（处）长以及业务骨干 180 人进行了培训。据统计，全国已举办各类新法培训班 520 余期，培训人员 1.5 万余人。

五是媒体宣传，扩大影响。在《人民日报》《经济日报》等中央新闻媒体集中报道新法，"两会"期间在《中国政协报》组织了宣传专版，在《中国水利报》全文刊登新法，开辟了水土保持法重点制度解读专栏，及时报道新法宣传贯彻工作。据统计，全国各类媒体发表新法宣传报道 3 800 多条、发表文章 500 多篇，在省级以上电视台播放新闻 120 多条，举国上下形成了浓厚的新法宣传贯彻氛围。

（二）借力媒体，加大新闻宣传报道力度

一是新闻报道。《人民日报》、新华社、中央电视台等全年共发布水保新闻 130 多条，在人民网、新浪网等网站发布水保新闻 60 多条，水利网年报道水保新闻 90 多条，中国水土保持生态建设网新增新闻 3 722 条、图片 3 695 幅、专题 13 个，平均日访问量达 2 000 多人次，累计访问量达 100 多万人次。

二是专题报道。《经济日报》刊发刘宁副部长《对话》栏目采访专题。《中国水利报》刊发专版和专题，深度报道水土保持。《人民日报》、新华社、《经济日报》等集中宣传报道首个"国家水土保持生态文明县"——内蒙古准格尔旗。黄河水利委员会策划了"保护母亲河，我们在行动——'万里走黄河'大型考察采访活动"，全国 30 多家媒体记者全程采访报道。湖北省组织开展了以"水土保持·造福荆楚"为主题的系列新闻采访。

三是专题节目。水利部与中央电视台七频道联合制作播出了国家农业综合开发水土保持项目电视专题片，国家农发办及各项目省均组织了观看,反响良好。北京市组织百名中小学校长到生态清洁小流域、水土保持科技示范园、水土保持教育社会实践基地参观考察,录制了《保护生命之水,建设绿色北京》专题片在电视台播放。

（三）加大力度,积极推进水土保持宣传教育"四进"

2011 年,各地紧紧抓住新法颁布实施的机遇,积极推进水土保持进党校、进人大、进政府和进政协的"四进"活动,发挥高位推动作用,成效显著。

中组部再次与水利部共同举办了水土保持专题研究班,调训地方党政领导,来自全国 16 个省（区、市）的部分市、县政府分管水利工作的副市长、副县长,部分省水利厅负责同志共 33 人参加了培训。广东惠州、东莞等地举办了领导干部新《水土保持法》讲座,听众达 1 000 多人。宁夏构建水土保持国策宣传进自治区党校的长效机制,在自治区党校春季培训班上继续开设水土保持专题;固原市党校将水土保持国策宣传列入 2011 年市党校教学培训内容,对 440 名基层干部开展了水土保持教育培训。福建宁化县在县科级干部进修班首次开设水土保持知识及法律法规讲座,各部门 42 名副科级以上干部接受了水土保持宣传教育。湖北兴山县在县"两会"期间,把新《水土保持法》单行本发放到两会代表手中,在县电视台播放了新《水土保持法》全文,并在县党校开设了水土保持课程。

（四）积极开拓,推动青少年水土保持宣传教育

各地积极开展青少年水土保持宣传教育工作,发挥小手拉大手、学校连家庭、家庭连社会的辐射作用,全国有 800 多万中小学生接受了水保科普教育。

一是与教育部联合开展了"全国中小学水土保持教育社会实践基地"创建工作。在国家水土保持科技示范园区的基础上,对全国 22 个省（区、市）申报的 66 个教育基地进行初评,对其中符合条件的 25 个进行了现场评定,与教育部联合命名了首批 24 个全国中小学水土保持教育社会实践基地。各地充分发挥教育基地的作用,积极开展水土保持社会实践教育。

二是继续推进水土保持进课堂。福建、北京、黑龙江、青海、山东、

四川、湖北等地,积极推进学校水土保持教育,从娃娃抓起。青海省在西宁市黄河路小学和禄家寨等学校开展了水土保持知识讲座,在中小学生中普及水土保持基础知识。湖北省在秭归县实验中学举行了"湖北省青少年水土保持科普教育试点启动仪式",向学生赠送了《湖北省水土保持科普教育读本》,开展水土保持科普教学。哈尔滨市积极开展中小学水土保持教育暨"水土保持杯"德育实践活动,全市 1 550 余所中小学、6 500 余名教师参与,授课 13 200 多课时,受教育学生达 26万余人,全市水土保持教育基点学校由 31 所扩大到 69 所。浙江安吉县编辑出版了《安吉县水土保持科普教育小学读本》,并纳入全县小学课程教育体系,将其内容以 10 分值放入小学五年级科学课期末考试,已有 11 000 名小学生接受了教育。通过水土保持进校园、进课堂活动,中小学生爱护水土资源、保护生态环境的意识明显提高。

三是编制水土保持科普读物。中国水土保持学会编印了小学版水土保持科普读物,并组织开编中学水土保持科普读物。各地积极开编水土保持科普读物或教材,为普及水土保持知识提供支撑。福建、哈尔滨和牡丹江等地编制了教材,北京、湖北、四川、甘肃、青海、深圳等地编制了科普读物。

(五)搭建平台,加快科技示范园区建设步伐

自 2004 年开展水土保持科技示范园区创建工作以来,各地开拓创新,积极创建,全国已命名国家水土保持科技示范园区 84 个。科技园区发挥了综合防治、示范辐射、宣传教育、科研试验、科技推广、科普监测、产业开发、生态观光等多种功能,为开展水土保持宣传教育搭建了平台和桥梁。

一是开展创建工作。2011 年 3 月,水利部在全国水土保持工作会议上命名了第三批 18 个水保科技示范园区。年内,组织开展了第四批水保科技示范园区的评定工作,并在 2012 年 2 月召开的全国水土保持工作会议上予以命名。河南和湖南等省开展了省级科技园区创建工作。河南省已命名省级水土保持科技园 16 个;湖南省印发了《关于推进全省水土保持科技示范园建设的通知》,对省级科技园区创建提出了明确要求,在建设和运营方面给予资金支持。

二是加强园区管理。探索建立评估和退出机制,提升园区建设标准,提高园区运行水平,增强可持续发展能力,促进作用发挥。2011年9月,水保司在辽宁鞍山市召开了水土保持科技示范园座谈会,交流了科技园建设与管理经验,通报了第一批25个科技示范园中期评估结果。

三是组织开展交流学习。先后组织山西、河南、山东、安徽、四川等多个省的水土保持工作者到深圳、福建、北京、浙江、云南等地科技示范园进行考察学习,相互交流,促进全国水土保持科技示范园区发展。2011年,深圳市水土保持科技示范园区共接待各地水土保持部门考察学习17批次,发挥了很好的示范、引领作用。

全国水土保持宣传教育工作取得了新进展和新成效,探索并积累了成功经验。一是做好顶层设计,有序持续推进。2008年以来,各地根据水利部印发的《全国水土保持国策宣传教育实施方案》,制订了宣传教育总体方案和年度工作计划,有组织、有计划地持续推进水土保持宣传教育工作。二是加强领导,提高认识。山西、辽宁、甘肃、深圳等地,安排落实经费,为宣传工作提供资金保障。三是专人负责,责任到人。各地明确了宣传工作分管领导和联络员,建立了中国水土保持生态建设网通讯员队伍,有人管事、有人做事。四是建立机制,积极推进。水土保持生态建设网每季度公布各地报送信息情况。甘肃省高速公路水土保持宣传责任落实到沿路相关县。云南等省建立了奖励水土保持新闻报道的制度。

二、近期深化水土保持国策宣传教育的主要目标和任务

(一)主要目标

以生态文明建设和科学发展观为指导,适应经济社会发展的新要求,顺应人民群众提高生态环境质量的新期待,继续深化以水土保持生态文明理念为主题的国策宣传教育行动,全面普及水土保持生态文明理念,推动资源节约型、环境友好型社会建设;以水土保持宣传教育"五个一工程"为载体,有计划、有重点、分层次在全国组织开展深化水土保持国策宣传教育行动,强化全社会关心、支持和参与水土保持的良

好氛围,在全社会牢固树立生态文明理念,为水土保持改革发展创造良好条件,推动水土保持生态建设健康发展;以水资源的可持续利用和良好的生态环境,促进经济社会的可持续发展。

(二)主要任务

第一,树立一批水土保持生态文明典型。一是树立水土保持生态建设典型。以国家水土保持生态文明工程创建活动为载体,树立一批全国水土保持生态文明典型,大力开展国家水土保持生态文明工程宣传活动,全方位报道已命名的国家水土保持生态文明工程,推广经验,发挥其典型示范引导作用,带动全国水土保持工作又好又快发展。二是树立水土保持先进典型。各级水行政主管部门要加强与新闻宣传等有关部门的合作,加大对水土保持先进单位与个人的宣传力度,宣传先进事迹,树立各级各类水土保持模范,增强社会影响力,发挥模范带头作用。

第二,推出一批水土保持宣传教育力作。一是推出一批电视作品。分全国、流域和省等层次,分别制作水土保持电视宣传片,加强社会宣传;制作不同内容的水土保持科普教育系列电视片,普及水土保持科普知识;制作水土保持重点工程专题电视片,加强重点工程宣传。二是推出一批新闻作品。集中宣传资源,开展专题宣传活动,强化集中宣传,加强深度和广度,推出系列宣传精品。三是编制水土保持科普读物。以国家和省为重点,编制全国和省级水土保持科普读物(教材);有条件的地方还可推动流域和市、县级水土保持科普读物(教材)编制工作,加大力度普及水土保持科学知识。

第三,搭建一批水土保持宣传教育平台。一是建设水土保持科技示范园区。继续推进国家水土保持科技示范园区建设,实现每个省(区、市)3~5个、全国100个的目标;进一步加强科技示范园区的建设与管理,强化退出机制,促进园区可持续发展;积极推动省级水土保持科技示范园区建设,分类管理,优化布局。二是建设中小学水土保持教育社会实践基地。以每个省(区、市)最少1~2个、全国60个为目标,联合教育部继续推进全国中小学水土保持教育社会实践基地建设;加强教育基地的建设管理,强化教育基地的评估激励机制,提升质量和服务水平；积极推动省、市级中小学水土保持教育社会实践基地建设，为更多的中小学生开展社会实践活动提供服务。三是完善水土保持网站。继续推动全国、流域和省级水土保持网站建设，积极推动市、县级水土保持网站(网页)建设，扩大信息量，加快更新，提高信息质量。

第四，打造一批水土保持形象宣传阵地。一是以国家水土保持重点工程县为重点，在全县范围持续开展内容丰富、形式多样的宣传教育活动，在全县范围营造浓厚的水土保持氛围。二是以国家水土保持重点工程为重点，在项目区设立水土保持工程标识碑、牌，介绍工程概况、效果，宣传水土保持法律、乡规民约。三是在生产建设项目区，大力宣传水土保持法律法规，促进生产建设单位自觉开展水土保持。

第五，建立一支水土保持宣传教育队伍。一是管理队伍。以流域和省级宣传教育管理人员为主，开展系列培训，提高工作水平，逐步建立一支过硬的宣传教育管理队伍。二是通讯员队伍。分级选拔、培养建立宣传教育通讯员队伍，加强通讯员培训，提高水土保持宣传工作水平。三是讲解员队伍。以国家水土保持科技示范园区和全国中小学水土保持教育社会实践基地为重点，逐步建立讲解员队伍，加强讲解词设计和培训，实行分类讲解。四是志愿者队伍。以大学生、中小学教师和热爱水土保持工作的义工为重点，建立水土保持志愿者队伍，宣传水土保持的公益性、社会性，推动水土保持宣传教育。五是新闻工作者队伍。加强对新闻工作者的宣传和联系，建立一支熟悉水土保持工作、热爱水土保持工作、主动宣传水土保持工作的新闻工作者队伍，创造水土保持宣传工作的良好条件。

三、真抓实干，做好水土保持宣传教育工作

(一)加强领导，明确责任

各地要进一步提高对水土保持宣传教育工作的认识，切实加强领导，落实责任，深入推进。首先要落实领导责任制，把水土保持宣传教育列入各级水土保持部门重要工作议程和年度工作重点，主要领导亲自谋划、精心策划。其次要明确人员、明确任务、明确重点、明确责任，做到分工明确、责任清晰、重点突出。最后要充分调动基层的积极性，

发挥基层人多面广的优势,点面结合,全面推进水土保持宣传教育工作。

（二）统筹规划，有序实施

开展水土保持宣传教育工作要做好顶层设计,有序推进。各地要根据水利部下发的方案,制订深化水土保持国策宣传教育行动实施方案,统筹规划好近几年宣传教育工作总体安排,做好整体策划,有组织、有计划地稳步推进。要把"五个一工程"的内容层层分解,逐年落实,每年都要有新进展、新成果。各地要根据实际情况,查漏补缺、明确重点、持续推进,实现"五个一工程"总体目标。

（三）加强协作，全面推进

开展水土保持宣传教育工作要做好统筹协调工作,发挥各方面资源和力量。一是加强与新闻宣传主管部门的沟通协调,积极争取其指导和支持,主动配合其制订相应计划与方案;二是加强与新闻媒体的协作,充分发挥中央和地方主流媒体的作用,利用主流媒体覆盖面广、受众多、公信力强的优势,实现宣传效果的最大化;三是整合宣传资源,统筹考虑报纸、期刊、网络、出版、音像、展览等各种平台,充分发挥行业媒体的水利宣传主阵地、主渠道和主窗口作用,形成各种宣传工具的合力作用,提升宣传效果;四是与时俱进,充分利用先进的宣传手段,创新宣传形式,拓展宣传领域,努力使新兴媒体成为宣传工作的前沿阵地和有效平台,开展形式多样的宣传教育活动。

（四）多方筹资，落实经费

水土保持宣传教育是《水土保持法》赋予各级水土保持部门的重要职责,各地要切实加强对宣传教育工作的重视,积极落实经费,不断加大投入,保障工作的正常开展。要多渠道筹措资金,推进宣传教育工作。一要向财政等有关部门申请专项宣传教育经费,争取经费经常化。二要按规定在水土保持补偿费中列支宣传教育工作经费。三是各地要在行业管理经费中安排宣传教育专项经费。四要利用水土保持重点工程的配套经费,进行重点工程宣传。另外,要积极动员社会力量、生产建设部门、水土保持相关单位开展水土保持宣传教育工作,形成全社会宣传水土保持的大好局面。

(五)创新机制,促进宣传

水土保持宣传教育是水土保持工作的软实力,是一项重要的基础工作,要建立灵活多样的联动机制和奖励机制,提升宣传工作地位,发挥宣传工作作用。一要把宣传教育工作考评结果作为安排国家水土保持重点工程和项目经费的重要依据。二要把宣传教育作为水土保持设施(工程)验收的重要条件。三要把宣传教育作为国家水土保持生态文明工程评定的条件。四要把宣传教育作为水土保持政绩考核的重要指标。

（发表于《中国水土保持》2012 年第 7 期）

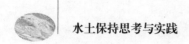

努力推动水土保持国策宣传
教育工作再上新台阶

2008年,水利部启动开展了全国水土保持国策宣传教育行动,各地认真贯彻落实,成效明显。2012年,水利部进一步提出了实施"五个一工程"的深化国策宣传教育行动目标,各地深化国策宣传教育行动取得重要进展。在当前建设生态文明社会和深化改革的新形势下,各级水土保持部门要以更大的力度、更加有效的措施,全力推动水土保持宣传教育工作,为普及生态文明理念、动员全社会参与水土保持、共建美丽中国营造良好氛围。

一、进展与成效

近两年来,各地认真贯彻落实《全国水土保持国策宣传教育行动实施方案》的总体部署,以实施"五个一工程"为重点,扎实推进水土保持宣传教育工作,取得了显著成效。

(一)宣传教育重视程度明显提高

各地都制订了富有操作性的国策宣传教育行动方案,有计划、有步骤、有经费、有措施地积极推进水土保持宣传教育工作,"五个一工程"的总体目标得到了很好的落实。全国有27个省(自治区、直辖市)在第一时间制订了深化国策宣传教育行动实施方案。各级水土保持部门中有2 372个明确了水土保持宣传教育责任,形成了1万多人的管理队伍和1.6万人的通讯员队伍,有1 378个市、县与新闻媒体和宣传教育主管部门建立了联系机制。如青海省将国策宣传教育作为水土流失治理的首要任务,部门一把手负总责,并列入目标管理体系,与业务工作同时研究,同时下达,同时考核验收。总的看来,各级水土保持部门一把手亲自策划抓宣传、高位推动谋宣传的越来越多,宣传对业务工作的促进作用日益明显。

（二）宣传教育重点更加突出

各地以贯彻落实新《中华人民共和国水土保持法》（简称《水土保持法》）为核心，全面宣传水土保持的各项工作，效果明显。《人民日报》、人民网、新华网、中央政府网、《经济日报》、《人民政协报》、中国新闻网持续关注水土保持与生态建设，都在重要版面、重要位置发布了水土保持深度报道。各省主动联系中央和省级报刊、水利行业报刊加大水土保持宣传报道力度，共发表新闻作品4 000余篇。在《水土保持法》颁布周年纪念日，各地纷纷印发《水土保持法》图解和宣传折页，深入浅出地进行普法宣传。如福建、陕西、山西在中央报刊以大篇幅集中报道水土保持治理成效；湖北、甘肃通过新华网和人民网深入宣传水土保持工作成效；青海在《青海日报》头版头条刊登的专题报道，引起了省委省政府的高度重视，极大地促进了全省的水土保持工作；云南在《云南日报》深入解读省政府印发的《关于进一步加强水土保持工作的意见》，起到了很好的宣传作用。

（三）宣传载体不断创新

各地勇于探索，借助多种载体开展宣传教育，使公众在互动中强化水土保持意识，取得了良好的宣传效果。各地在发挥传统媒体优势的同时，积极挖掘新媒体潜力，综合利用公益广告、动漫宣传、展览展示、电子屏幕、志愿服务、短信微博等多种手段，不断丰富和拓展水土保持宣传的形式和载体。2013年，全国共发布各类水土保持公益广告5 000余则。如北京市常年在香山公园核心景区设立宣传墙普及水土保持知识；河北省向全省5 000万手机用户发送水土保持公益短信；广东省首度尝试幽默诙谐的动漫宣传形式，收到了良好反响。志愿服务也成为一种新的潮流，据统计全国已形成5.5万人的水土保持志愿者队伍，义务讲解员队伍发展到了4 000多人。如湖南省锐意创新，组织自行车骑行志愿服务活动，成为流动的水土保持宣传队。这些新的宣传形式，有效地拉近了水土保持与公众的距离。

（四）宣传对象逐步扩大

各地深入开展"四进""五面向"等宣传工作，各级领导、机关干部、管理对象、社区公众、中小学生都已被纳入水土保持国策宣传教育覆盖范围。近两年,各地开展的水土保持进党校、进人大、进政府、进政协"四进"活动达5 000多次,参与人数近10万人次。水利部批复的102个水土保持科技示范园和24个全国中小学水土保持教育社会实践基地成为推进生态文明建设的重要辐射源,开展中小学生实践活动达2 000余次,参与青少年超过17万人。针对不同宣传对象特点,水利部组织编写了小学版和中学版水土保持科普教材,面向青少年宣传普及水土保持知识和生态文明理念;编制了水土保持行业从业人员培训丛书,加强对管理对象和基层干部群众的系统培训。福建、黑龙江、北京、深圳、四川、湖北、江西、甘肃、青海、广东等地编制出版水土保持科普读物超过30万册。

(五)宣传投入显著增加

近几年,各地投入水土保持国策宣传教育的经费累计达8 300多万元,其中省级投入1 000多万元,有力地保障了水土保持宣传教育工作的持续有效开展。如陕西省出台的《陕西省水土保持条例》,首次通过立法形式把水土保持纳入到中小学教育内容;西安市投入1 800多万元,在市中心的汉城湖景区建成600多 m² 的水土保持科普体验馆,以创新性的思维、精品化的设计、高科技的手段,切实激发了广大市民了解水土保持知识的兴趣和热情;山西省印发通知,明确要求从水土保持补偿费中解决水土保持宣传经费,两年共落实1 500万元;云南省2013年筹措下达各州(市)宣传工作经费250万元。

二、新形势,新要求

党中央、国务院围绕推进生态文明、建设美丽中国、全面深化改革做出了一系列重大战略部署,对水土保持提出了更高的要求和全新的任务。做好新形势下的水土保持工作,必须使宣传教育先强起来、跟上去,做好舆论引导,凝聚最大共识,积极营造有利于水土保持事业发展的社会氛围和外部环境。

(一)加强宣传教育是生态文明建设的必然要求

党的十八大把生态文明建设纳入中国特色社会主义事业五位一体

总布局,党的十八届三中全会提出要紧紧围绕建设美丽中国深化生态文明体制改革,加快建立生态文明制度,并强调要加强生态文明宣传教育,营造爱护生态环境的良好风气。水土保持是建设生态文明的内在要求。水土保持宣传教育是生态文明宣传教育的重要组成部分,也是实现生态文明的现实途径。水土保持宣传教育要立足于树立全民生态理念、提升全社会生态保护意识,用公众易于理解的方式深入诠释水土保持与生态环境密不可分的内在联系,生动讲解水土保持对改善生态系统和修复生态环境至关重要的作用,塑造全民节约、保护、珍爱水土资源的价值形态,激发全社会关注、参与、支持水土保持的饱满热情。要按照中央山水林田湖系统治理的思路,重点宣传强化水土保持的综合性、系统性、协调性特点,巩固和强化水土保持在生态建设中不可替代的重要地位,提高各级政府、有关部门、社会各界对水土保持的关注程度、认知程度、重视程度,形成水土资源保护合力,促进生态文明建设。

(二)加强宣传教育是水土保持事业持续发展的必然要求

从第四次水土保持普查的情况看,全国仍有 295 万 km^2 的水土流失面积、96 万条侵蚀沟道。按照中央到 2020 年全面建成小康社会和在生态文明制度建设上取得决定性成果的要求,水土流失综合防治任务异常紧迫,随着防治难度的不断提高,治理成本的不断攀升,加快水土流失治理步伐急需国家和地方投入更多资金、给予更多重视。因此,各级水土保持部门必须切实加大工作力度,宣传水土保持效益和作用,大力推进水土保持进党校、进政府、进人大、进政协的"四进"活动,引导推动各级政府将水土保持纳入目标考核,落实水土流失防治责任。

(三)加强宣传教育是展示水土保持工作成果经验的必然要求

经过几代水保人的艰苦奋斗,水土保持工作取得了举世瞩目的成就。水土保持工程为国家生态建设贡献了力量,为老百姓谋得了实惠。水土保持建设的成果、成效与经验,看得见、摸得着、讲得出,最容易被社会理解、接受,需要我们大力宣传,充分展现水土保持的行业形象,让各级政府部门与广大群众充分认识到水土保持工作的重要性与必要性,为今后水土保持工作奠定良好基础。

（四）加强宣传教育是水土保持各项工作取得新突破的必然要求

宣传教育是水土保持重点治理、监督执法等各项工作顺利开展的重要前提和基础。当前正是新法配套制度密集出台的关键时期。刚刚出台的《水土保持补偿费征收使用管理办法》和各省水土保持法实施办法要从文字变为铁律，势必要经过深入持久的宣传工作，才能真正落到实处。因此，各级水土保持部门都应该大力加强法制宣传，主动送法上门、送法下乡，主动宣传水土保持法律法规，主动解释法律和规章条款要求，最大程度地赢得理解与支持，增强管理对象遵守法律规定的自觉性。要通过正面引导，树立一批水土保持生态治理典型，发挥示范、引领作用，撬动更多资金投向水土流失治理，通过警示宣传，反映开发建设项目造成人为水土流失的严峻形势，引导全社会关注水土保持，向着生态友好型的绿色发展方式转变。

三、精心策划，狠抓落实

近期，宣传教育工作要以十八大和十八届三中全会精神为指导，围绕水土保持生态建设和改革发展大局，加大力度，进一步深化水土保持国策宣传教育行动，不断增强宣传教育对水土保持事业发展的支撑作用。加强宣传教育工作，要切实做到"六个必须"。

（一）必须高度重视

各级水土保持部门的领导都要亲自策划、指导宣传工作，切实把水土保持放在生态文明建设重中之重的位置研究谋划其宣传工作，摆上重要议事日程，把宣传教育同各项业务工作更加紧密地结合起来，纳入工作全局同步研究部署，狠抓落实，做到周密安排、有序开展、及时总结。主要领导要亲自抓宣传、主动谋宣传、定期促宣传，牵住促进全局工作的牛鼻子。具体分管宣传的负责同志要充分认识到自己肩负的重要使命，有力、有效地推动宣传教育工作。水土保持监督、治理、监测各业务部门和各级业务支撑单位都要建立全员宣传格局，积极主动地及时宣传各自领域内的亮点、进展。

（二）必须明确责任

各地要落实目标责任制，建立量化评估体系，全面评估宣传教育工作水平。要坚持宣传计划先行、宣传与业务并举,切实建立管用长效的工作机制,形成良好的宣传局面。年初,各级水土保持部门制订的年度工作要点要明确提出宣传教育工作目标和实施方案,并纳入年度工作目标考核,切实提高宣传教育在水土保持工作考核中的比重。年内,要做到宣传教育和业务工作同步推进、同步落实、同步检查。对宣传工作做得好的地方,将优先考虑安排新项目或适当增加中央水土保持投资。凡是使用中央资金的水土保持重点工程和中央财政预算专项项目、水土保持科研项目都应该将水土保持宣传教育纳入项目绩效考核指标体系,提出相应的量化、进度和质量指标。

（三）必须精心策划

任何一项成功的宣传案例都必然经过精心的策划和反复的推敲。做好水土保持宣传工作,一定要秉持精品意识。例如,近年来各级水土保持部门推出了很多质量较高的电视作品,但从制作的精良程度、立意的高度、挖掘的深度上看,还有很大的改进空间,与当今人们日益提高的欣赏水平和认知层次还有一定的距离。因此,水土保持部门必须狠下功夫,努力提升宣传教育工作水准,多出宣传教育精品成果。

（四）必须讲求实效

各地要针对不同宣传对象,定位宣传、突出实效。要根据水土保持工作重点的不同,明确宣传对象和宣传群体,增强宣传的针对性和适用性。例如,水土流失严重的县（市、区）应充分借鉴宁夏水土保持进基层党校的经验模式,加强对水土流失区基层领导干部的宣传教育,充分调动基层领导干部做好水土保持工作的积极性。又如,对广大公众和群众的宣传,可以借鉴甘肃等地的做法,大力推广高速公路沿线设立广告牌宣传等模式,在人口密集、交通枢纽等地区布设宣传公益广告牌,持续、深入宣传水土保持,让群众看得见、记得住、讲得出,达到良好的宣传效果。

（五）必须抓好载体

要整体性地提升水土保持宣传教育工作水平,必须要有好的载体作为支撑。从实践效果上看,水利部开展的三年全国水土保持国策宣传教育行动和深化国策宣传教育行动,就是国家层面的有效载体。各地也应该因地制宜,设计适合本地区的宣传教育载体,整体策划、整体推进,通过一段时间的持续努力,将本地区的水土保持宣传教育水平整体提升到一个更高层次。在宣传方式的拓展上,近年来各地都有很多创新,值得肯定并大力发扬。一方面,我们要更好地运用主流媒体向上反映情况、统一上下认识、引导社会舆论的重要作用,在宣传主渠道、主阵地上占有一席之地,发出水保声音、谈透流失危害、讲好水保故事,在主流媒体大音频、持续性地宣传水土保持,扩大影响。通过有效的主流媒体宣传,形成各级政府、有关部门、相关行业、不同界别支持水土保持的广泛共识。另一方面,水土保持部门要突破传统宣传手段,适应新媒体时代的到来,增强驾驭新媒体、新技术为水土保持服务的能力,主动用好公益广告、网络、动漫、图解、微博、微信、短视频、参与式志愿活动等多种形式,提升宣传教育的亲和力、感染力和吸引力,广泛传递水保有益、人人有责的正能量,多元化、制度化、系列化地进行全方位宣传教育。

(六)必须舍得投入

各地要多渠道筹措资金,保障宣传教育经费,确保水土保持宣传教育工作得以落实。要积极申请财政专项开展宣传工作。各级制定的水土保持补偿费使用管理办法,都要明确将水土保持宣传教育列入支出使用范围,全力保障宣传教育工作的顺利开展。要积极动员水土保持受益单位、水土保持技术服务单位、生产建设单位,加大投入,共同做好水土保持宣传工作。要借鉴世行项目经验,在开展重点治理工程的同时,安排项目资金大力开展项目宣传和经验推广工作。

四、明确重点,取得突破

2014 年,各级水土保持部门要明确工作重点,确保在以下三个方面取得突破。

一是推出一批高水平的水土保持电视宣传力作。要充分发挥电视作品受众多、覆盖面广、冲击力强、公信力高的优势,扩大水土保持社会宣传效果。今后一段时间,各省应以水利部与省(市)优秀电视宣传片为参照,精心制作一部高水平、高质量的水土保持宣传教育电视宣传片,用群众喜闻乐见、易于接受的展现方式和语言风格,普及水土保持知识、传播水土保持理念、警示水土流失危害、展现水土保持成效、营造水土保持氛围。各主要流域的水土流失防治工作、国家水土保持重点工程都要有意识地加强自身宣传,积极制作展现流域和工程特色的专题片、宣传片。基层水土保持部门要以推广水土保持实用技术、强化水土保持意识为重点,面向广大群众开展电视宣传。

二是大力开展示范工程宣传。要进一步抓好本地区的水土保持科技示范园与国家水土保持生态文明示范工程建设,总结示范工程的成功经验,加以宣传推广,形成示范带动效应。各地要继续扎实开展水土保持科技示范园和全国中小学水土保持教育社会实践基地创建活动,重点做好已有科技示范园的完善提升,切实建设好、管理好、利用好水土保持科技示范园区。要继续推进国家水土保持生态文明示范工程建设,积极创建,精心打造,认真总结,大力推广。

三是抓好宣传队伍建设。各地要切实配备有热情、肯干事的精干力量从事宣传工作,大力加强宣传教育队伍培训,努力建设一支懂宣传、善宣传、重宣传的专业水土保持宣传教育队伍。要切实加强全国、流域和省级水土保持网站宣传通讯员队伍建设,扩大稿源,增加网站信息量,加快信息更新频次,严格审核把关,提高信息质量,及时准确地反映水土保持工作进展。要充分发挥好水土保持行业期刊的作用,《中国水土保持》《水土保持应用技术》杂志采编人员要牢固树立大局意识,围绕水土保持中心工作,精心编排版面,严格遴选稿件,主动采集、组织、挖掘有价值、有深度的高水平文章和鲜活素材,不断提高刊物质量,将杂志办成集专业性、知识性、实用性和资料性为一体,满足不同层次需求的综合类科技期刊精品。各地要积极组织水土保持工作者认真总结工作经验,钻研业务技术,勤思考、多动笔,积极为杂志提供好稿件,促进水土保持工作交流,提升事业发展整体水平。

(发表于《中国水土保持》2014 年第 8 期)